중학 수학 3·2

이 책의 개발에 도움을 주신 선생님

강유미 | 경기 광주
김국희 | 청주
김민지 | 대구
김선아 | 부산
김주영 | 서울 용산
김훈회 | 청주
노형석 | 광주
신범수 | 대전
신지예 | 대전
안성주 | 영암
양영인 | 성남
양현호 | 순천
원민희 | 대구
윤영숙 | 서울 서초
이미란 | 광양
이상일 | 서울 강서
이승열 | 광주
이승희 | 대구
이영동 | 성남
이진희 | 청주
임안철 | 안양
장영빈 | 천안
장전원 | 대전
전승환 | 안양
전지영 | 안양
정상훈 | 서울 서초
정재봉 | 광주
지승룡 | 광주
채수현 | 광주
최주현 | 부산
허문석 | 천안
홍인숙 | 안양

쌍둥이

10분 연산 TEST

특별 부록

중학 수학 3·2

동아출판

쌍둥이 10분 연산 TEST

중학 수학 3-2

Ⅰ 삼각비 ······ 2

Ⅱ 원의 성질 ······ 8

Ⅲ 통계 ······ 12

정답 및 풀이 ······ 15

쌍둥이 10분 연산 TEST 1회

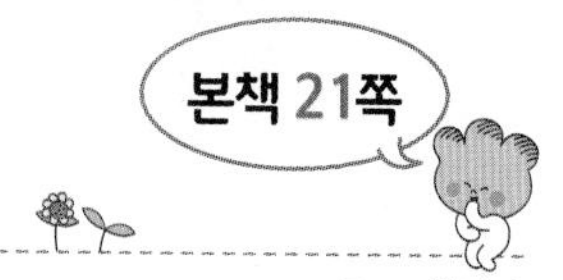

[01~03] 오른쪽 그림과 같이 $\angle B=90^\circ$인 직각삼각형 ABC에서 다음을 구하시오.

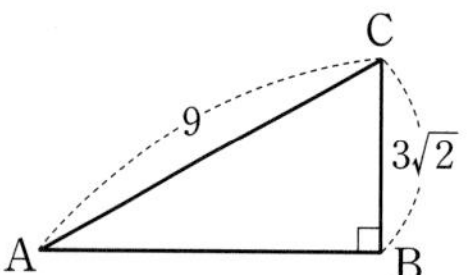

01 $\overline{AB}$의 길이

02 $\sin A$, $\cos A$, $\tan A$의 값

03 $\sin C$, $\cos C$, $\tan C$의 값

04 오른쪽 그림과 같이 $\angle B=90^\circ$인 직각삼각형 ABC에서 $\sin A=\frac{3}{5}$일 때, $\overline{AC}$의 길이를 구하시오.

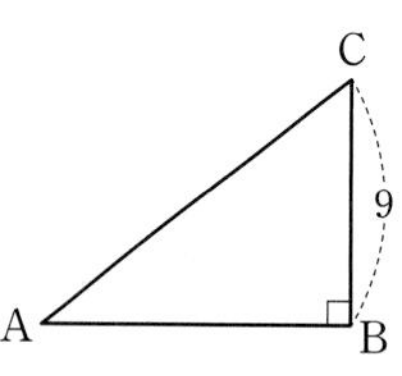

05 $\angle B=90^\circ$인 직각삼각형 ABC에서 $\tan A=2$일 때, $\cos A$의 값을 구하시오.

06 오른쪽 그림과 같이 $\angle A=90^\circ$인 직각삼각형 ABC에서 $\overline{AH}\perp\overline{BC}$일 때, $\sin x$, $\tan y$의 값을 각각 구하시오.

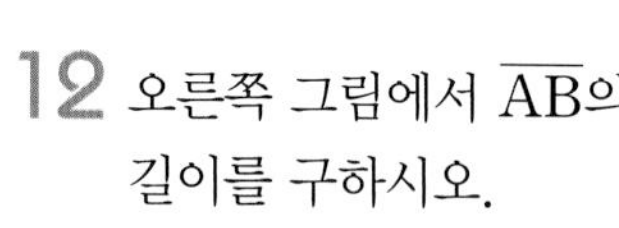

07 오른쪽 그림과 같이 $\angle A=90^\circ$인 직각삼각형 ABC에서 $\overline{DE}\perp\overline{BC}$일 때, $\sin x$의 값을 구하시오.

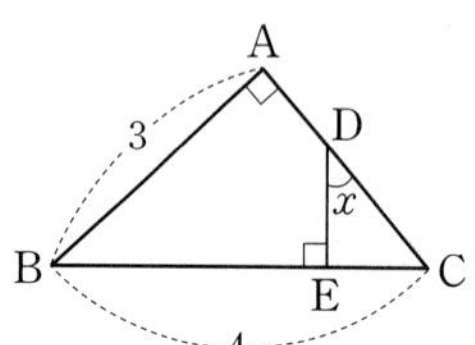

08 오른쪽 그림과 같이 한 모서리의 길이가 5인 정육면체에서 $\tan x$의 값을 구하시오.

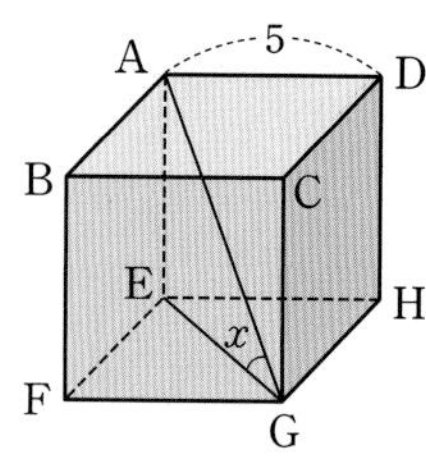

[09~10] 다음을 계산하시오.

09 $\sin 60^\circ \div \tan 45^\circ + \cos 30^\circ$

10 $\tan 30^\circ \times \sin 45^\circ \div \cos 60^\circ$

11 $0^\circ < A < 90^\circ$이고 $\tan A=1$일 때, 이를 만족시키는 A의 크기를 구하시오.

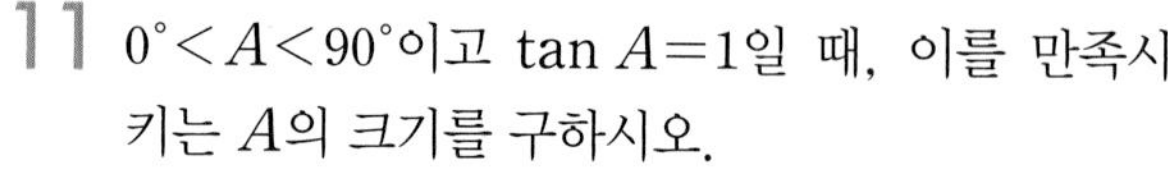

12 오른쪽 그림에서 $\overline{AB}$의 길이를 구하시오.

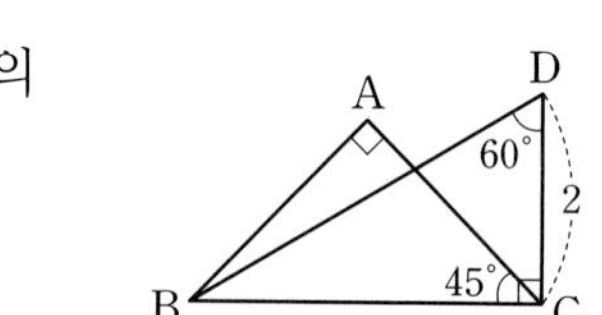

13 오른쪽 그림과 같이 y절편이 5이고, x축의 양의 방향과 이루는 각의 크기가 60°인 직선의 방정식을 구하시오.

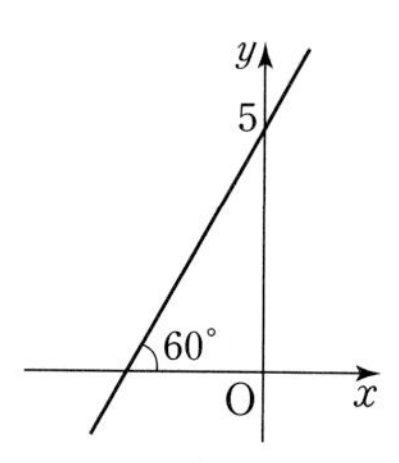

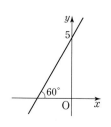

맞힌 개수 개/13개

정답 및 풀이 15쪽

쌍둥이 10분 연산 TEST 2회

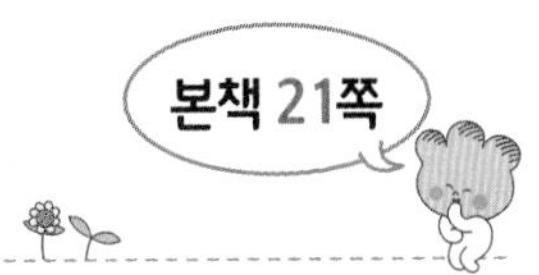

[01~03] 오른쪽 그림과 같이 $\angle B=90^\circ$인 직각삼각형 ABC에서 다음을 구하시오.

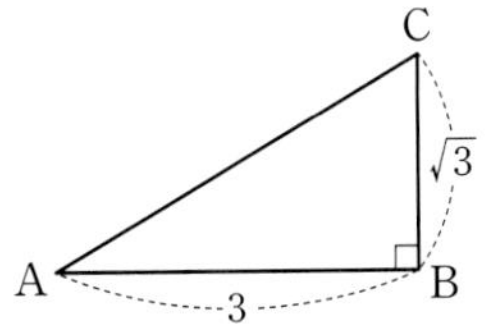

01 $\overline{AC}$의 길이

02 $\sin A$, $\cos A$, $\tan A$의 값

03 $\sin C$, $\cos C$, $\tan C$의 값

04 오른쪽 그림과 같이 $\angle B=90^\circ$인 직각삼각형 ABC에서 $\tan A=\frac{5}{4}$일 때, $\overline{BC}$의 길이를 구하시오.

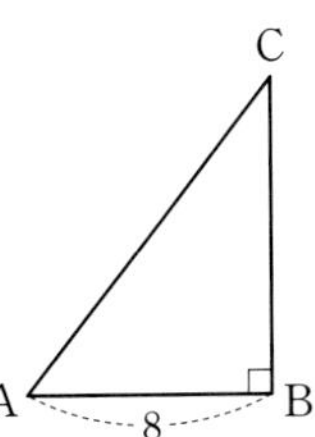

05 $\angle B=90^\circ$인 직각삼각형 ABC에서 $\cos A=\frac{3}{5}$일 때, $\sin A$의 값을 구하시오.

06 오른쪽 그림과 같이 $\angle A=90^\circ$인 직각삼각형 ABC에서 $\overline{AH}\perp\overline{BC}$일 때, $\tan x$, $\cos y$의 값을 각각 구하시오.

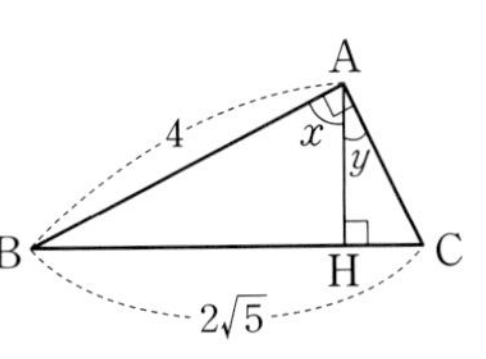

07 오른쪽 그림과 같이 $\angle A=90^\circ$인 직각삼각형 ABC에서 $\overline{DE}\perp\overline{BC}$일 때, $\sin x$의 값을 구하시오.

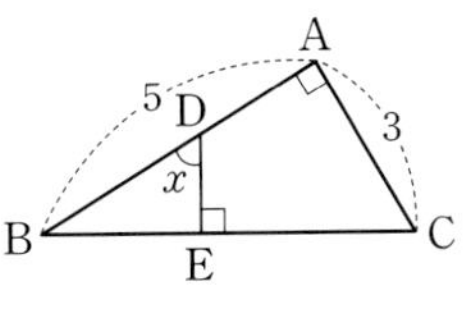

08 오른쪽 그림과 같이 한 모서리의 길이가 3인 정육면체에서 $\sin x$의 값을 구하시오.

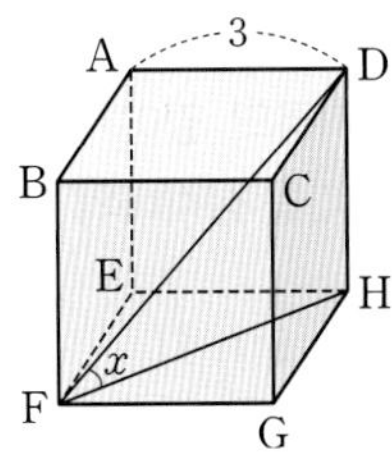

[09~10] 다음을 계산하시오.

09 $\tan 60^\circ\times\sin 30^\circ-\cos 30^\circ$

10 $\cos 30^\circ\times\sin 30^\circ\div\tan 30^\circ$

11 $0^\circ<A<90^\circ$이고 $\sin A=\frac{1}{2}$일 때, 이를 만족시키는 A의 크기를 구하시오.

12 오른쪽 그림에서 $\overline{CD}$의 길이를 구하시오.

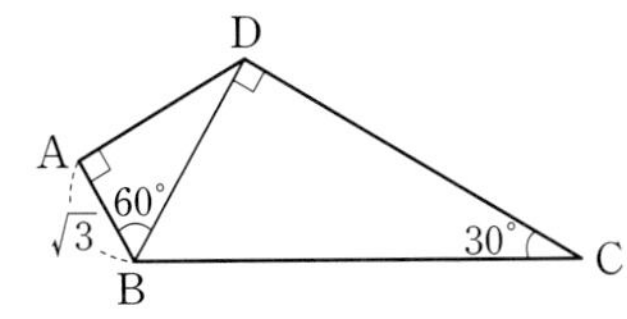

13 오른쪽 그림과 같이 x절편이 6이고, x축의 양의 방향과 이루는 각의 크기가 30°인 직선의 방정식을 구하시오.

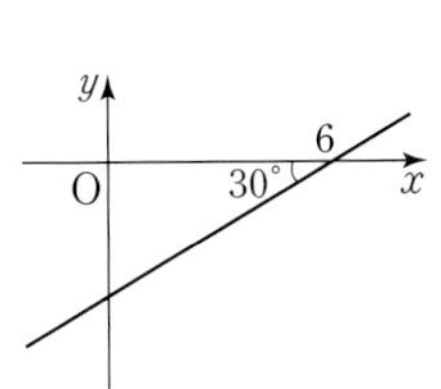

맞힌 개수

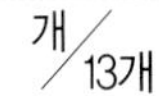

➡ 정답 및 풀이 15쪽

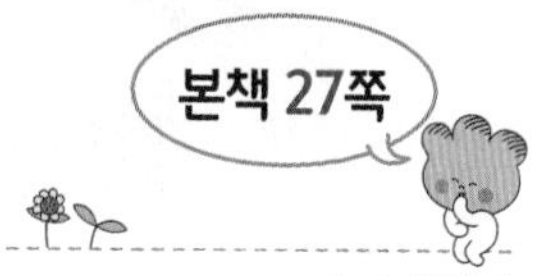

[01~05] 오른쪽 그림과 같이 반지름의 길이가 1인 사분원에서 다음 삼각비의 값을 구하시오.

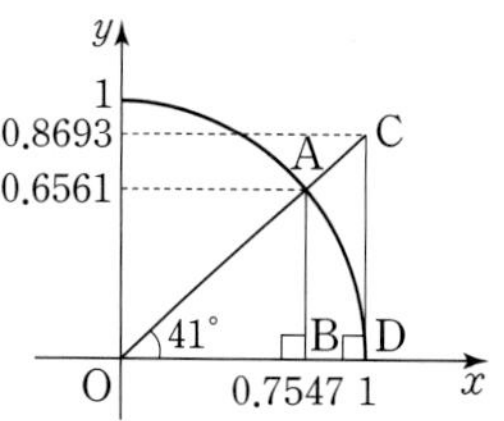

01 $\sin 41^\circ$

02 $\cos 41^\circ$

03 $\tan 41^\circ$

04 $\sin 49^\circ$

05 $\cos 49^\circ$

[06~09] 다음을 계산하시오.

06 $\sin 0^\circ + \cos 90^\circ - \tan 30^\circ$

07 $\sin 90^\circ \div \sin 30^\circ + \tan 0^\circ$

08 $\cos 60^\circ \times \tan 0^\circ + \sin 60^\circ \times \cos 30^\circ$

09 $\cos 0^\circ - \sin 90^\circ + \cos 90^\circ \times \sin 0^\circ$

10 다음 삼각비의 값을 작은 것부터 차례대로 나열하시오.

$\sin 45^\circ$, $\cos 90^\circ$, $\tan 45^\circ$

[11~13] 아래 삼각비의 표를 이용하여 다음 삼각비의 값을 구하시오.

각도	사인(sin)	코사인(cos)	탄젠트(tan)
36°	0.5878	0.8090	0.7265
37°	0.6018	0.7986	0.7536
38°	0.6157	0.7880	0.7813
39°	0.6293	0.7771	0.8098
40°	0.6428	0.7660	0.8391

11 $\sin 38^\circ$

12 $\cos 37^\circ$

13 $\tan 40^\circ$

[14~16] 아래 삼각비의 표를 이용하여 다음을 만족시키는 $\angle x$의 크기를 구하시오.

각도	사인(sin)	코사인(cos)	탄젠트(tan)
56°	0.8290	0.5592	1.4826
57°	0.8387	0.5446	1.5399
58°	0.8480	0.5299	1.6003
59°	0.8572	0.5150	1.6643

14 $\cos x = 0.5446$

15 $\tan x = 1.6643$

16

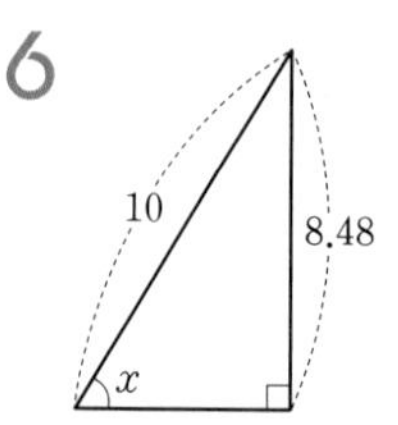

맞힌 개수 개/16개

정답 및 풀이 16쪽

쌍둥이 10분 연산 TEST 2회

본책 27쪽

[01 ~ 05] 오른쪽 그림과 같이 반지름의 길이가 1인 사분원에서 다음 삼각비의 값을 구하시오.

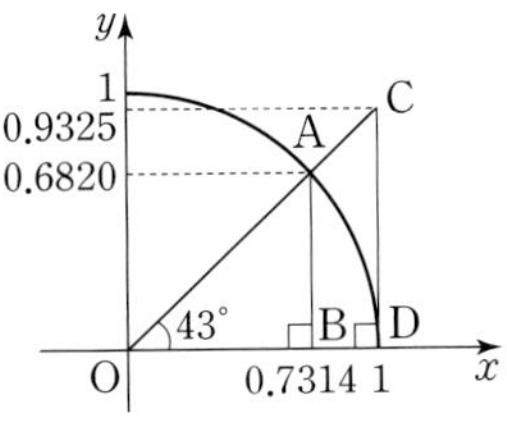

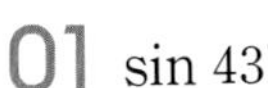

01 $\sin 43^\circ$

02 $\cos 43^\circ$

03 $\tan 43^\circ$

04 $\sin 47^\circ$

05 $\cos 47^\circ$

[06 ~ 09] 다음을 계산하시오.

06 $\sin 0^\circ \times \cos 0^\circ - 2\tan 45^\circ$

07 $3\sin 0^\circ + \cos 0^\circ - \sqrt{3}\tan 30^\circ$

08 $\tan 45^\circ \times \cos 0^\circ + \sin 0^\circ \times \cos 45^\circ$

09 $\sin 90^\circ \times \tan 45^\circ + \cos 0^\circ - \tan 0^\circ$

10 다음 삼각비의 값을 큰 것부터 차례대로 나열하시오.

$\cos 30^\circ$, $\tan 0^\circ$, $\sin 30^\circ$

[11~13] 아래 삼각비의 표를 이용하여 다음 삼각비의 값을 구하시오.

각도	사인(sin)	코사인(cos)	탄젠트(tan)
61°	0.8746	0.4848	1.8040
62°	0.8829	0.4695	1.8807
63°	0.8910	0.4540	1.9626
64°	0.8988	0.4384	2.0503
65°	0.9063	0.4226	2.1445

11 $\sin 65^\circ$

12 $\cos 61^\circ$

13 $\tan 64^\circ$

[14~16] 아래 삼각비의 표를 이용하여 다음을 만족시키는 $\angle x$의 크기를 구하시오.

각도	사인(sin)	코사인(cos)	탄젠트(tan)
20°	0.3420	0.9397	0.3640
21°	0.3584	0.9336	0.3839
22°	0.3746	0.9272	0.4040
23°	0.3907	0.9205	0.4245

14 $\sin x = 0.3907$

15 $\tan x = 0.3839$

16

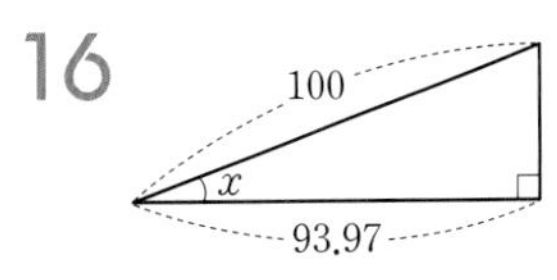

맞힌 개수 개/16개

정답 및 풀이 17쪽

연산 능력 UP! 쌍둥이 10분 연산 TEST 1회

01 오른쪽 그림과 같은 직각삼각형에서 x, y의 값을 각각 구하시오.
(단, $\sin 56^\circ=0.83$, $\cos 56^\circ=0.56$, $\tan 56^\circ=1.48$로 계산한다.)

02 오른쪽 그림과 같은 $\triangle ABC$에서 $\overline{AB}=8$, $\overline{BC}=6\sqrt{3}$, $\angle B=30^\circ$일 때, $\overline{AC}$의 길이를 구하시오.

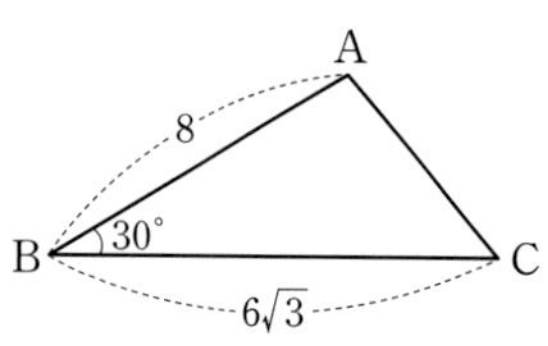

03 오른쪽 그림과 같은 $\triangle ABC$에서 $\angle B=60^\circ$, $\angle C=75^\circ$, $\overline{BC}=4$일 때, $\overline{AC}$의 길이를 구하시오.

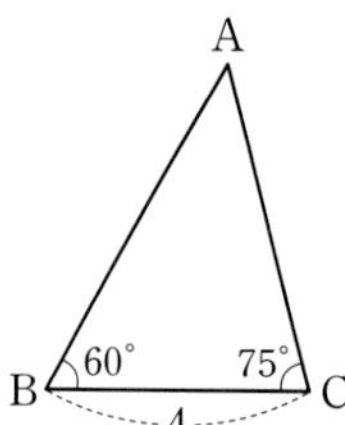

04 오른쪽 그림과 같은 $\triangle ABC$에서 $\angle B=45^\circ$, $\angle C=30^\circ$, $\overline{BC}=100$일 때, h의 값을 구하시오.

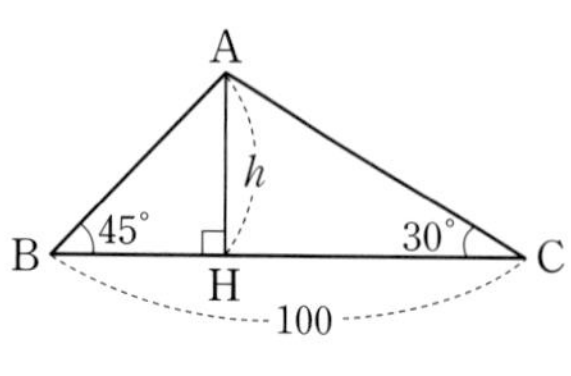

05 오른쪽 그림과 같은 $\triangle ABC$에서 h의 값을 구하시오.

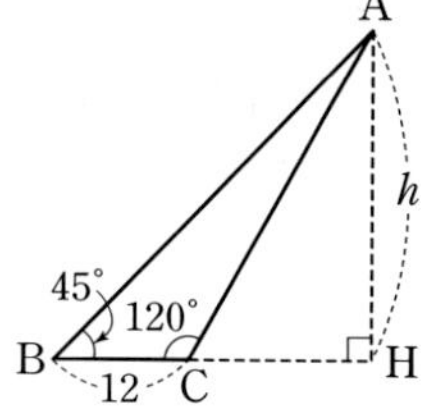

06 오른쪽 그림과 같이 $\overline{AB}=10$, $\overline{BC}=8$, $\angle A=20^\circ$, $\angle C=25^\circ$인 $\triangle ABC$의 넓이를 구하시오.

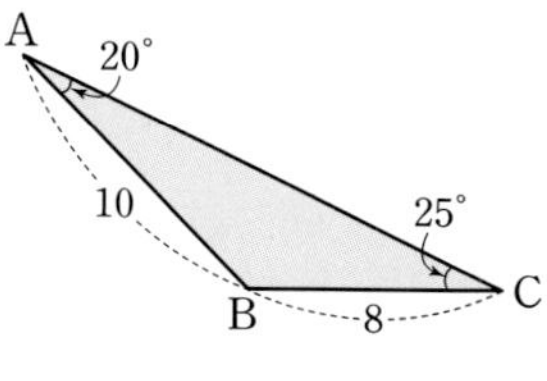

07 오른쪽 그림과 같이 한 변의 길이가 6이고 $\angle B=60^\circ$인 마름모의 넓이를 구하시오.

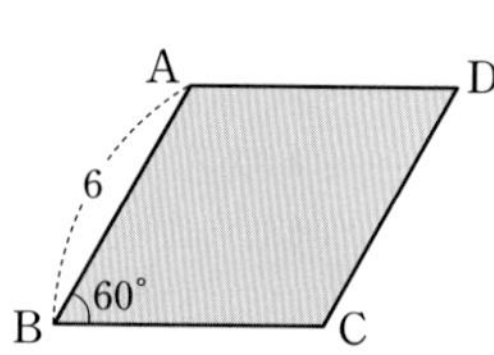

08 오른쪽 그림과 같은 $\square ABCD$의 넓이를 구하시오.

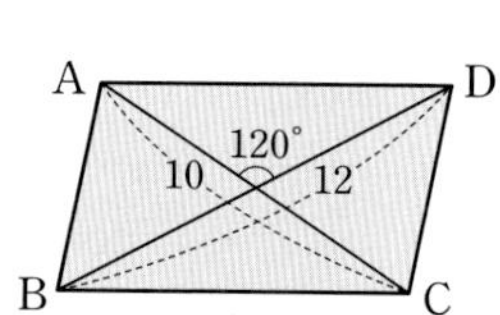

맞힌 개수 　　개/8개

➲ 정답 및 풀이 18쪽

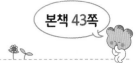

01 오른쪽 그림과 같은 직각삼각형에서 x, y의 값을 각각 구하시오.
(단, $\sin 38° = 0.62$, $\cos 38° = 0.79$, $\tan 38° = 0.78$로 계산한다.)

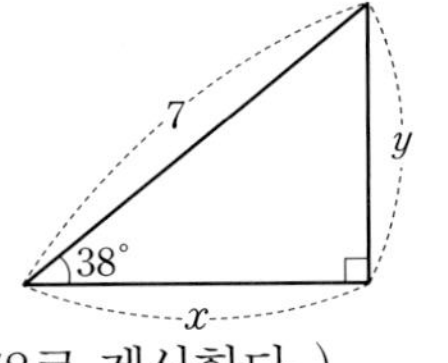

05 오른쪽 그림과 같은 $\triangle ABC$에서 h의 값을 구하시오.

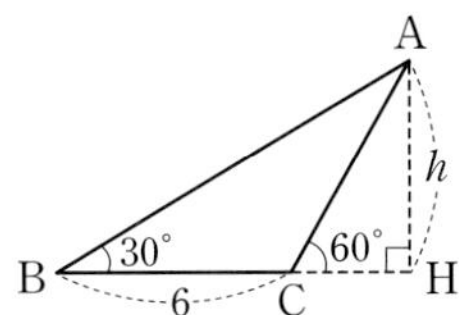

02 오른쪽 그림과 같은 $\triangle ABC$에서 $\overline{AB}=6$, $\overline{BC}=10$, $\angle B=60°$일 때, $\overline{AC}$의 길이를 구하시오.

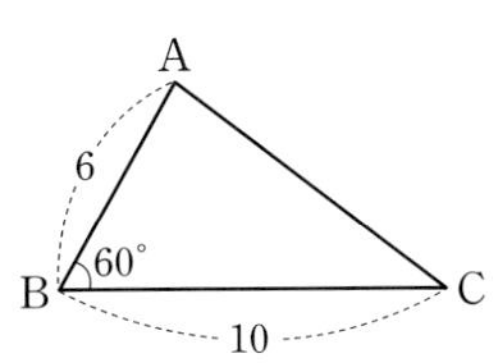

06 오른쪽 그림과 같이 $\overline{AB}=\overline{AC}=4$, $\angle C=30°$인 $\triangle ABC$의 넓이를 구하시오.

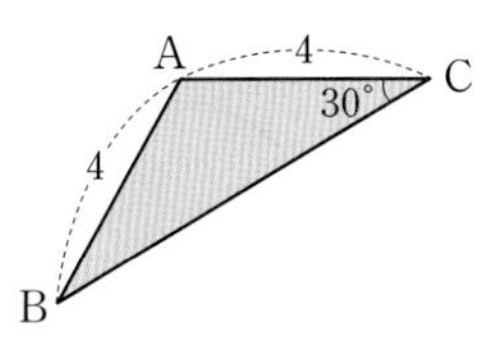

03 오른쪽 그림과 같은 $\triangle ABC$에서 $\angle A=105°$, $\angle C=45°$, $\overline{AC}=8$일 때, $\overline{AB}$의 길이를 구하시오.

07 오른쪽 그림과 같이 한 변의 길이가 10이고 $\angle A=150°$인 마름모의 넓이를 구하시오.

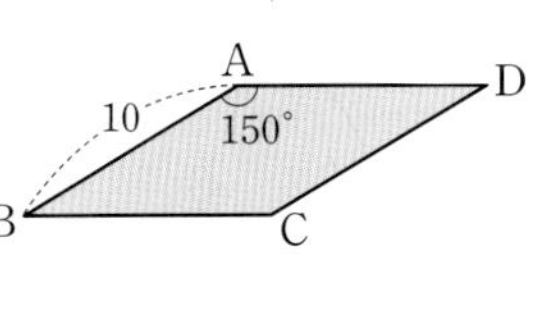

04 오른쪽 그림과 같은 $\triangle ABC$에서 $\angle B=45°$, $\angle C=60°$, $\overline{BC}=12$일 때, h의 값을 구하시오.

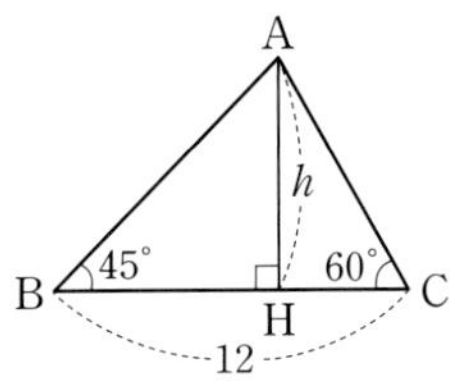

08 오른쪽 그림과 같은 $\square ABCD$의 넓이를 구하시오.

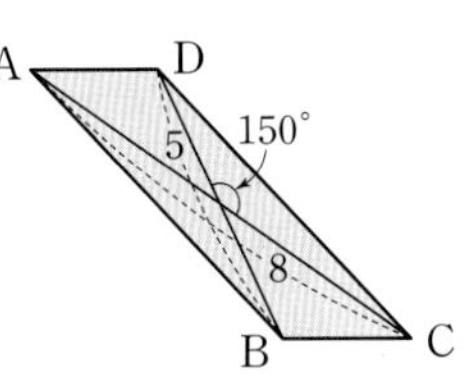

맞힌 개수 개/8개

정답 및 풀이 18쪽

[01 ~ 03] 다음 그림의 원 O에서 x의 값을 구하시오.

01

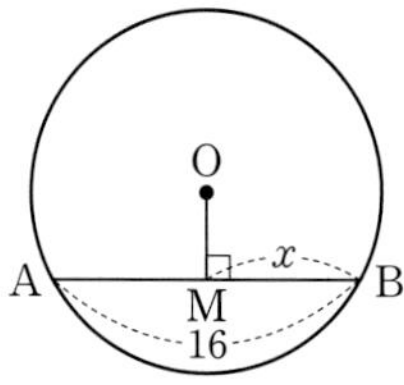

02

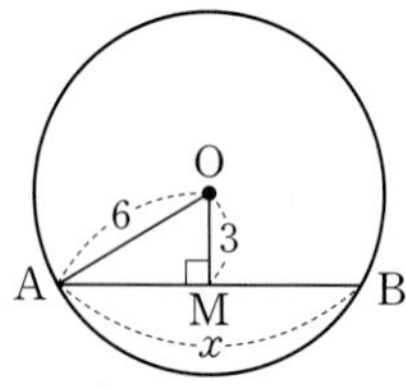

03

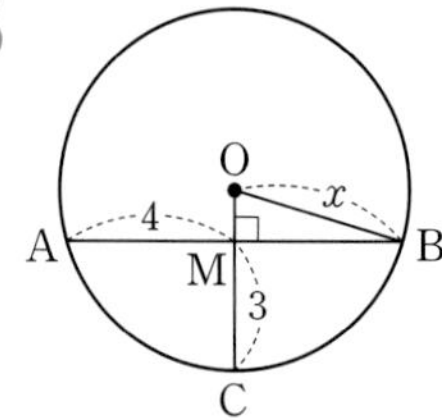

04 오른쪽 그림에서 $\overset{\frown}{AB}$는 원의 일부분이다. $\overline{AB}\perp\overline{CD}$이고 $\overline{AD}=\overline{BD}$일 때, 이 원의 반지름의 길이를 구하시오.

C
2
A
D
B
6

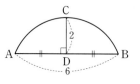

[05 ~ 07] 다음 그림의 원 O에서 x의 값을 구하시오.

05

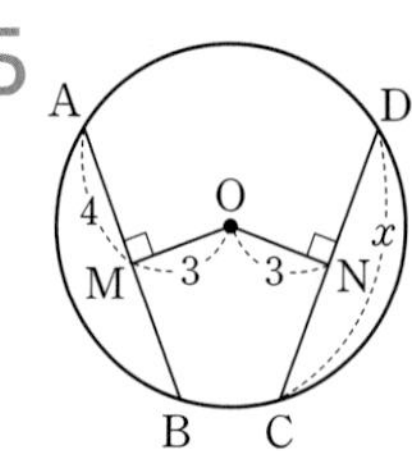

06

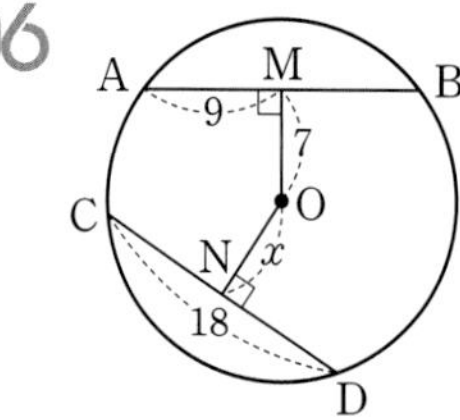

07

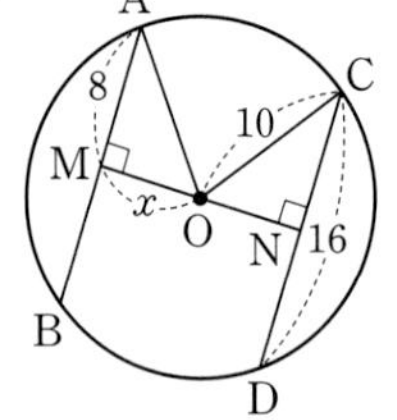

08 오른쪽 그림의 원 O에서 $\overline{OM}=\overline{ON}$일 때, $\angle x$의 크기를 구하시오.

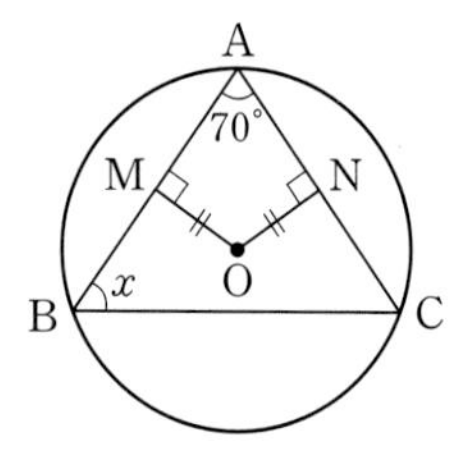

맞힌 개수 개/8개

정답 및 풀이 20쪽

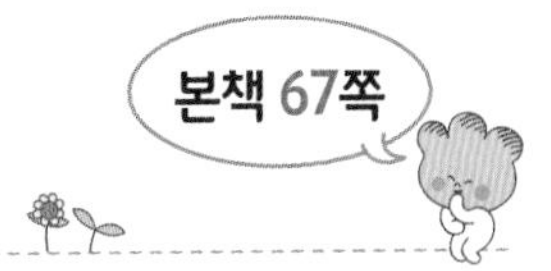

01 오른쪽 그림에서 $\overline{PA}$, $\overline{PB}$는 원 O의 접선이고, 두 점 A, B는 접점일 때, $\angle x$의 크기를 구하시오.

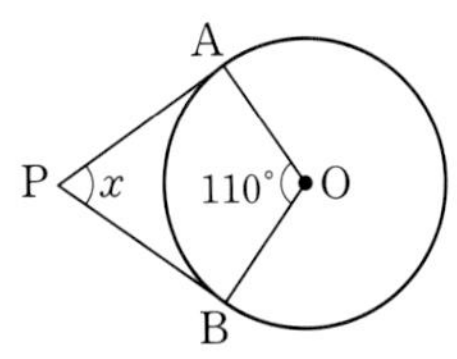

02 오른쪽 그림에서 $\overline{PA}$는 원 O의 접선이고, 점 A는 접점, 점 B는 원 O와 $\overline{OP}$의 교점일 때, x의 값을 구하시오.

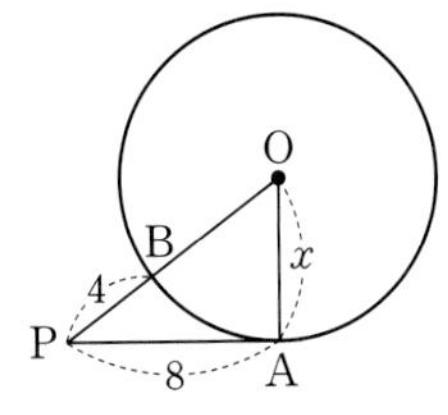

03 오른쪽 그림에서 $\overline{PA}$, $\overline{PB}$는 원 O의 접선이고, 두 점 A, B는 접점일 때, x의 값을 구하시오.

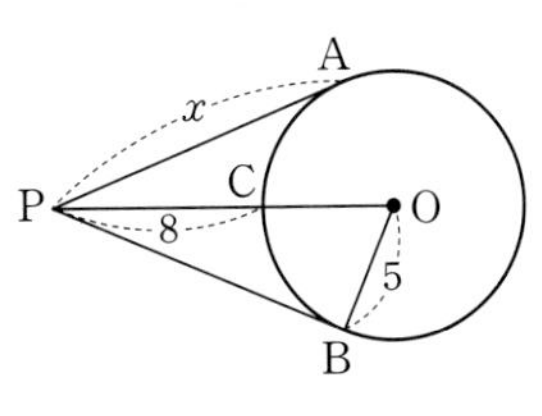

04 오른쪽 그림에서 $\overline{PA}$, $\overline{PB}$는 원 O의 접선이고, 두 점 A, B는 접점일 때, $\angle x$의 크기를 구하시오.

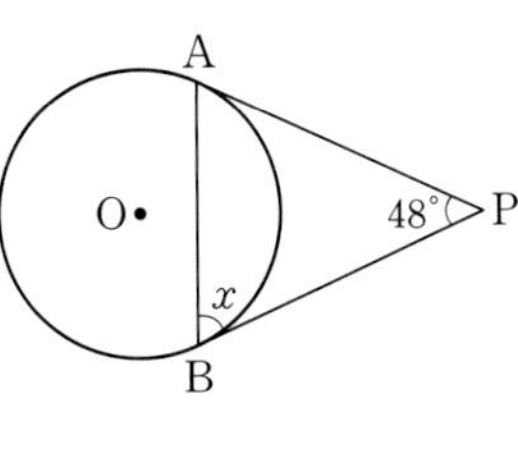

05 오른쪽 그림에서 $\overline{AD}$, $\overline{AE}$, $\overline{CB}$는 원 O의 접선이고, 세 점 D, E, F는 접점일 때, $\triangle ABC$의 둘레의 길이를 구하시오.

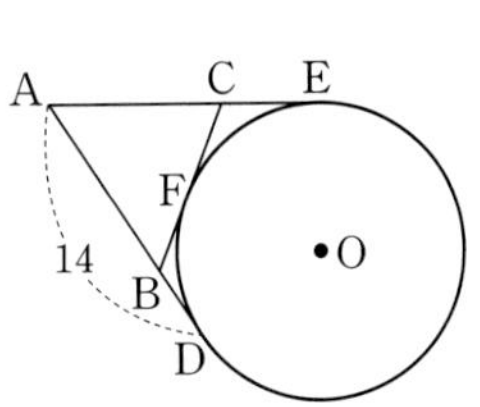

06 오른쪽 그림에서 원 O는 $\triangle ABC$의 내접원이고, 세 점 D, E, F는 접점일 때, x의 값을 구하시오.

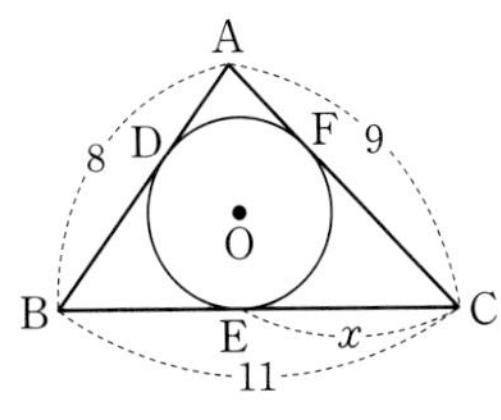

07 오른쪽 그림에서 원 O는 $\triangle ABC$의 내접원이고, 세 점 D, E, F는 접점일 때, $x+y+z$의 값을 구하시오.

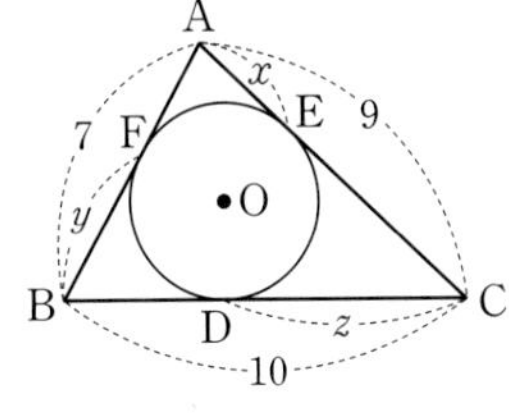

08 오른쪽 그림에서 □ABCD가 원 O에 외접할 때, x의 값을 구하시오.

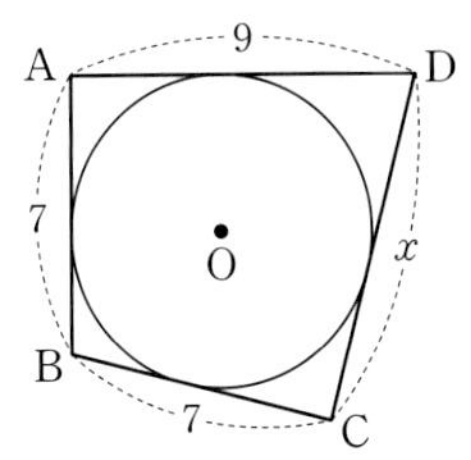

09 오른쪽 그림에서 □ABCD가 원 O에 외접할 때, □ABCD의 둘레의 길이를 구하시오.

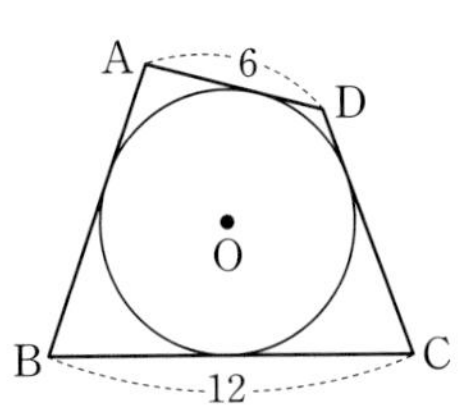

10 오른쪽 그림에서 □ABCD가 원 O에 외접할 때, x의 값을 구하시오.

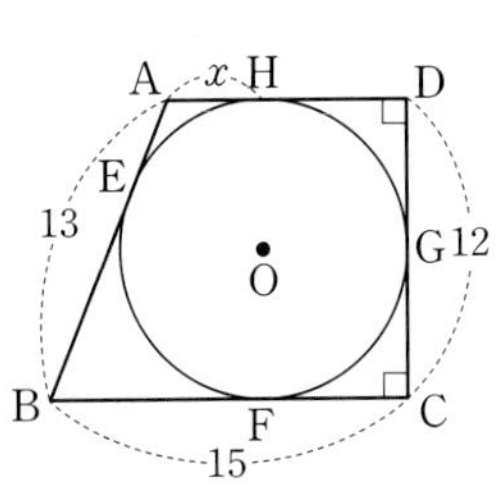

맞힌 개수 개/10개 ➲ 정답 및 풀이 20쪽

연산 능력 UP!

쌍둥이 10분 연산 TEST

[01 ~ 02] 다음 그림의 원 O에서 $\angle x$의 크기를 구하시오.

01

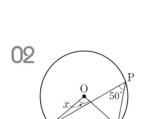

02

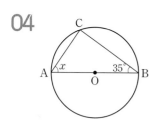

03 오른쪽 그림의 원 O에서 $\angle x$, $\angle y$의 크기를 각각 구하시오.

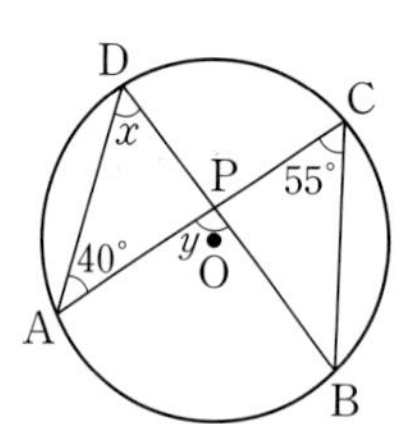

[04 ~ 05] 다음 그림에서 $\overline{AB}$가 원 O의 지름일 때, $\angle x$의 크기를 구하시오.

04

05

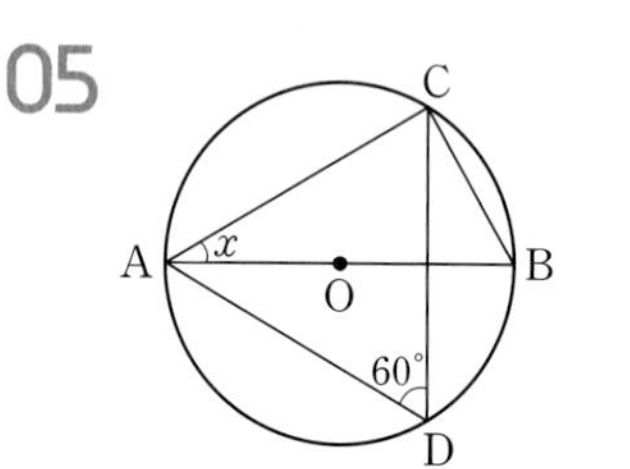

[06 ~ 07] 다음 그림의 원 O에서 x의 값을 구하시오.

06

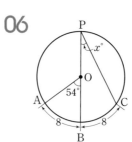

07

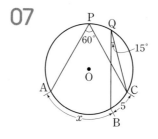

08 오른쪽 그림에서 원 O는 $\triangle ABC$의 외접원이다. $\widehat{AB}:\widehat{BC}:\widehat{CA}=3:4:5$일 때, $\angle x$, $\angle y$, $\angle z$의 크기를 각각 구하시오.

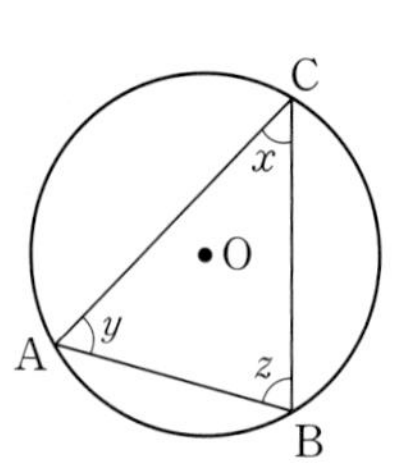

[09 ~ 10] 다음 그림에서 네 점 A, B, C, D가 한 원 위에 있을 때, $\angle x$의 크기를 구하시오.

09

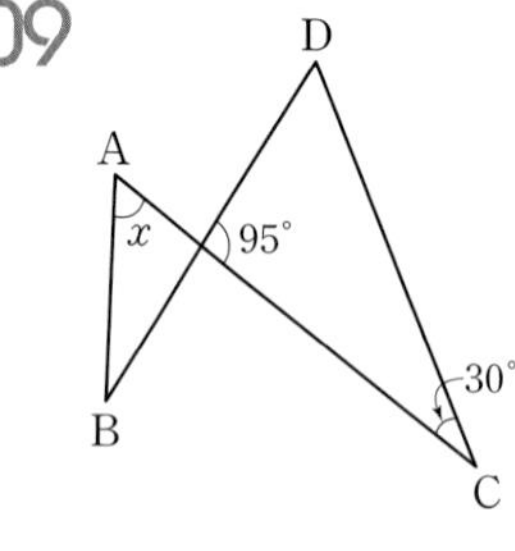

10

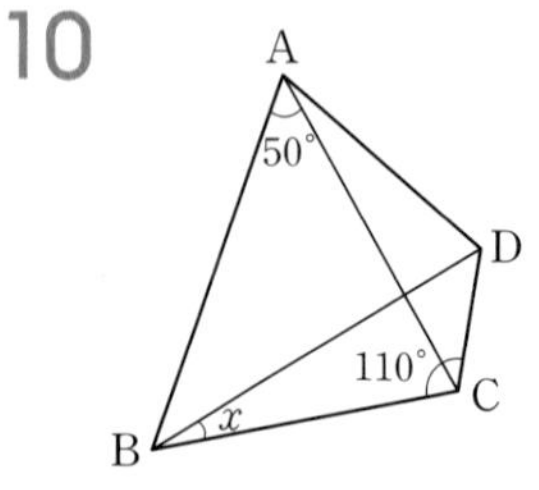

맞힌 개수 개/10개

정답 및 풀이 21쪽

본책 89쪽

[01~04] 다음 그림에서 □ABCD가 원 O에 내접할 때, $\angle x$, $\angle y$의 크기를 각각 구하시오.

01

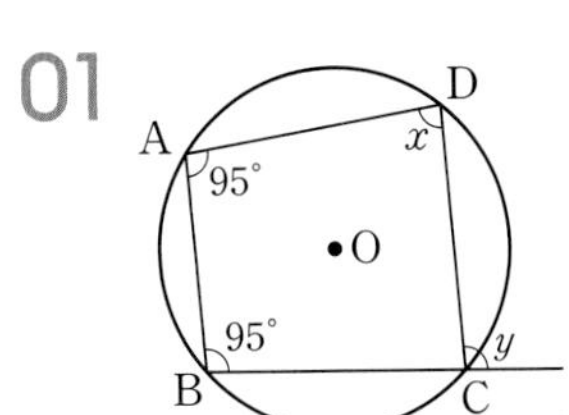

02

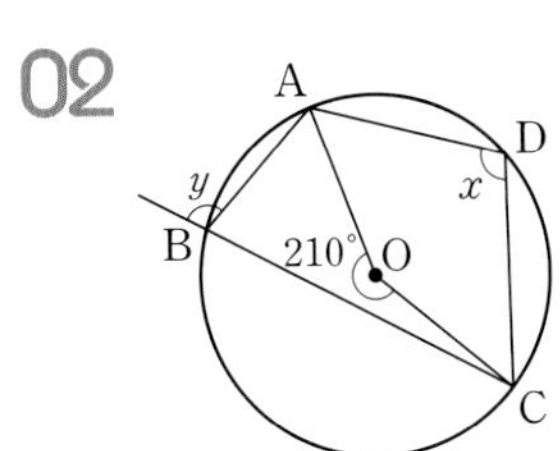

03

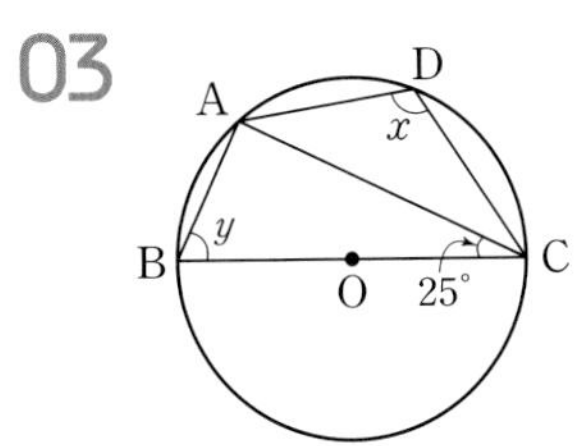

04

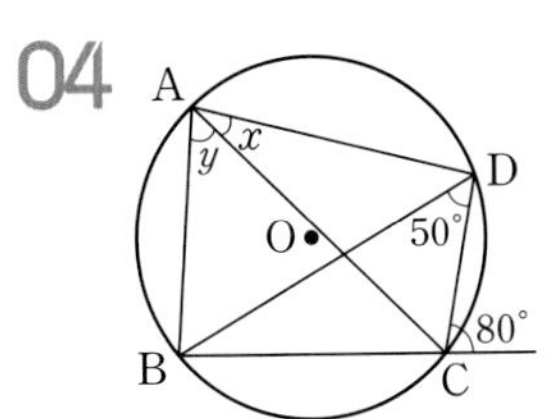

[05~06] 다음 그림에서 □ABCD가 원에 내접할 때, $\angle x$의 크기를 구하시오.

05

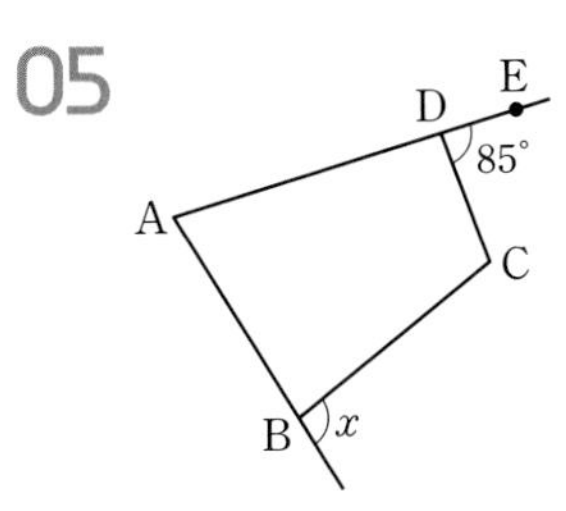

06

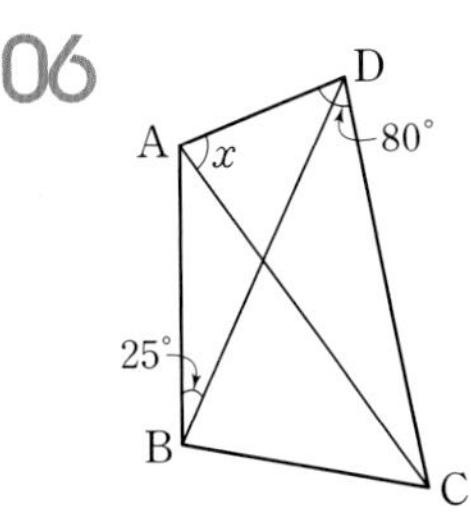

[07~09] 다음 그림에서 $\overleftrightarrow{AT}$는 원 O의 접선이고, 점 A는 그 접점일 때, $\angle x$의 크기를 구하시오.

07

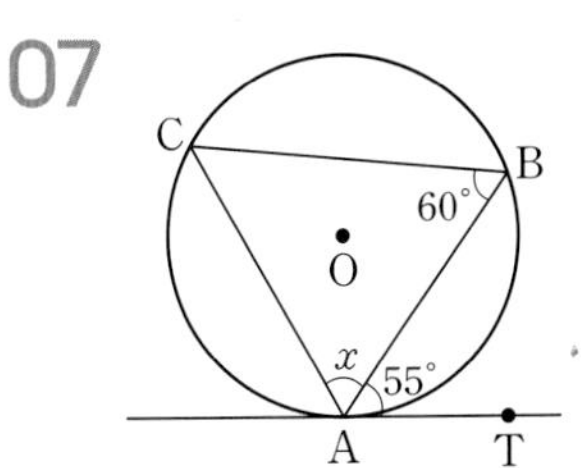

08

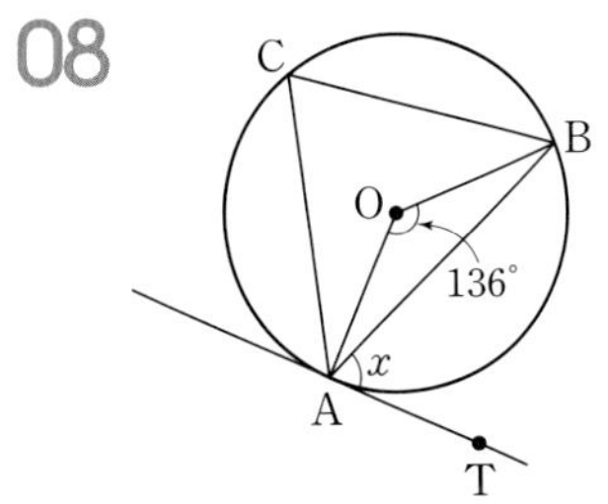

09

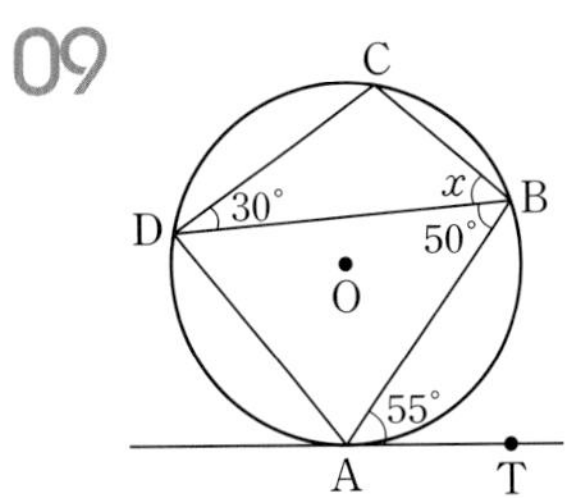

10 오른쪽 그림에서 $\overrightarrow{PT}$는 원 O의 접선이고, 점 T는 그 접점이다. $\overline{PB}$가 원 O의 중심을 지날 때, $\angle x$의 크기를 구하시오.

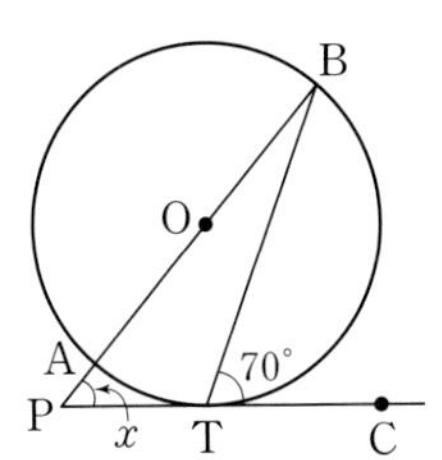

맞힌 개수 개/10개

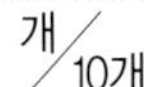

정답 및 풀이 21쪽

연산 능력 UP! 쌍둥이 10분 연산 TEST

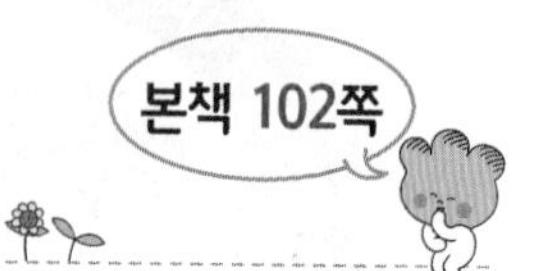

01 다음 자료의 평균을 구하시오.

13, 15, 24, 36, 12

02 다음 자료의 평균이 10일 때, x의 값을 구하시오.

4, 12, x, 6, 10, 13

[03 ~ 04] 다음 자료의 중앙값을 구하시오.

03 4, 8, 10, 2, 6

04 23, 16, 52, 33, 41, 50

05 다음은 자료의 변량을 작은 값부터 크기순으로 나열한 것이다. 이 자료의 중앙값이 25일 때, x의 값을 구하시오.

21, 22, 24, x, 28, 29

06 다음 자료의 최빈값을 구하시오.

1, 3, 2, 4, 5, 4, 3

07 다음 표는 서준이네 반 학생 24명을 대상으로 가족 수를 조사하여 나타낸 것이다. 이 자료의 최빈값을 구하시오.

가족 수(명)	2	3	4	5	6
도수(명)	2	10	8	3	1

[08 ~ 10] 아래 자료에서 다음을 구하시오.

12, 23, 15, 22, 15, 14, 11

08 평균

09 중앙값

10 최빈값

[11~12] 아래는 어느 독서 동아리 회원 20명이 여름 방학 동안 읽은 책의 수를 조사하여 줄기와 잎 그림으로 나타낸 것이다. 이 자료에 대하여 다음을 구하시오.

(0|1은 1권)

줄기	잎
0	1 1 2 2 3 4 5 6 7
1	0 1 1 3 6 6 6
2	2 3 5
3	2

11 중앙값

12 최빈값

맞힌 개수 개/12개

정답 및 풀이 22쪽

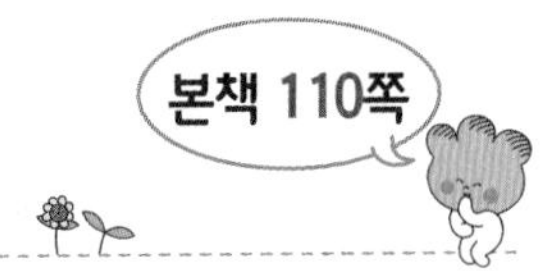

01 다음 자료의 평균이 7일 때, 표를 완성하시오.

변량	5	7	6	9	8
편차					

02 다음 자료의 평균을 구하고, 표를 완성하시오.

변량	8	4	9	2	7
편차					

03 어떤 자료의 편차가 다음과 같을 때, x의 값을 구하시오.

$-3,\ 1,\ -5,\ 11,\ x$

[04 ~ 05] 어떤 자료의 편차가 다음과 같을 때, 분산과 표준편차를 각각 구하시오.

04 $1,\ -3,\ 4,\ -2,\ 0$

05 $2,\ -3,\ 0,\ -1,\ 2$

[06 ~ 09] 다음은 5명의 학생 A, B, C, D, E의 줄넘기 2단 뛰기 횟수에 대한 편차를 나타낸 것이다. 이 학생들의 줄넘기 2단 뛰기 횟수의 평균이 8회일 때, 다음을 구하시오.

학생	A	B	C	D	E
편차(회)	2	-1	5	-4	x

06 x의 값

07 학생 E의 줄넘기 2단 뛰기 횟수

08 줄넘기 2단 뛰기 횟수의 분산

09 줄넘기 2단 뛰기 횟수의 표준편차

10 다음은 어느 반 학생 5명의 수행평가 점수를 조사하여 나타낸 것이다. 평균과 표준편차를 각각 구하시오.

(단위 : 점)

17, 11, 16, 12, 19

[11~12] 아래는 A, B 두 중학교 3학년 학생들의 수학 점수에 대한 평균과 표준편차를 조사하여 나타낸 것이다. 다음 설명 중 옳은 것에는 ○표, 옳지 않은 것에는 ×표를 하시오.

	A 중학교	B 중학교
평균(점)	74	74
표준편차(점)	6.3	5.9

11 A 중학교의 성적이 더 우수하다. (　　　)

12 B 중학교의 성적이 더 고르다. (　　　)

맞힌 개수 　개/12개

➲ 정답 및 풀이 23쪽

쌍둥이 10분 연산 TEST

[01~03] 아래는 양궁 대회에서 선수 10명의 1차 기록과 2차 기록을 조사하여 나타낸 것이다. 다음 물음에 답하시오.

번호	1	2	3	4	5	6	7	8	9	10
1차(점)	9	7	9	10	10	8	7	9	6	8
2차(점)	10	7	8	10	8	8	8	9	6	9

01 1차 기록을 x점, 2차 기록을 y점이라 할 때, x와 y에 대한 산점도를 그리시오.

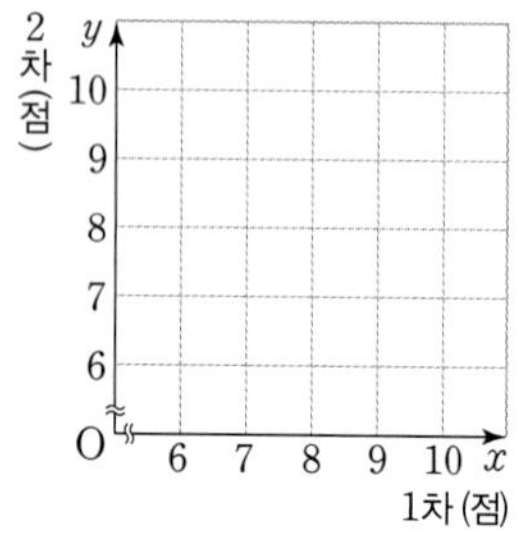

02 x와 y 사이에는 어떤 상관관계가 있는지 말하시오.

03 1차 점수가 9점 이상인 선수는 몇 명인지 구하시오.

04 다음 **보기**에서 두 변량 x와 y 사이에 상관관계가 없는 것을 모두 고르시오.

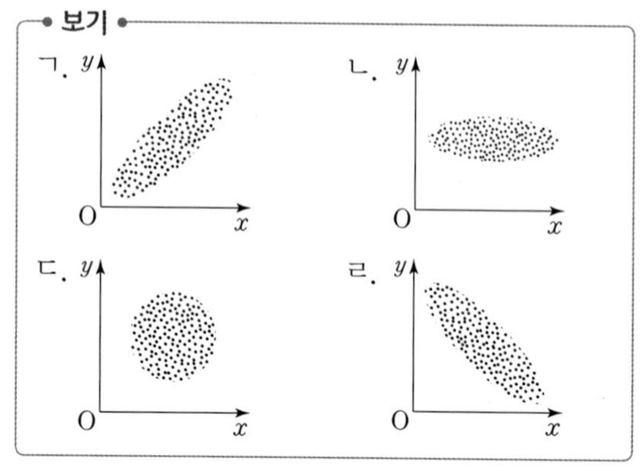

[05~09] 아래 그래프는 용진이네 반 학생 20명의 중간고사, 기말고사 성적에 대한 산점도이다. 다음 물음에 답하시오.

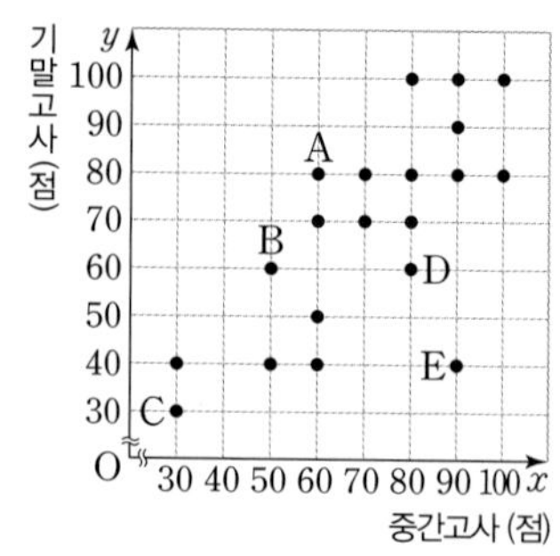

05 중간고사 성적이 90점 이상인 학생은 전체의 몇 %인지 구하시오.

06 기말고사 성적이 90점 이상인 학생은 전체의 몇 %인지 구하시오.

07 중간고사 성적과 기말고사 성적이 모두 90점 이상인 학생은 몇 명인지 구하시오.

08 중간고사 성적보다 기말고사 성적이 더 좋은 학생은 몇 명인지 구하시오.

09 A, B, C, D, E 중에서 중간고사 성적에 비해서 기말고사 성적이 가장 낮은 학생을 구하시오.

맞힌 개수 　　개/9개

➲ 정답 및 풀이 24쪽

정답 및 풀이

I 삼각비

1. 삼각비

쌍둥이 10분 연산 TEST 1회

2쪽

01 $3\sqrt{7}$ 02 $\sin A=\frac{\sqrt{2}}{3}$, $\cos A=\frac{\sqrt{7}}{3}$, $\tan A=\frac{\sqrt{14}}{7}$

03 $\sin C=\frac{\sqrt{7}}{3}$, $\cos C=\frac{\sqrt{2}}{3}$, $\tan C=\frac{\sqrt{14}}{2}$ 04 15

05 $\frac{\sqrt{5}}{5}$ 06 $\sin x=\frac{12}{13}$, $\tan y=\frac{5}{12}$ 07 $\frac{\sqrt{7}}{4}$

08 $\frac{\sqrt{2}}{2}$ 09 $\sqrt{3}$ 10 $\frac{\sqrt{6}}{3}$ 11 45° 12 $\sqrt{6}$

13 $y=\sqrt{3}x+5$

01 $\overline{AB}=\sqrt{9^2-(3\sqrt{2})^2}=\sqrt{63}=3\sqrt{7}$

02 $\sin A=\frac{3\sqrt{2}}{9}=\frac{\sqrt{2}}{3}$, $\cos A=\frac{3\sqrt{7}}{9}=\frac{\sqrt{7}}{3}$,

$\tan A=\frac{3\sqrt{2}}{3\sqrt{7}}=\frac{\sqrt{14}}{7}$

03 $\sin C=\frac{3\sqrt{7}}{9}=\frac{\sqrt{7}}{3}$, $\cos C=\frac{3\sqrt{2}}{9}=\frac{\sqrt{2}}{3}$,

$\tan C=\frac{3\sqrt{7}}{3\sqrt{2}}=\frac{\sqrt{14}}{2}$

04 $\sin A=\frac{\overline{BC}}{\overline{AC}}=\frac{9}{\overline{AC}}=\frac{3}{5}$이므로

$3\overline{AC}=45$ $\therefore \overline{AC}=15$

05 $\tan A=2$이므로 $\overline{AB}=1$, $\overline{BC}=2$인 직각삼각형 ABC를 그리면

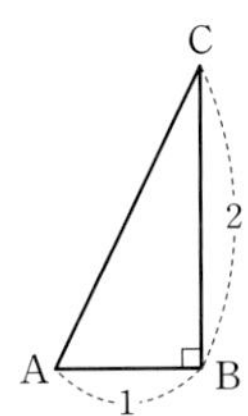

$\overline{AC}=\sqrt{1^2+2^2}=\sqrt{5}$

$\therefore \cos A=\frac{1}{\sqrt{5}}=\frac{\sqrt{5}}{5}$

06 $\triangle ABC \backsim \triangle HBA \backsim \triangle HAC$ (AA 닮음)이므로

$\angle x=\angle C$, $\angle y=\angle B$

$\triangle ABC$에서 $\overline{BC}=\sqrt{12^2+5^2}=\sqrt{169}=13$

$\therefore \sin x=\sin C=\frac{12}{13}$, $\tan y=\tan B=\frac{5}{12}$

07 $\triangle ABC \backsim \triangle EDC$ (AA 닮음)이므로 $\angle x=\angle B$

$\triangle ABC$에서 $\overline{AC}=\sqrt{4^2-3^2}=\sqrt{7}$

$\therefore \sin x=\sin B=\frac{\sqrt{7}}{4}$

08 $\angle AEG=90^\circ$이므로 직각삼각형 AEG에서

$\overline{EG}=\sqrt{5^2+5^2}=5\sqrt{2}$

$\therefore \tan x=\frac{\overline{AE}}{\overline{EG}}=\frac{5}{5\sqrt{2}}=\frac{\sqrt{2}}{2}$

09 $\sin 60^\circ \div \tan 45^\circ+\cos 30^\circ=\frac{\sqrt{3}}{2}\div 1+\frac{\sqrt{3}}{2}=\sqrt{3}$

10 $\tan 30^\circ \times \sin 45^\circ \div \cos 60^\circ=\frac{\sqrt{3}}{3}\times\frac{\sqrt{2}}{2}\div\frac{1}{2}$

$=\frac{\sqrt{3}}{3}\times\frac{\sqrt{2}}{2}\times 2$

$=\frac{\sqrt{6}}{3}$

11 $\tan A=1$이므로 $A=45^\circ$

12 $\triangle DBC$에서 $\tan 60^\circ=\frac{\overline{BC}}{2}=\sqrt{3}$ $\therefore \overline{BC}=2\sqrt{3}$

$\triangle ABC$에서 $\sin 45^\circ=\frac{\overline{AB}}{2\sqrt{3}}=\frac{\sqrt{2}}{2}$

$2\overline{AB}=2\sqrt{6}$ $\therefore \overline{AB}=\sqrt{6}$

13 (기울기)$=\tan 60^\circ=\sqrt{3}$

(y절편)$=5$

$\therefore y=\sqrt{3}x+5$

쌍둥이 10분 연산 TEST 2회

3쪽

01 $2\sqrt{3}$ 02 $\sin A=\frac{1}{2}$, $\cos A=\frac{\sqrt{3}}{2}$, $\tan A=\frac{\sqrt{3}}{3}$

03 $\sin C=\frac{\sqrt{3}}{2}$, $\cos C=\frac{1}{2}$, $\tan C=\sqrt{3}$ 04 10

05 $\frac{4}{5}$ 06 $\tan x=2$, $\cos y=\frac{2\sqrt{5}}{5}$ 07 $\frac{5\sqrt{34}}{34}$

08 $\frac{\sqrt{3}}{3}$ 09 0 10 $\frac{3}{4}$ 11 30° 12 6

13 $y=\frac{\sqrt{3}}{3}x-2\sqrt{3}$

01 $\overline{AC}=\sqrt{3^2+(\sqrt{3})^2}=\sqrt{12}=2\sqrt{3}$

02 $\sin A=\frac{\sqrt{3}}{2\sqrt{3}}=\frac{1}{2}$, $\cos A=\frac{3}{2\sqrt{3}}=\frac{\sqrt{3}}{2}$, $\tan A=\frac{\sqrt{3}}{3}$

03 $\sin C=\frac{3}{2\sqrt{3}}=\frac{\sqrt{3}}{2}$, $\cos C=\frac{\sqrt{3}}{2\sqrt{3}}=\frac{1}{2}$,

$\tan C=\frac{3}{\sqrt{3}}=\sqrt{3}$

04 $\tan A=\frac{\overline{BC}}{\overline{AB}}=\frac{\overline{BC}}{8}=\frac{5}{4}$이므로

$4\overline{BC}=40$ $\quad\therefore \overline{BC}=10$

05 $\cos A=\frac{3}{5}$이므로 $\overline{AC}=5$, $\overline{AB}=3$인

직각삼각형 ABC를 그리면

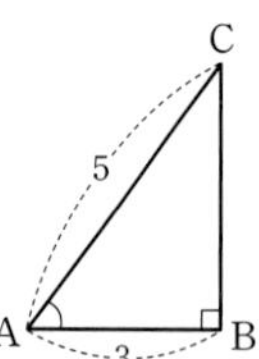

$\overline{BC}=\sqrt{5^2-3^2}=\sqrt{16}=4$

$\therefore \sin A=\frac{4}{5}$

06 △ABC∽△HBA∽△HAC (AA 닮음)이므로

$\angle x=\angle C$, $\angle y=\angle B$

△ABC에서 $\overline{AC}=\sqrt{(2\sqrt{5})^2-4^2}=\sqrt{4}=2$

$\therefore \tan x=\tan C=\frac{4}{2}=2$,

$\cos y=\cos B=\frac{4}{2\sqrt{5}}=\frac{2\sqrt{5}}{5}$

07 △ABC∽△EBD (AA 닮음)이므로 $\angle x=\angle C$

△ABC에서 $\overline{BC}=\sqrt{5^2+3^2}=\sqrt{34}$

$\therefore \sin x=\sin C=\frac{5}{\sqrt{34}}=\frac{5\sqrt{34}}{34}$

08 ∠DHF=90°이므로 직각삼각형 DFH에서

$\overline{FD}=\sqrt{3^2+3^2+3^2}=3\sqrt{3}$

$\therefore \sin x=\frac{\overline{DH}}{\overline{FD}}=\frac{3}{3\sqrt{3}}=\frac{\sqrt{3}}{3}$

09 $\tan 60^\circ\times\sin 30^\circ-\cos 30^\circ=\sqrt{3}\times\frac{1}{2}-\frac{\sqrt{3}}{2}=0$

10 $\cos 30^\circ\times\sin 30^\circ\div\tan 30^\circ=\frac{\sqrt{3}}{2}\times\frac{1}{2}\div\frac{\sqrt{3}}{3}$

$=\frac{\sqrt{3}}{2}\times\frac{1}{2}\times\frac{3}{\sqrt{3}}$

$=\frac{3}{4}$

11 $\sin A=\frac{1}{2}$이므로 $A=30^\circ$

12 △ABD에서 $\cos 60^\circ=\frac{\sqrt{3}}{\overline{BD}}=\frac{1}{2}$ $\quad\therefore \overline{BD}=2\sqrt{3}$

△DBC에서 $\tan 30^\circ=\frac{2\sqrt{3}}{\overline{CD}}=\frac{\sqrt{3}}{3}$

$\sqrt{3}\,\overline{CD}=6\sqrt{3}$ $\quad\therefore \overline{CD}=6$

13 (기울기)$=\tan 30^\circ=\frac{\sqrt{3}}{3}$

x절편이 6이므로

$y=\frac{\sqrt{3}}{3}x+b$로 놓고 $x=6$, $y=0$을 대입하면

$b=-2\sqrt{3}$

$\therefore y=\frac{\sqrt{3}}{3}x-2\sqrt{3}$

연산 능력 UP! 쌍둥이 10분 연산 TEST 1회

4쪽

01 0.6561	02 0.7547	03 0.8693	04 0.7547	
05 0.6561	06 $-\frac{\sqrt{3}}{3}$	07 2	08 $\frac{3}{4}$	09 0
10 cos 90°, sin 45°, tan 45°			11 0.6157	
12 0.7986	13 0.8391	14 57°	15 59°	16 58°

01 $\sin 41^\circ=\frac{\overline{AB}}{\overline{OA}}=\frac{\overline{AB}}{1}=\overline{AB}=0.6561$

02 $\cos 41^\circ=\frac{\overline{OB}}{\overline{OA}}=\frac{\overline{OB}}{1}=\overline{OB}=0.7547$

03 $\tan 41^\circ=\frac{\overline{CD}}{\overline{OD}}=\frac{\overline{CD}}{1}=\overline{CD}=0.8693$

04 △OAB에서 ∠OAB$=90^\circ-41^\circ=49^\circ$이므로

$\sin 49^\circ=\frac{\overline{OB}}{\overline{OA}}=\frac{\overline{OB}}{1}=\overline{OB}=0.7547$

05 $\cos 49^\circ=\frac{\overline{AB}}{\overline{OA}}=\frac{\overline{AB}}{1}=\overline{AB}=0.6561$

06 $\sin 0^\circ+\cos 90^\circ-\tan 30^\circ$

$=0+0-\frac{\sqrt{3}}{3}=-\frac{\sqrt{3}}{3}$

07 $\sin 90^\circ\div\sin 30^\circ+\tan 0^\circ$

$=1\div\frac{1}{2}+0=1\times 2+0=2$

08 $\cos 60^\circ\times\tan 0^\circ+\sin 60^\circ\times\cos 30^\circ$

$=\frac{1}{2}\times 0+\frac{\sqrt{3}}{2}\times\frac{\sqrt{3}}{2}=\frac{3}{4}$

09 $\cos 0^\circ - \sin 90^\circ + \cos 90^\circ \times \sin 0^\circ$
$= 1 - 1 + 0 \times 0 = 0$

10 $\sin 45^\circ = \frac{\sqrt{2}}{2}$, $\cos 90^\circ = 0$, $\tan 45^\circ = 1$이므로
작은 것부터 차례대로 나열하면
$\cos 90^\circ$, $\sin 45^\circ$, $\tan 45^\circ$

11 $\sin 38^\circ = 0.6157$

12 $\cos 37^\circ = 0.7986$

13 $\tan 40^\circ = 0.8391$

14 $\cos 57^\circ = 0.5446$ $\quad \therefore \angle x = 57^\circ$

15 $\tan 59^\circ = 1.6643$ $\quad \therefore \angle x = 59^\circ$

16 $\sin x = \frac{8.48}{10} = 0.848$
삼각비의 표에서
$\sin 58^\circ = 0.8480$이므로 $\angle x = 58^\circ$

5쪽

01 0.6820	02 0.7314	03 0.9325	04 0.7314	
05 0.6820	06 −2	07 0	08 1	09 2
10 $\cos 30^\circ$, $\sin 30^\circ$, $\tan 0^\circ$			11 0.9063	
12 0.4848	13 2.0503	14 23°	15 21°	16 20°

01 $\sin 43^\circ = \frac{\overline{AB}}{\overline{OA}} = \frac{\overline{AB}}{1} = \overline{AB} = 0.6820$

02 $\cos 43^\circ = \frac{\overline{OB}}{\overline{OA}} = \frac{\overline{OB}}{1} = \overline{OB} = 0.7314$

03 $\tan 43^\circ = \frac{\overline{CD}}{\overline{OD}} = \frac{\overline{CD}}{1} = \overline{CD} = 0.9325$

04 $\triangle OAB$에서 $\angle OAB = 90^\circ - 43^\circ = 47^\circ$이므로
$\sin 47^\circ = \frac{\overline{OB}}{\overline{OA}} = \frac{\overline{OB}}{1} = \overline{OB} = 0.7314$

05 $\cos 47^\circ = \frac{\overline{AB}}{\overline{OA}} = \frac{\overline{AB}}{1} = \overline{AB} = 0.6820$

06 $\sin 0^\circ \times \cos 0^\circ - 2\tan 45^\circ$
$= 0 \times 1 - 2 \times 1 = -2$

07 $3\sin 0^\circ + \cos 0^\circ - \sqrt{3}\tan 30^\circ$
$= 3 \times 0 + 1 - \sqrt{3} \times \frac{\sqrt{3}}{3} = 0$

08 $\tan 45^\circ \times \cos 0^\circ + \sin 0^\circ \times \cos 45^\circ$
$= 1 \times 1 + 0 \times \frac{\sqrt{2}}{2} = 1$

09 $\sin 90^\circ \times \tan 45^\circ + \cos 0^\circ - \tan 0^\circ$
$= 1 \times 1 + 1 - 0 = 2$

10 $\cos 30^\circ = \frac{\sqrt{3}}{2}$, $\tan 0^\circ = 0$, $\sin 30^\circ = \frac{1}{2}$이므로
큰 것부터 차례대로 나열하면
$\cos 30^\circ$, $\sin 30^\circ$, $\tan 0^\circ$

11 $\sin 65^\circ = 0.9063$

12 $\cos 61^\circ = 0.4848$

13 $\tan 64^\circ = 2.0503$

14 $\sin 23^\circ = 0.3907$ $\quad \therefore \angle x = 23^\circ$

15 $\tan 21^\circ = 0.3839$ $\quad \therefore \angle x = 21^\circ$

16 $\cos x = \frac{93.97}{100} = 0.9397$
삼각비의 표에서
$\cos 20^\circ = 0.9397$이므로 $\angle x = 20^\circ$

2. 삼각비의 활용

쌍둥이 10분 연산 TEST 1회

6쪽

01 $x=8.3$, $y=5.6$	**02** $2\sqrt{7}$
03 $2\sqrt{6}$	**04** $50(\sqrt{3}-1)$
05 $6(3+\sqrt{3})$	**06** $20\sqrt{2}$
07 $18\sqrt{3}$	**08** $30\sqrt{3}$

01 $\sin 56^\circ=\frac{x}{10}$이므로 $x=10\sin 56^\circ=10\times0.83=8.3$

$\cos 56^\circ=\frac{y}{10}$이므로 $y=10\cos 56^\circ=10\times0.56=5.6$

02 꼭짓점 A에서 $\overline{BC}$에 내린 수선의 발을 H라 하면 △ABH에서

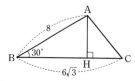

$\overline{AH}=8\sin 30^\circ=8\times\frac{1}{2}=4$

$\overline{BH}=8\cos 30^\circ=8\times\frac{\sqrt{3}}{2}=4\sqrt{3}$

$\therefore \overline{CH}=6\sqrt{3}-4\sqrt{3}=2\sqrt{3}$

$\therefore \overline{AC}=\sqrt{4^2+(2\sqrt{3})^2}=\sqrt{28}=2\sqrt{7}$

03 꼭짓점 C에서 $\overline{AB}$에 내린 수선의 발을 H라 하면 △BCH에서

$\overline{CH}=4\sin 60^\circ=4\times\frac{\sqrt{3}}{2}=2\sqrt{3}$

△ABC에서

$\angle A=180^\circ-(60^\circ+75^\circ)=45^\circ$

△ACH에서

$\overline{AC}=\frac{\overline{CH}}{\sin 45^\circ}=2\sqrt{3}\div\frac{\sqrt{2}}{2}=2\sqrt{3}\times\frac{2}{\sqrt{2}}=2\sqrt{6}$

04 △ABH에서 $\angle BAH=90^\circ-45^\circ=45^\circ$이므로

$\overline{BH}=h\tan 45^\circ=h\times1=h$

△ACH에서 $\angle CAH=90^\circ-30^\circ=60^\circ$이므로

$\overline{CH}=h\tan 60^\circ=h\times\sqrt{3}=\sqrt{3}h$

$\overline{BC}=\overline{BH}+\overline{CH}$이므로

$100=h+\sqrt{3}h=(1+\sqrt{3})h$

$\therefore h=100\times\frac{1}{1+\sqrt{3}}=\frac{100(1-\sqrt{3})}{(1+\sqrt{3})(1-\sqrt{3})}$
$=50(\sqrt{3}-1)$

05 △ABH에서 $\angle BAH=90^\circ-45^\circ=45^\circ$이므로

$\overline{BH}=h\tan 45^\circ=h\times1=h$

△ACH에서 $\angle CAH=120^\circ-90^\circ=30^\circ$

$\overline{CH}=h\tan 30^\circ=h\times\frac{\sqrt{3}}{3}=\frac{\sqrt{3}}{3}h$

$\overline{BC}=\overline{BH}-\overline{CH}$이므로

$12=h-\frac{\sqrt{3}}{3}h=\frac{3-\sqrt{3}}{3}h$

$\therefore h=12\times\frac{3}{3-\sqrt{3}}=\frac{36(3+\sqrt{3})}{(3-\sqrt{3})(3+\sqrt{3})}$
$=6(3+\sqrt{3})$

06 $\angle B=180^\circ-(20^\circ+25^\circ)=135^\circ$이므로

$\triangle ABC=\frac{1}{2}\times10\times8\times\sin(180^\circ-135^\circ)$
$=\frac{1}{2}\times10\times8\times\sin 45^\circ$
$=\frac{1}{2}\times10\times8\times\frac{\sqrt{2}}{2}=20\sqrt{2}$

07 $\overline{BC}=\overline{AB}=6$이므로

$\square ABCD=6\times6\times\sin 60^\circ$
$=6\times6\times\frac{\sqrt{3}}{2}=18\sqrt{3}$

08 $\square ABCD=\frac{1}{2}\times10\times12\times\sin(180^\circ-120^\circ)$
$=\frac{1}{2}\times10\times12\times\sin 60^\circ$
$=\frac{1}{2}\times10\times12\times\frac{\sqrt{3}}{2}=30\sqrt{3}$

쌍둥이 10분 연산 TEST 2회

7쪽

01 $x=5.53$, $y=4.34$	**02** $2\sqrt{19}$
03 $8\sqrt{2}$	**04** $6(3-\sqrt{3})$
05 $3\sqrt{3}$	**06** $4\sqrt{3}$
07 50	**08** 10

01 $\cos 38^\circ=\frac{x}{7}$이므로 $x=7\cos 38^\circ=7\times0.79=5.53$

$\sin 38^\circ=\frac{y}{7}$이므로 $y=7\sin 38^\circ=7\times0.62=4.34$

02 꼭짓점 A에서 $\overline{BC}$에 내린 수선의 발을 H라 하면 △ABH에서

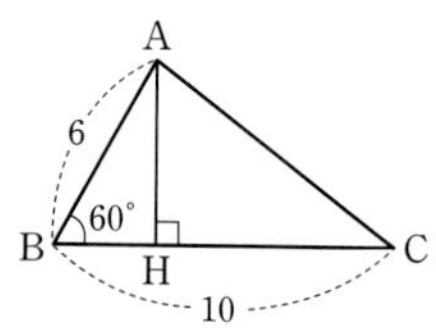

$\overline{AH}=6\sin 60^\circ=6\times\frac{\sqrt{3}}{2}=3\sqrt{3}$

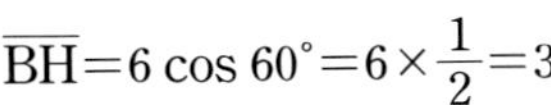

$\overline{BH}=6\cos 60^\circ=6\times\frac{1}{2}=3$

$\therefore\ \overline{CH}=10-3=7$

$\therefore\ \overline{AC}=\sqrt{(3\sqrt{3})^2+7^2}=\sqrt{76}=2\sqrt{19}$

03 꼭짓점 A에서 $\overline{BC}$에 내린 수선의 발을 H라 하면

△ACH에서

$\overline{AH}=8\sin 45^\circ=8\times\frac{\sqrt{2}}{2}=4\sqrt{2}$

△ABC에서 $\angle B=180^\circ-(105^\circ+45^\circ)=30^\circ$이므로

△ABH에서

$\overline{AB}=\frac{\overline{AH}}{\sin 30^\circ}=4\sqrt{2}\div\frac{1}{2}=4\sqrt{2}\times 2=8\sqrt{2}$

04 △ABH에서 $\angle BAH=90^\circ-45^\circ=45^\circ$이므로

$\overline{BH}=h\tan 45^\circ=h\times 1=h$

△ACH에서 $\angle CAH=90^\circ-60^\circ=30^\circ$이므로

$\overline{CH}=h\tan 30^\circ=h\times\frac{\sqrt{3}}{3}=\frac{\sqrt{3}}{3}h$

$\overline{BC}=\overline{BH}+\overline{CH}$이므로

$12=h+\frac{\sqrt{3}}{3}h=\frac{3+\sqrt{3}}{3}h$

$\therefore\ h=12\times\frac{3}{3+\sqrt{3}}=\frac{36(3-\sqrt{3})}{(3+\sqrt{3})(3-\sqrt{3})}$

$=6(3-\sqrt{3})$

05 △ABH에서 $\angle BAH=90^\circ-30^\circ=60^\circ$이므로

$\overline{BH}=h\tan 60^\circ=h\times\sqrt{3}=\sqrt{3}h$

△ACH에서 $\angle CAH=90^\circ-60^\circ=30^\circ$

$\overline{CH}=h\tan 30^\circ=h\times\frac{\sqrt{3}}{3}=\frac{\sqrt{3}}{3}h$

$\overline{BC}=\overline{BH}-\overline{CH}$이므로

$6=\sqrt{3}h-\frac{\sqrt{3}}{3}h=\frac{2\sqrt{3}}{3}h$

$\therefore\ h=6\times\frac{3}{2\sqrt{3}}=3\sqrt{3}$

06 $\overline{AB}=\overline{AC}=4$이므로 $\angle B=\angle C=30^\circ$

$\angle A=180^\circ-2\times 30^\circ=120^\circ$이므로

$\triangle ABC=\frac{1}{2}\times 4\times 4\times\sin(180^\circ-120^\circ)$

$=\frac{1}{2}\times 4\times 4\times\sin 60^\circ$

$=\frac{1}{2}\times 4\times 4\times\frac{\sqrt{3}}{2}=4\sqrt{3}$

07 $\overline{AD}=\overline{AB}=10$이므로

$\square ABCD=10\times 10\times\sin(180^\circ-150^\circ)$

$=10\times 10\times\sin 30^\circ$

$=10\times 10\times\frac{1}{2}=50$

08 $\square ABCD=\frac{1}{2}\times 5\times 8\times\sin(180^\circ-150^\circ)$

$=\frac{1}{2}\times 5\times 8\times\sin 30^\circ$

$=\frac{1}{2}\times 5\times 8\times\frac{1}{2}=10$

II 원의 성질

1. 원과 직선

쌍둥이 10분 연산 TEST 8쪽

01 8	02 $6\sqrt{3}$	03 $\frac{25}{6}$	04 $\frac{13}{4}$	05 8
06 7	07 6	08 55°		

01 $x=\frac{1}{2}\times16=8$

02 직각삼각형 OAM에서
$\overline{AM}=\sqrt{6^2-3^2}=\sqrt{27}=3\sqrt{3}$
$\therefore x=2\times3\sqrt{3}=6\sqrt{3}$

03 $\overline{BM}=\overline{AM}=4$, $\overline{OM}=x-3$이므로
직각삼각형 OBM에서
$x^2=(x-3)^2+4^2$, $x^2=x^2-6x+25$
$6x=25 \qquad \therefore x=\frac{25}{6}$

04 오른쪽 그림과 같이 원의 중심을 O라 하고 $\overline{OA}$, $\overline{OD}$를 긋자.
원 O의 반지름의 길이를 r라 하면 직각삼각형 OAD에서
$r^2=(r-2)^2+3^2$, $r^2=r^2-4r+4+9$
$4r=13 \qquad \therefore r=\frac{13}{4}$
따라서 원의 반지름의 길이는 $\frac{13}{4}$이다.

05 $\overline{OM}=\overline{ON}=3$이므로
$\overline{AB}=\overline{CD}=x$
$\therefore x=2\times4=8$

06 $\overline{AB}=2\overline{AM}=2\times9=18$
$\overline{AB}=\overline{CD}$이므로 $x=7$

07 $\overline{AB}=2\overline{AM}=2\times8=16$
$\overline{AB}=\overline{CD}$이므로
$\overline{ON}=\overline{OM}=x$
직각삼각형 OCN에서
$x=\sqrt{10^2-8^2}=\sqrt{36}=6$

08 $\overline{OM}=\overline{ON}$이므로
$\overline{AB}=\overline{AC}$
따라서 △ABC는 이등변삼각형이므로
$\angle x=\frac{1}{2}\times(180°-70°)$
$=\frac{1}{2}\times110°=55°$

쌍둥이 10분 연산 TEST 9쪽

01 70°	02 6	03 12	04 66°	05 28
06 6	07 13	08 9	09 36	10 4

01 □APBO에서 ∠PAO=∠PBO=90°이므로
$\angle x=360°-(90°+110°+90°)$
$=360°-290°=70°$

02 $\overline{OB}=\overline{OA}=x$
∠PAO=90°이므로 직각삼각형 PAO에서
$(x+4)^2=8^2+x^2$, $x^2+8x+16=64+x^2$
$8x=48 \qquad \therefore x=6$

03 $\overline{OC}=\overline{OB}=5$이므로 $\overline{OP}=13$
∠PBO=90°이므로 직각삼각형 PBO에서
$\overline{PB}=\sqrt{13^2-5^2}=\sqrt{144}=12$
$\overline{PA}=\overline{PB}$이므로 $x=12$

04 △PAB는 $\overline{PA}=\overline{PB}$인 이등변삼각형이므로
$\angle x=\frac{1}{2}\times(180°-48°)$
$=\frac{1}{2}\times132°=66°$

05 $\overline{BC}=\overline{BF}+\overline{CF}$이고 $\overline{BF}=\overline{BD}$, $\overline{CF}=\overline{CE}$이므로
$\overline{AB}+\overline{BC}+\overline{CA}=\overline{AB}+\overline{BF}+\overline{CF}+\overline{CA}$
$=\overline{AB}+\overline{BD}+\overline{CE}+\overline{CA}$
$=\overline{AD}+\overline{AE}$
$\overline{AE}=\overline{AD}=14$
따라서 △ABC의 둘레의 길이는
$\overline{AD}+\overline{AE}=14+14=28$

06 $\overline{CF}=\overline{CE}=x$이므로
$\overline{AD}=\overline{AF}=9-x$,

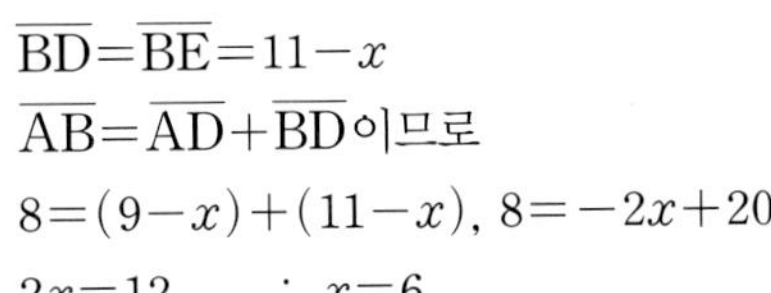

$\overline{BD}=\overline{BE}=11-x$

$\overline{AB}=\overline{AD}+\overline{BD}$이므로

$8=(9-x)+(11-x)$, $8=-2x+20$

$2x=12 \quad \therefore x=6$

07 $\overline{AF}=\overline{AE}=x$, $\overline{BD}=\overline{BF}=y$, $\overline{CE}=\overline{CD}=z$이므로

$x+y+z=\frac{1}{2}\times(7+10+9)=13$

08 $\overline{AD}+\overline{BC}=\overline{AB}+\overline{CD}$이므로

$9+7=7+x \quad \therefore x=9$

09 $\overline{AD}+\overline{BC}=\overline{AB}+\overline{CD}$이므로

□ABCD의 둘레의 길이는

$2\times(6+12)=36$

10 $\overline{DH}=\overline{DG}=\frac{1}{2}\times 12=6$이므로

$\overline{AD}=x+6$

$\overline{AD}+\overline{BC}=\overline{AB}+\overline{CD}$이므로

$x+6+15=13+12 \quad \therefore x=4$

2. 원주각

쌍둥이 10분 연산 TEST 10쪽

01 110°	**02** 100°	**03** $\angle x=55^\circ$, $\angle y=95^\circ$	**04** 55°
05 30°	**06** 27	**07** 15	
08 $\angle x=45^\circ$, $\angle y=60^\circ$, $\angle z=75^\circ$	**09** 55°	**10** 20°	

01 $\angle x=\frac{1}{2}\times(360^\circ-140^\circ)=\frac{1}{2}\times 220^\circ=110^\circ$

02 $\angle x=2\times 50^\circ=100^\circ$

03 $\angle x=\angle ACB=55^\circ$

△APD에서

$\angle y=40^\circ+55^\circ=95^\circ$

04 $\overline{AB}$가 원 O의 지름이므로 $\angle ACB=90^\circ$

$\therefore \angle x=180^\circ-(35^\circ+90^\circ)=55^\circ$

05 $\angle ABC=\angle ADC=60^\circ$

$\overline{AB}$가 원 O의 지름이므로 $\angle ACB=90^\circ$

△ABC에서

$\angle x=180^\circ-(60^\circ+90^\circ)=30^\circ$

06 $\overline{AP}$를 그으면 $\widehat{AB}=\widehat{BC}$이므로

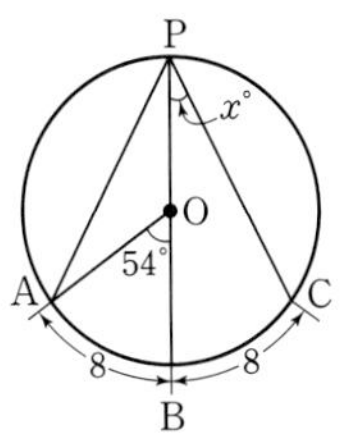

$\angle APB=\angle BPC$

$=\frac{1}{2}\angle AOB$

$=\frac{1}{2}\times 54^\circ=27^\circ$

$\therefore x=27$

07 $\angle APC : \angle BQC=\widehat{AC} : \widehat{BC}$이므로

$60^\circ : 15^\circ=(x+5) : 5$

즉, $4 : 1=(x+5) : 5$

$x+5=20 \quad \therefore x=15$

08 $\angle x : \angle y : \angle z=\widehat{AB} : \widehat{BC} : \widehat{CA}=3 : 4 : 5$이므로

$\angle x=180^\circ\times\frac{3}{3+4+5}=180^\circ\times\frac{3}{12}=45^\circ$

$\angle y=180^\circ\times\frac{4}{3+4+5}=180^\circ\times\frac{4}{12}=60^\circ$

$\angle z=180^\circ\times\frac{5}{3+4+5}=180^\circ\times\frac{5}{12}=75^\circ$

09 $\angle BDC=\angle BAC=\angle x$이므로

$\angle x+95^\circ+30^\circ=180^\circ \quad \therefore \angle x=55^\circ$

10 $\angle BAC=\angle BDC=50^\circ$이므로

△BCD에서

$\angle x=180^\circ-(110^\circ+50^\circ)=20^\circ$

쌍둥이 10분 연산 TEST 11쪽

01 $\angle x=85^\circ$, $\angle y=95^\circ$		**02** $\angle x=105^\circ$, $\angle y=105^\circ$		
03 $\angle x=115^\circ$, $\angle y=65^\circ$		**04** $\angle x=30^\circ$, $\angle y=50^\circ$		
05 95°	**06** 75°	**07** 65°	**08** 68°	**09** 45°
10 50°				

01 $\angle y=\angle A=95^\circ$

$\angle x=180^\circ-95^\circ=85^\circ$

02 $\angle x=\frac{1}{2}\times 210°=105°$

$\angle y=\angle x=105°$

03 $\angle BAC=90°$이므로 $\triangle ABC$에서

$\angle y=180°-(25°+90°)=65°$

$\angle x+65°=180°$이므로 $\angle x=115°$

04 $\angle y=\angle BDC=50°$

$\angle x+50°=80°$이므로 $\angle x=30°$

05 $\angle ABC=\angle CDE=85°$이므로

$\angle x=180°-85°=95°$

06 $\angle ABC=180°-80°=100°$이므로

$\angle DBC=100°-25°=75°$

$\therefore \angle x=\angle DBC=75°$

07 $\angle BCA=\angle BAT=55°$이므로

$\triangle ABC$에서

$\angle x=180°-(60°+55°)=65°$

08 $\angle BCA=\frac{1}{2}\times 136°=68°$

$\angle x=\angle BCA=68°$

09 $\angle ADB=\angle BAT=55°$

□ABCD는 원에 내접하므로

$\angle x=180°-(30°+55°+50°)=45°$

10 $\overline{AT}$를 그으면

$\angle BAT=\angle BTC=70°$,

$\angle ATB=90°$이므로

$\triangle BAT$에서

$\angle ABT=180°-(70°+90°)=20°$

$\triangle BPT$에서

$\angle x+20°=70°$

$\therefore \angle x=50°$

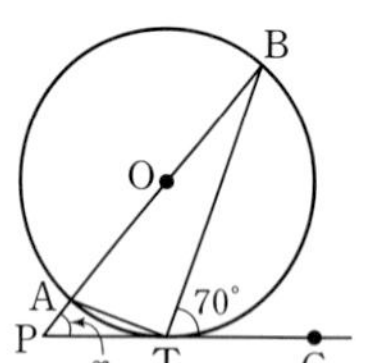

III 통계

1. 대푯값과 산포도

쌍둥이 10분 연산 TEST

12쪽

01 20 **02** 15 **03** 6 **04** 37 **05** 26
06 3, 4 **07** 3명 **08** 16 **09** 15 **10** 15
11 10.5권 **12** 16권

01 $(평균)=\frac{13+15+24+36+12}{5}=\frac{100}{5}=20$

02 $\frac{4+12+x+6+10+13}{6}=10$이므로

$\frac{45+x}{6}=10,\ 45+x=60 \qquad \therefore x=15$

03 변량을 작은 값부터 크기순으로 나열하면

2, 4, 6, 8, 10

이므로 중앙값은 6이다.

04 변량을 작은 값부터 크기순으로 나열하면

16, 23, 33, 41, 50, 52

이므로 중앙값은 $\frac{33+41}{2}=\frac{74}{2}=37$

05 $(중앙값)=\frac{24+x}{2}=25$

$24+x=50 \qquad \therefore x=26$

06 변량을 작은 값부터 크기순으로 나열하면

1, 2, 3, 3, 4, 4, 5

3이 2개, 4가 2개, 1, 2, 5가 각각 1개이므로 자료에서 가장 많이 나타난 값은 3과 4이다.

따라서 최빈값은 3과 4이다.

07 가족 수가 3명인 도수가 10명으로 가장 크므로 최빈값은 3명이다.

08 $(평균)=\frac{12+23+15+22+15+14+11}{7}=\frac{112}{7}=16$

09 변량을 작은 값부터 크기순으로 나열하면

11, 12, 14, 15, 15, 22, 23

이므로 중앙값은 15이다.

10 15가 2개, 11, 12, 14, 22, 23이 각각 1개이므로 자료에서 가장 많이 나타난 값은 15이다.
따라서 최빈값은 15이다.

11 변량의 개수가 20이므로 중앙값은 변량을 작은 값부터 크기순으로 나열했을 때 10번째와 11번째 변량의 평균이다.
10번째 변량이 10, 11번째 변량이 11이므로
중앙값은 $\frac{10+11}{2}=10.5$(권)

12 16권의 도수가 3명으로 가장 크므로 최빈값은 16권이다.

쌍둥이 10분 연산 TEST

13쪽

01 $-2, 0, -1, 2, 1$ **02** 평균 : 6, 편차 : $2, -2, 3, -4, 1$
03 -4 **04** 분산 : 6, 표준편차 : $\sqrt{6}$
05 분산 : $\frac{18}{5}$, 표준편차 : $\sqrt{\frac{18}{5}}$ **06** -2 **07** 6회
08 10 **09** $\sqrt{10}$회 **10** 평균 : 15점, 표준편차 : $\sqrt{\frac{46}{5}}$점
11 × **12** ○

01 (편차)=(변량)−(평균)이므로
각 변량의 편차는 $-2, 0, -1, 2, 1$이다.

02 (평균)$=\frac{8+4+9+2+7}{5}=\frac{30}{5}=6$이므로
각 변량의 편차는 $2, -2, 3, -4, 1$이다.

03 편차의 총합은 0이므로
$(-3)+1+(-5)+11+x=0$ $\therefore x=-4$

04 (분산)$=\frac{1^2+(-3)^2+4^2+(-2)^2+0^2}{5}=\frac{30}{5}=6$
(표준편차)$=\sqrt{6}$

05 (분산)$=\frac{2^2+(-3)^2+0^2+(-1)^2+2^2}{5}=\frac{18}{5}$
(표준편차)$=\sqrt{\frac{18}{5}}$

06 편차의 총합은 0이므로
$2+(-1)+5+(-4)+x=0$ $\therefore x=-2$

07 (편차)=(변량)−(평균)이므로
(변량)=(평균)+(편차)
따라서 학생 E의 줄넘기 2단 뛰기 횟수는
$8+(-2)=8-2=6$(회)

08 (분산)$=\frac{2^2+(-1)^2+5^2+(-4)^2+(-2)^2}{5}=\frac{50}{5}=10$

09 (표준편차)$=\sqrt{10}$(회)

10 (평균)$=\frac{17+11+16+12+19}{5}=\frac{75}{5}=15$(점)
각 변량의 편차는 $2, -4, 1, -3, 4$
(분산)$=\frac{2^2+(-4)^2+1^2+(-3)^2+4^2}{5}=\frac{46}{5}$
(표준편차)$=\sqrt{\frac{46}{5}}$(점)

11 A 중학교와 B 중학교의 평균이 같으므로 A 중학교의 성적이 더 우수하다고 할 수 없다.

12 B 중학교의 표준편차가 A 중학교의 표준편차보다 작으므로 B 중학교의 성적이 더 고르다고 할 수 있다.

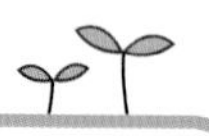

2. 산점도와 상관관계

쌍둥이 10분 연산 TEST 14쪽

01 풀이 참조 **02** 양의 상관관계 **03** 5명
04 ㄴ, ㄷ **05** 30 % **06** 20 % **07** 3명 **08** 7명
09 E

01 순서쌍 (x, y)를 구하면
$(9, 10)$, $(7, 7)$, $(9, 8)$, $(10, 10)$, $(10, 8)$, $(8, 8)$, $(7, 8)$, $(9, 9)$, $(6, 6)$, $(8, 9)$
이므로 순서쌍 (x, y)를 좌표평면 위에 나타내면 다음 그림과 같다.

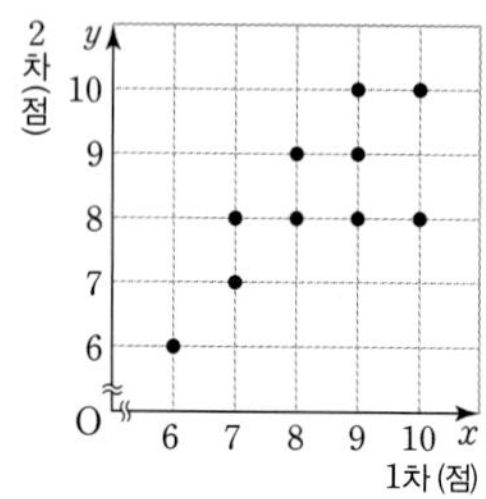

02 x의 값이 증가함에 따라 y의 값도 대체로 증가하는 관계가 있으므로 양의 상관관계가 있다.

03 x좌표가 9 이상인 점은 5개이므로 1차 점수가 9점 이상인 선수는 5명이다.

04 x의 값이 증가함에 따라 y의 값이 증가하거나 감소하지 않는 것은 ㄴ, ㄷ이다.

05 x좌표가 90 이상인 점은 6개이므로 중간고사 성적이 90점 이상인 학생은 6명이다.

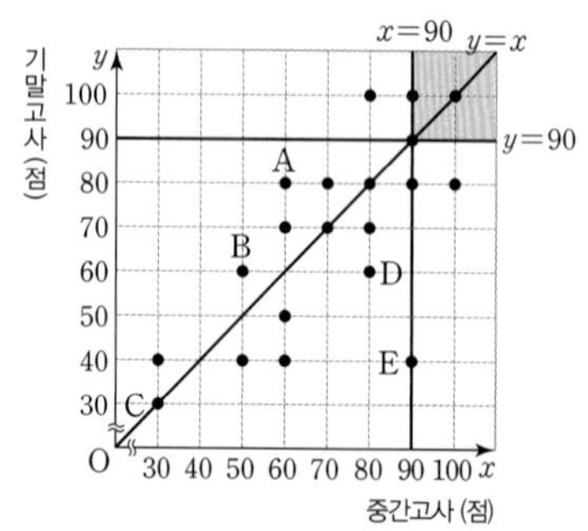

$\therefore \frac{6}{20} \times 100 = 30(\%)$

06 y좌표가 90 이상인 점은 4개이므로 기말고사 성적이 90점 이상인 학생은 4명이다.

$\therefore \frac{4}{20} \times 100 = 20(\%)$

07 x좌표와 y좌표가 모두 90 이상인 점은 앞의 **05**의 산점도에서 색칠한 부분과 경계에 있는 점의 개수와 같으므로 중간고사 성적과 기말고사 성적이 모두 90점 이상인 학생은 3명이다.

08 직선 $y=x$의 위쪽에 있는 점이 7개이므로 중간고사 성적보다 기말고사 성적이 더 좋은 학생은 7명이다.

09 중간고사 성적에 비해서 기말고사 성적이 낮은 학생은 D, E이고, 둘 중 중간고사 성적에 비해서 기말고사 성적이 더 낮은 학생은 E이다.

수매씽
MATHING
개념
연산

함께 해 줄
누군가가 있다는 것

구성과 특징

Structure

1 step 개념을 한눈에! 개념 한바닥!

2 step 연산 원리로 이해 쑥쑥! 연산 훈련으로 기본기 팍팍!

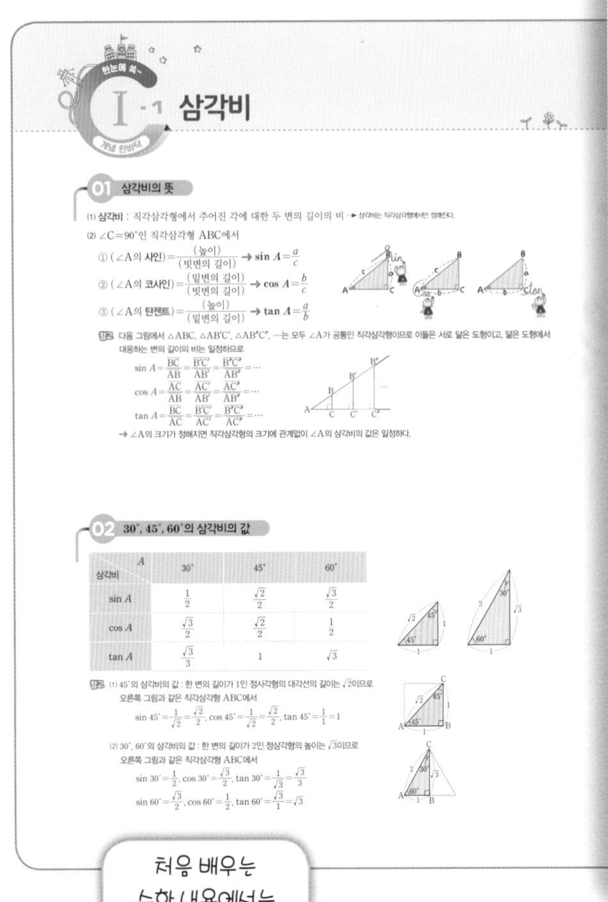

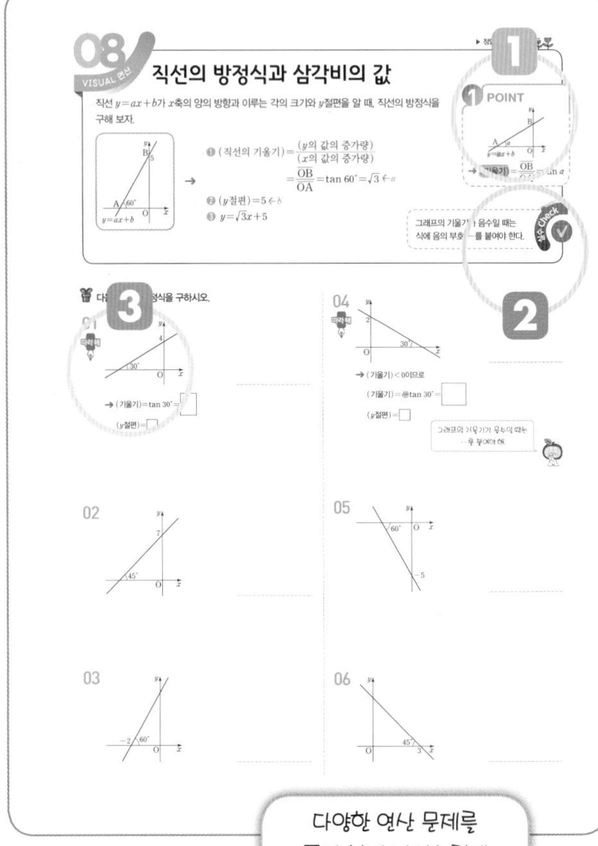

처음 배우는 수학 내용에서는 정의와 약속을 꼭 확인해.

다양한 연산 문제를 풀다 보면 자연스럽게 연산 기본기가 올라갈 거야~ 믿어 봐!

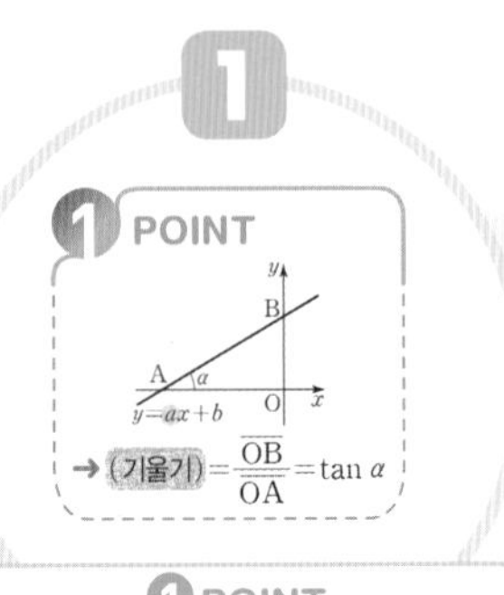

POINT

꼭 알아야 할 내용을 한 마디로 정리했어요.

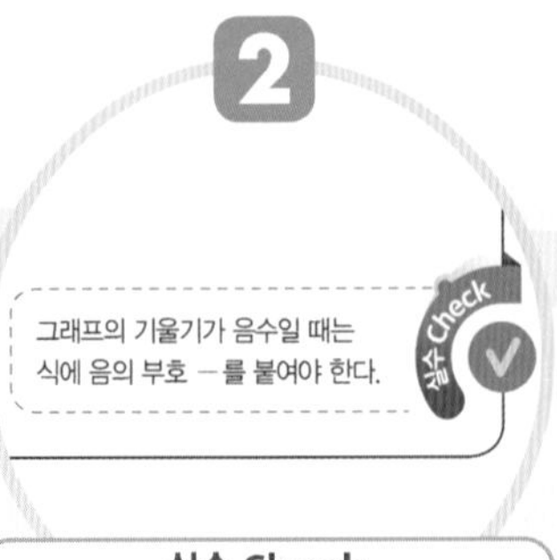

그래프의 기울기가 음수일 때는 식에 음의 부호 −를 붙여야 한다.
실수 Check

실수 Check

자주 실수하는 부분을 미리 짚어 주었어요. 실수하지 마세요.

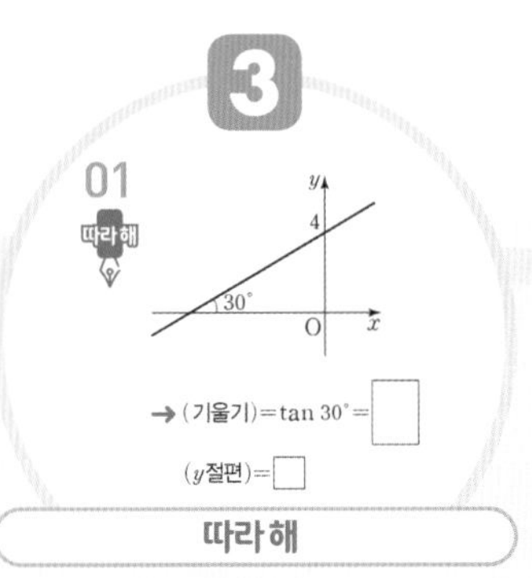

따라해

문제 해결 과정을 따라가면서 문제 푸는 방법을 익힐 수 있게 했어요.

step 3 빠르고 정확한 계산을 위한 10분 연산 TEST

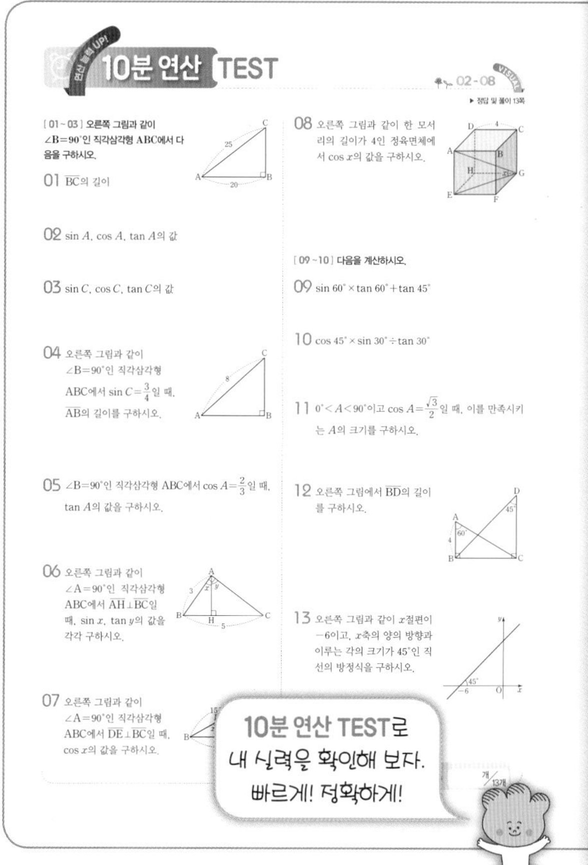

연산 능력 UP! **10분 연산 TEST** 02-08

▶ 정답 및 풀이 13쪽

[01~03] 오른쪽 그림과 같이 ∠B=90°인 직각삼각형 ABC에서 다음을 구하시오.

01 $\overline{BC}$의 길이

02 $\sin A$, $\cos A$, $\tan A$의 값

03 $\sin C$, $\cos C$, $\tan C$의 값

04 오른쪽 그림과 같이 ∠B=90°인 직각삼각형 ABC에서 $\sin C=\frac{3}{4}$일 때, $\overline{AB}$의 길이를 구하시오.

05 ∠B=90°인 직각삼각형 ABC에서 $\cos A=\frac{2}{3}$일 때, $\tan A$의 값을 구하시오.

06 오른쪽 그림과 같이 ∠A=90°인 직각삼각형 ABC에서 $\overline{AH}\perp\overline{BC}$일 때, $\sin x$, $\tan y$의 값을 각각 구하시오.

07 오른쪽 그림과 같이 ∠A=90°인 직각삼각형 ABC에서 $\overline{DE}\perp\overline{BC}$일 때, $\cos x$의 값을 구하시오.

08 오른쪽 그림과 같이 한 모서리의 길이가 4인 정육면체에서 $\cos x$의 값을 구하시오.

[09~10] 다음을 계산하시오.

09 $\sin 60°\times\tan 60°+\tan 45°$

10 $\cos 45°\times\sin 30°\div\tan 30°$

11 $0°<A<90°$이고 $\cos A=\frac{\sqrt{3}}{2}$일 때, 이를 만족시키는 A의 크기를 구하시오.

12 오른쪽 그림에서 $\overline{BD}$의 길이를 구하시오.

13 오른쪽 그림과 같이 x절편이 -6이고, x축의 양의 방향과 이루는 각의 크기가 45°인 직선의 방정식을 구하시오.

step 4 실전 문제를 미리 보는 학교 시험 PREVIEW

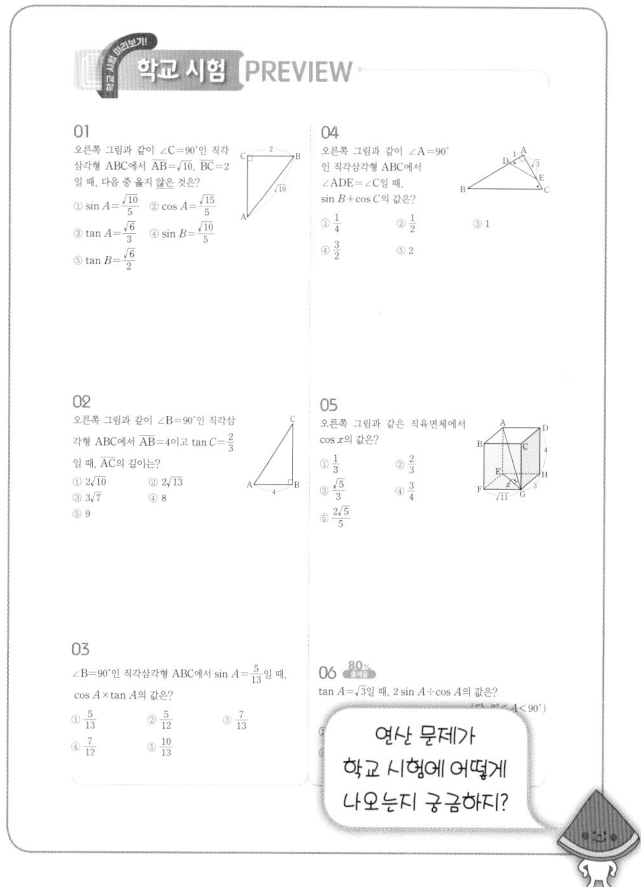

학교 시험 미리보기! **학교 시험 PREVIEW**

01 오른쪽 그림과 같이 ∠C=90°인 직각삼각형 ABC에서 $\overline{AB}=\sqrt{10}$, $\overline{BC}=2$일 때, 다음 중 옳지 않은 것은?

① $\sin A=\frac{\sqrt{10}}{5}$ ② $\cos A=\frac{\sqrt{15}}{5}$ ③ $\tan A=\frac{\sqrt{6}}{3}$ ④ $\sin B=\frac{\sqrt{10}}{5}$ ⑤ $\tan B=\frac{\sqrt{6}}{2}$

02 오른쪽 그림과 같이 ∠B=90°인 직각삼각형 ABC에서 $\overline{AB}=4$이고 $\tan C=\frac{2}{3}$일 때, $\overline{AC}$의 길이는?

① $2\sqrt{10}$ ② $2\sqrt{13}$ ③ $3\sqrt{7}$ ④ 8 ⑤ 9

03 ∠B=90°인 직각삼각형 ABC에서 $\sin A=\frac{5}{13}$일 때, $\cos A\times\tan A$의 값은?

① $\frac{5}{13}$ ② $\frac{5}{12}$ ③ $\frac{7}{13}$ ④ $\frac{7}{12}$ ⑤ $\frac{10}{13}$

04 오른쪽 그림과 같이 ∠A=90°인 직각삼각형 ABC에서 ∠ADE=∠C일 때, $\sin B+\cos C$의 값은?

① $\frac{1}{4}$ ② $\frac{1}{2}$ ③ 1 ④ $\frac{3}{2}$ ⑤ 2

05 오른쪽 그림과 같은 직육면체에서 $\cos x$의 값은?

① $\frac{1}{3}$ ② $\frac{2}{3}$ ③ $\frac{\sqrt{5}}{3}$ ④ $\frac{3}{4}$ ⑤ $\frac{2\sqrt{5}}{5}$

06 80% $\tan A=\sqrt{3}$일 때, $2\sin A\div\cos A$의 값은?

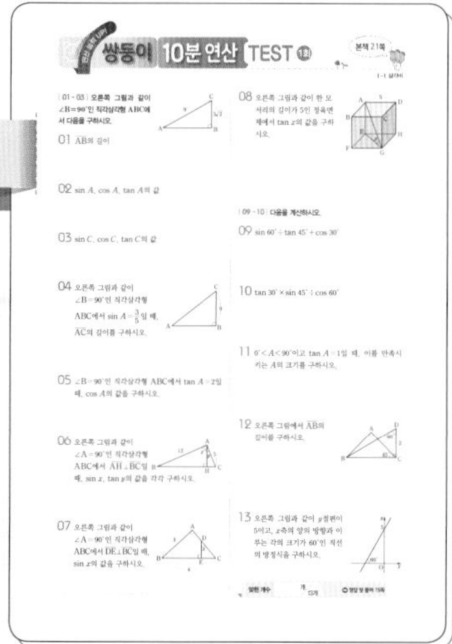

부록 쌍둥이 10분 연산 TEST

한 번 더 <10분 연산 TEST>를 풀어 볼 수 있도록 제공되는 부록이에요.
<10분 연산 TEST>에서 틀린 문제를 다시 풀면서 연산 실력을 높일 수 있어요.

차례

Contents

I 삼각비

1. 삼각비 6
2. 삼각비의 활용 30

II 원의 성질

1. 원과 직선 48
2. 원주각 70

III 통계

1. 대푯값과 산포도 94
2. 산점도와 상관관계 113

I 삼각비

삼각비를 배우고 나면 간단한 삼각비의 값을 구하고, 삼각비를 활용하여 여러 가지 문제를 해결할 수 있어요. 삼각비는 평면도형의 성질에 대한 이해를 깊게 해 주고, 다양한 분야의 실생활 문제를 해결하는 기초가 되지요.

I-1 삼각비

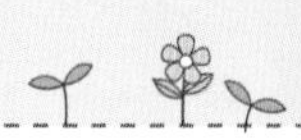

01 삼각비의 뜻

(1) **삼각비** : 직각삼각형에서 주어진 각에 대한 두 변의 길이의 비 → 삼각비는 직각삼각형에서만 정해진다.

(2) ∠C=90°인 직각삼각형 ABC에서

① (∠A의 **사인**)$=\dfrac{(\text{높이})}{(\text{빗변의 길이})}$ → **sin** $A=\dfrac{a}{c}$

② (∠A의 **코사인**)$=\dfrac{(\text{밑변의 길이})}{(\text{빗변의 길이})}$ → **cos** $A=\dfrac{b}{c}$

③ (∠A의 **탄젠트**)$=\dfrac{(\text{높이})}{(\text{밑변의 길이})}$ → **tan** $A=\dfrac{a}{b}$

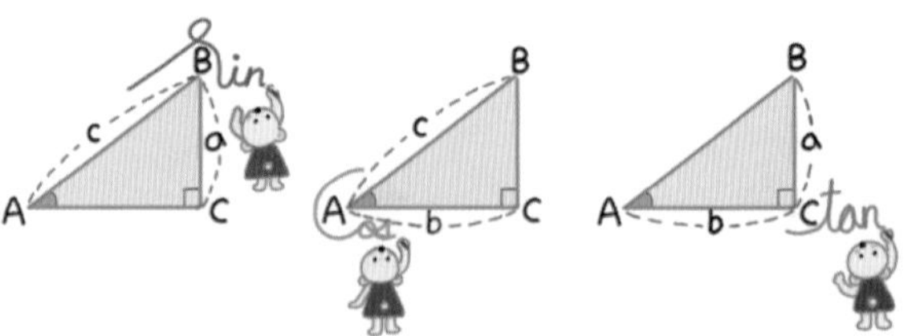

참고 다음 그림에서 △ABC, △AB′C′, △AB″C″, …는 모두 ∠A가 공통인 직각삼각형이므로 이들은 서로 닮은 도형이고, 닮은 도형에서 대응하는 변의 길이의 비는 일정하므로

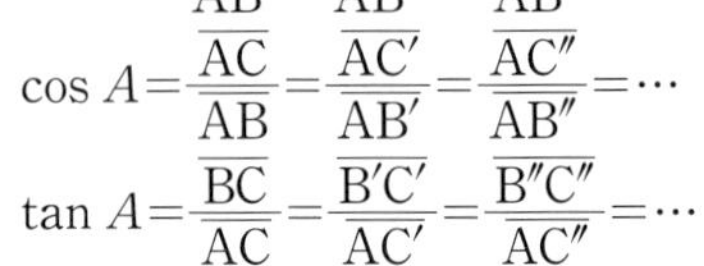

$$\sin A=\frac{\overline{BC}}{\overline{AB}}=\frac{\overline{B'C'}}{\overline{AB'}}=\frac{\overline{B''C''}}{\overline{AB''}}=\cdots$$
$$\cos A=\frac{\overline{AC}}{\overline{AB}}=\frac{\overline{AC'}}{\overline{AB'}}=\frac{\overline{AC''}}{\overline{AB''}}=\cdots$$
$$\tan A=\frac{\overline{BC}}{\overline{AC}}=\frac{\overline{B'C'}}{\overline{AC'}}=\frac{\overline{B''C''}}{\overline{AC''}}=\cdots$$

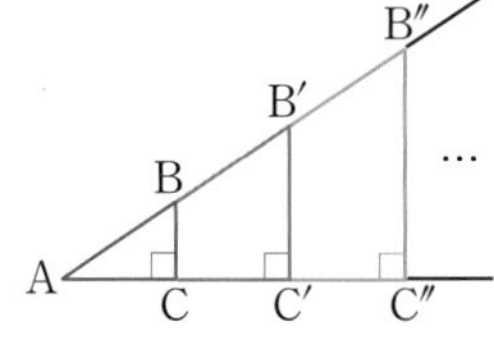

→ ∠A의 크기가 정해지면 직각삼각형의 크기에 관계없이 ∠A의 삼각비의 값은 일정하다.

02 30°, 45°, 60°의 삼각비의 값

삼각비 \ A	30°	45°	60°
sin A	$\frac{1}{2}$	$\frac{\sqrt{2}}{2}$	$\frac{\sqrt{3}}{2}$
cos A	$\frac{\sqrt{3}}{2}$	$\frac{\sqrt{2}}{2}$	$\frac{1}{2}$
tan A	$\frac{\sqrt{3}}{3}$	1	$\sqrt{3}$

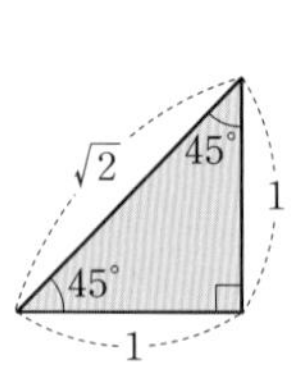

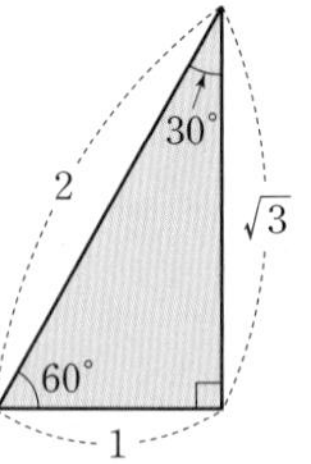

참고 (1) 45°의 삼각비의 값 : 한 변의 길이가 1인 정사각형의 대각선의 길이는 $\sqrt{2}$이므로 오른쪽 그림과 같은 직각삼각형 ABC에서

$$\sin 45^\circ=\frac{1}{\sqrt{2}}=\frac{\sqrt{2}}{2},\ \cos 45^\circ=\frac{1}{\sqrt{2}}=\frac{\sqrt{2}}{2},\ \tan 45^\circ=\frac{1}{1}=1$$

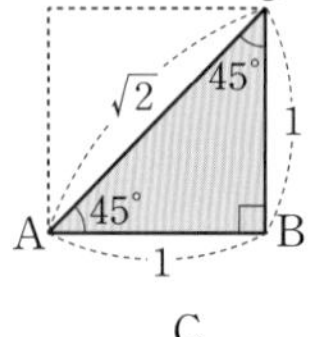

(2) 30°, 60°의 삼각비의 값 : 한 변의 길이가 2인 정삼각형의 높이는 $\sqrt{3}$이므로 오른쪽 그림과 같은 직각삼각형 ABC에서

$$\sin 30^\circ=\frac{1}{2},\ \cos 30^\circ=\frac{\sqrt{3}}{2},\ \tan 30^\circ=\frac{1}{\sqrt{3}}=\frac{\sqrt{3}}{3}$$
$$\sin 60^\circ=\frac{\sqrt{3}}{2},\ \cos 60^\circ=\frac{1}{2},\ \tan 60^\circ=\frac{\sqrt{3}}{1}=\sqrt{3}$$

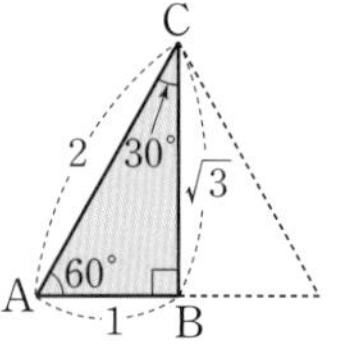

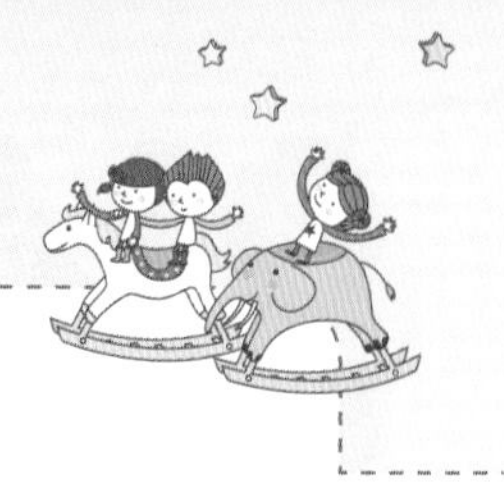

03 예각의 삼각비의 값

좌표평면 위에 원점 O를 중심으로 하고 반지름의 길이가 1인 사분원을 그렸을 때, 임의의 예각 x에 대한 삼각비의 값은 다음과 같다.

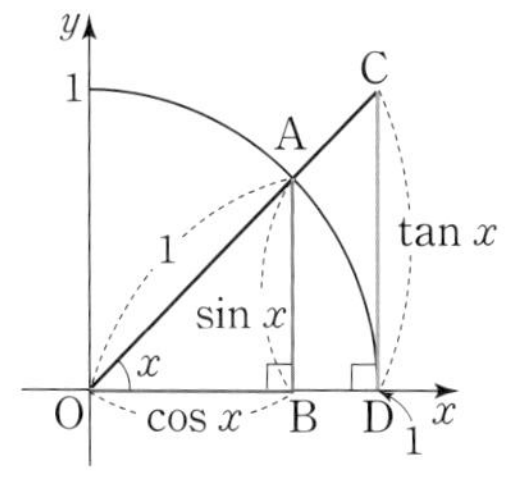

(1) $\sin x=\dfrac{\overline{AB}}{\overline{OA}}=\dfrac{\overline{AB}}{1}=\overline{AB}$

(2) $\cos x=\dfrac{\overline{OB}}{\overline{OA}}=\dfrac{\overline{OB}}{1}=\overline{OB}$

(3) $\tan x=\dfrac{\overline{CD}}{\overline{OD}}=\dfrac{\overline{CD}}{1}=\overline{CD}$

04 0°, 90°의 삼각비의 값

(1) $\sin 0^\circ=0$, $\cos 0^\circ=1$, $\tan 0^\circ=0$

(2) $\sin 90^\circ=1$, $\cos 90^\circ=0$, $\tan 90^\circ$의 값은 정할 수 없다.

참고 다음 그림의 두 직각삼각형 AOB와 COD에서

(1) $\angle$AOB의 크기가 0°에 가까워지면 $\overline{AB}$의 길이는 0에, $\overline{OB}$의 길이는 1에 가까워진다.
→ $\sin 0^\circ=0$, $\cos 0^\circ=1$

(2) $\angle$AOB의 크기가 90°에 가까워지면 $\overline{AB}$의 길이는 1에, $\overline{OB}$의 길이는 0에 가까워진다.
→ $\sin 90^\circ=1$, $\cos 90^\circ=0$

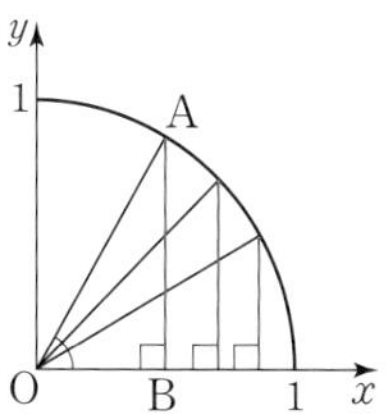

(3) $\angle$COD의 크기가 0°에 가까워지면 $\overline{CD}$의 길이는 0에 가까워지고, $\angle$COD의 크기가 90°에 가까워지면 $\overline{CD}$의 길이는 한없이 커진다.
→ $\tan 0^\circ=0$, $\tan 90^\circ$의 값은 정할 수 없다.

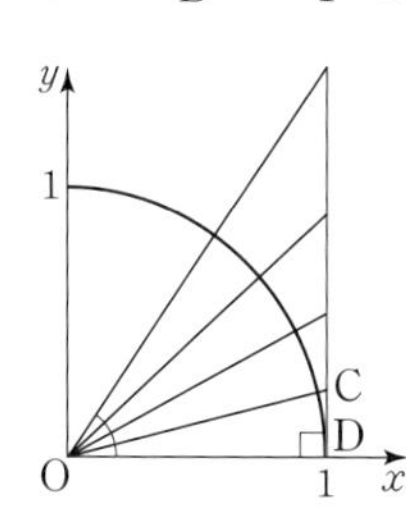

참고 $0^\circ \le x \le 90^\circ$인 범위에서 $\angle x$의 크기가 커지면 → $\sin x$의 값은 0에서 1까지 증가한다.
$\cos x$의 값은 1에서 0까지 감소한다.
$\tan x$의 값은 0에서 한없이 증가한다.

05 삼각비의 표

(1) **삼각비의 표** : 0°에서 90°까지의 각을 1° 간격으로 나누어서 이들의 삼각비의 값을 반올림하여 소수점 아래 넷째 자리까지 구하여 나타낸 표

(2) **삼각비의 표를 읽는 방법**
삼각비의 표에서 각도의 가로줄과 sin, cos, tan의 세로줄이 만나는 곳의 수가 삼각비의 값이다.
예 $\sin 42^\circ=0.6691$, $\cos 43^\circ=0.7314$, $\tan 44^\circ=0.9657$

삼각비의 값은 각도의 가로줄과 삼각비의 세로줄이 만나는 곳의 수야.

sin 42°의 값은 42°의 가로줄과 sin의 세로줄이 만나는 곳에 적힌 0.6691이네!

각도	사인(sin)	코사인(cos)	탄젠트(tan)
⋮		⋮	⋮
42°	0.6691	0.7431	0.9004
43°	0.6820	0.7314	0.9325
44°	0.6947	0.7193	0.9657
⋮	⋮	⋮	⋮

▶ 정답 및 풀이 9쪽

피타고라스 정리

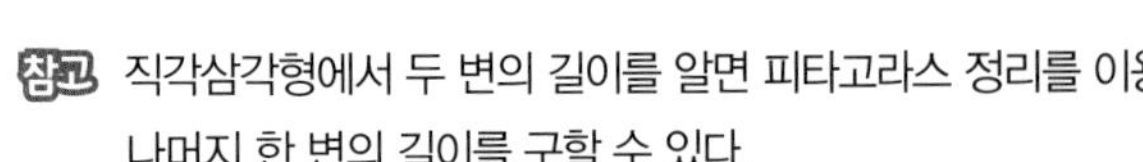

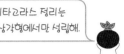

피타고라스 정리 : 직각삼각형에서 직각을 낀 두 변의 길이를 각각 a, b라 하고 빗변의 길이를 c라 하면

→ $a^2+b^2=c^2$

빗변, A, B, C, a, b, c

참고 직각삼각형에서 두 변의 길이를 알면 피타고라스 정리를 이용하여 나머지 한 변의 길이를 구할 수 있다.

$c^2=a^2+b^2$ → $c=\sqrt{a^2+b^2}$, $a^2=c^2-b^2$ → $a=\sqrt{c^2-b^2}$, $b^2=c^2-a^2$ → $b=\sqrt{c^2-a^2}$

피타고라스 정리를 이용하여 삼각형의 변의 길이 구하기

다음 그림과 같은 직각삼각형에서 x의 값을 구하시오.

01 따라해

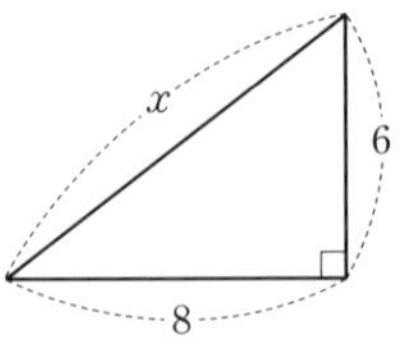

→ $6^2+\square^2=x^2$이므로

$x=\sqrt{6^2+\square^2}=\square$

02

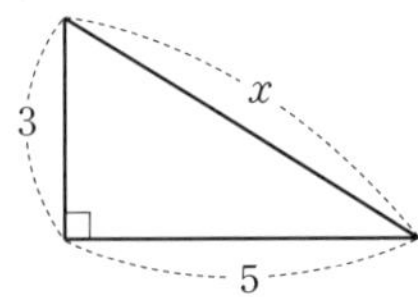

03

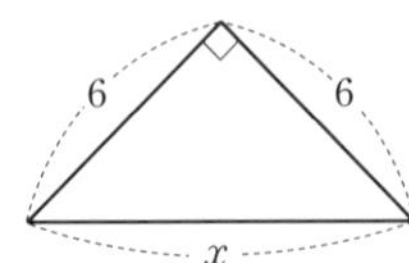

04

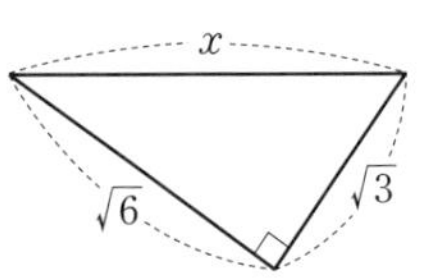

05

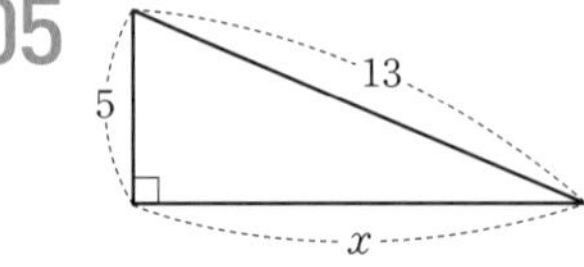

06

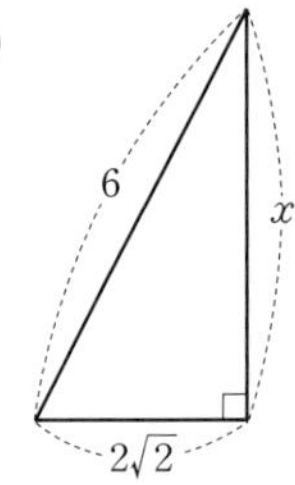

07

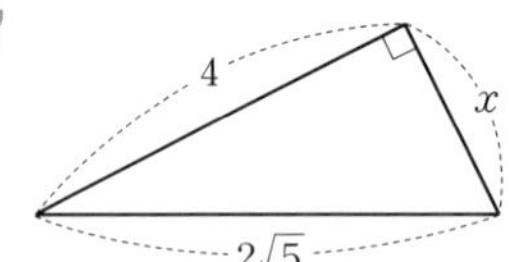

08

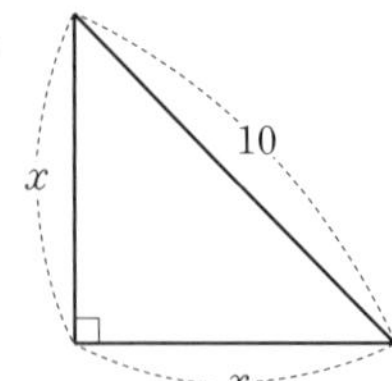

삼각형을 나누었을 때 변의 길이 구하기

다음 그림에서 x, y의 값을 각각 구하시오.

09

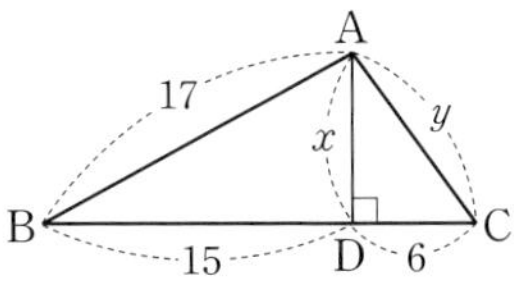

→ △ABD에서 $15^2+x^2=\square^2$이므로

$x=\sqrt{\square^2-15^2}=\square$

△ACD에서 $6^2+x^2=y^2$이므로

$y=\sqrt{6^2+x^2}=\sqrt{6^2+\square^2}=\square$

10

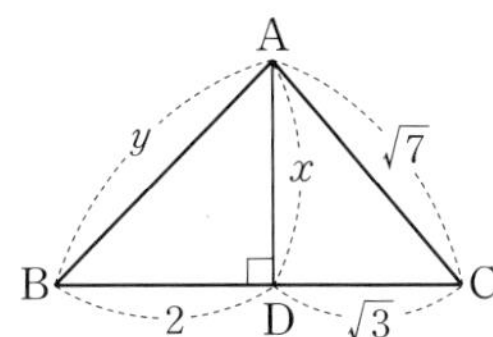

11

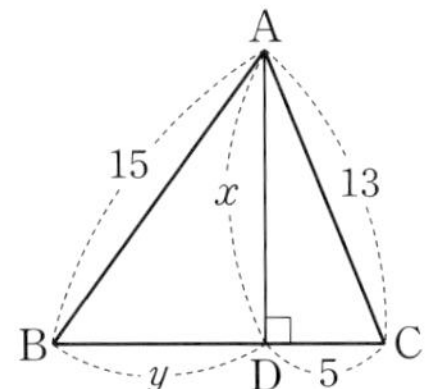

12

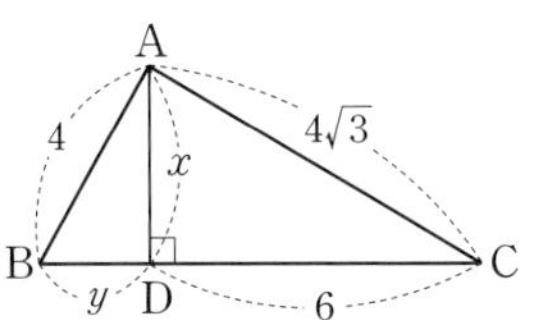

13

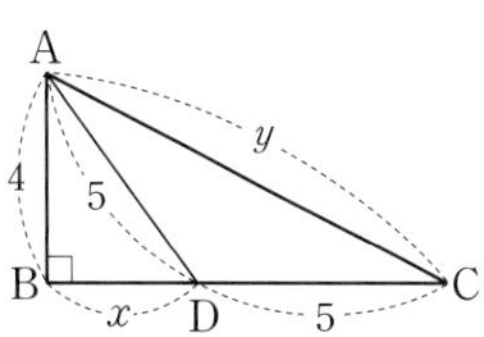

→ △ABD에서 $x^2+4^2=5^2$이므로

$x=\sqrt{\square^2-4^2}=\square$

△ABC에서 $(5+x)^2+4^2=y^2$이므로

$y=\sqrt{(5+x)^2+4^2}=\sqrt{\square^2+4^2}=\square$

14

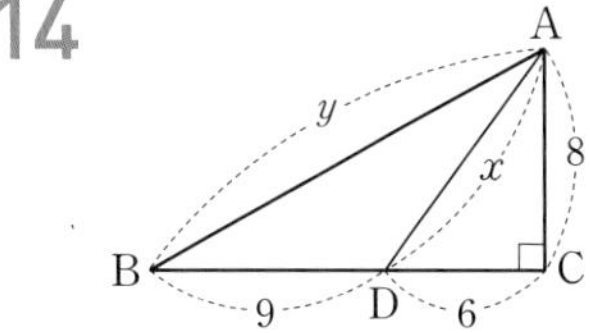

15

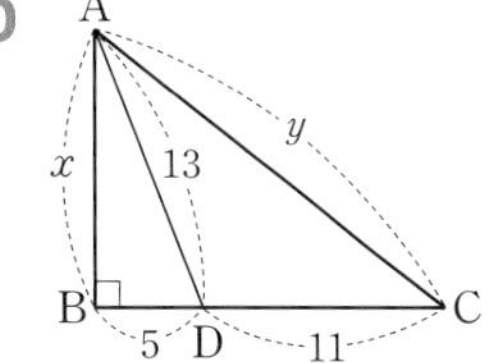

16

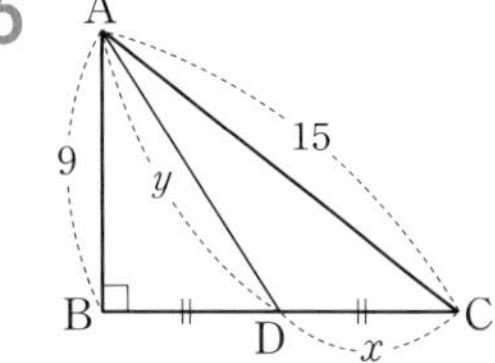

삼각비의 뜻

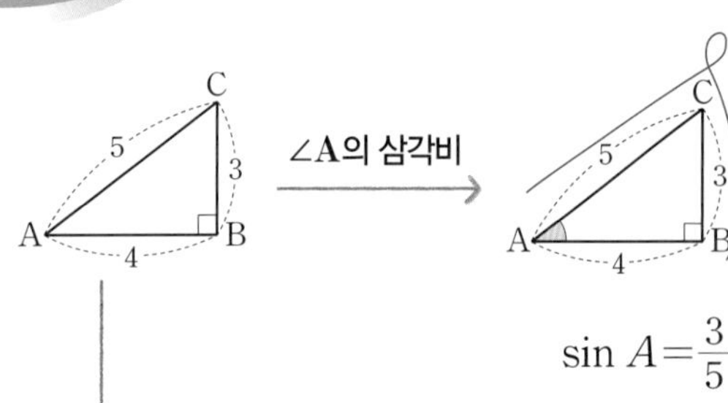

∠A의 삼각비

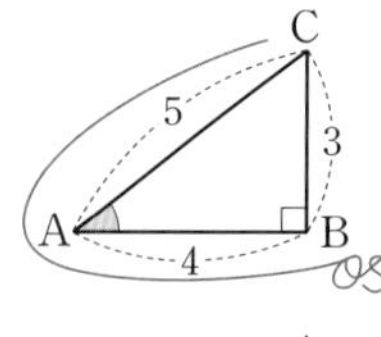

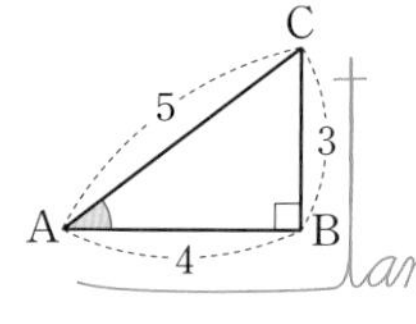

$\sin A=\frac{3}{5}$ $\cos A=\frac{4}{5}$ $\tan A=\frac{3}{4}$

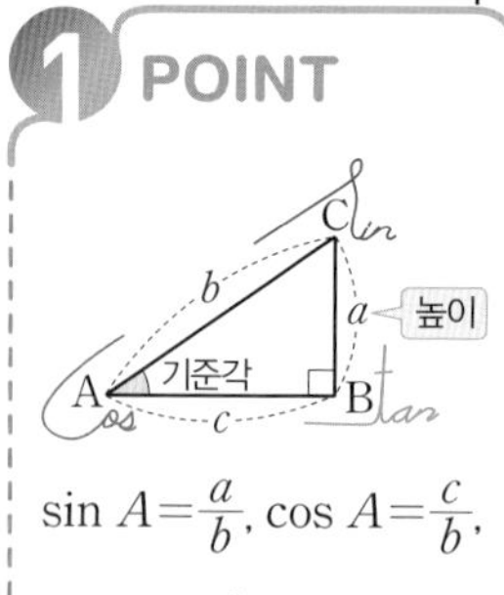

$\sin A=\frac{a}{b}$, $\cos A=\frac{c}{b}$, $\tan A=\frac{a}{c}$

∠C의 삼각비

∠C가 밑각이 되도록 직각삼각형을 돌려 본다.

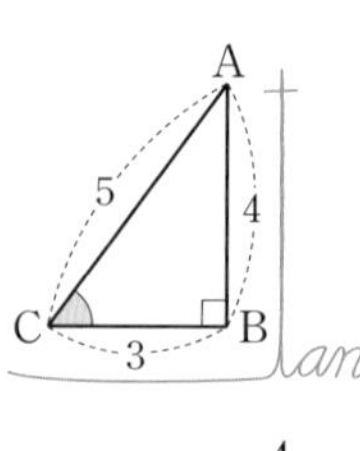

$\sin C=\frac{4}{5}$ $\cos C=\frac{3}{5}$ $\tan C=\frac{4}{3}$

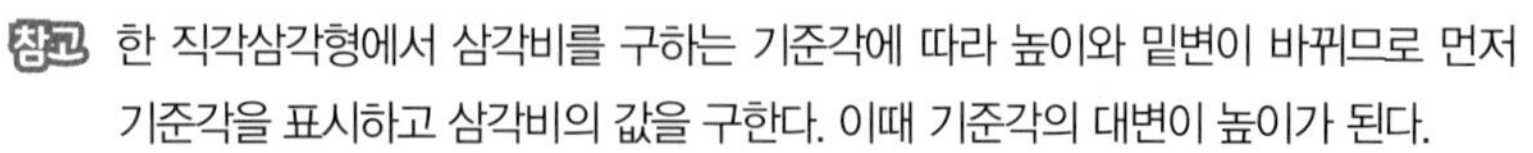

참고 한 직각삼각형에서 삼각비를 구하는 기준각에 따라 높이와 밑변이 바뀌므로 먼저 기준각을 표시하고 삼각비의 값을 구한다. 이때 기준각의 대변이 높이가 된다.

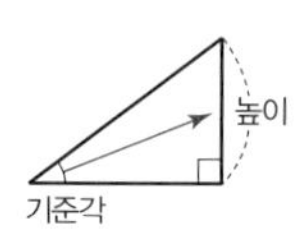

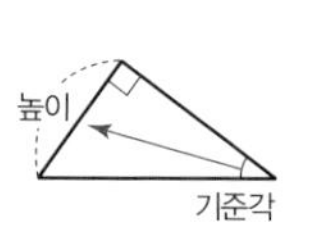

아래 그림의 직각삼각형 ABC에서 다음 삼각비의 값을 구하시오.

01 따라해

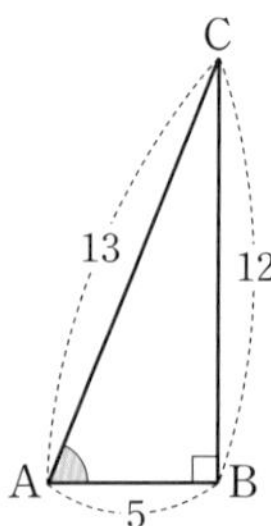

$\sin A=\frac{\square}{\overline{AC}}=\frac{\square}{13}$

$\cos A=\frac{\square}{\overline{AC}}=\frac{\square}{13}$

$\tan A=\frac{\overline{BC}}{\square}=\frac{12}{\square}$

02

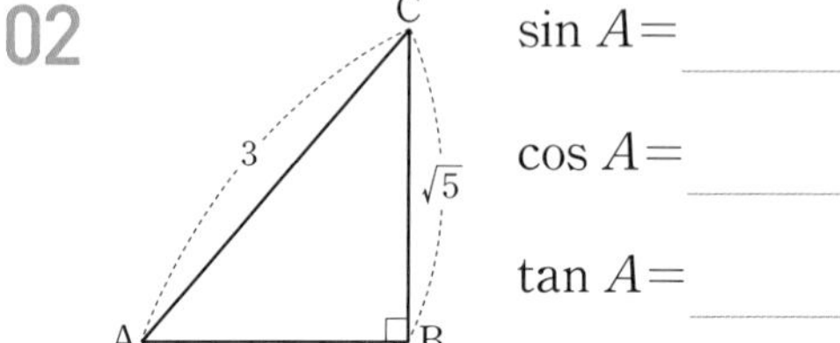

$\sin A=$ ________

$\cos A=$ ________

$\tan A=$ ________

03

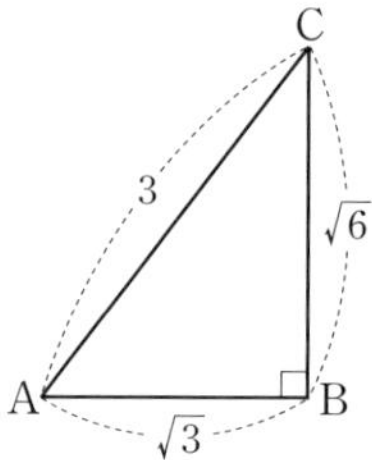

$\sin A=$ ________

$\cos A=$ ________

$\tan A=$ ________

04

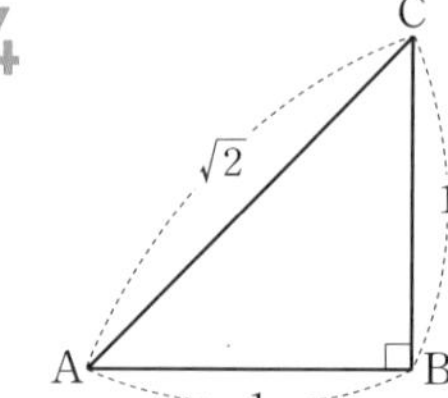

$\sin A=$ ________

$\cos A=$ ________

$\tan A=$ ________

05

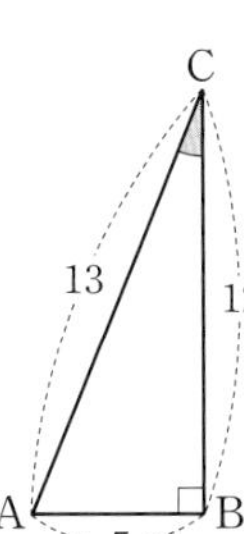

$\sin C=\dfrac{\square}{\overline{AC}}=\dfrac{\square}{13}$

$\cos C=\dfrac{\square}{\overline{AC}}=\dfrac{\square}{13}$

$\tan C=\dfrac{\overline{AB}}{\square}=\dfrac{5}{\square}$

∠C의 대변인 $\overline{AB}$가 △ABC의 높이야.

06

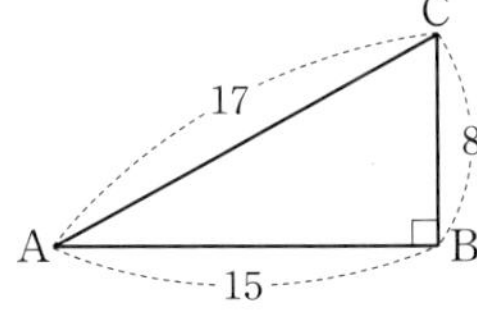

$\sin C=$ ________

$\cos C=$ ________

$\tan C=$ ________

07

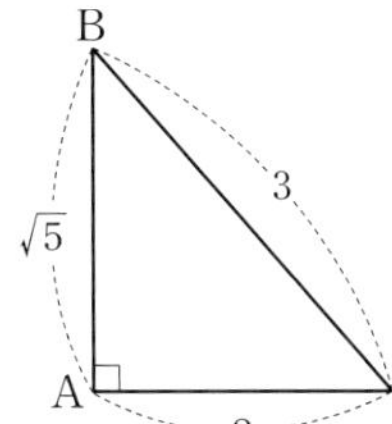

$\sin B=$ ________

$\cos B=$ ________

$\tan B=$ ________

08

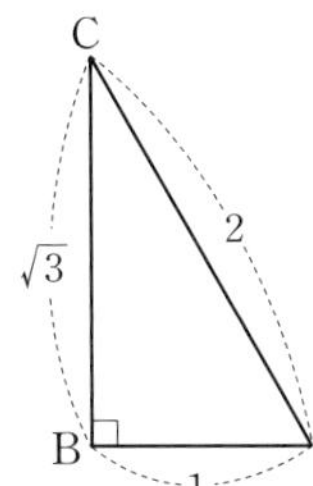

$\sin A=$ ________

$\cos A=$ ________

$\tan A=$ ________

09

따라해

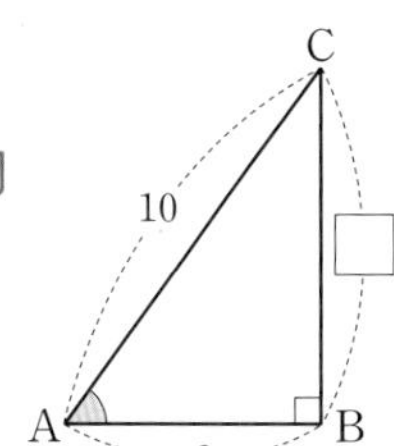

$\overline{BC}=\sqrt{10^2-\square^2}=\square$이므로

$\sin A=\square$

$\cos A=\square$

$\tan A=\square$

피타고라스 정리를 이용해서 직각삼각형의 나머지 한 변의 길이를 구해 봐!

10

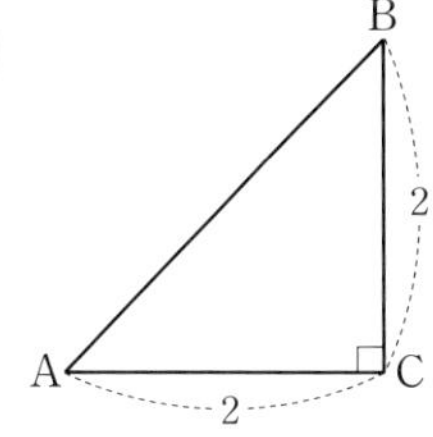

$\sin B=$ ________

$\cos B=$ ________

$\tan B=$ ________

11

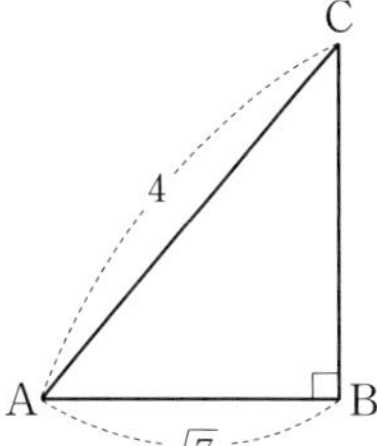

$\sin C=$ ________

$\cos C=$ ________

$\tan C=$ ________

12

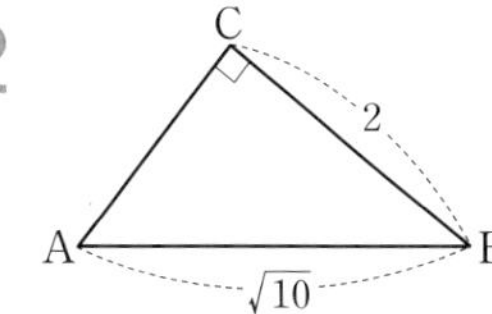

$\sin A=$ ________

$\cos A=$ ________

$\tan A=$ ________

▶ 정답 및 풀이 10쪽

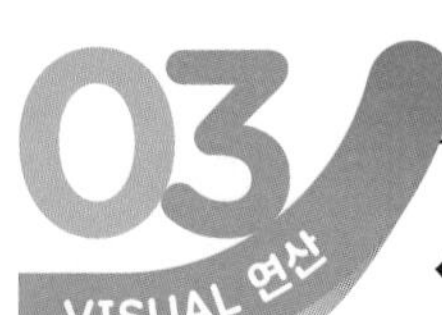

삼각비의 값을 알 때, 삼각형의 변의 길이 구하기

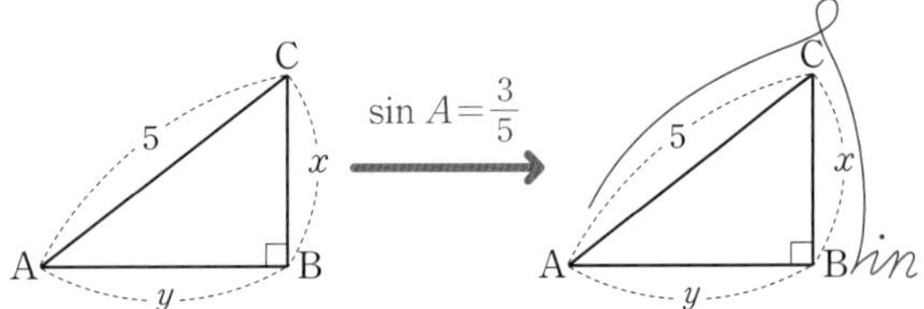

❶ $\sin A=\frac{x}{5}$이므로 $\frac{x}{5}=\frac{3}{5}$ $\quad\therefore x=3$

❷ 피타고라스 정리에 의해
$y=\sqrt{5^2-3^2}=4$

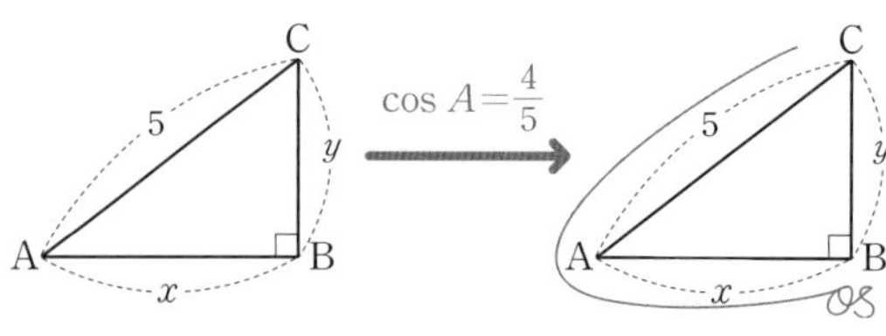

❶ $\cos A=\frac{x}{5}$이므로 $\frac{x}{5}=\frac{4}{5}$ $\quad\therefore x=4$

❷ 피타고라스 정리에 의해
$y=\sqrt{5^2-4^2}=3$

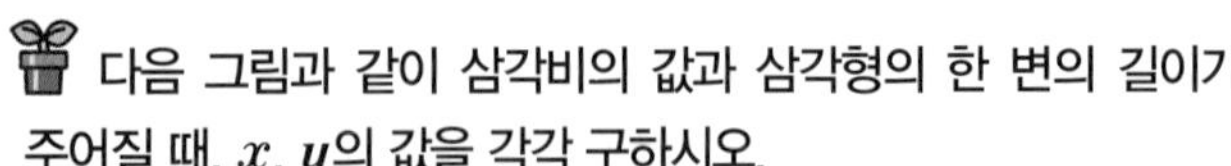

다음 그림과 같이 삼각비의 값과 삼각형의 한 변의 길이가 주어질 때, x, y의 값을 각각 구하시오.

01 $\sin A=\frac{\sqrt{3}}{2}$

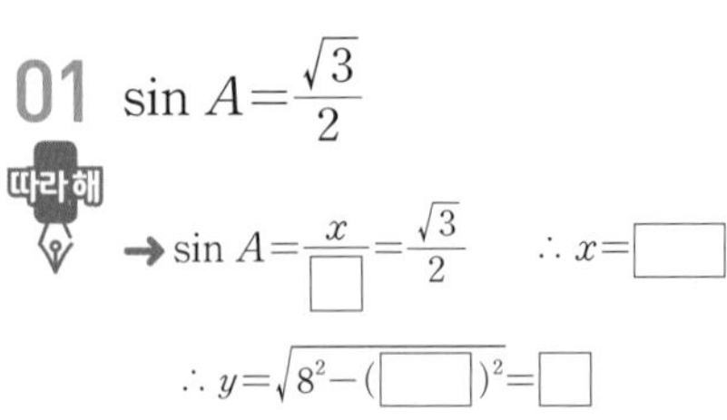

→ $\sin A=\frac{x}{\square}=\frac{\sqrt{3}}{2}$ $\quad\therefore x=\square$

$\therefore y=\sqrt{8^2-(\square)^2}=\square$

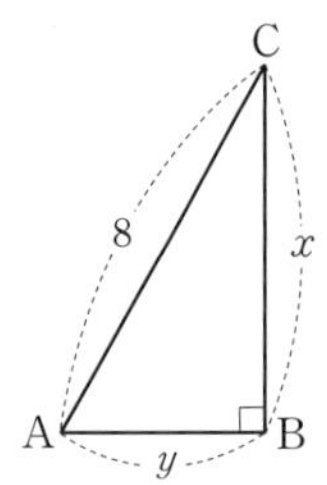

02 $\cos A=\frac{\sqrt{2}}{2}$

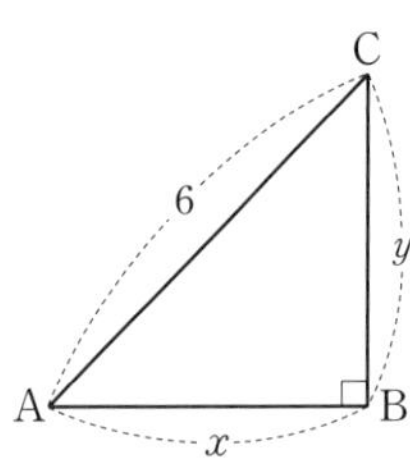

03 $\tan A=\frac{\sqrt{5}}{3}$

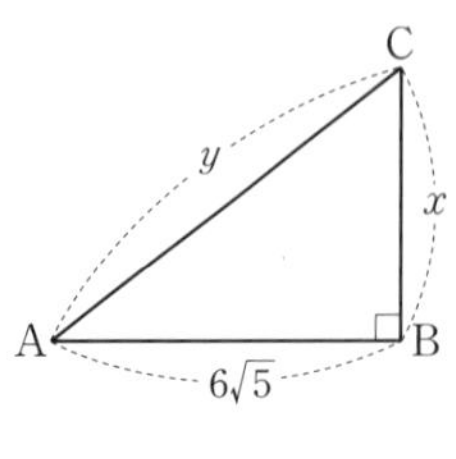

04 $\sin C=\frac{1}{2}$

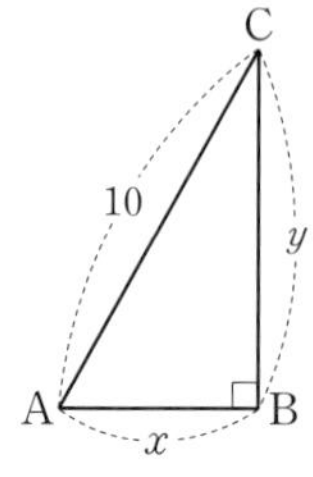

05 $\cos B=\frac{\sqrt{3}}{2}$

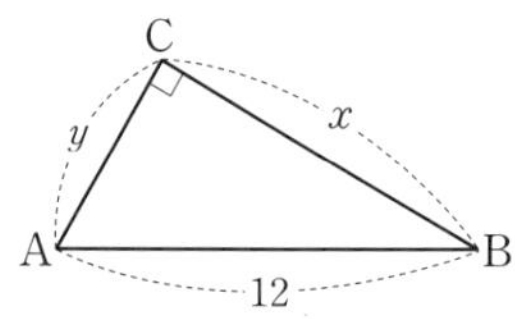

06 $\tan A=2$

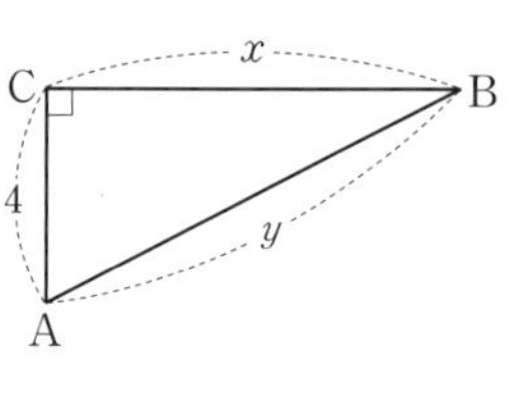

한 삼각비의 값을 알 때, 다른 삼각비의 값 구하기

$\angle B=90^\circ$인 직각삼각형 ABC에서 $\sin A=\frac{2}{3}$일 때, $\cos A$, $\tan A$의 값을 각각 구해 보자.

❶ 주어진 삼각비의 값을 갖는 직각삼각형 그리기 ➜ ❷ 피타고라스 정리를 이용하여 나머지 한 변의 길이 구하기 ➜ ❸ 다른 두 삼각비의 값 구하기

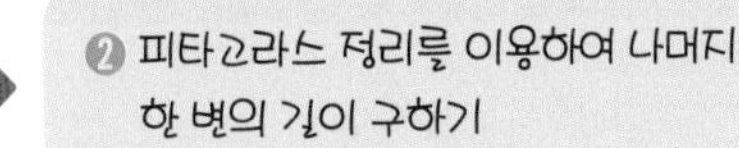

$\sin A=\frac{2}{3}$이므로 $\overline{AC}=3$, $\overline{BC}=2$인 가장 간단한 직각삼각형 ABC를 그린다.

$\overline{AB}=\sqrt{3^2-2^2}=\sqrt{5}$

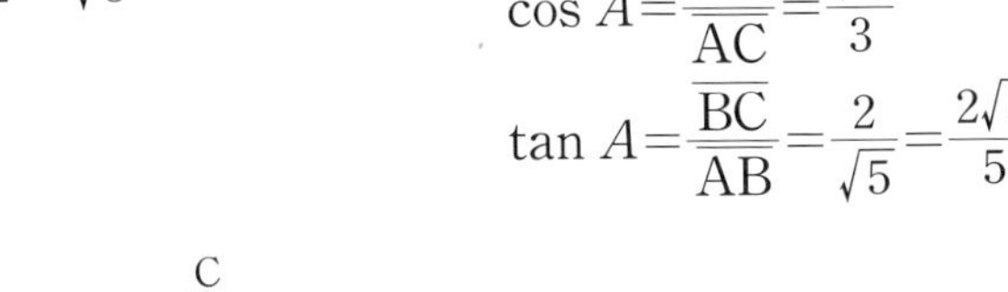

$\cos A=\frac{\overline{AB}}{\overline{AC}}=\frac{\sqrt{5}}{3}$

$\tan A=\frac{\overline{BC}}{\overline{AB}}=\frac{2}{\sqrt{5}}=\frac{2\sqrt{5}}{5}$

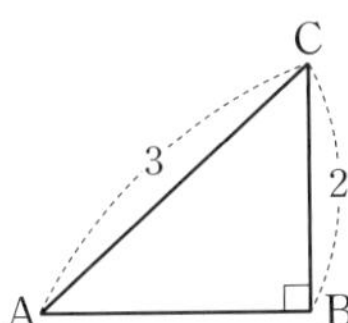

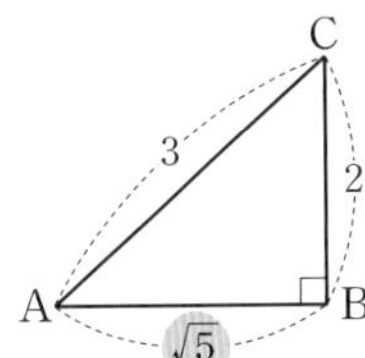

$\angle B=90^\circ$인 직각삼각형 ABC에서 다음 삼각비의 값을 각각 구하시오.

01 $\sin A=\frac{4}{5}$일 때, $\cos A$, $\tan A$의 값

$\sin A=\frac{4}{5}$이므로 오른쪽 그림과 같이 $\overline{AC}=5$, $\overline{BC}=\square$인 직각삼각형 ABC를 그릴 수 있다.

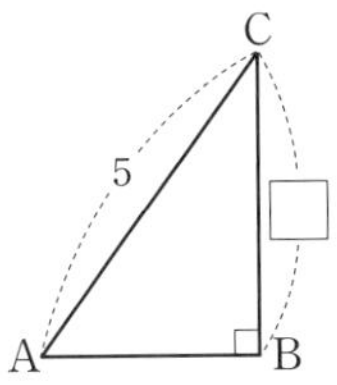

$\overline{AB}=\sqrt{5^2-\square^2}=\square$이므로

$\cos A=\square$, $\tan A=\square$

(그림: C, 5, □, A, B)

02 $\cos A=\frac{3}{4}$일 때, $\sin A$, $\tan A$의 값

$\cos A=\frac{3}{4}$이므로 빗변의 길이가 4, 밑변의 길이가 3인 직각삼각형을 생각해 봐!

03 $\tan A=\sqrt{3}$일 때, $\sin A$, $\cos A$의 값

04 $\sin A=\frac{5}{13}$일 때, $\cos A$, $\tan A$의 값

05 $\cos A=\frac{\sqrt{7}}{3}$일 때, $\sin A$, $\tan A$의 값

▶ 정답 및 풀이 10쪽

직각삼각형의 닮음과 삼각비

$\angle A=90°$인 직각삼각형 ABC에서

(1) $\overline{AH}\perp\overline{BC}$일 때

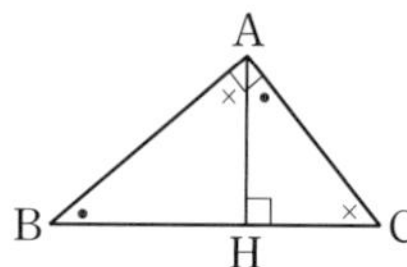

❶ 닮은인 직각삼각형 찾기
$\triangle ABC \backsim \triangle HBA \backsim \triangle HAC$
(AA 닮음)

❷ 크기가 같은 각 찾기
$\angle ABC=\angle HAC$,
$\angle BCA=\angle BAH$

❸ 크기가 같은 각을 이용하여 삼각비의 값 구하기

(2) $\overline{DE}\perp\overline{BC}$일 때

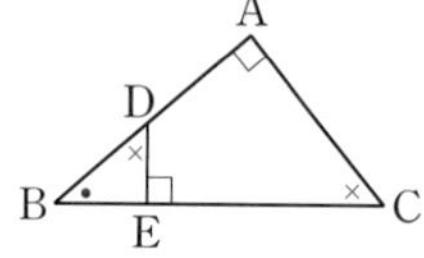

❶ 닮음인 직각삼각형 찾기
$\triangle ABC \backsim \triangle EBD$
(AA 닮음)

❷ 크기가 같은 각 찾기
$\angle ACB=\angle EDB$

❸ 크기가 같은 각을 이용하여 삼각비의 값 구하기

(3) $\angle ABC=\angle AED$일 때

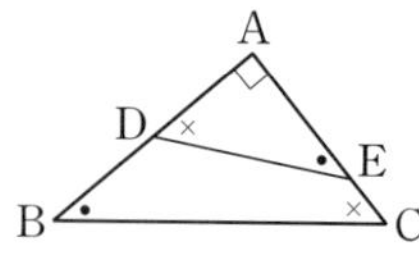

❶ 닮음인 직각삼각형 찾기
$\triangle ABC \backsim \triangle AED$
(AA 닮음)

❷ 크기가 같은 각 찾기
$\angle ACB=\angle ADE$

❸ 크기가 같은 각을 이용하여 삼각비의 값 구하기

$\angle x=\angle y$이면
$\sin x=\sin y$, $\cos x=\cos y$, $\tan x=\tan y$야!

오른쪽 그림과 같이 $\angle A=90°$인 직각삼각형 ABC에서 $\overline{AH}\perp\overline{BC}$일 때, 다음을 구하시오.

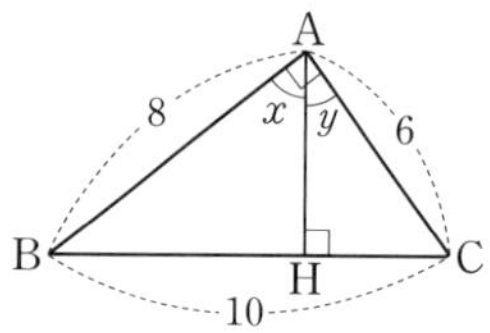

01 $\sin x$, $\cos x$, $\tan x$의 값

❶ $\triangle ABH$와 닮은 삼각형 모두 찾기
$\triangle ABH \backsim \triangle$ ☐ $\backsim \triangle CAH$ (AA 닮음)

❷ $\angle x$와 크기가 같은 각 찾기
$\angle x=\angle$ ☐

❸ $\angle x$의 삼각비의 값 구하기
$\sin x=\sin$ ☐ $=$ ☐
$\cos x=\cos$ ☐ $=$ ☐
$\tan x=\tan$ ☐ $=$ ☐

02 $\sin y$, $\cos y$, $\tan y$의 값

오른쪽 그림과 같이 $\angle A=90°$인 직각삼각형 ABC에서 $\overline{AH}\perp\overline{BC}$일 때, 다음을 구하시오.

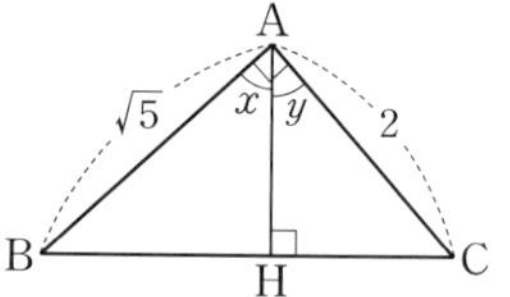

03 $\overline{BC}$의 길이

04 $\sin x$, $\cos x$, $\tan x$의 값

05 $\sin y$, $\cos y$, $\tan y$의 값

다음 그림과 같은 직각삼각형 ABC에서 $\sin x$, $\cos x$, $\tan x$의 값을 각각 구하시오.

06 따라해

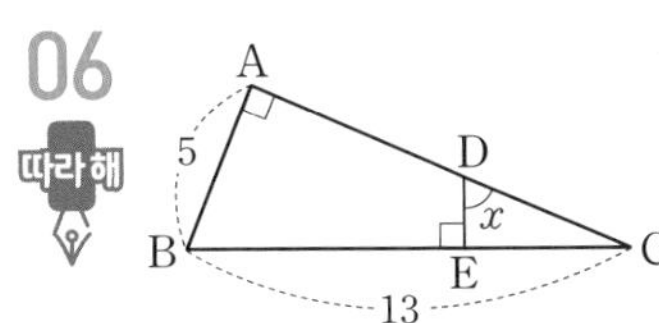

❶ △DEC와 닮은 삼각형 찾기

△DEC∽△□ (AA 닮음)

❷ $\angle x$와 크기가 같은 각 찾기

$\angle x = \angle$□

❸ $\angle x$의 삼각비의 값 구하기

△ABC에서 $\overline{AC} = \sqrt{\square^2 - \square^2} = \square$

$\therefore \sin x = \sin \square = \square$

$\cos x = \cos \square = \square$

$\tan x = \tan \square = \square$

07

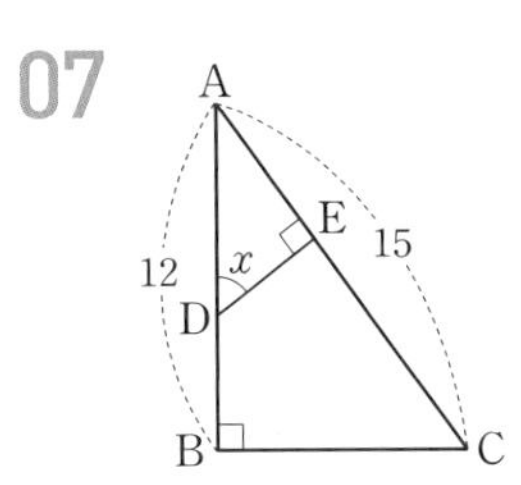

08

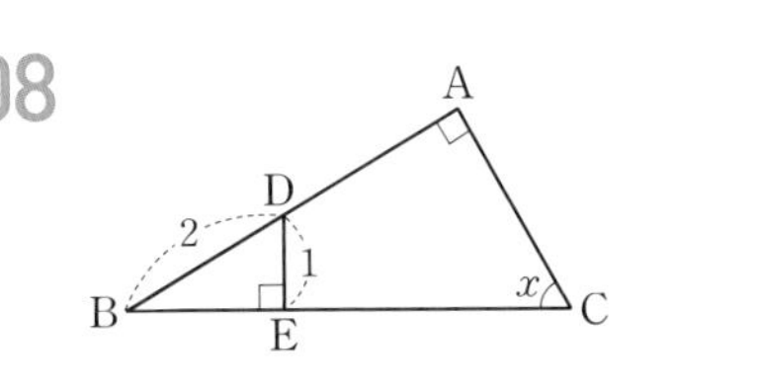

다음 그림과 같은 직각삼각형 ABC에서 $\angle ABC = \angle AED$일 때, $\sin x$, $\cos x$, $\tan x$의 값을 각각 구하시오.

09 따라해

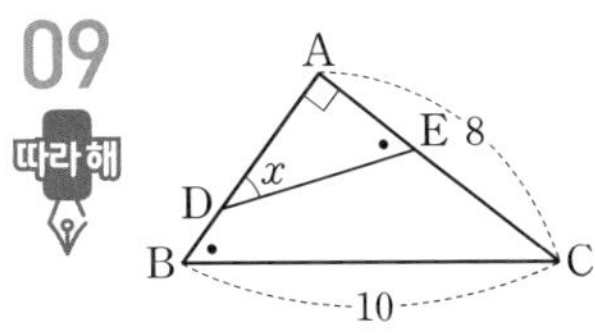

❶ △ADE와 닮은 삼각형 찾기

△ADE∽△□ (AA 닮음)

❷ $\angle x$와 크기가 같은 각 찾기

$\angle x = \angle$□

❸ $\angle x$의 삼각비의 값 구하기

△ABC에서 $\overline{AB} = \sqrt{\square^2 - \square^2} = \square$

$\therefore \sin x = \sin \square = \square$

$\cos x = \cos \square = \square$

$\tan x = \tan \square = \square$

10

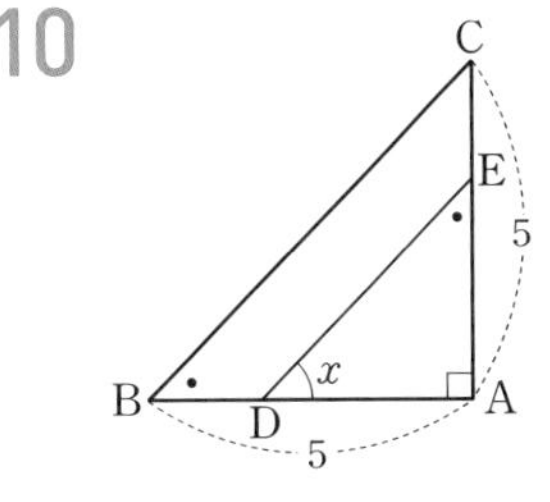

11

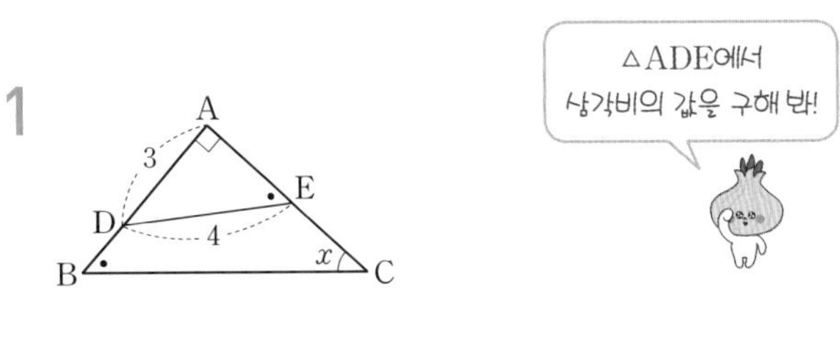

06 VISUAL 연산 입체도형에서 삼각비의 값 구하기

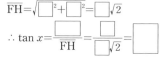

입체도형에서 삼각비의 값 구하기 ➜ 먼저 입체도형에서 직각삼각형을 찾는다.

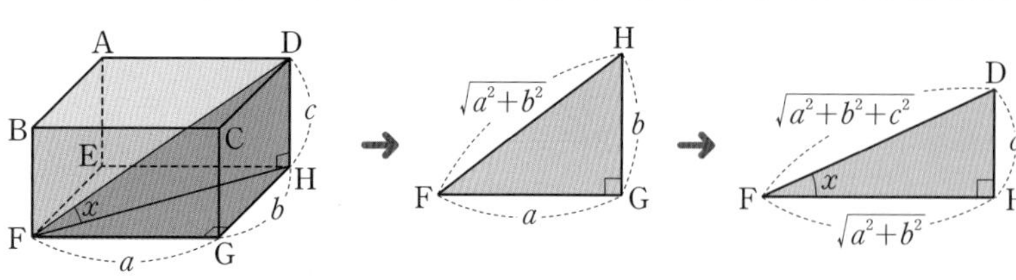
A
D
B
C
E
H
F
G
a
b
c
x
$\sqrt{a^2+b^2}$
$\sqrt{a^2+b^2+c^2}$
피타고라스 정리를 이용하여
세 변의 길이를 구해 봐.

다음 그림과 같은 정육면체에서 주어진 $\angle x$의 삼각비의 값을 구하시오.

01 따라해

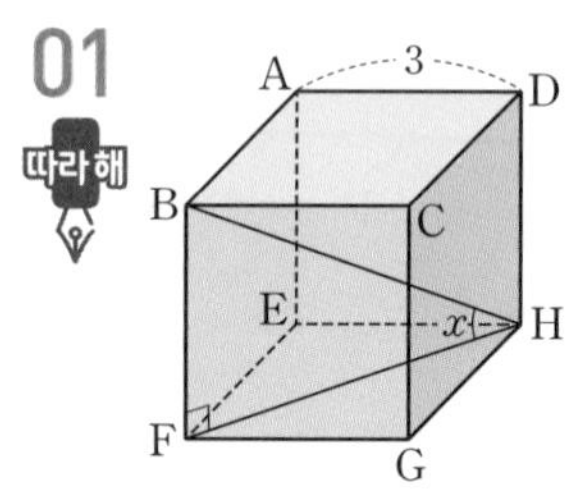

tan x의 값 : ________

➜ $\angle$BFH$=90°$이므로 직각삼각형 BFH에서

$\overline{\text{FH}}=\sqrt{\square^2+\square^2}=\square\sqrt{2}$

$\therefore \tan x=\dfrac{\square}{\overline{\text{FH}}}=\dfrac{\square}{\square\sqrt{2}}=\square$

02

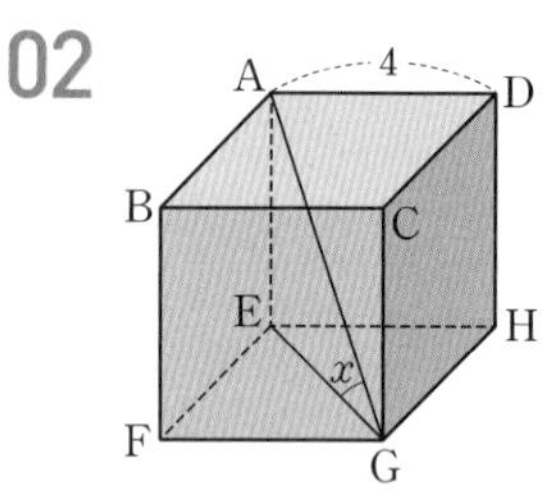

한 모서리의 길이가 a인
정육면체의 대각선의 길이는
$\sqrt{a^2+a^2+a^2}=a\sqrt{3}$이야!

sin x의 값 : ________

03

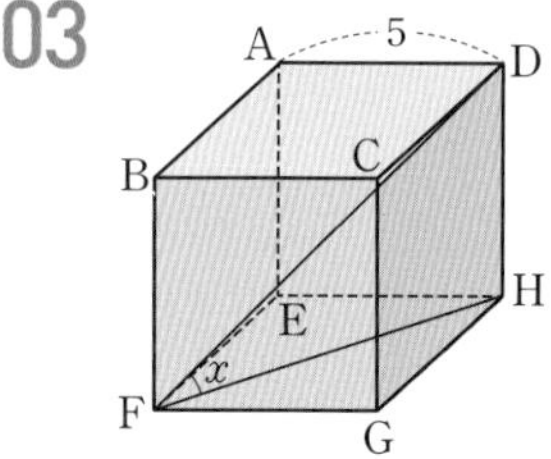

cos x의 값 : ________

다음 그림과 같은 직육면체에서 주어진 $\angle x$의 삼각비의 값을 구하시오.

04

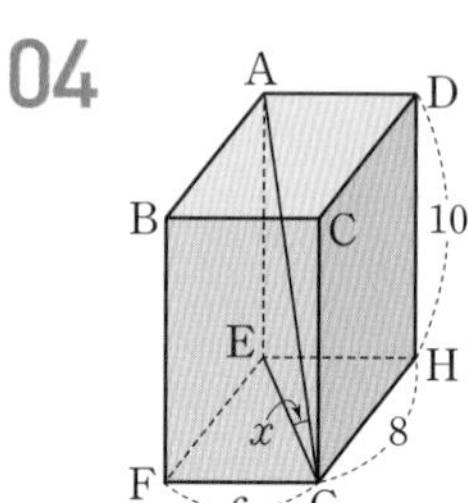

tan x의 값 : ________

05

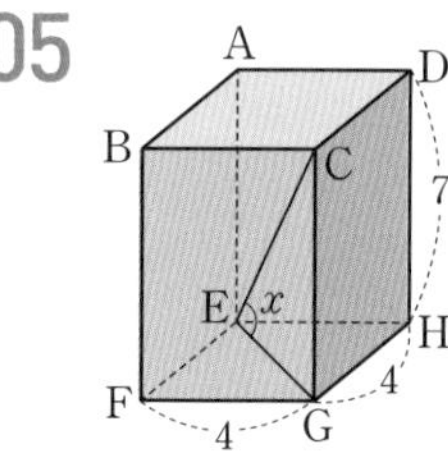

sin x의 값 : ________

06

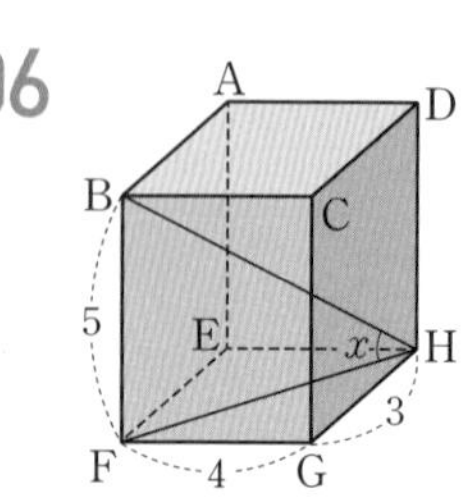

cos x의 값 : ________

특수한 각의 삼각비

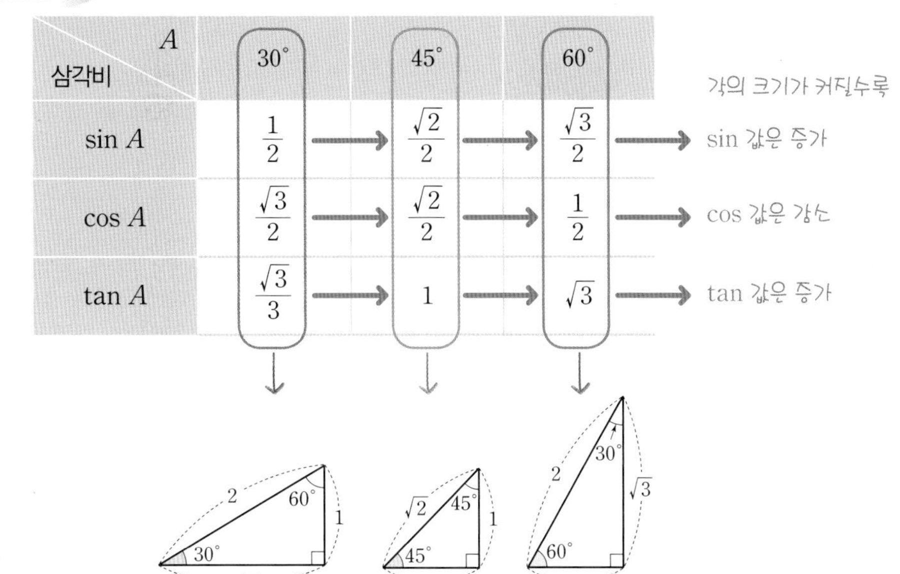

삼각비 \ A	30°	45°	60°
$\sin A$	$\frac{1}{2}$	$\frac{\sqrt{2}}{2}$	$\frac{\sqrt{3}}{2}$
$\cos A$	$\frac{\sqrt{3}}{2}$	$\frac{\sqrt{2}}{2}$	$\frac{1}{2}$
$\tan A$	$\frac{\sqrt{3}}{3}$	1	$\sqrt{3}$

POINT

특수한 각의 삼각비의 값에서 sin 값과 cos 값은 다음처럼 ×자로 생각하면 기억하기 쉽다.

삼각비 \ A	30°	45°	60°
$\sin A$	●	▲	■
$\cos A$	■	▲	●

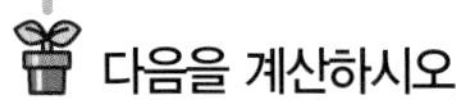

다음을 계산하시오.

01 $\sin 30^\circ + \cos 60^\circ$ ________

02 $\sin 45^\circ - \cos 45^\circ$ ________

03 $\tan 60^\circ + \sin 60^\circ$ ________

04 $\cos 30^\circ - \tan 30^\circ$ ________

05 $\sin 45^\circ \times \cos 60^\circ$ ________

06 $\sin 30^\circ \times \tan 45^\circ$ ________

07 $\tan 30^\circ \div \sin 60^\circ$ ________

08 $\tan 60^\circ \div \cos 30^\circ$ ________

09 $\sin 60^\circ - \cos 30^\circ + \tan 45^\circ$ ________

10 $\tan 30^\circ \times \cos 45^\circ \div \sin 30^\circ$ ________

특수한 각의 삼각비를 이용하여 각의 크기 구하기

$0^\circ < A < 90^\circ$일 때, 다음을 만족시키는 A의 크기를 구하시오.

11 $\sin A = \frac{\sqrt{2}}{2}$

12 $\cos A = \frac{1}{2}$

13 $\tan A = \frac{\sqrt{3}}{3}$

14 $\cos A = \frac{\sqrt{2}}{2}$

15 $\sin A = \frac{\sqrt{3}}{2}$

16 $\tan A = \sqrt{3}$

특수한 각의 삼각비를 이용하여 변의 길이 구하기

다음 그림의 직각삼각형 ABC에서 x의 값을 구하시오.

17 따라해

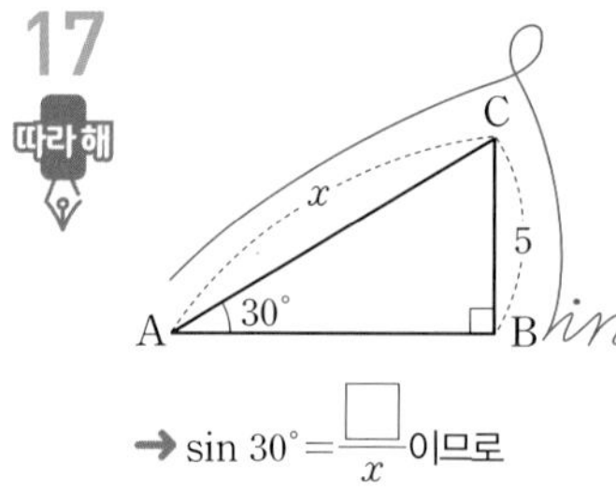

→ $\sin 30^\circ = \frac{\square}{x}$이므로

$\frac{\square}{x} = \frac{1}{2}$ $\quad \therefore x = \square$

주어진 각의 크기와 변의 길이를 활용할 수 있는 삼각비의 값을 생각해 봐.

18

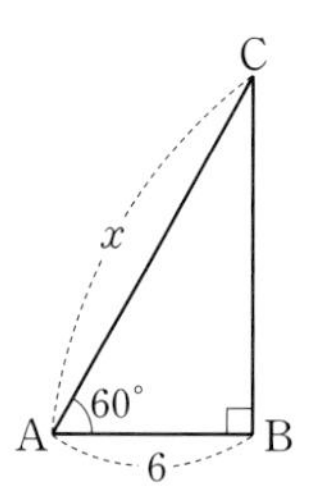

19

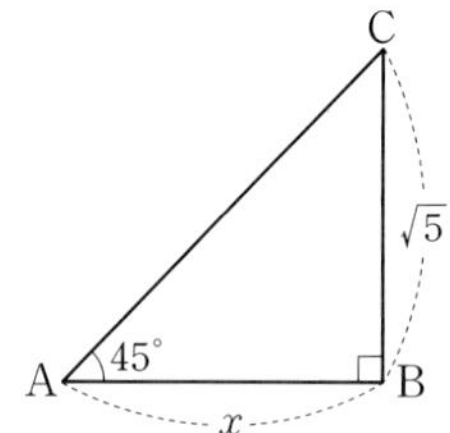

20

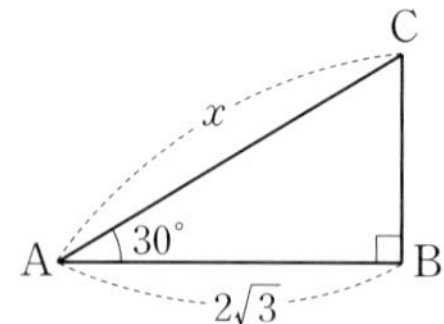

다음 그림의 △ABC에서 x의 값을 구하시오.

21

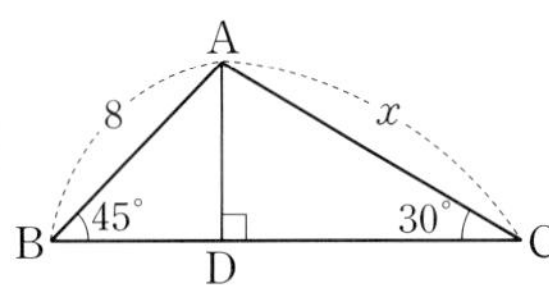

→ △ABD에서 $\sin 45^\circ = \dfrac{\overline{AD}}{\square}$이므로

$\dfrac{\overline{AD}}{\square} = \dfrac{\square}{2}$ $\quad \therefore \overline{AD} = \square$

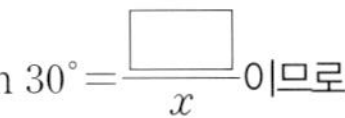

△ADC에서 $\sin 30^\circ = \dfrac{\square}{x}$이므로

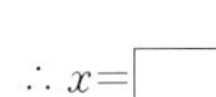

$\dfrac{\square}{x} = \dfrac{\square}{2}$ $\quad \therefore x = \square$

22

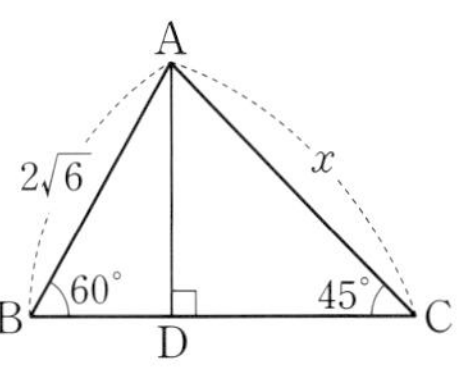

23

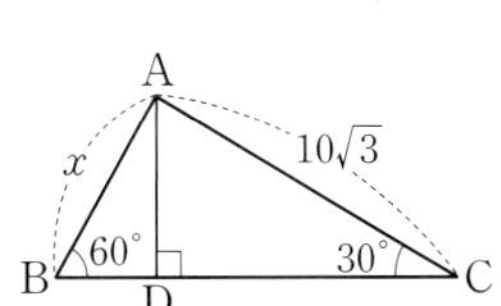

24

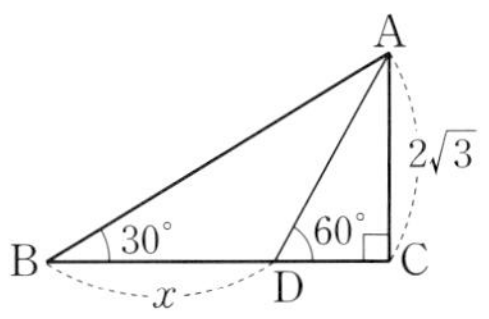

25

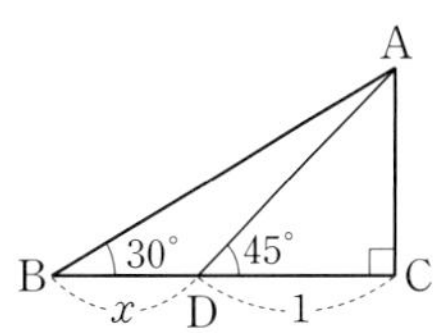

다음 그림에서 x의 값을 구하시오.

26

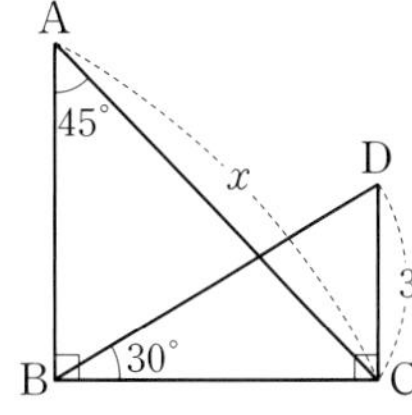

27

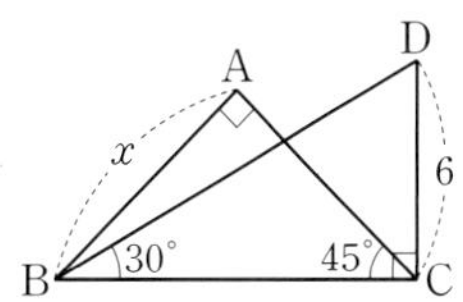

28

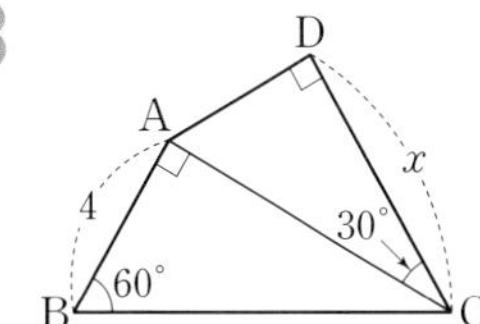

▶ 정답 및 풀이 13쪽

08 VISUAL 연산 직선의 방정식과 삼각비의 값

직선 $y=ax+b$가 x축의 양의 방향과 이루는 각의 크기와 y절편을 알 때, 직선의 방정식을 구해 보자.

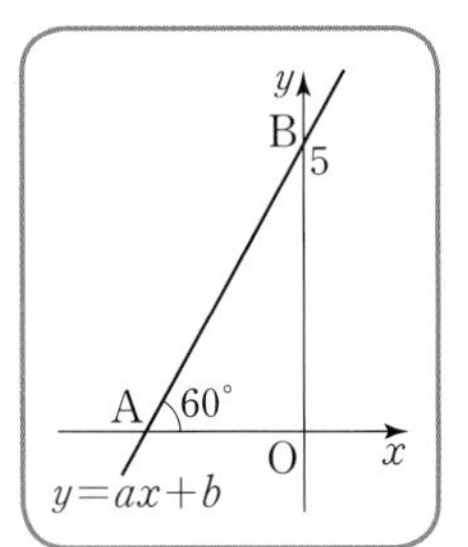

➜

❶ $(\text{직선의 기울기})=\dfrac{(y\text{의 값의 증가량})}{(x\text{의 값의 증가량})}$

$=\dfrac{\overline{OB}}{\overline{OA}}=\tan 60^\circ=\sqrt{3}$ ← a

❷ $(y\text{절편})=5$ ← b

❸ $y=\sqrt{3}x+5$

1 POINT

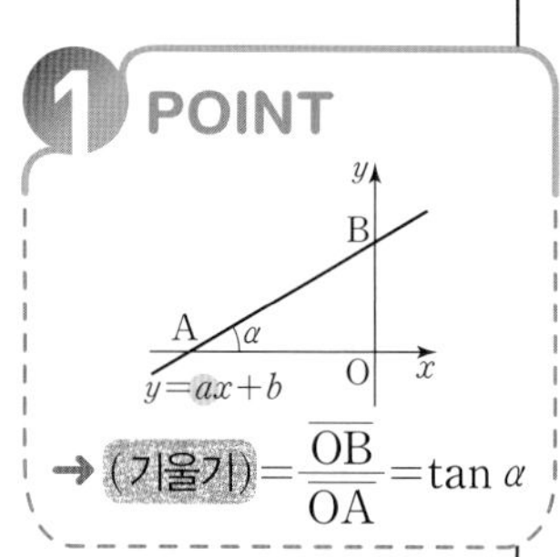

➜ $(\text{기울기})=\dfrac{\overline{OB}}{\overline{OA}}=\tan\alpha$

실수 Check

그래프의 기울기가 음수일 때는 음의 부호 −를 붙여야 한다.

다음 직선의 방정식을 구하시오.

01 따라해

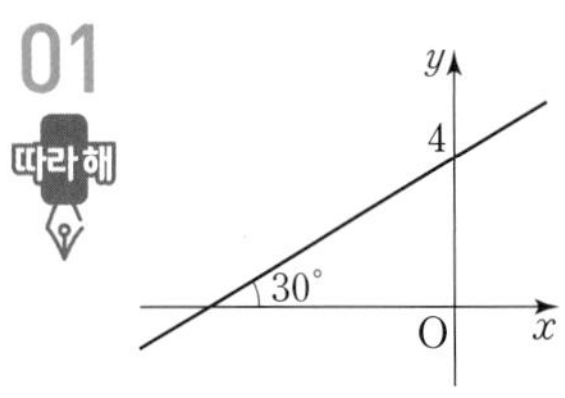

➜ (기울기)$=\tan 30^\circ=$ ☐

(y절편)$=$ ☐

02

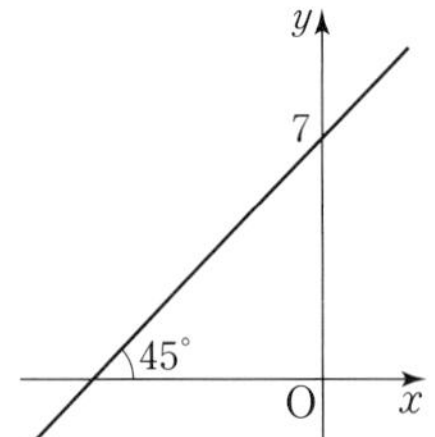

03

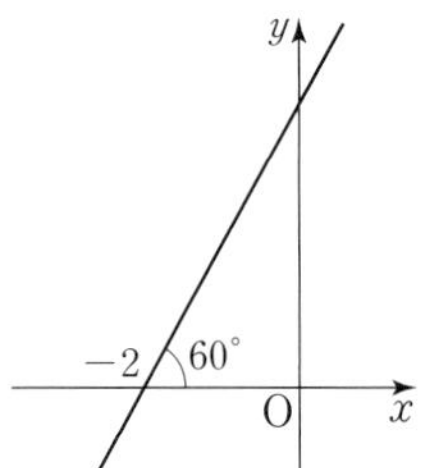

04 따라해

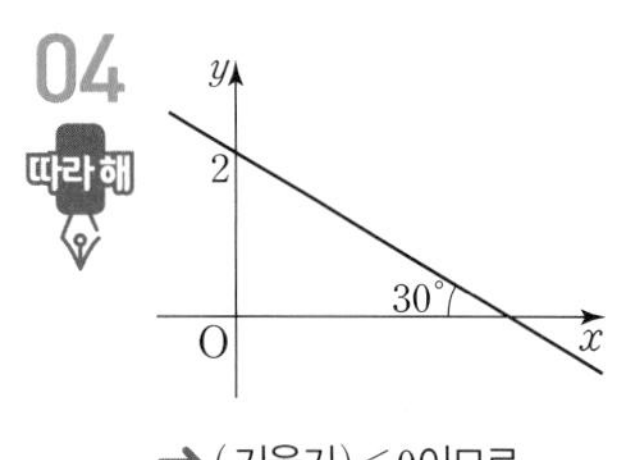

➜ (기울기)<0이므로

(기울기)$=$ ☐$\tan 30^\circ=$ ☐

(y절편)$=$ ☐

05

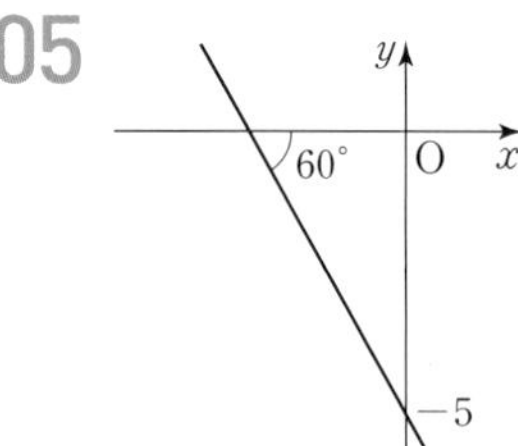

06

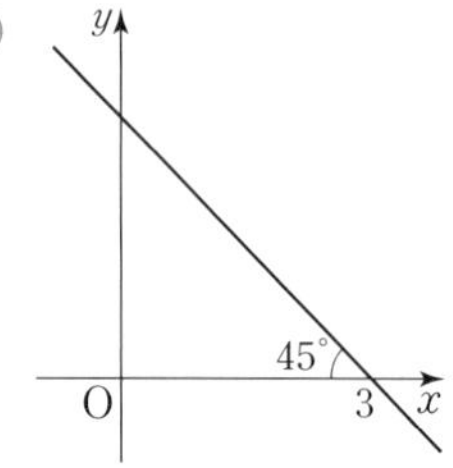

10분 연산 TEST

▶ 정답 및 풀이 13쪽

[01~03] 오른쪽 그림과 같이 $\angle B=90^\circ$인 직각삼각형 ABC에서 다음을 구하시오.

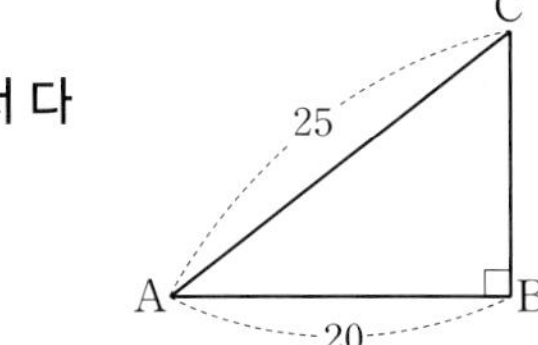

01 $\overline{BC}$의 길이

02 $\sin A$, $\cos A$, $\tan A$의 값

03 $\sin C$, $\cos C$, $\tan C$의 값

04 오른쪽 그림과 같이 $\angle B=90^\circ$인 직각삼각형 ABC에서 $\sin C=\frac{3}{4}$일 때, $\overline{AB}$의 길이를 구하시오.

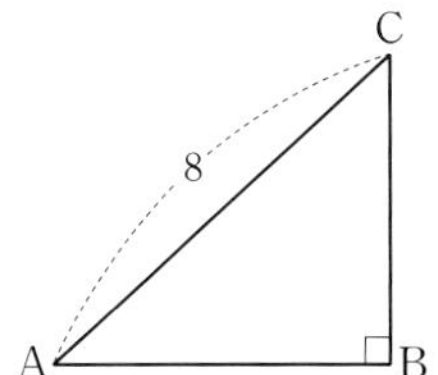

05 $\angle B=90^\circ$인 직각삼각형 ABC에서 $\cos A=\frac{2}{3}$일 때, $\tan A$의 값을 구하시오.

06 오른쪽 그림과 같이 $\angle A=90^\circ$인 직각삼각형 ABC에서 $\overline{AH}\perp\overline{BC}$일 때, $\sin x$, $\tan y$의 값을 각각 구하시오.

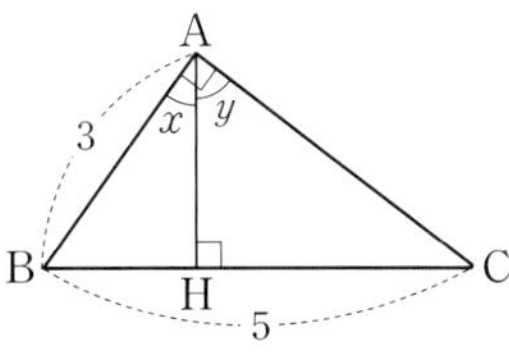

07 오른쪽 그림과 같이 $\angle A=90^\circ$인 직각삼각형 ABC에서 $\overline{DE}\perp\overline{BC}$일 때, $\cos x$의 값을 구하시오.

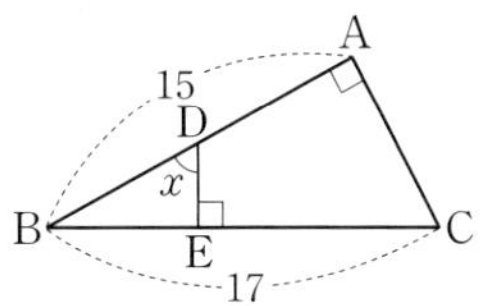

08 오른쪽 그림과 같이 한 모서리의 길이가 4인 정육면체에서 $\cos x$의 값을 구하시오.

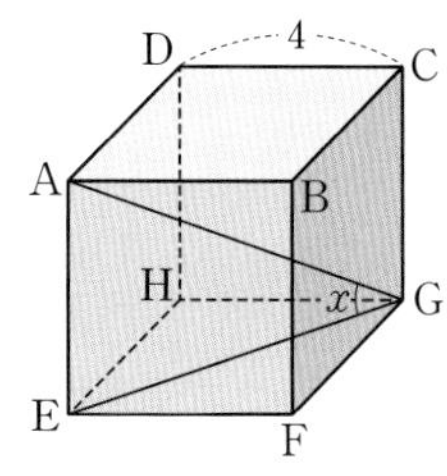

[09~10] 다음을 계산하시오.

09 $\sin 60^\circ\times\tan 60^\circ+\tan 45^\circ$

10 $\cos 45^\circ\times\sin 30^\circ\div\tan 30^\circ$

11 $0^\circ<A<90^\circ$이고 $\cos A=\frac{\sqrt{3}}{2}$일 때, 이를 만족시키는 A의 크기를 구하시오.

12 오른쪽 그림에서 $\overline{BD}$의 길이를 구하시오.

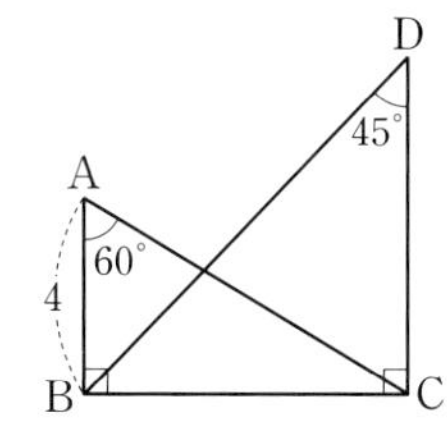

13 오른쪽 그림과 같이 x절편이 -6이고, x축의 양의 방향과 이루는 각의 크기가 45°인 직선의 방정식을 구하시오.

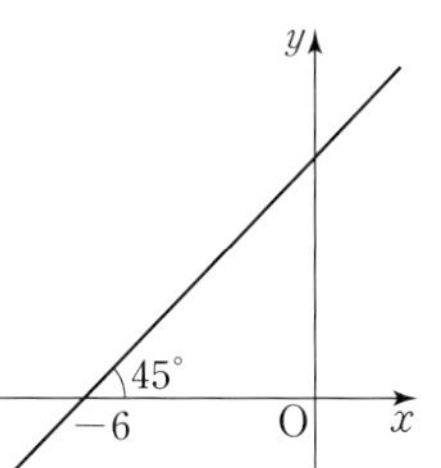

한 번 더 연산테스트는 부록 2~3쪽에서

맞힌 개수 　개/13개

▶ 정답 및 풀이 14쪽

예각의 삼각비의 값

반지름의 길이가 1인 사분원에서 임의의 예각의 크기를 x라 하면

$\sin x = \frac{\overline{AB}}{\overline{OA}} = \frac{\overline{AB}}{1} = \overline{AB}$
$\cos x = \frac{\overline{OB}}{\overline{OA}} = \frac{\overline{OB}}{1} = \overline{OB}$ — 빗변의 길이가 1인 직각삼각형 AOB를 이용!

$\tan x = \frac{\overline{CD}}{\overline{OD}} = \frac{\overline{CD}}{1} = \overline{CD}$ — 밑변의 길이가 1인 직각삼각형 COD를 이용!

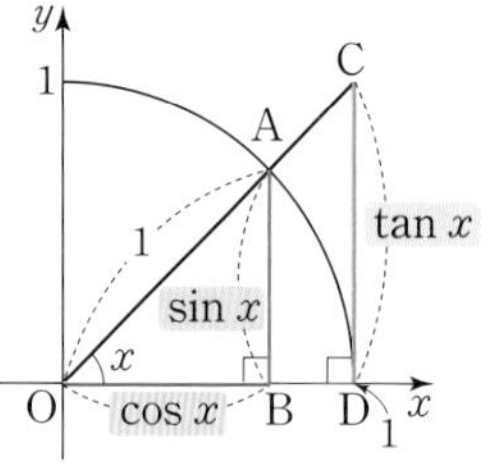

POINT

반지름의 길이가 1인 사분원에서
- $\sin x$, $\cos x$
  → 빗변의 길이가 1인 직각삼각형을 이용
- $\tan x$
  → 밑변의 길이 또는 높이가 1인 직각삼각형을 이용

오른쪽 그림과 같이 반지름의 길이가 1인 사분원에서 다음 삼각비의 값을 나타내는 선분을 구하시오.

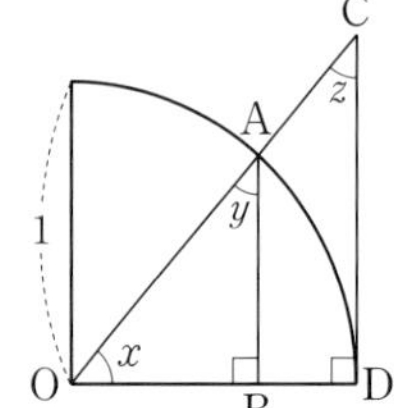

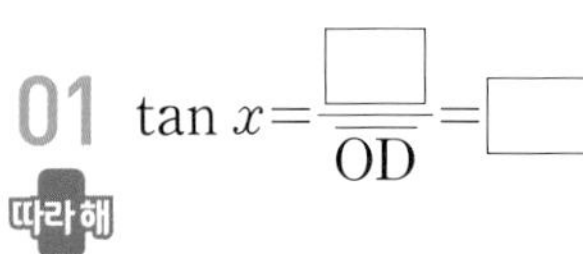

01 $\tan x = \frac{\square}{\overline{OD}} = \square$ (따라해)

02 $\cos x$

03 $\sin y$

04 $\cos y$

05 $\sin z$

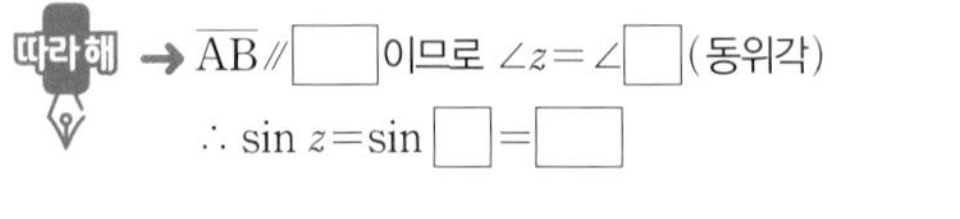

따라해 → $\overline{AB} /\!/ \square$이므로 $\angle z = \angle \square$ (동위각)

$\therefore \sin z = \sin \square = \square$

06 $\cos z$

오른쪽 그림과 같이 반지름의 길이가 1인 사분원에서 다음 삼각비의 값을 구하시오.

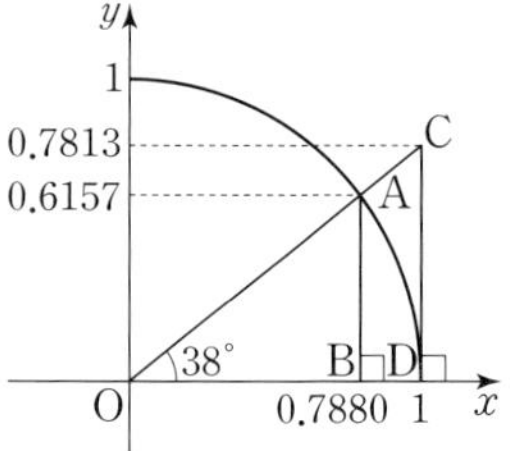

07 $\sin 38°$

08 $\cos 38°$

09 $\tan 38°$

오른쪽 그림과 같이 반지름의 길이가 1인 사분원에서 다음 삼각비의 값을 구하시오.

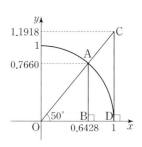

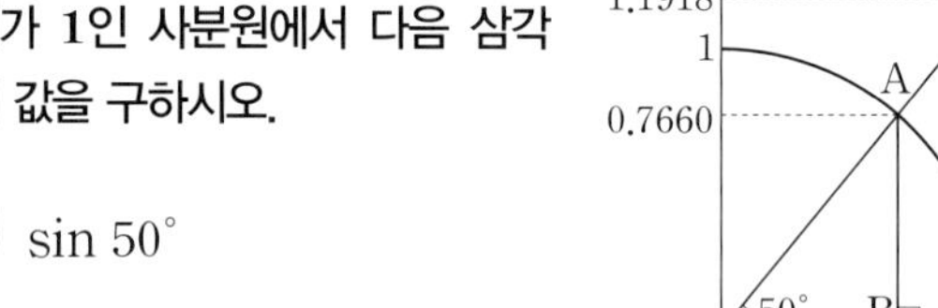

10 $\sin 50°$

11 $\cos 50°$

12 $\sin 40°$

크기가 40°인 각을 찾아봐!

13 $\cos 40°$

▶ 정답 및 풀이 14쪽

10 VISUAL 연산

0°와 90°의 삼각비의 값

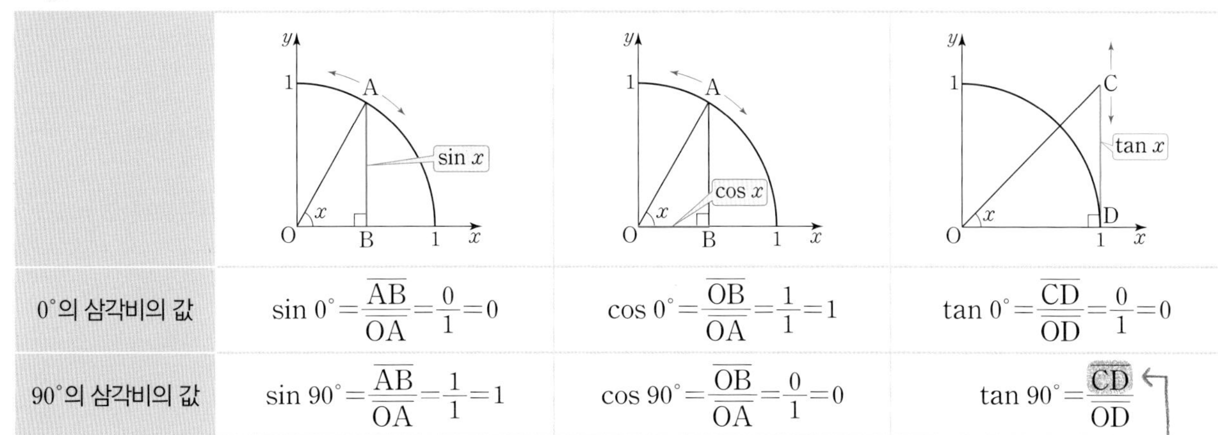

0°의 삼각비의 값	$\sin 0^\circ=\frac{\overline{AB}}{\overline{OA}}=\frac{0}{1}=0$	$\cos 0^\circ=\frac{\overline{OB}}{\overline{OA}}=\frac{1}{1}=1$	$\tan 0^\circ=\frac{\overline{CD}}{\overline{OD}}=\frac{0}{1}=0$
90°의 삼각비의 값	$\sin 90^\circ=\frac{\overline{AB}}{\overline{OA}}=\frac{1}{1}=1$	$\cos 90^\circ=\frac{\overline{OB}}{\overline{OA}}=\frac{0}{1}=0$	$\tan 90^\circ=\frac{\overline{CD}}{\overline{OD}}$

$\overline{CD}$의 길이가 한없이 커지므로 값을 정할 수 없다.

참고 ① $\angle AOB$의 크기가 0°에 가까워지면 $\overline{AB}$의 길이는 0에 가까워지고, $\overline{OB}$의 길이는 1에 가까워진다.
② $\angle AOB$의 크기가 90°에 가까워지면 $\overline{AB}$의 길이는 1에 가까워지고, $\overline{OB}$의 길이는 0에 가까워진다.
③ $\angle COD$의 크기가 0°에 가까워지면 $\overline{CD}$의 길이는 0에 가까워지고, $\angle COD$의 크기가 90°에 가까워지면 $\overline{CD}$의 길이는 한없이 커진다.

다음 삼각비의 값을 구하시오.

01 $\sin 0^\circ$ ______

02 $\cos 90^\circ$ ______

03 $\tan 0^\circ$ ______

04 $\sin 90^\circ$ ______

05 $\cos 0^\circ$ ______

06 $\tan 90^\circ$ ______

다음을 계산하시오.

07 $\cos 90^\circ+\sin 0^\circ+\tan 0^\circ$ ______

08 $\sin 30^\circ+\cos 0^\circ-\tan 45^\circ$ ______

09 $\cos 45^\circ-\tan 0^\circ-\sin 45^\circ$ ______

10 $\tan 45^\circ\times\sin 90^\circ-\cos 0^\circ$ ______

11 $\cos 90^\circ\times\sin 0^\circ+\cos 0^\circ\times\sin 90^\circ$ ______

12 $\cos 0^\circ\div\sin 30^\circ+\sin 45^\circ\times\tan 0^\circ$ ______

▶ 정답 및 풀이 14쪽

11 VISUAL 연산

삼각비의 대소 관계

삼각비 \ A	$0°$	$30°$	$45°$	$60°$	$90°$	
						$0° \le A \le 90°$인 범위에서 A의 크기가 커지면
$\sin A$	0	$\frac{1}{2}$	$\frac{\sqrt{2}}{2}$	$\frac{\sqrt{3}}{2}$	1	$\sin A$의 값은 0에서 1까지 증가
$\cos A$	1	$\frac{\sqrt{3}}{2}$	$\frac{\sqrt{2}}{2}$	$\frac{1}{2}$	0	$\cos A$의 값은 1에서 0까지 감소
$\tan A$	0	$\frac{\sqrt{3}}{3}$	1	$\sqrt{3}$	정할 수 없다.	$\tan A$의 값은 0에서 한없이 증가

$0° \le A < 45°$일 때 $\sin A < \cos A$

$A = 45°$일 때 $\sin A = \cos A$

$45° < A \le 90°$일 때 $\cos A < \sin A < \tan A$

참고 $0° \le A \le 90°$일 때,
① $0 \le \sin A \le 1$
② $0 \le \cos A \le 1$
③ $\tan A \ge 0$

삼각비의 값을 비교할 때, 삼각비의 값이 같아지는 각의 크기를 이용하면 편리해.

다음 중 옳은 것에는 ○표, 옳지 않은 것에는 ×표를 하시오.

01 $0° \le A \le 90°$일 때, A의 크기가 커지면 $\sin A$의 값도 커진다. ( )

02 $0° \le A \le 90°$일 때, A의 크기가 커지면 $\cos A$의 값도 커진다. ( )

03 $0° \le A \le 90°$일 때, A의 크기가 커지면 $\tan A$의 값도 커진다. ( )

04 $A=45°$일 때, $\sin A = \cos A$이다. ( )

05 $0° \le A < 45°$일 때, $\sin A > \cos A$이다. ( )

06 $45° \le A \le 90°$일 때, $\cos A < \tan A$이다. ( )

다음 ○ 안에 >, < 중 알맞은 것을 써넣으시오.

07 $\sin 90°$ ○ $\sin 60°$

08 $\cos 30°$ ○ $\cos 90°$

09 $\sin 30°$ ○ $\sin 57°$

10 $\cos 49°$ ○ $\cos 80°$

11 $\tan 15°$ ○ $\tan 60°$

12 $\sin 45°$ ○ $\cos 75°$

13 $\sin 70°$ ○ $\tan 70°$

12 VISUAL 연산

삼각비의 표

삼각비의 표 : 0°에서 90°까지 1° 단위로 삼각비의 값을 소수점 아래 다섯째 자리에서 반올림하여 소수점 아래 넷째 자리까지 나타낸 표

각도	사인(sin)	코사인(cos)	탄젠트(tan)
51°	0.7771	0.6293	1.2349
52°	0.7880	0.6157	1.2799
53°	0.7986	0.6018	1.3270
54°	0.8090	0.5878	1.3764
55°	0.8192	0.5736	1.4281

→ sin 52° = 0.7880
→ cos 53° = 0.6018
→ tan 55° = 1.4281

구하려고 하는 각도의 가로줄과 삼각비의 세로줄이 만나는 곳의 수가 삼각비의 값이야.

삼각비의 표의 값은 근삿값이지만 등호(=)를 사용하여 나타낸다.

삼각비의 표 이용하기

아래 삼각비의 표를 이용하여 다음 삼각비의 값을 구하시오.

각도	사인(sin)	코사인(cos)	탄젠트(tan)
24°	0.4067	0.9135	0.4452
25°	0.4226	0.9063	0.4663
26°	0.4384	0.8988	0.4877
27°	0.4540	0.8910	0.5095
28°	0.4695	0.8829	0.5317

01 sin 27° ______

02 cos 25° ______

03 tan 24° ______

04 sin 26° ______

05 cos 28° ______

06 tan 26° ______

아래 삼각비의 표를 이용하여 다음 삼각비를 만족시키는 $\angle x$의 크기를 구하시오.

각도	사인(sin)	코사인(cos)	탄젠트(tan)
46°	0.7193	0.6947	1.0355
47°	0.7314	0.6820	1.0724
48°	0.7431	0.6691	1.1106
49°	0.7547	0.6561	1.1504
50°	0.7660	0.6428	1.1918

07 $\sin x=0.7314$ ______

08 $\cos x=0.6561$ ______

09 $\tan x=1.1106$ ______

10 $\sin x=0.7660$ ______

11 $\cos x=0.6947$ ______

12 $\tan x=1.1504$ ______

삼각비의 표를 이용하여 삼각형의 각의 크기 구하기

아래 삼각비의 표를 이용하여 다음 직각삼각형 ABC에서 $\angle x$의 크기를 구하시오.

각도	사인(sin)	코사인(cos)	탄젠트(tan)
31°	0.5150	0.8572	0.6009
32°	0.5299	0.8480	0.6249
33°	0.5446	0.8387	0.6494
34°	0.5592	0.8290	0.6745

13 따라해

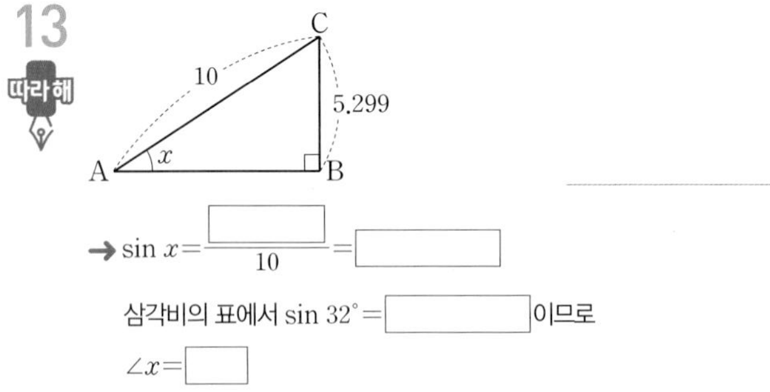

➜ $\sin x = \frac{\square}{10} = \square$

삼각비의 표에서 $\sin 32° = \square$ 이므로

$\angle x = \square$

14

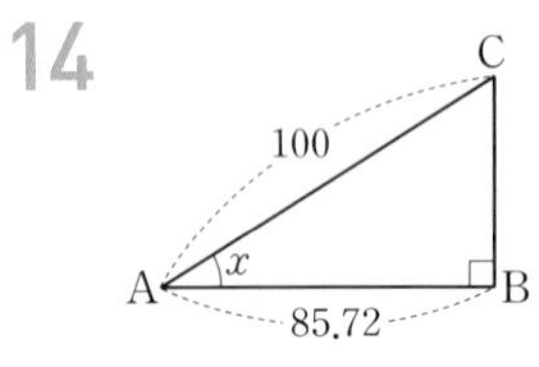

15

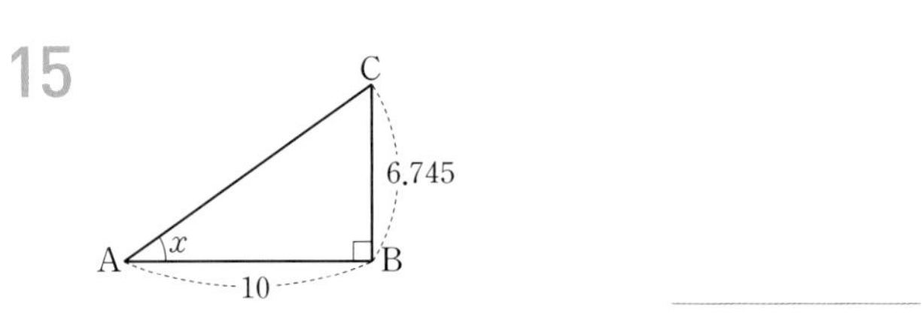

16

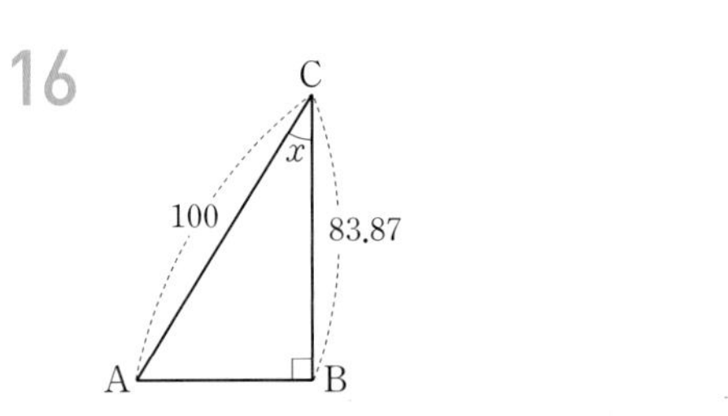

삼각비의 표를 이용하여 삼각형의 변의 길이 구하기

아래 삼각비의 표를 이용하여 다음 직각삼각형 ABC에서 x의 값을 구하시오.

각도	사인(sin)	코사인(cos)	탄젠트(tan)
51°	0.7771	0.6293	1.2349
52°	0.7880	0.6157	1.2799
53°	0.7986	0.6018	1.3270
54°	0.8090	0.5878	1.3764

17 따라해

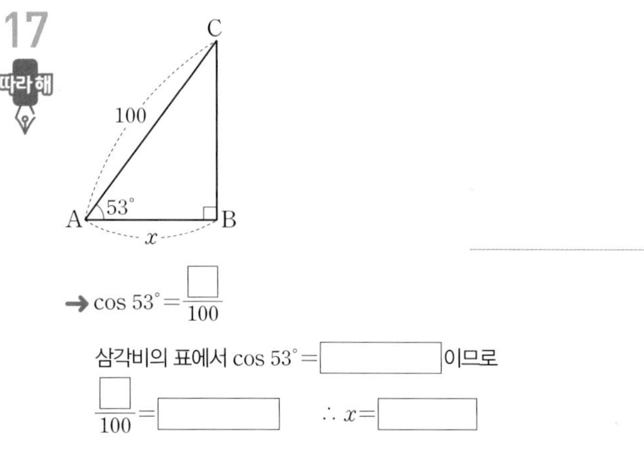

➜ $\cos 53° = \frac{\square}{100}$

삼각비의 표에서 $\cos 53° = \square$ 이므로

$\frac{\square}{100} = \square$ $\quad \therefore x = \square$

18

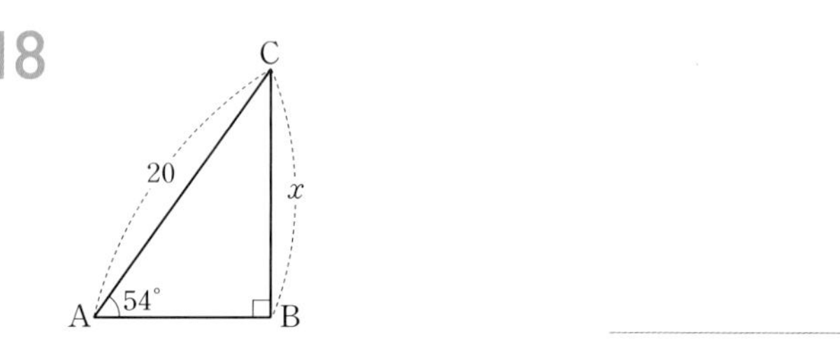

19

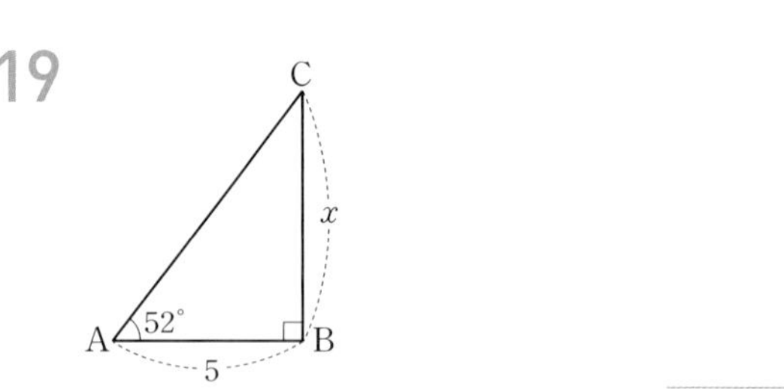

20

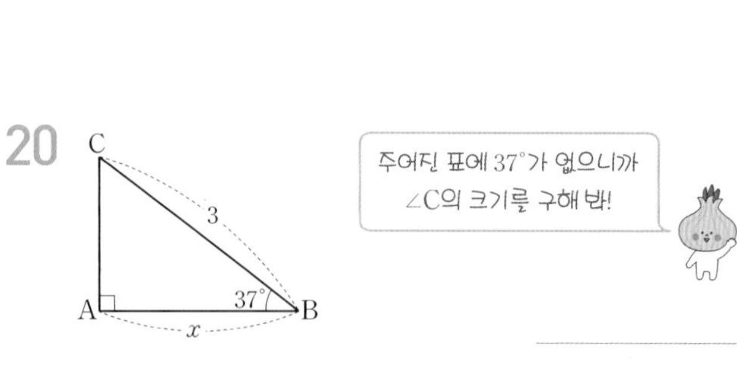

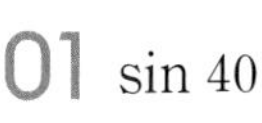

연산 능력 UP! 10분 연산 TEST

▶ 정답 및 풀이 15쪽

[01 ~ 05] 오른쪽 그림과 같이 반지름의 길이가 1인 사분원에서 다음 삼각비의 값을 구하시오.

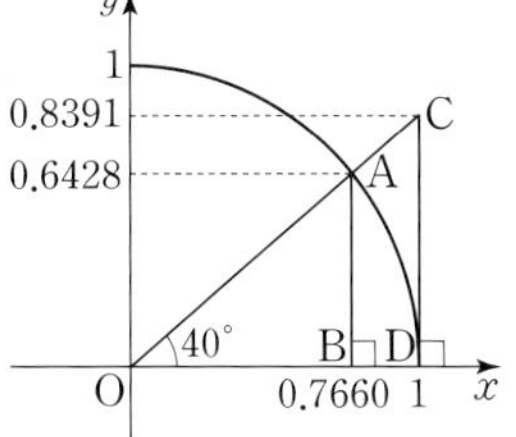

01 $\sin 40^\circ$

02 $\cos 40^\circ$

03 $\tan 40^\circ$

04 $\sin 50^\circ$

05 $\cos 50^\circ$

[06 ~ 09] 다음을 계산하시오.

06 $\sin 0^\circ - \cos 60^\circ \times \sin 30^\circ$

07 $2\sin 90^\circ - \cos 0^\circ + 3\tan 45^\circ$

08 $\sin 0^\circ \times \cos 30^\circ + \sin 60^\circ \times \cos 90^\circ$

09 $\sin 45^\circ \div \cos 45^\circ - \tan 0^\circ \times \cos 60^\circ$

10 다음 삼각비의 값을 작은 것부터 차례대로 나열하시오.

$\tan 60^\circ$, $\sin 90^\circ$, $\cos 60^\circ$

[11 ~ 13] 아래 삼각비의 표를 이용하여 다음 삼각비의 값을 구하시오.

각도	사인(sin)	코사인(cos)	탄젠트(tan)
16°	0.2756	0.9613	0.2867
17°	0.2924	0.9563	0.3057
18°	0.3090	0.9511	0.3249
19°	0.3256	0.9455	0.3443
20°	0.3420	0.9397	0.3640

11 $\sin 16^\circ$

12 $\cos 20^\circ$

13 $\tan 17^\circ$

[14 ~ 16] 아래 삼각비의 표를 이용하여 다음을 만족시키는 $\angle x$의 크기를 구하시오.

각도	사인(sin)	코사인(cos)	탄젠트(tan)
41°	0.6561	0.7547	0.8693
42°	0.6691	0.7431	0.9004
43°	0.6820	0.7314	0.9325
44°	0.6947	0.7193	0.9657

14 $\cos x = 0.7193$

15 $\tan x = 0.9004$

16

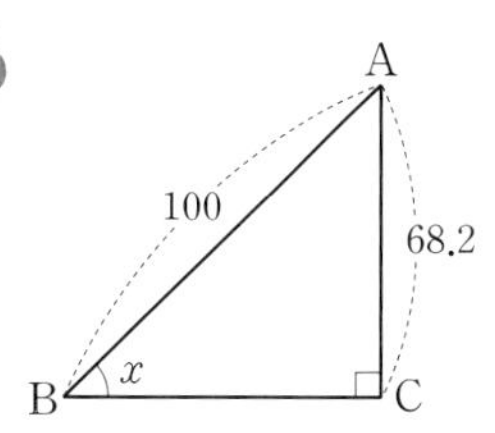

한 번 더 연산테스트는 부록 4~5쪽에서

맞힌 개수 개/16개

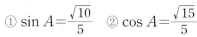

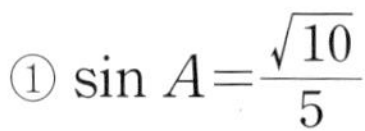

학교 시험 PREVIEW

01

오른쪽 그림과 같이 $\angle C=90^\circ$인 직각삼각형 ABC에서 $\overline{AB}=\sqrt{10}$, $\overline{BC}=2$일 때, 다음 중 옳지 않은 것은?

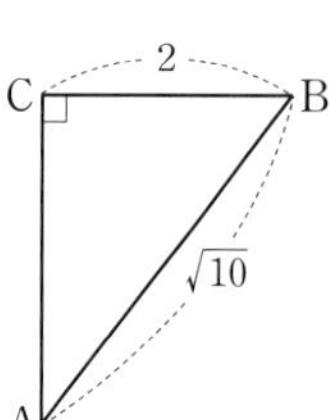

① $\sin A=\frac{\sqrt{10}}{5}$ ② $\cos A=\frac{\sqrt{15}}{5}$
③ $\tan A=\frac{\sqrt{6}}{3}$ ④ $\sin B=\frac{\sqrt{10}}{5}$
⑤ $\tan B=\frac{\sqrt{6}}{2}$

02

오른쪽 그림과 같이 $\angle B=90^\circ$인 직각삼각형 ABC에서 $\overline{AB}=4$이고 $\tan C=\frac{2}{3}$일 때, $\overline{AC}$의 길이는?

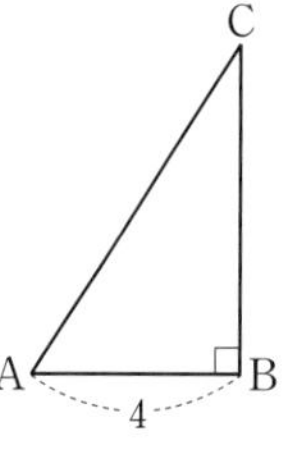

① $2\sqrt{10}$ ② $2\sqrt{13}$
③ $3\sqrt{7}$ ④ 8
⑤ 9

03

$\angle B=90^\circ$인 직각삼각형 ABC에서 $\sin A=\frac{5}{13}$일 때, $\cos A\times\tan A$의 값은?

① $\frac{5}{13}$ ② $\frac{5}{12}$ ③ $\frac{7}{13}$
④ $\frac{7}{12}$ ⑤ $\frac{10}{13}$

04

오른쪽 그림과 같이 $\angle A=90^\circ$인 직각삼각형 ABC에서 $\angle ADE=\angle C$일 때, $\sin B+\cos C$의 값은?

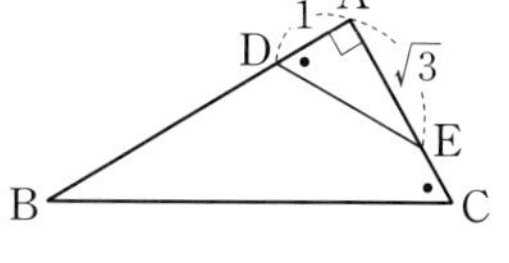

① $\frac{1}{4}$ ② $\frac{1}{2}$ ③ 1
④ $\frac{3}{2}$ ⑤ 2

05

오른쪽 그림과 같은 직육면체에서 $\cos x$의 값은?

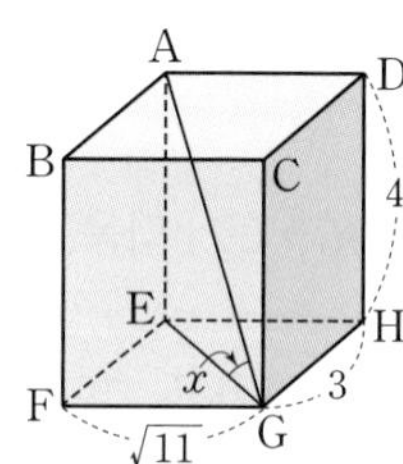

① $\frac{1}{3}$ ② $\frac{2}{3}$
③ $\frac{\sqrt{5}}{3}$ ④ $\frac{3}{4}$
⑤ $\frac{2\sqrt{5}}{5}$

06 80% 출제율

$\tan A=\sqrt{3}$일 때, $2\sin A\div\cos A$의 값은? (단, $0^\circ<A<90^\circ$)

① $\frac{\sqrt{3}}{3}$ ② $\frac{\sqrt{3}}{2}$ ③ $\sqrt{3}$
④ $2\sqrt{3}$ ⑤ $3\sqrt{3}$

07

오른쪽 그림과 같은 $\triangle ABC$에서 $\overline{AD}\perp\overline{BC}$이고 $\angle B=45^\circ$, $\angle C=30^\circ$, $\overline{AB}=\sqrt{6}$일 때, $\overline{BC}$의 길이는?

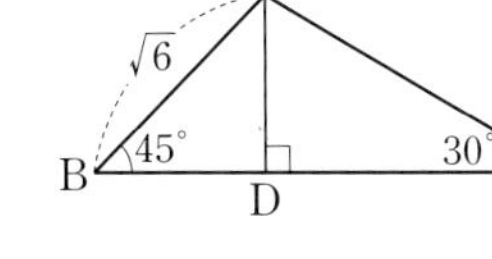

① 3 ② $2\sqrt{3}$ ③ $2+\sqrt{5}$
④ $3+\sqrt{3}$ ⑤ $2+2\sqrt{3}$

08

오른쪽 그림과 같이 반지름의 길이가 1인 사분원에서 다음 중 옳지 않은 것은?

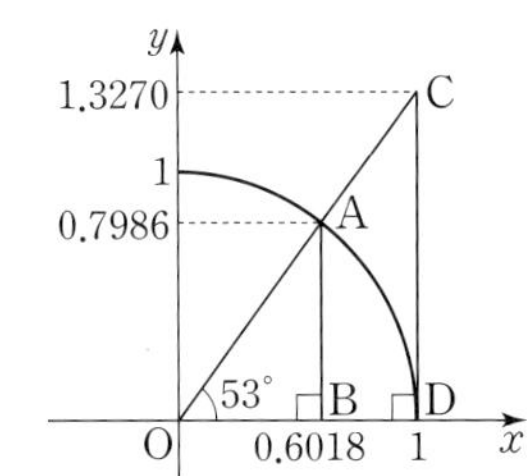

① $\sin 53^\circ$의 값은 0.7986이다.
② $\cos 53^\circ$의 값은 $\overline{OB}$의 길이와 같다.
③ $\tan 53^\circ$의 값은 $\overline{AB}$의 길이와 같다.
④ $\sin 37^\circ$의 값은 0.6018이다.
⑤ $\cos 37^\circ$의 값은 $\overline{AB}$의 길이와 같다.

09

다음을 계산하면?

$$(\sqrt{2}\sin 45^\circ+\tan 60^\circ)(\sin 60^\circ\div\cos 60^\circ-\cos 0^\circ)$$

① -1 ② 0 ③ 1
④ 2 ⑤ 3

10

다음 중 대소 관계가 옳지 않은 것은?

① $\sin 20^\circ<\sin 30^\circ$
② $\cos 40^\circ<\cos 50^\circ$
③ $\tan 65^\circ<\tan 70^\circ$
④ $\sin 10^\circ<\cos 10^\circ$
⑤ $\sin 80^\circ>\cos 80^\circ$

11 실수 주의

아래 주어진 삼각비의 표를 이용하여 오른쪽 그림과 같은 직각삼각형 ABC에서 $x+y$의 값을 구하면?

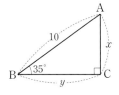

각도	사인 (sin)	코사인 (cos)	탄젠트 (tan)
34°	0.5592	0.8290	0.6745
35°	0.5736	0.8192	0.7002
36°	0.5878	0.8090	0.7265

① 12.738 ② 13.882 ③ 13.928
④ 14.070 ⑤ 15.194

12 서술형

오른쪽 그림과 같은 직사각형 ABCD에서 $\overline{AH}\perp\overline{BD}$이고 $\overline{AB}=9$, $\overline{BC}=12$일 때, $\cos x-\sin x$의 값을 구하시오.

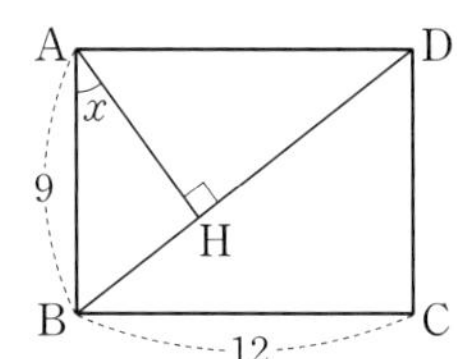

채점 기준 1 $\overline{BD}$의 길이 구하기

채점 기준 2 $\angle x$와 크기가 같은 각 구하기

채점 기준 3 $\cos x-\sin x$의 값 구하기

I-2 삼각비의 활용

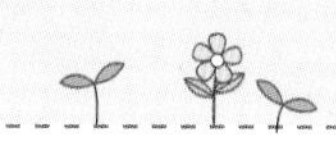

01 직각삼각형의 변의 길이

$\angle B=90^\circ$인 직각삼각형 ABC에서

(1) $\angle A$의 크기와 빗변의 길이 b를 알 때 → $a=b\sin A$, $c=b\cos A$

(2) $\angle A$의 크기와 밑변의 길이 c를 알 때 → $a=c\tan A$, $b=\dfrac{c}{\cos A}$

(3) $\angle A$의 크기와 높이 a를 알 때 → $b=\dfrac{a}{\sin A}$, $c=\dfrac{a}{\tan A}$

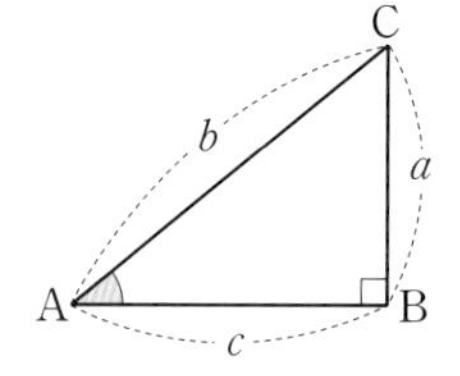

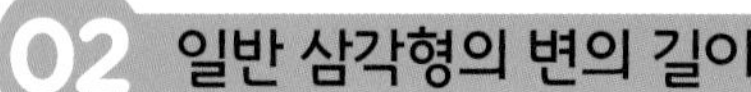

02 일반 삼각형의 변의 길이

(1) △ABC에서 두 변의 길이 a, c와 그 끼인각 $\angle B$의 크기를 알 때, 꼭짓점 A에서 $\overline{BC}$에 내린 수선의 발을 H라 하면

$\overline{AH}=c\sin B$, $\overline{BH}=c\cos B$이므로

$\overline{CH}=\overline{BC}-\overline{BH}=a-c\cos B$

$\therefore \overline{AC}=\sqrt{\overline{AH}^2+\overline{CH}^2}$

$=\sqrt{(c\sin B)^2+(a-c\cos B)^2}$

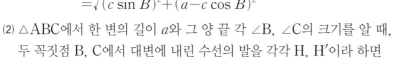

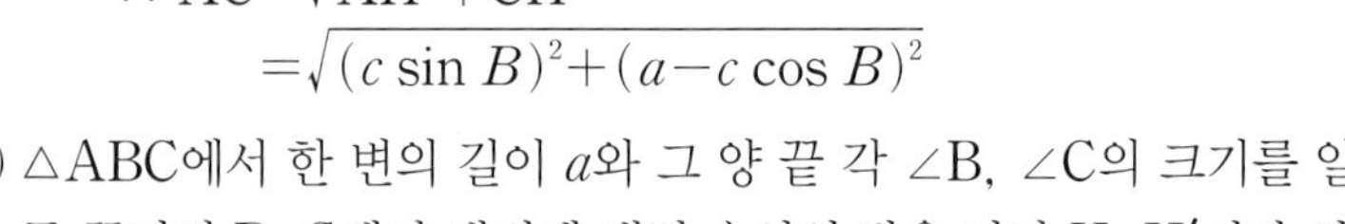

(2) △ABC에서 한 변의 길이 a와 그 양 끝 각 $\angle B$, $\angle C$의 크기를 알 때, 두 꼭짓점 B, C에서 대변에 내린 수선의 발을 각각 H, H′이라 하면

$\overline{BH}=\overline{AB}\sin A=a\sin C$이므로 $\overline{AB}=\dfrac{a\sin C}{\sin A}$

$\overline{CH'}=\overline{AC}\sin A=a\sin B$이므로 $\overline{AC}=\dfrac{a\sin B}{\sin A}$

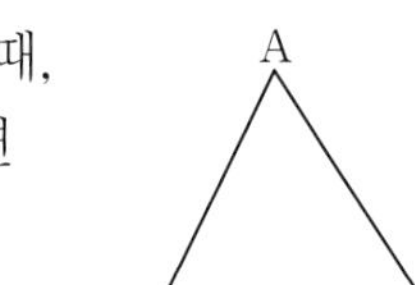

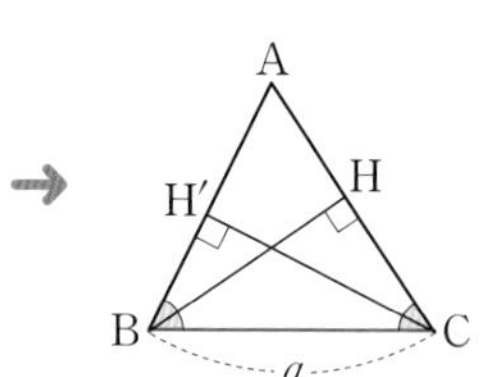

03 삼각형의 높이

△ABC에서 한 변의 길이 a와 그 양 끝 각 $\angle B$, $\angle C$의 크기를 알 때

(1) 예각삼각형의 높이

$\overline{BH}=h\tan x$

$\overline{CH}=h\tan y$

$\overline{BC}=\overline{BH}+\overline{CH}$이므로

$a=h\tan x+h\tan y$

$\therefore h=\dfrac{a}{\tan x+\tan y}$

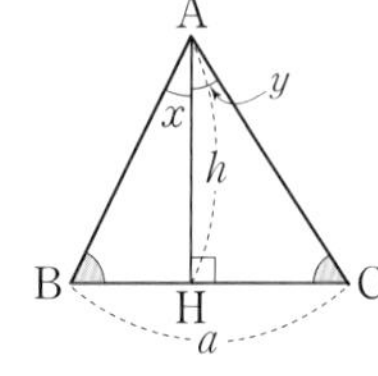

(2) 둔각삼각형의 높이

$\overline{BH}=h\tan x$

$\overline{CH}=h\tan y$

$\overline{BC}=\overline{BH}-\overline{CH}$이므로

$a=h\tan x-h\tan y$

$\therefore h=\dfrac{a}{\tan x-\tan y}$

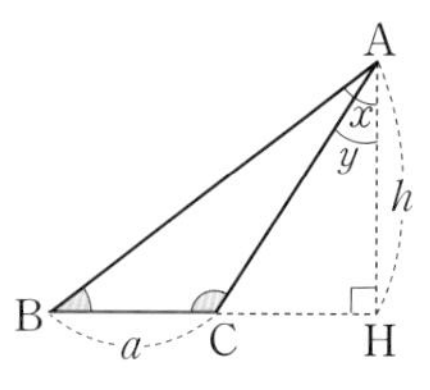

04 삼각형의 넓이

$\triangle$ABC에서 두 변의 길이 a, c와 그 끼인각 $\angle$B의 크기를 알면 삼각형의 넓이 S는

(1) $\angle$B가 예각인 경우

$\overline{\text{AH}}=c\sin B$이므로

$$S=\frac{1}{2}ac\sin B$$

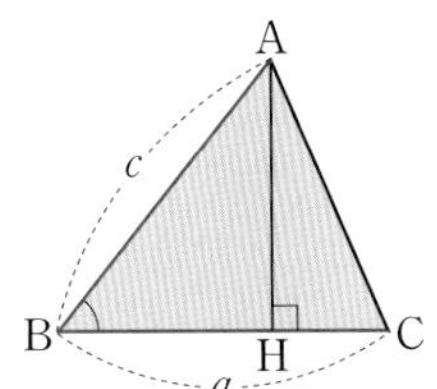

(2) $\angle$B가 둔각인 경우

$\overline{\text{AH}}=c\sin(180^\circ-B)$이므로

$$S=\frac{1}{2}ac\sin(180^\circ-B)$$

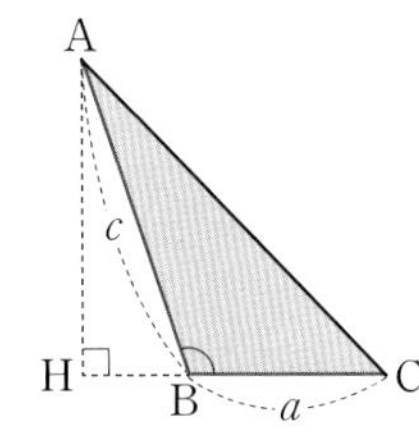

05 사각형의 넓이

(1) **평행사변형의 넓이**

평행사변형 ABCD에서 이웃하는 두 변의 길이가 각각 a, b이고 그 끼인각 $\angle x$가 예각이면 평행사변형의 넓이 S는

$$S=ab\sin x$$

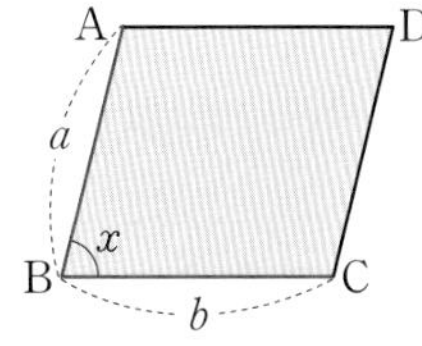

[설명] 대각선 AC를 그으면

$\overline{\text{AB}}=\overline{\text{CD}}$, $\overline{\text{BC}}=\overline{\text{DA}}$, $\overline{\text{AC}}$는 공통이므로

$\triangle$ABC$\equiv\triangle$CDA(SSS 합동)

$\therefore$ $\square$ABCD$=2\triangle$ABC$=2\times\frac{1}{2}ab\sin x=ab\sin x$

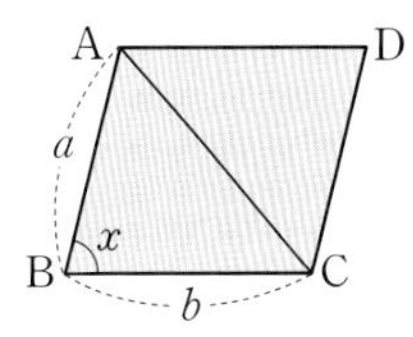

참고 $\angle x$가 둔각일 때 ➜ $S=ab\sin(180^\circ-x)$

(2) **사각형의 넓이**

사각형 ABCD에서 두 대각선의 길이가 a, b이고 두 대각선이 이루는 각 $\angle x$가 예각이면 사각형의 넓이 S는

$$S=\frac{1}{2}ab\sin x$$

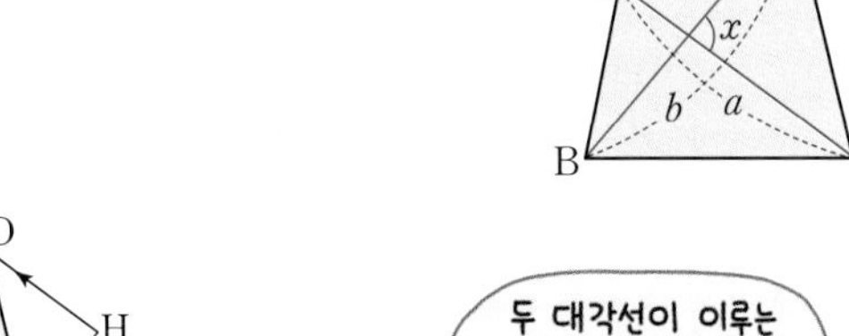

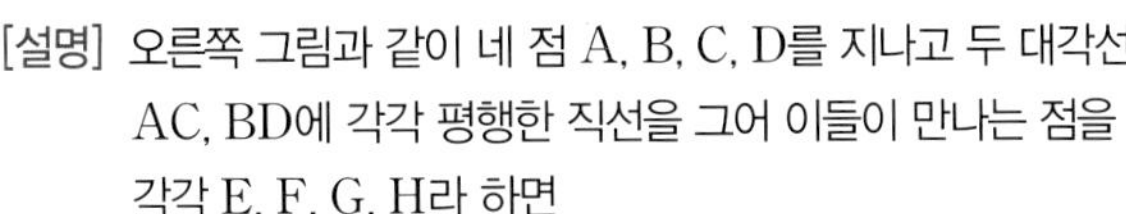

[설명] 오른쪽 그림과 같이 네 점 A, B, C, D를 지나고 두 대각선 AC, BD에 각각 평행한 직선을 그어 이들이 만나는 점을 각각 E, F, G, H라 하면

$$\square\text{ABCD}=\frac{1}{2}\square\text{EFGH}=\frac{1}{2}ab\sin x$$

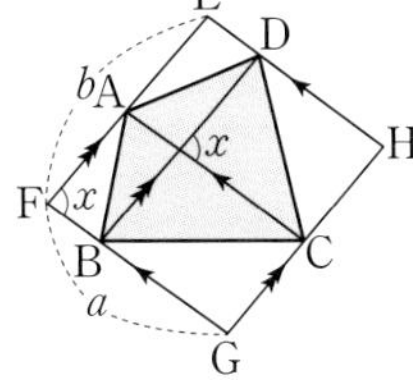

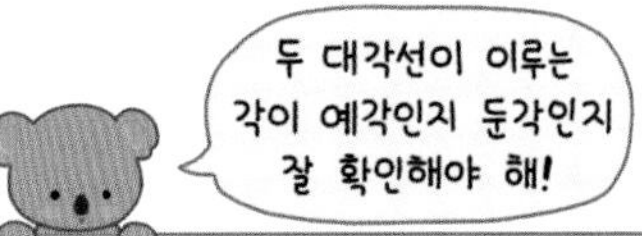

두 대각선이 이루는
각이 예각인지 둔각인지
잘 확인해야 해!

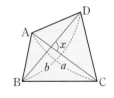

두 대각선이 이루는 각을 $\angle x$라 할 때

- $\angle x$가 예각

  ➜ $S=\frac{1}{2}ab\sin x$

- $\angle x$가 둔각

  ➜ $S=\frac{1}{2}ab\sin(180^\circ-x)$

참고 $\overline{\text{AD}}=a$, $\overline{\text{BC}}=b$, $\overline{\text{AB}}=c$인 사다리꼴 ABCD의 넓이 S는

$$S=\frac{1}{2}(a+b)h=\frac{1}{2}(a+b)c\sin B$$

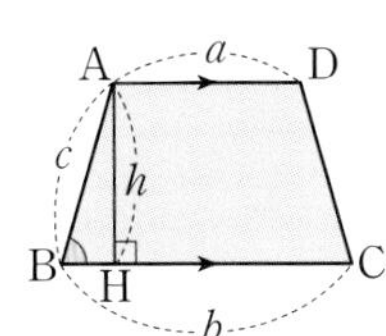

직각삼각형의 변의 길이

$\angle B=90^\circ$인 직각삼각형 ABC에서

$\angle A$의 크기와 빗변의 길이 b를 알 때	$\angle A$의 크기와 밑변의 길이 c를 알 때	$\angle A$의 크기와 높이 a를 알 때
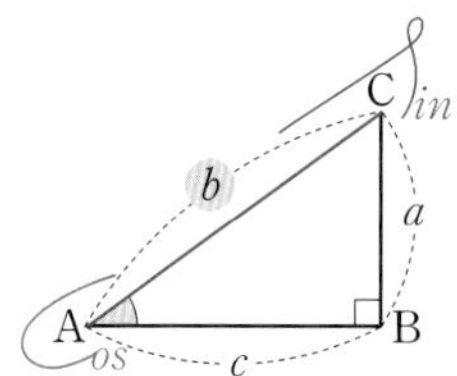	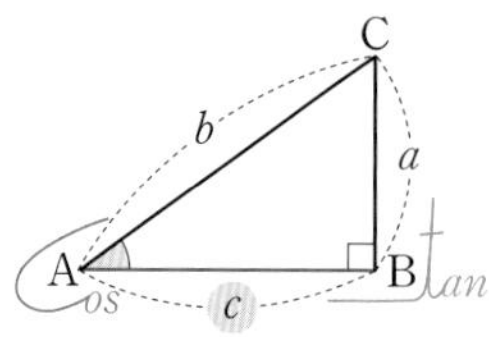	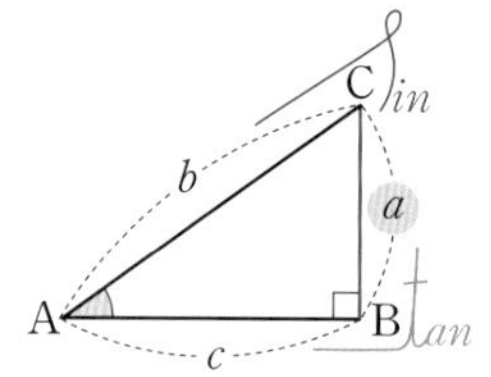
$a=b\sin A \leftarrow \sin A=\frac{a}{b}$	$a=c\tan A \leftarrow \tan A=\frac{a}{c}$	$b=\frac{a}{\sin A} \leftarrow \sin A=\frac{a}{b}$
$c=b\cos A \leftarrow \cos A=\frac{c}{b}$	$b=\frac{c}{\cos A} \leftarrow \cos A=\frac{c}{b}$	$c=\frac{a}{\tan A} \leftarrow \tan A=\frac{a}{c}$

삼각비의 값을 이용하여 직각삼각형의 변의 길이 구하기

다음 그림과 같은 직각삼각형 ABC에서 삼각비의 값을 이용하여 x의 값을 구하시오. (단, $\sin 40^\circ=0.64$, $\cos 40^\circ=0.77$, $\tan 40^\circ=0.84$로 계산한다.)

01 따라해

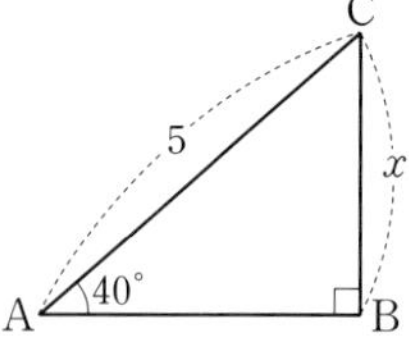

→ $\sin 40^\circ=\frac{x}{5}$이므로

$x=\square\times\sin 40^\circ=\square$

02

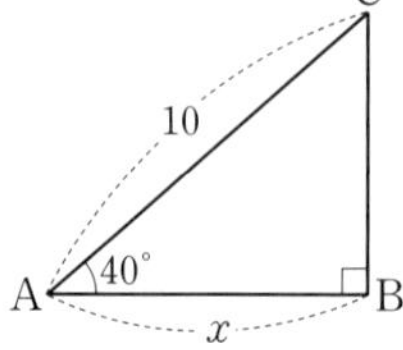

03

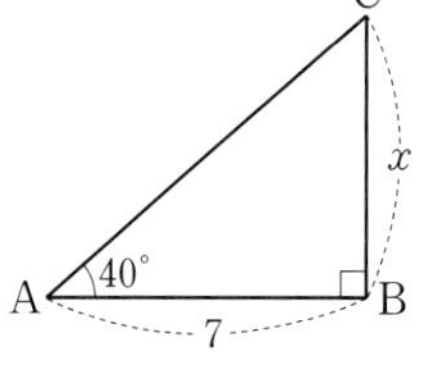

다음 그림과 같은 직각삼각형 ABC에서 주어진 삼각비의 값을 이용하여 x의 값을 구하시오.

04

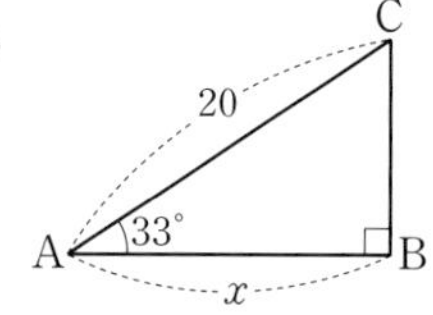

$\sin 33^\circ=0.54$
$\cos 33^\circ=0.84$
$\tan 33^\circ=0.65$

05

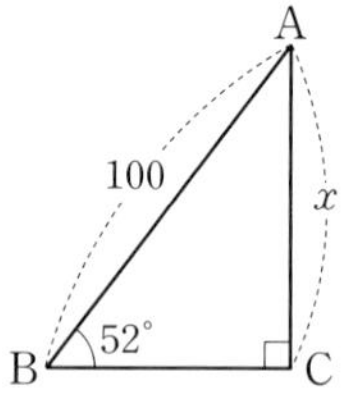

$\sin 52^\circ=0.79$
$\cos 52^\circ=0.62$
$\tan 52^\circ=1.28$

06

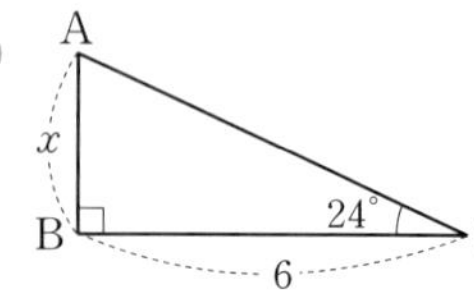

$\sin 24^\circ=0.41$
$\cos 24^\circ=0.91$
$\tan 24^\circ=0.45$

실생활에서 직각삼각형의 변의 길이 활용하기

07 다음 그림과 같이 호수의 두 지점 A, B 사이의 거리를 구하기 위하여 $\angle B=90^\circ$, $\overline{AC}=200$ m가 되도록 지점 C를 잡았다. $\angle A=36^\circ$일 때, 두 지점 A, B 사이의 거리를 구하시오. (단, $\sin 36^\circ=0.59$, $\cos 36^\circ=0.81$, $\tan 36^\circ=0.73$으로 계산한다.)

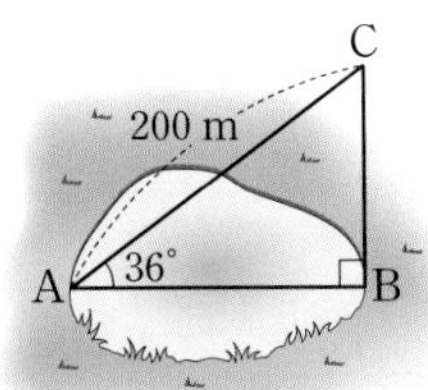

08 다음 그림과 같은 가로등의 높이를 알아보기 위하여 가로등으로부터 3 m 떨어진 A 지점에서 각도를 측정하였더니 47°이었다. 가로등의 높이를 구하시오. (단, $\sin 47^\circ=0.73$, $\cos 47^\circ=0.68$, $\tan 47^\circ=1.07$로 계산한다.)

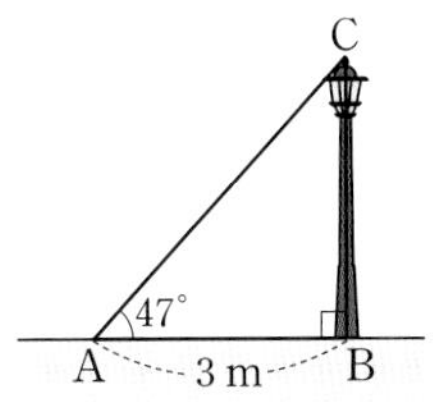

09 다음 그림과 같이 길이가 20 m인 사다리를 건물의 꼭대기에 걸쳐 놓았더니 사다리와 지면이 이루는 각의 크기가 65°이었다. 건물의 높이를 구하시오. (단, $\sin 65^\circ=0.9$, $\cos 65^\circ=0.4$, $\tan 65^\circ=2.1$로 계산한다.)

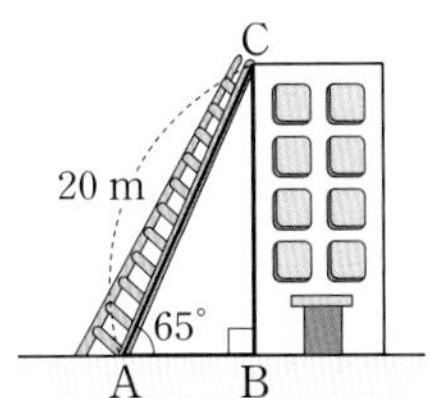

10 따라해 지면에 수직으로 서 있던 나무가 아래 그림과 같이 부러져서 꼭대기 A 부분이 바닥에 닿아 있다. 부러진 나무가 지면과 이루는 각의 크기가 30°, 꼭대기 A에서 나무까지의 거리가 15 m일 때, 다음을 구하시오.

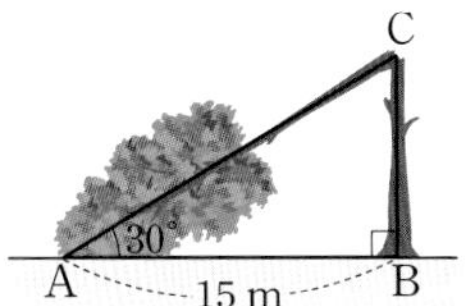

(1) $\overline{BC}$의 길이 → 나무가 부러지고 남은 길이

(2) $\overline{AC}$의 길이 → 부러진 나무의 길이

(3) 부러지기 전 나무의 높이

→ $\overline{BC}+\overline{AC}=\square+\square=\square$(m)

부러지기 전 나무의 높이는
(부러진 나무의 윗부분)
+(부러지지 않은 나무의 아랫부분)이야!

11 다음 그림과 같이 한 학생이 나무에서 10 m 떨어진 A 지점에서 나무의 꼭대기 C 지점을 올려다본 각의 크기가 34°이었다. 학생의 눈높이가 1.6 m일 때, 다음을 구하시오. (단, $\sin 34^\circ=0.56$, $\cos 34^\circ=0.83$, $\tan 34^\circ=0.67$로 계산한다.)

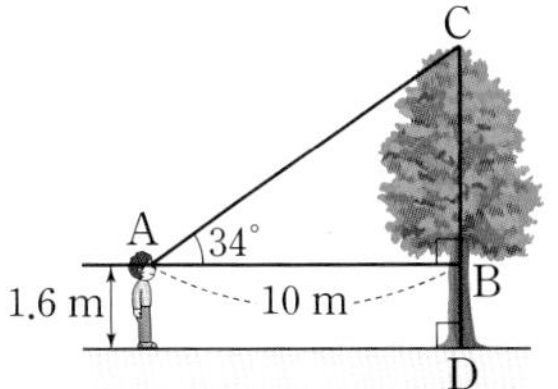

(1) $\overline{BD}$의 길이

(2) $\overline{BC}$의 길이

(3) 나무의 높이

나무의 높이는
(지면에서 학생의 눈까지의 높이)$+\overline{BC}$야!

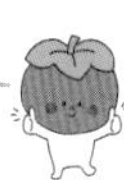

일반 삼각형의 변의 길이 (1)

두 변의 길이와 그 끼인각의 크기를 알 때

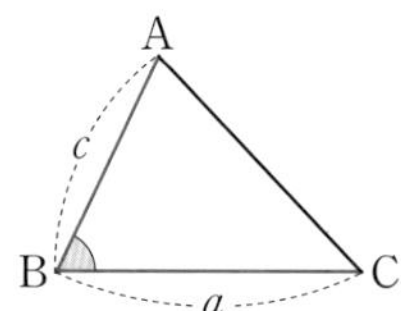

→

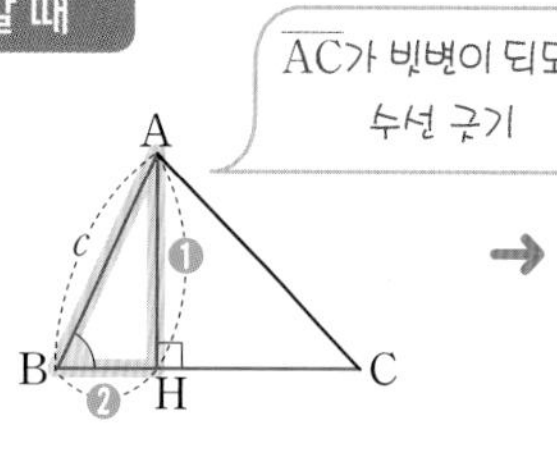

→

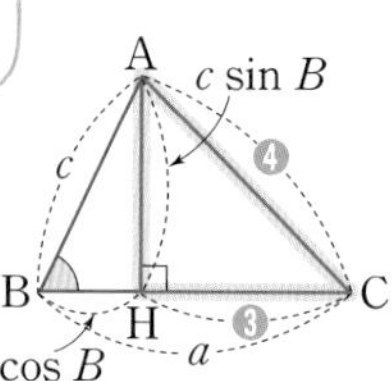

△ABC에서 $\overline{AC}$의 길이 구하기

꼭짓점 A에서 $\overline{BC}$에 내린 수선의 발을 H라 하면
△ABH에서
❶ $\overline{AH}=c\sin B$
❷ $\overline{BH}=c\cos B$

△ACH에서
❸ $\overline{CH}=\overline{BC}-\overline{BH}=a-c\cos B$
❹ $\overline{AC}=\sqrt{\overline{AH}^2+\overline{CH}^2}$ ← 피타고라스 정리 이용
$=\sqrt{(c\sin B)^2+(a-c\cos B)^2}$

01 아래 그림과 같은 △ABC에서 다음을 구하시오.

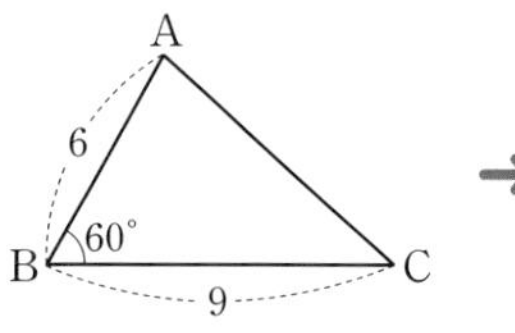

→

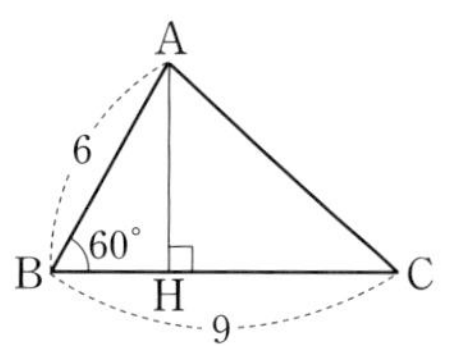

(1) $\overline{AH}$의 길이 ______

→ △ABH에서
$\overline{AH}=6\times\square\ 60^\circ$
$=6\times\square=\square$

(2) $\overline{BH}$의 길이 ______

→ △ABH에서
$\overline{BH}=6\times\square\ 60^\circ$
$=6\times\square=\square$

(3) $\overline{CH}$의 길이 ______

→ △ACH에서
$\overline{CH}=\overline{BC}-\overline{BH}$
$=9-\square=\square$

(4) $\overline{AC}$의 길이 ______

→ △ACH에서
$\overline{AC}=\sqrt{\overline{AH}^2+\overline{CH}^2}$ ← 피타고라스 정리 이용
$=\sqrt{(\square)^2+\square^2}$
$=\square$

다음 그림과 같은 △ABC에서 x의 값을 구하시오.

02

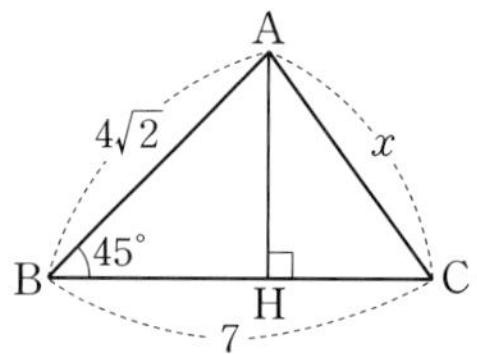

______

03

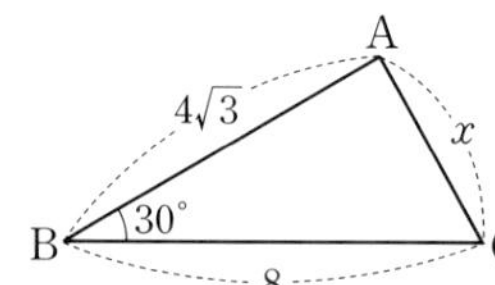

구하는 변이 직각삼각형의 빗변이 되도록 수선을 그어 봐!

______

04

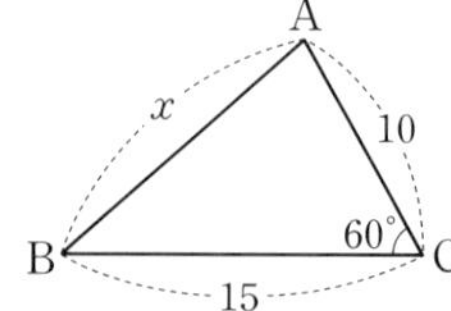

______

일반 삼각형의 변의 길이 (2)

한 변의 길이와 그 양 끝 각의 크기를 알 때

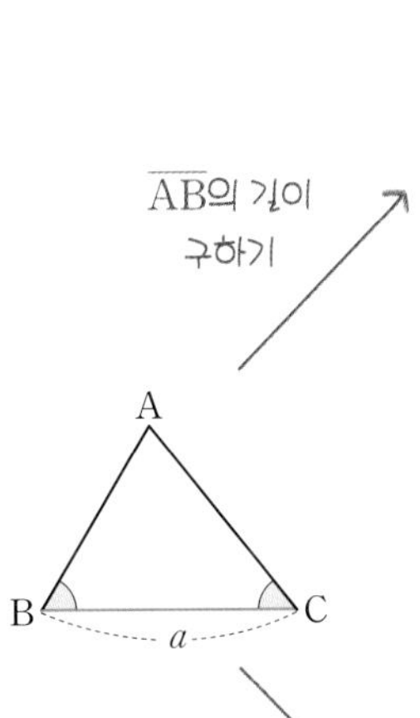

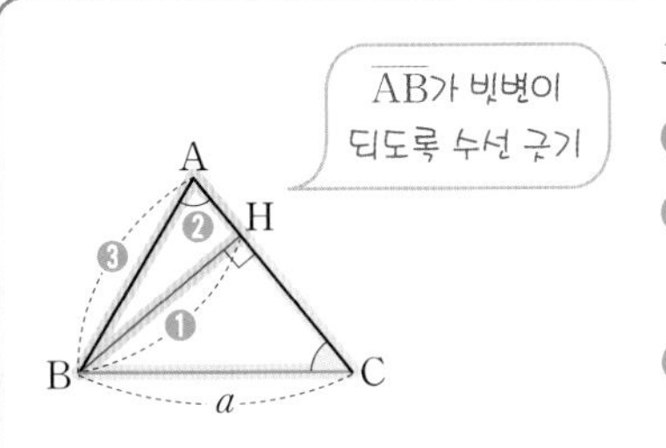

꼭짓점 B에서 $\overline{AC}$에 내린 수선의 발을 H라 하면

❶ △BCH에서 $\overline{BH}=a\sin C$

❷ △ABC에서

$\angle A=180^\circ-(\angle B+\angle C)$

❸ △ABH에서

$\overline{AB}=\dfrac{\overline{BH}}{\sin A}=\dfrac{a\sin C}{\sin A}$ ← $\sin A=\dfrac{\overline{BH}}{\overline{AB}}$

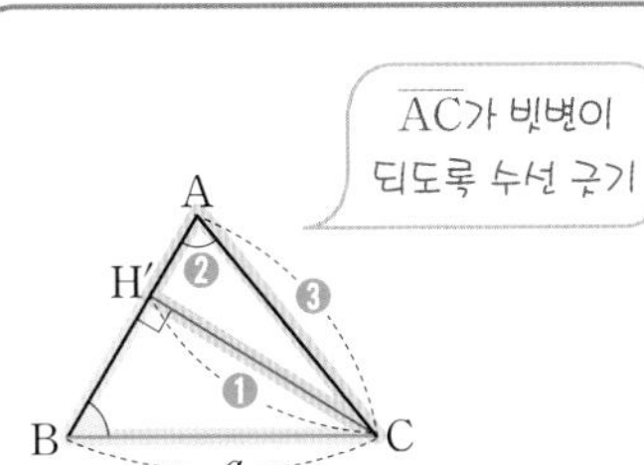

꼭짓점 C에서 $\overline{AB}$에 내린 수선의 발을 H′이라 하면

❶ △BCH′에서 $\overline{CH'}=a\sin B$

❷ △ABC에서

$\angle A=180^\circ-(\angle B+\angle C)$

❸ △ACH′에서

$\overline{AC}=\dfrac{\overline{CH'}}{\sin A}=\dfrac{a\sin B}{\sin A}$ ← $\sin A=\dfrac{\overline{CH'}}{\overline{AC}}$

한 변의 길이와 두 내각의 크기를 이용하여 다른 한 변의 길이 구하기

01 아래 그림과 같은 △ABC에서 다음을 구하시오.

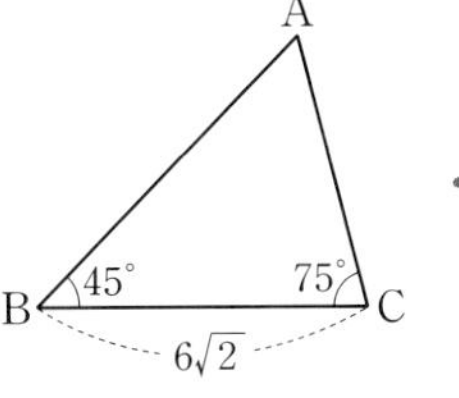

→

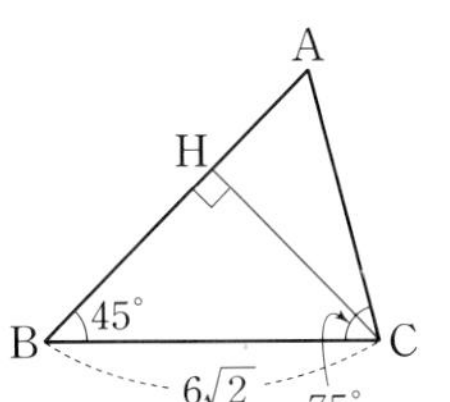

(1) $\overline{CH}$의 길이 ______

→ △BCH에서

$\overline{CH}=6\sqrt{2}\times\sin\square^\circ=6\sqrt{2}\times\square=\square$

(2) ∠A의 크기 ______

→ △ABC에서

$\angle A=180^\circ-(45^\circ+\square^\circ)=\square^\circ$

(3) $\overline{AC}$의 길이 ______

→ △ACH에서

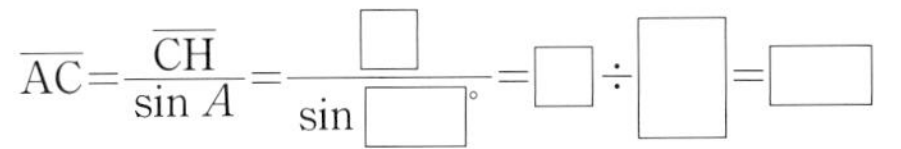

$\overline{AC}=\dfrac{\overline{CH}}{\sin A}=\dfrac{\square}{\sin\square^\circ}=\square\div\square=\square$

다음 그림과 같은 △ABC에서 x의 값을 구하시오.

02

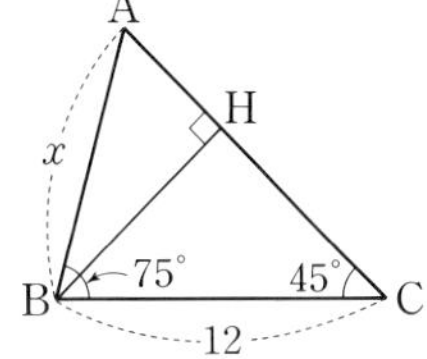

______

03

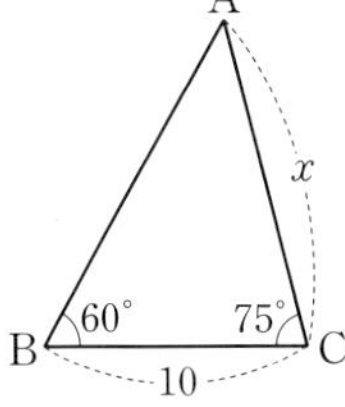

구하는 변이 직각삼각형의 빗변이 되도록 수선을 그어 봐!

______

04

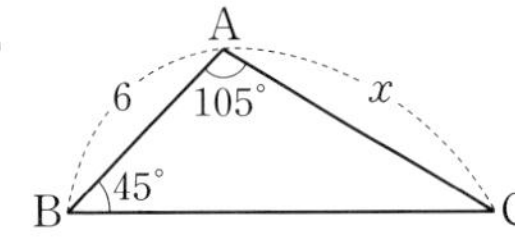

______

다음 그림과 같은 $\triangle$ABC에서 x의 값을 구하시오.

05 따라해

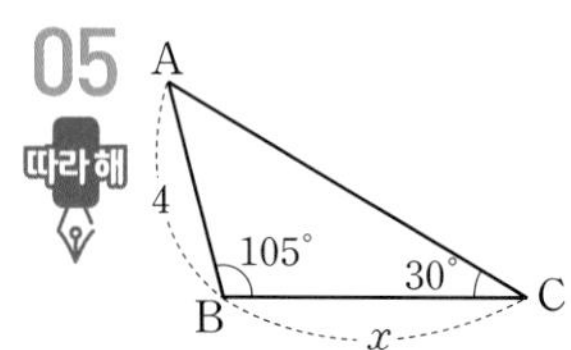

➜ 오른쪽 그림과 같이 꼭짓점 B에서 $\overline{AC}$에 내린 수선의 발을 H라 하면

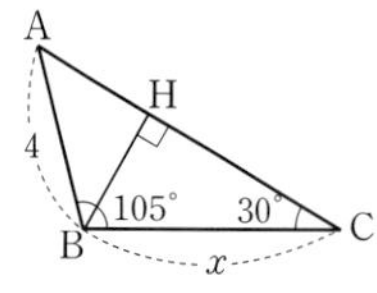

$\triangle$ABC에서

$\angle A = 180^\circ - (105^\circ + 30^\circ) = \square^\circ$

이므로 $\triangle$ABH에서

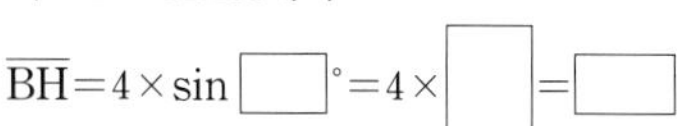

$\overline{BH} = 4 \times \sin \square^\circ = 4 \times \square = \square$

$\triangle$BCH에서

$x = \dfrac{\overline{BH}}{\sin 30^\circ} = \square \div \square = \square$

06

A, C, B, x, 75°, 60°, $6\sqrt{3}$

07

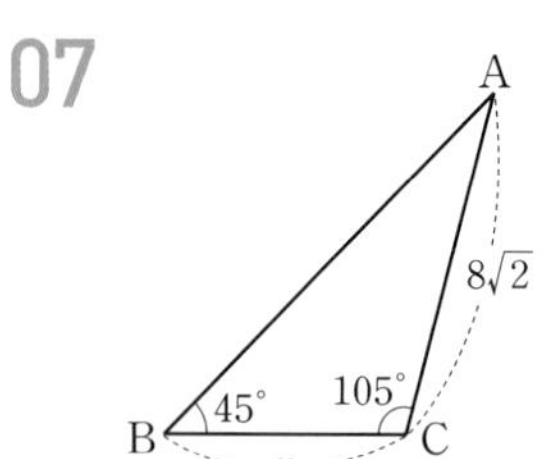

08

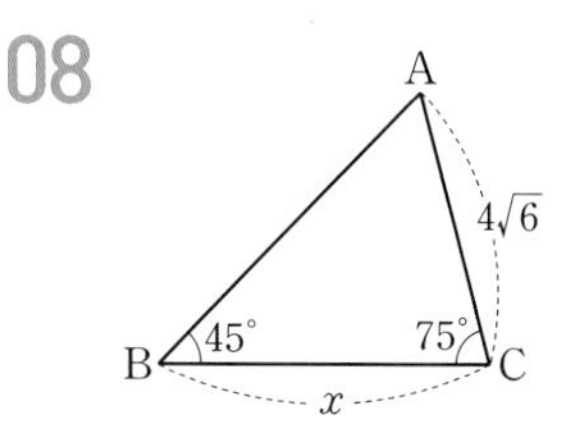

실생활에서 일반 삼각형의 변의 길이 구하기

09 다음 그림과 같이 호수의 두 지점 A, C 사이의 거리를 구하기 위하여 $\overline{AB} = 40$ m, $\overline{BC} = 80$ m가 되도록 지점 B를 잡았다. $\angle B = 60^\circ$일 때, 두 지점 A, C 사이의 거리를 구하시오.

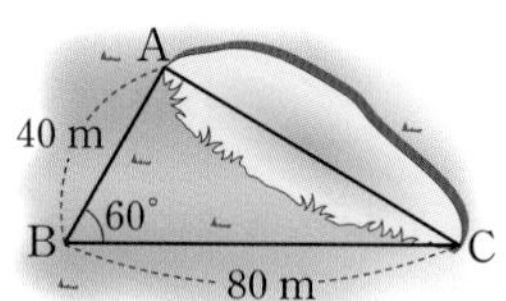

10 다음 그림은 도서관이 있는 A 지점에서 집이 있는 B 지점까지의 거리를 구하기 위하여 측량한 것이다. 도서관에서 집까지의 거리를 구하시오.

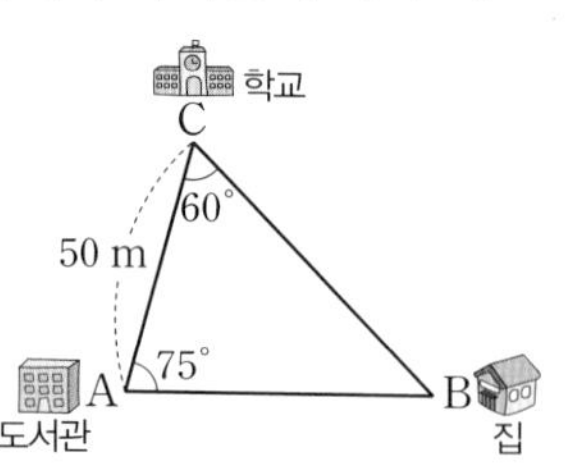

11 다음 그림과 같이 강의 양쪽에 위치한 두 지점 A, C 사이의 거리를 구하려고 한다. 두 지점 B, C 사이의 거리가 40 m이고, $\angle A = 30^\circ$, $\angle C = 105^\circ$일 때, 두 지점 A, C 사이의 거리를 구하시오.

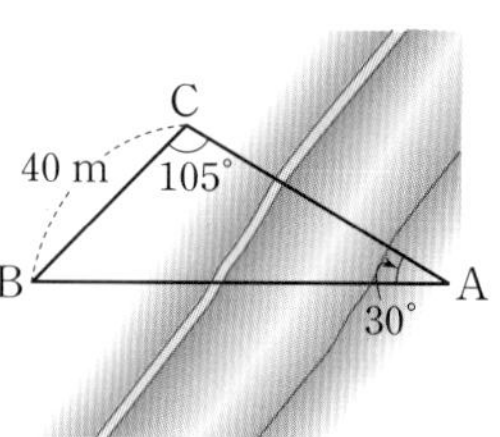

삼각형의 높이 (1)

양 끝 각이 모두 예각인 경우

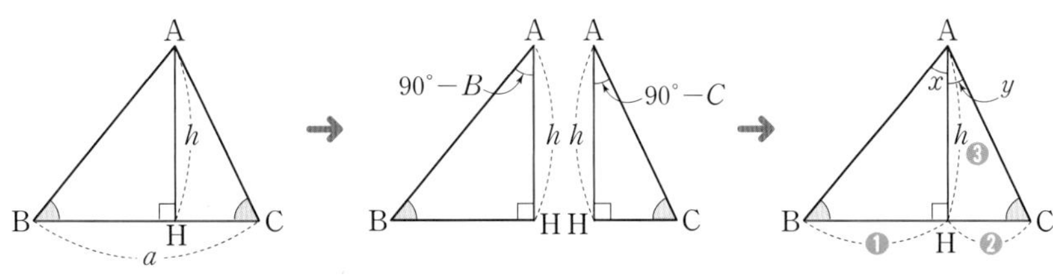

❶ △ABH에서 $\overline{BH}=h\tan x$

❷ △ACH에서 $\overline{CH}=h\tan y$

$\overline{BC}=\overline{BH}+\overline{CH}$이므로

$a=h\tan x+h\tan y$

❸ $h=\dfrac{a}{\tan x+\tan y}$

01 따라해 오른쪽 그림과 같은 △ABC에 대하여 다음 물음에 답하시오.

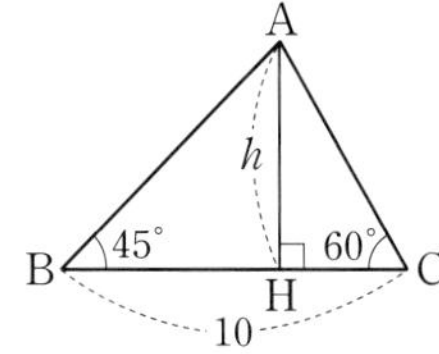

(1) $\overline{BH}$의 길이를 높이 h와 ∠BAH의 크기를 이용하여 나타내시오.

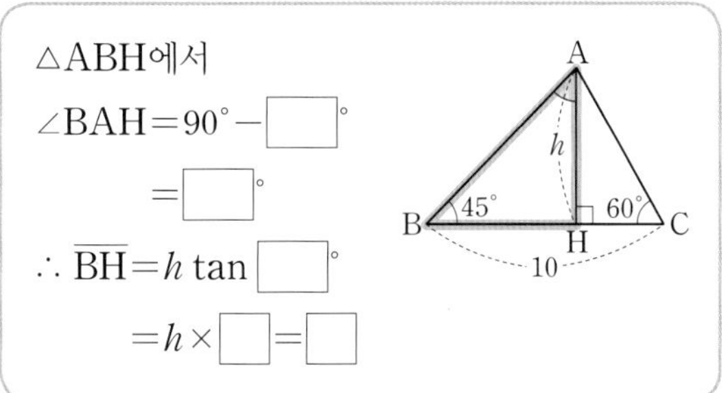

(2) $\overline{CH}$의 길이를 높이 h와 ∠CAH의 크기를 이용하여 나타내시오.

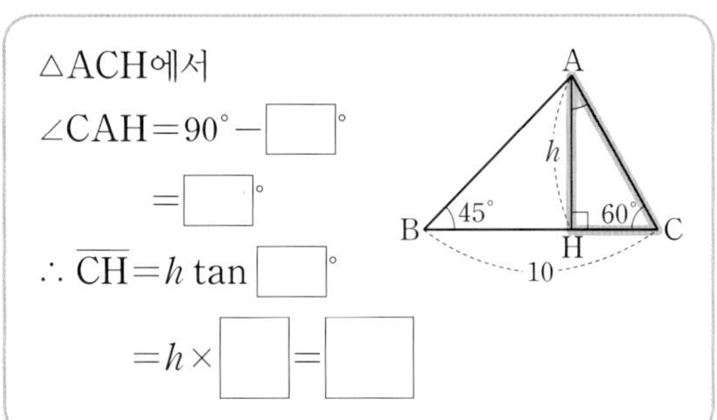

(3) h의 값을 구하시오.

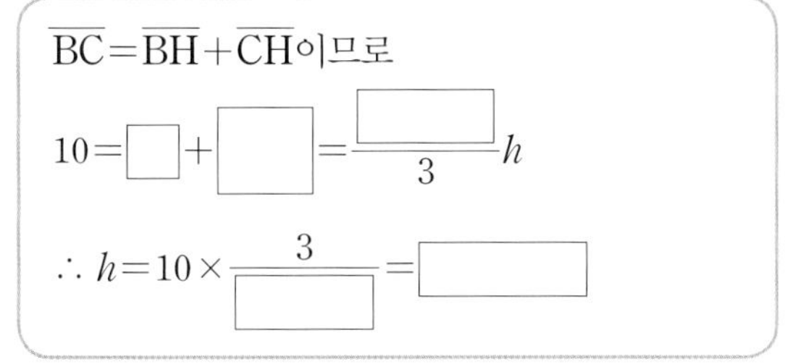

다음 그림과 같은 △ABC에서 h의 값을 구하시오.

02

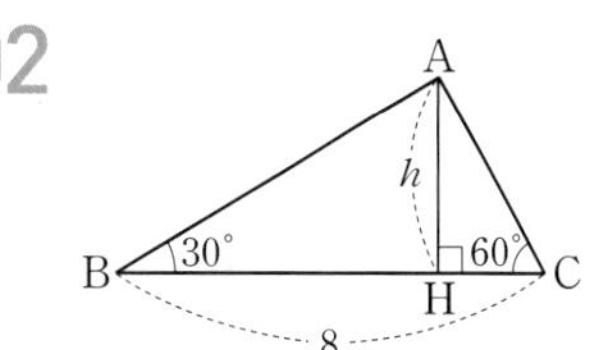

03

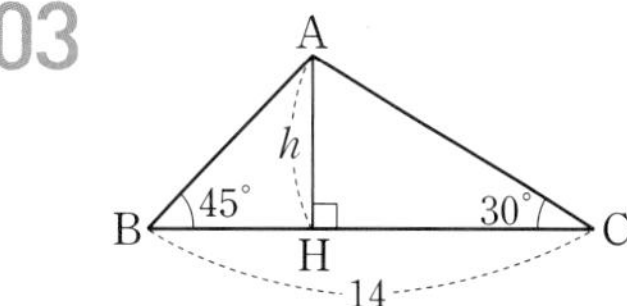

04

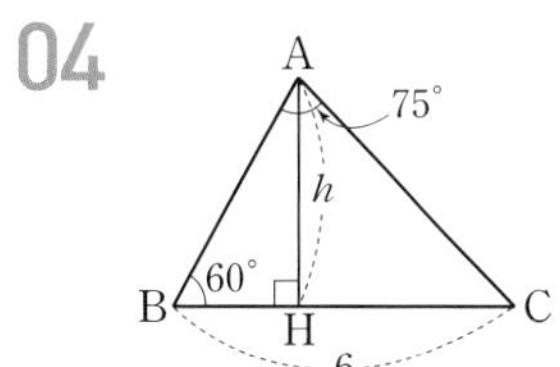

삼각형의 높이 (2)

양 끝 각 중 한 각이 둔각인 경우

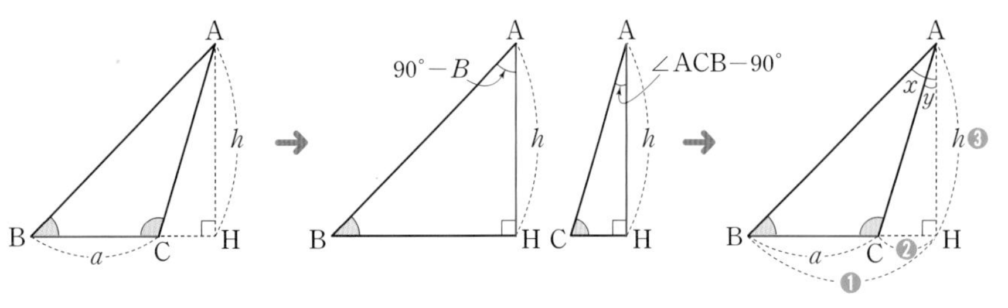

❶ △ABH에서 $\overline{BH}=h\tan x$

❷ △ACH에서 $\overline{CH}=h\tan y$

$\overline{BC}=\overline{BH}-\overline{CH}$이므로

$a=h\tan x-h\tan y$

❸ $h=\dfrac{a}{\tan x-\tan y}$

01 오른쪽 그림과 같은 △ABC에 대하여 다음 물음에 답하시오.

따라해

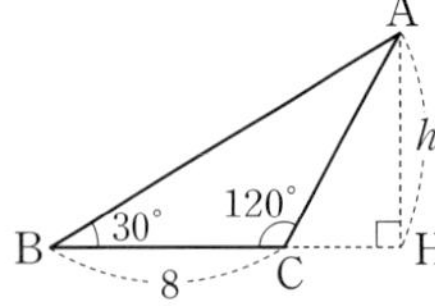

(1) $\overline{BH}$의 길이를 높이 h와 ∠BAH의 크기를 이용하여 나타내시오.

△ABH에서

∠BAH=90°−□°

=□°

∴ $\overline{BH}=h\tan$ □°

$=h\times$□=□

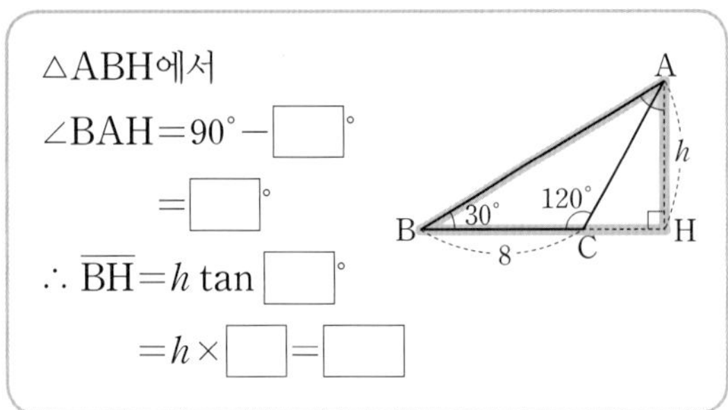

(2) $\overline{CH}$의 길이를 높이 h와 ∠CAH의 크기를 이용하여 나타내시오.

△ACH에서

∠CAH=120°−□°

=□°

∴ $\overline{CH}=h\tan$ □°

$=h\times$□=□

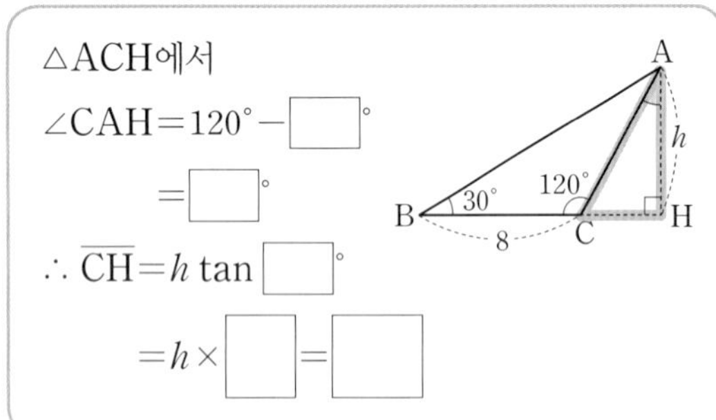

(3) h의 값을 구하시오.

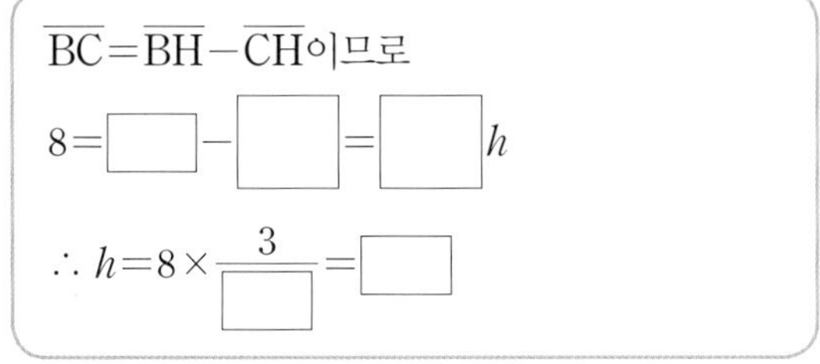

$\overline{BC}=\overline{BH}-\overline{CH}$이므로

8=□−□=□ h

∴ $h=8\times\dfrac{3}{\square}$=□

다음 그림과 같은 △ABC에서 h의 값을 구하시오.

02

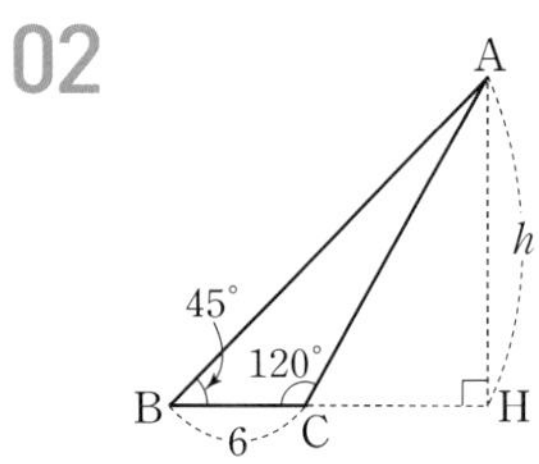

03

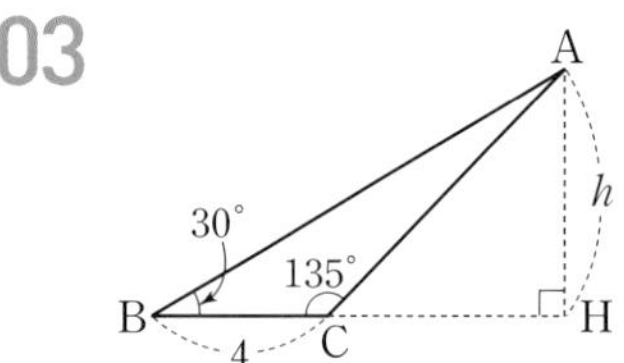

04

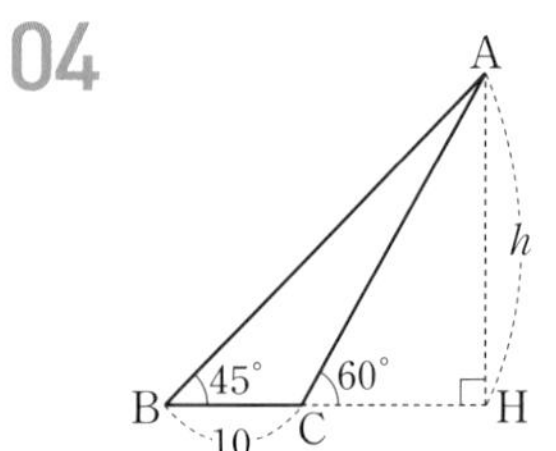

삼각형의 넓이

∠B가 예각인 경우

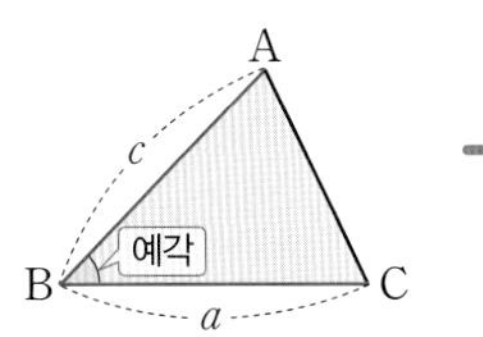

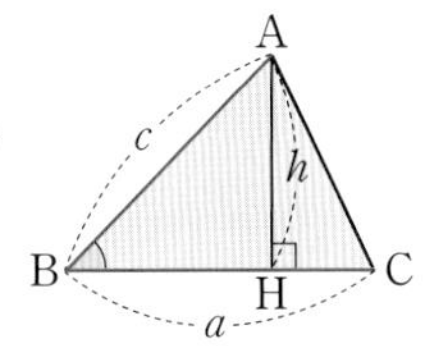

$\triangle ABC = \frac{1}{2} \times a \times h$ ↳ $c \sin B$

$= \frac{1}{2}ac \sin B$

∠B가 둔각인 경우

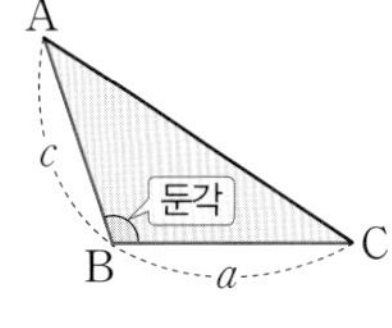

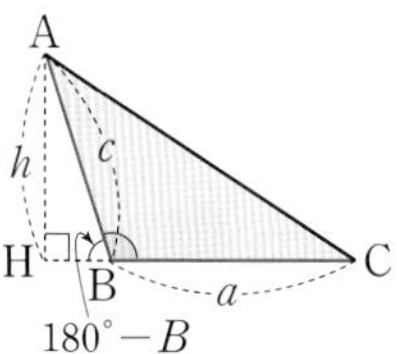

$\triangle ABC = \frac{1}{2} \times a \times h$ ↳ $c \sin(180° - B)$

$= \frac{1}{2}ac \sin(180° - B)$

삼각형의 두 변의 길이와
그 끼인각의 크기를 알면
삼각형의 넓이를 구할 수 있어.

예각삼각형의 넓이 구하기

다음 그림과 같은 △ABC의 넓이를 구하시오.

01

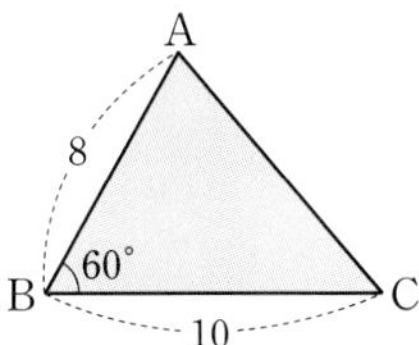

→ $\triangle ABC = \frac{1}{2} \times 10 \times \square \times \sin \square°$

$= \frac{1}{2} \times 10 \times \square \times \square = \square$

02

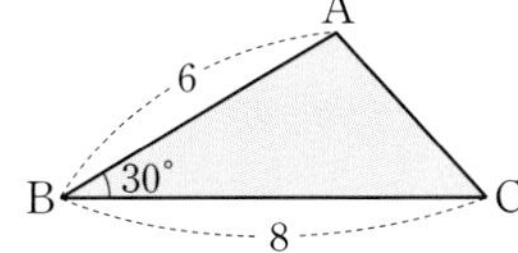

03

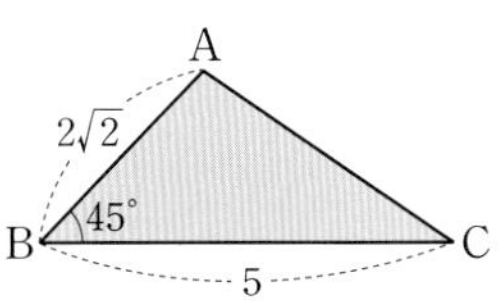

04

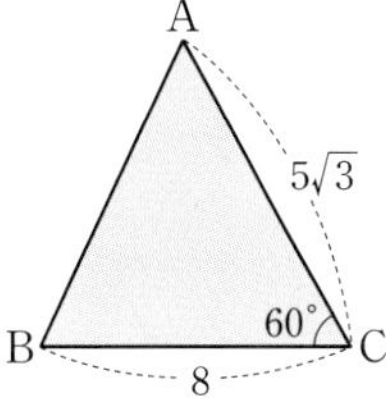

05

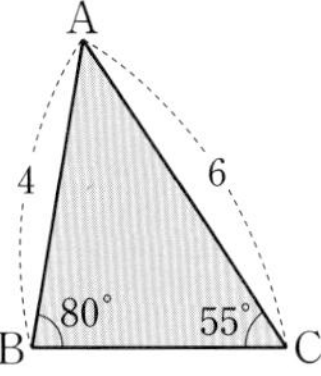

06

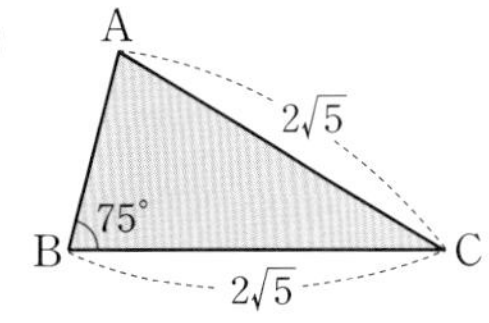

둔각삼각형의 넓이 구하기

 다음 그림과 같은 △ABC의 넓이를 구하시오.

07 따라해

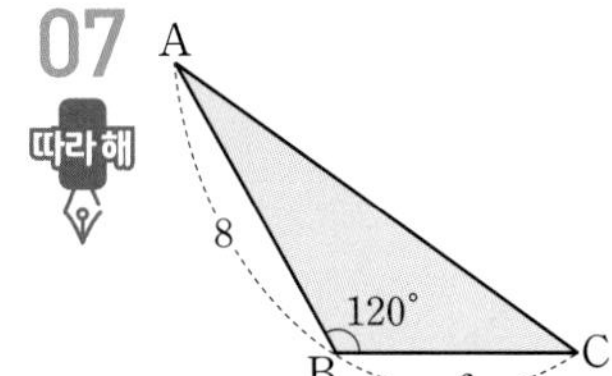

→ $\triangle ABC=\frac{1}{2}\times\square\times 8\times\sin(180^\circ-\square^\circ)$

$=\frac{1}{2}\times\square\times 8\times\sin\square^\circ$

$=\frac{1}{2}\times\square\times 8\times\square=\square$

08

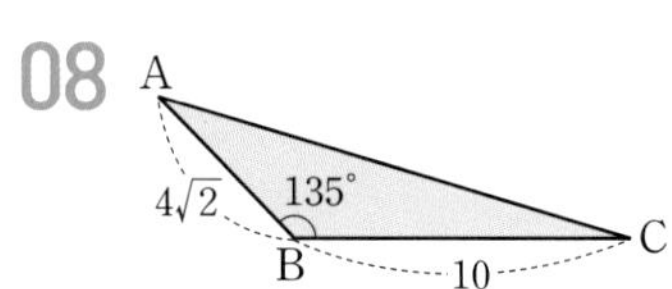

09

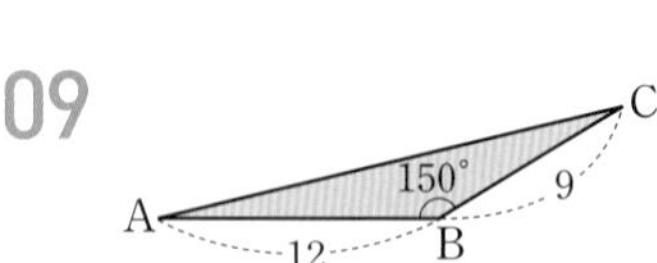

10

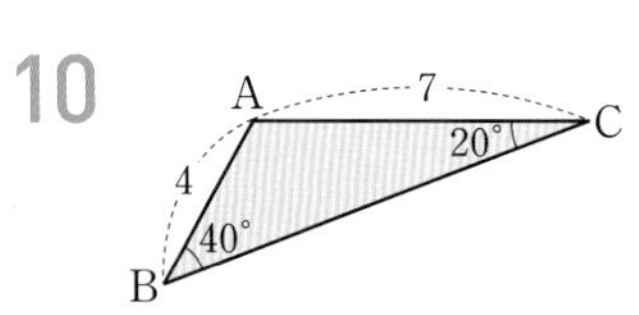

다각형의 넓이 구하기

 다음 그림과 같은 □ABCD의 넓이를 구하시오.

11 따라해

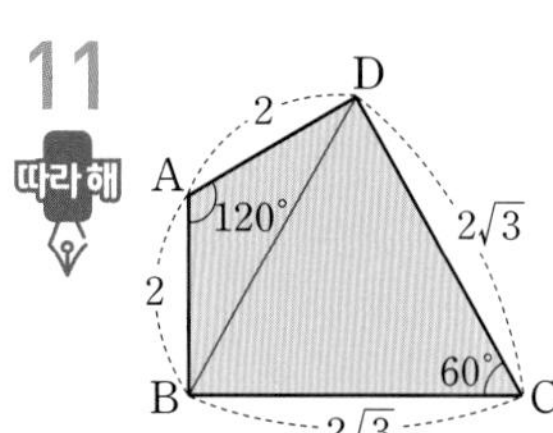

보조선을 그어서 넓이를 구할 수 있는 2개의 삼각형으로 나눠 봐!

→ $\overline{BD}$를 그으면

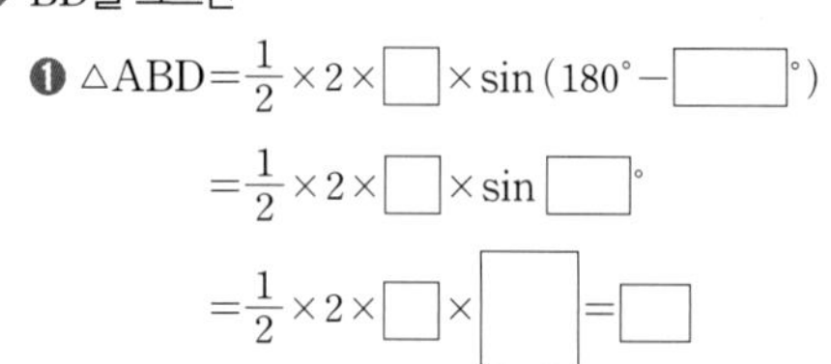

❶ $\triangle ABD=\frac{1}{2}\times 2\times\square\times\sin(180^\circ-\square^\circ)$

$=\frac{1}{2}\times 2\times\square\times\sin\square^\circ$

$=\frac{1}{2}\times 2\times\square\times\square=\square$

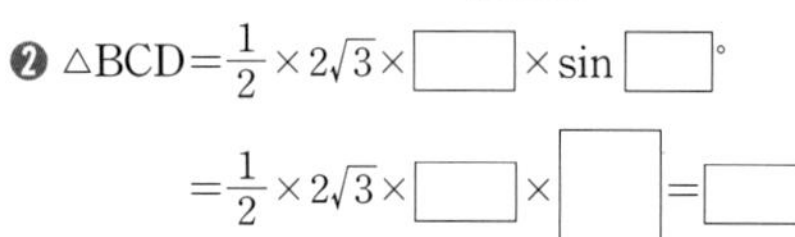

❷ $\triangle BCD=\frac{1}{2}\times 2\sqrt{3}\times\square\times\sin\square^\circ$

$=\frac{1}{2}\times 2\sqrt{3}\times\square\times\square=\square$

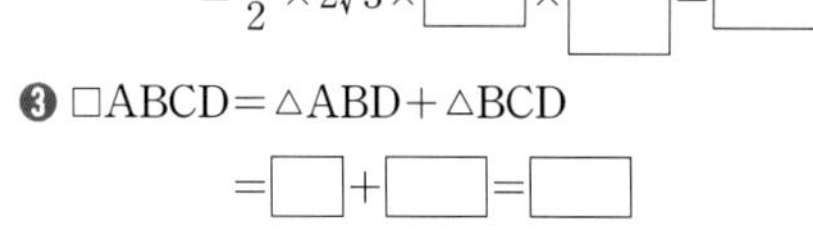

❸ □ABCD=△ABD+△BCD

$=\square+\square=\square$

12

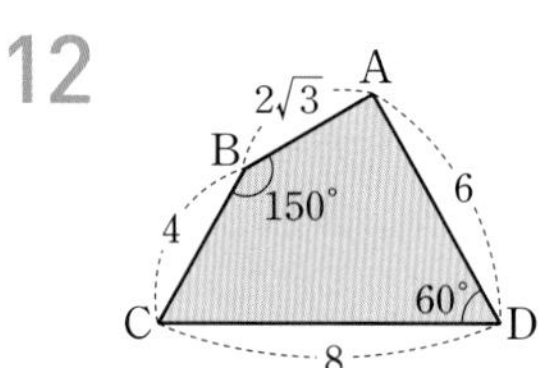

13

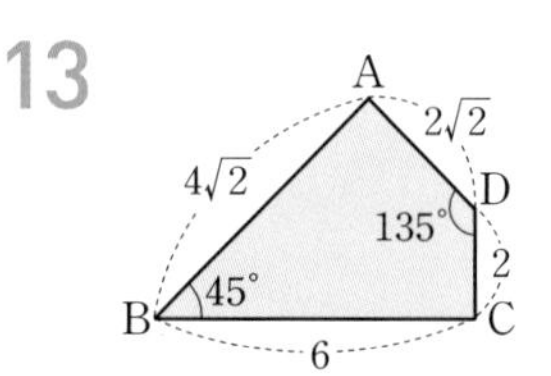

사각형의 넓이

평행사변형의 넓이

이웃하는 두 변의 길이와 그 끼인각의 크기를 알 때

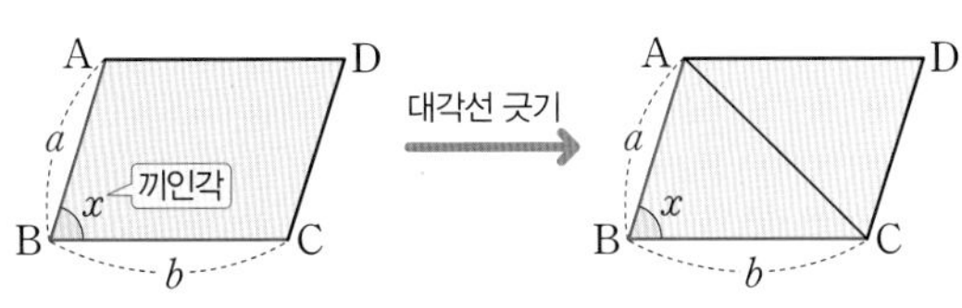

$\square ABCD = 2\triangle ABC$

$= 2 \times \frac{1}{2}ab\sin x$

$= ab\sin x$ → 끼인각

↳ 이웃하는 두 변의 길이

사각형의 넓이

두 대각선의 길이와 두 대각선이 이루는 각의 크기를 알 때

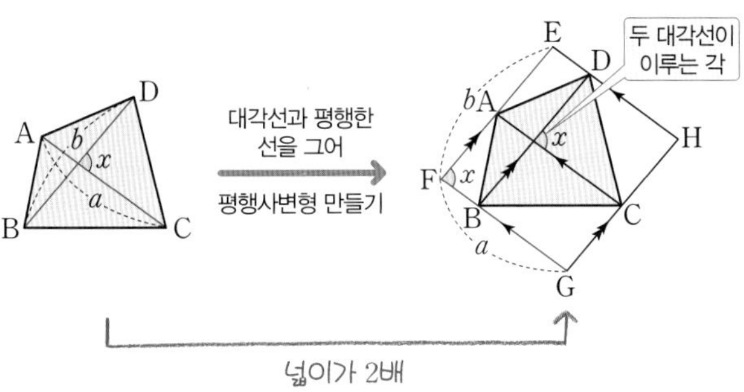

$\square ABCD = \frac{1}{2}\square EFGH$

$= \frac{1}{2}ab\sin x$ → 두 대각선이 이루는 각

↳ 두 대각선의 길이

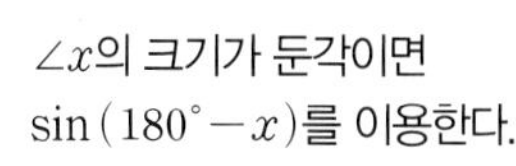

$\angle x$의 크기가 둔각이면
$\sin(180^\circ - x)$를 이용한다.

평행사변형의 넓이 구하기

다음 그림과 같은 평행사변형 ABCD의 넓이를 구하시오.

01 따라해

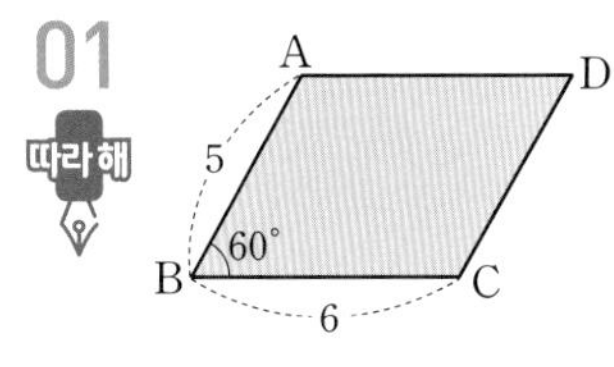

→ $\square ABCD = 6 \times 5 \times \sin \square^\circ$

$= 6 \times 5 \times \square = \square$

02

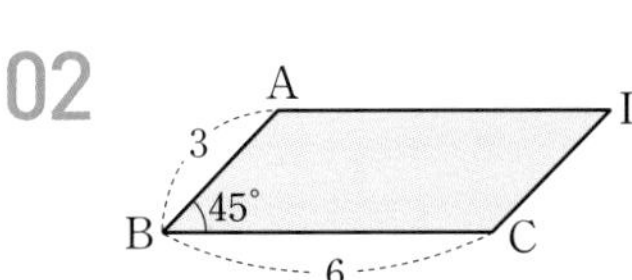

03

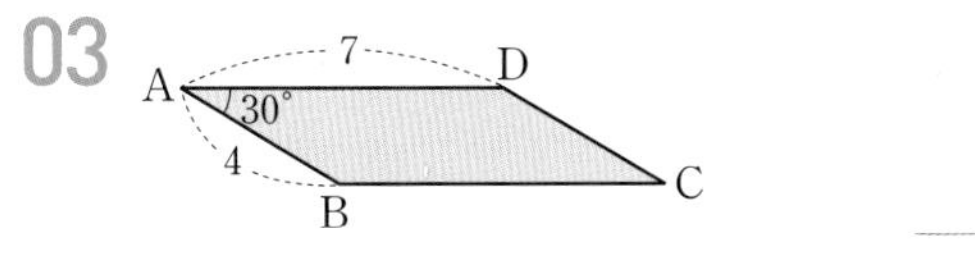

04 따라해

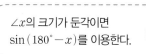

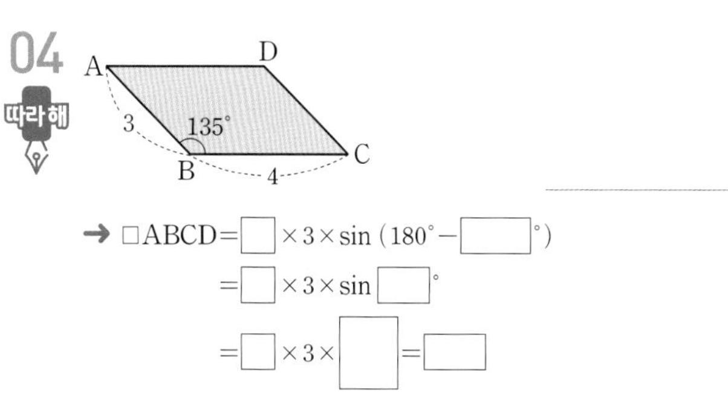

→ $\square ABCD = \square \times 3 \times \sin(180^\circ - \square^\circ)$

$= \square \times 3 \times \sin \square^\circ$

$= \square \times 3 \times \square = \square$

05

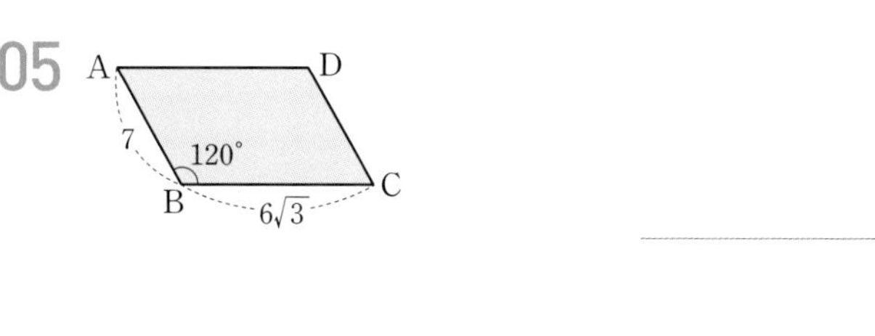

06

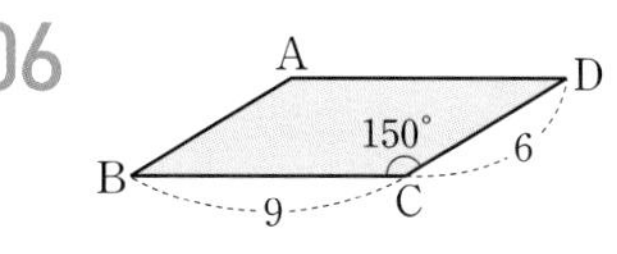

다음 그림과 같은 마름모 ABCD의 넓이를 구하시오.

07

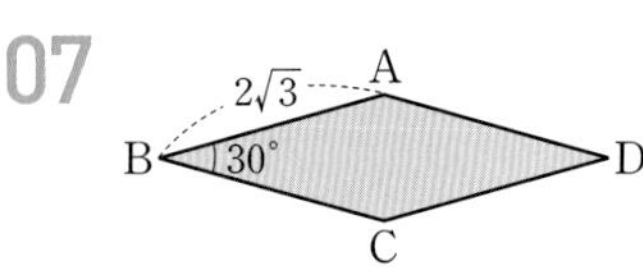

마름모는 네 변의 길이가 모두 같은 사각형이며 두 쌍의 대변의 길이가 각각 같으므로 평행사변형이야.

08

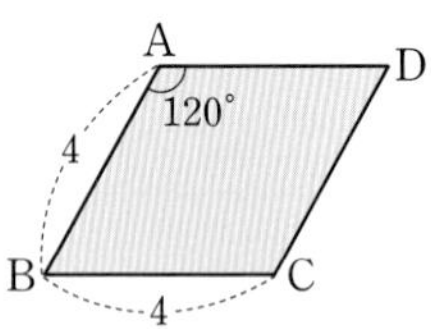

다음 그림과 같은 $\square\mathrm{ABCD}$의 넓이를 구하시오.

09 따라해

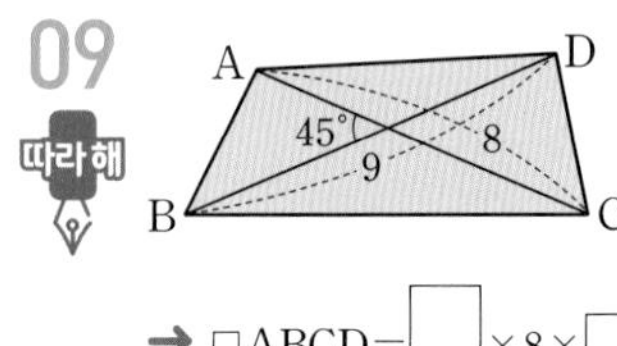

→ $\square\mathrm{ABCD}=\square\times 8\times\square\times\sin\square^{\circ}$

$=\square\times 8\times\square\times\square$

$=\square$

10

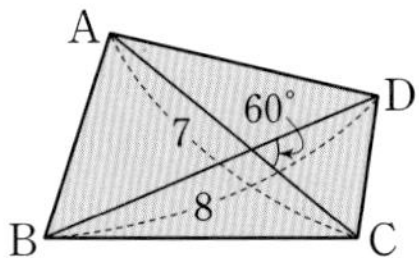

11

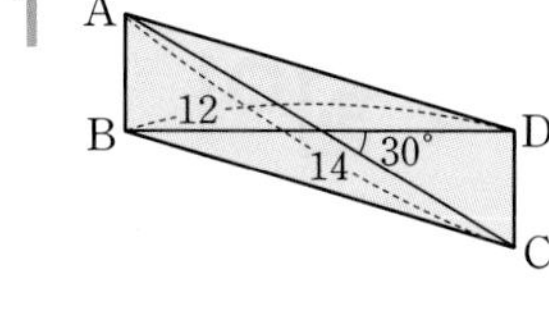

12

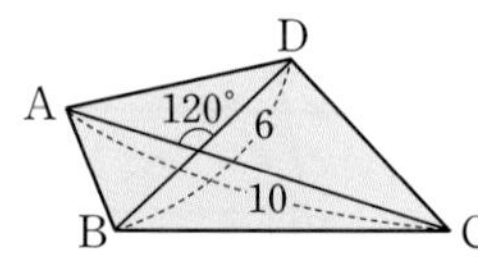

두 대각선이 이루는 각의 크기가 둔각일 때는 180°에서 둔각의 크기를 빼 봐!

13

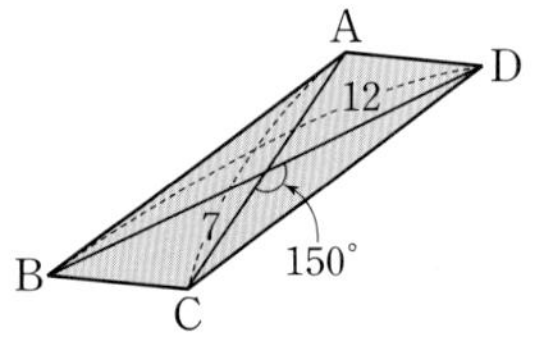

14

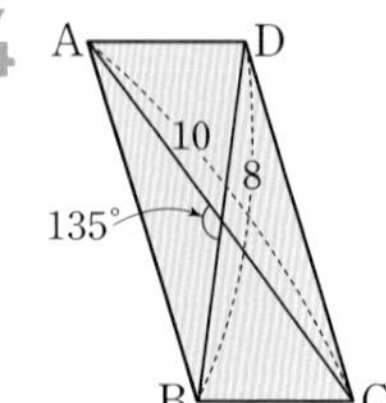

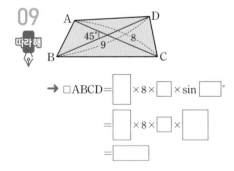

▶ 정답 및 풀이 21쪽

01 오른쪽 그림의 직각삼각형 ABC에서 x, y의 값을 각각 구하시오. (단, $\sin 41^\circ=0.66$, $\cos 41^\circ=0.75$, $\tan 41^\circ=0.87$로 계산한다.)

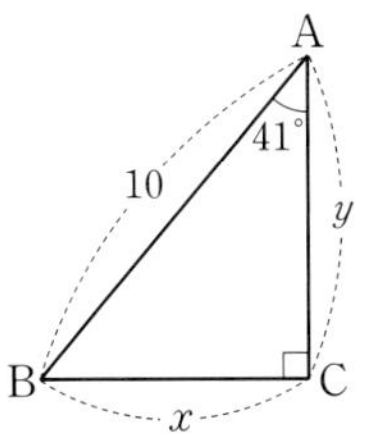

02 오른쪽 그림과 같이 $\overline{AC}=2\sqrt{3}$, $\overline{BC}=5$, $\angle C=30^\circ$인 △ABC에서 $\overline{AB}$의 길이를 구하시오.

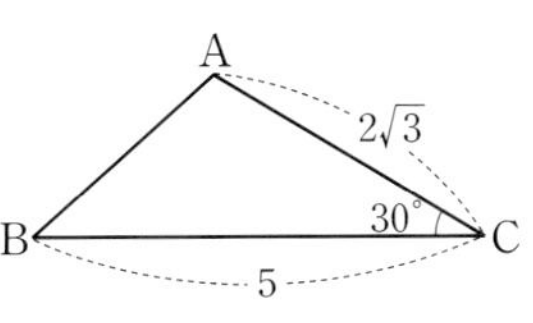

03 오른쪽 그림과 같은 △ABC에서 $\angle B=30^\circ$, $\angle C=105^\circ$, $\overline{BC}=10$일 때, $\overline{AC}$의 길이를 구하시오.

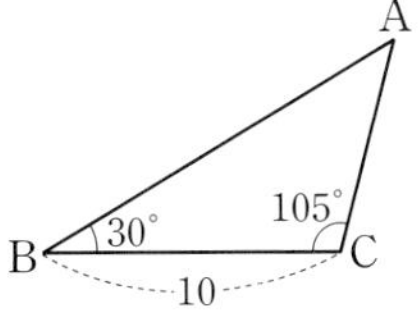

04 오른쪽 그림과 같은 △ABC에서 $\angle B=60^\circ$, $\angle C=45^\circ$, $\overline{BC}=20$일 때, h의 값을 구하시오.

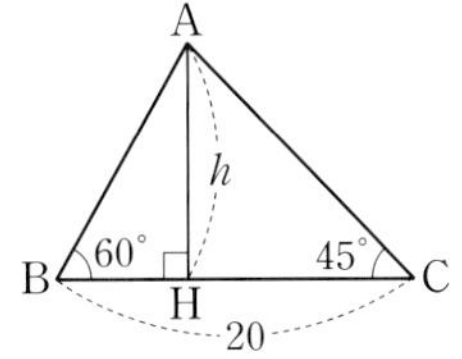

05 오른쪽 그림과 같은 △ABC에서 h의 값을 구하시오.

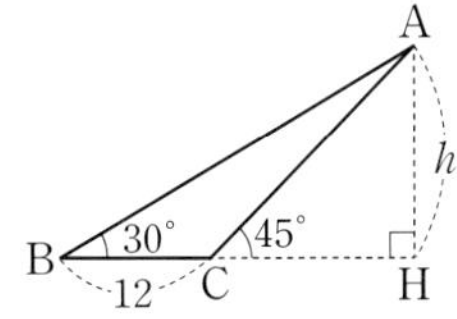

06 오른쪽 그림과 같이 $\overline{AB}=\overline{AC}$이고 $\angle B=15^\circ$인 △ABC의 넓이를 구하시오.

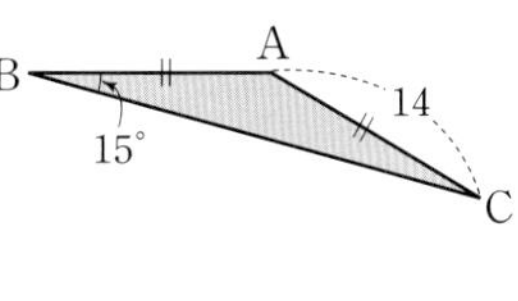

07 오른쪽 그림과 같이 한 변의 길이가 8이고 $\angle C=135^\circ$인 마름모의 넓이를 구하시오.

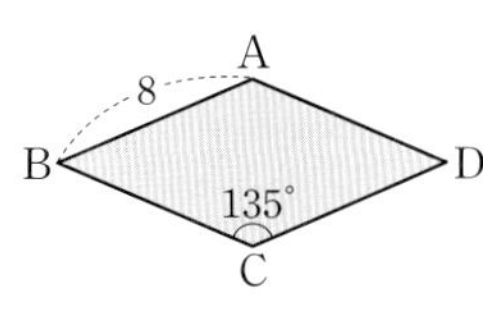

08 오른쪽 그림과 같은 □ABCD의 넓이를 구하시오.

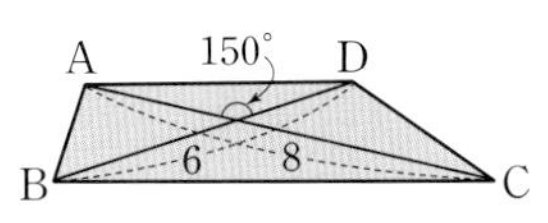

맞힌 개수 개/8개

학교 시험 PREVIEW

학교 시험 미리보기!

01

오른쪽 그림과 같은 직각삼각형 ABC에서 $x+y$의 값은? (단, $\sin 26^\circ=0.44$, $\cos 26^\circ=0.90$, $\tan 26^\circ=0.49$로 계산한다.)

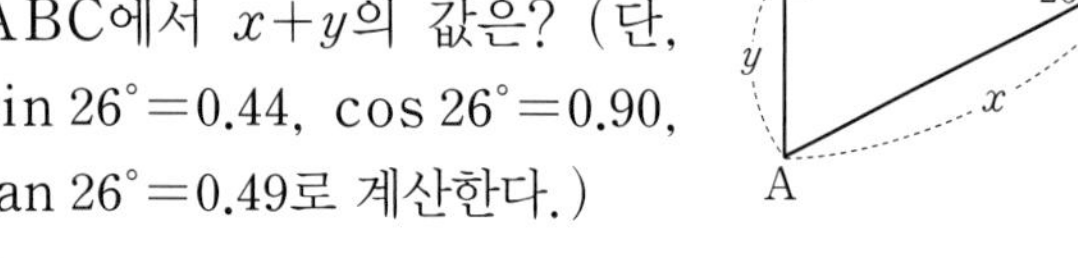

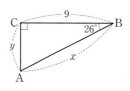

① 14.23 ② 14.41 ③ 15.2
④ 15.65 ⑤ 16.3

02

오른쪽 그림과 같이 이삿짐 차에 연결된 길이 10 m의 사다리를 건물의 꼭대기에 걸쳐 놓았다. 지면에서 차 바닥까지의 높이는 1.5 m이고 사다리와 차 바닥이 이루는 각의 크기가 42°일 때, 건물의 높이는? (단, $\sin 42^\circ=0.67$, $\cos 42^\circ=0.74$, $\tan 42^\circ=0.90$으로 계산한다.)

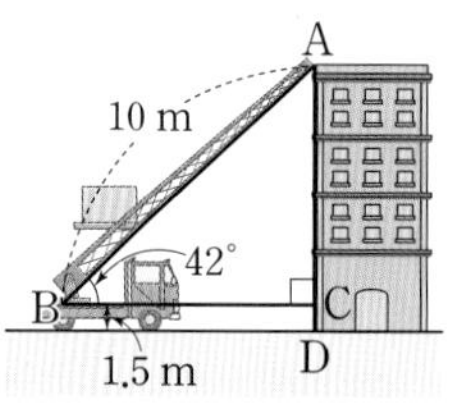

① 7.6 m ② 7.8 m ③ 8 m
④ 8.2 m ⑤ 8.4 m

03

오른쪽 그림은 두 지점 A, B 사이에 다리를 건설하려고 각의 크기와 거리를 측량한 것이다. 두 지점 A, B 사이의 거리는?

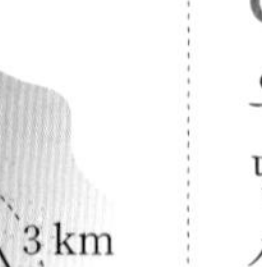

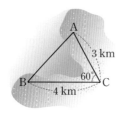

① $2\sqrt{2}$ km ② $\sqrt{10}$ km
③ $\sqrt{11}$ km ④ $2\sqrt{3}$ km
⑤ $\sqrt{13}$ km

04

오른쪽 그림은 강의 양쪽에 위치한 두 지점 B, C 사이의 거리를 알아보기 위하여 측량한 것이다. 두 지점 B, C 사이의 거리는?

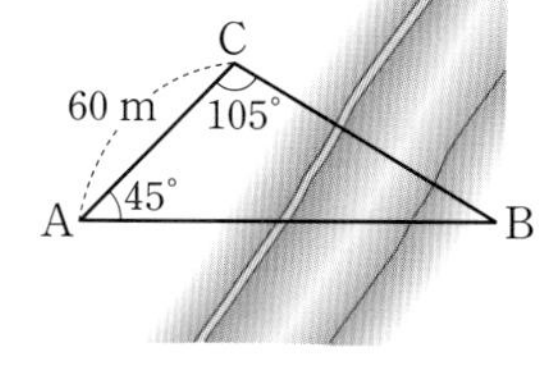

① $30\sqrt{2}$ m ② $40\sqrt{2}$ m ③ $60\sqrt{2}$ m
④ $50\sqrt{3}$ m ⑤ $60\sqrt{3}$ m

05

오른쪽 그림과 같은 △ABC의 넓이는?

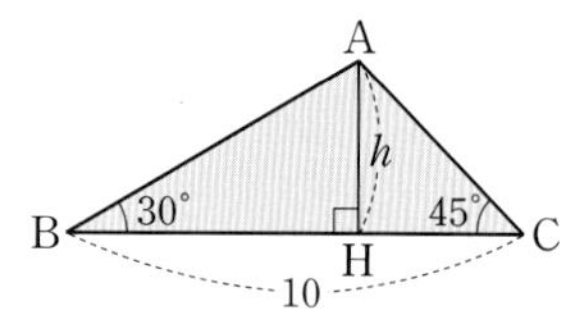

① $20(\sqrt{3}-1)$
② $25(\sqrt{3}-1)$
③ $30(\sqrt{3}-1)$
④ $10(1+\sqrt{2})$
⑤ $10(1+\sqrt{3})$

06 85% 출제율

오른쪽 그림과 같이 100 m 떨어진 두 지점 A, B에서 산꼭대기 D를 올려다본 각의 크기가 각각 30°, 60°일 때, 산의 높이는?

① 60 m ② $50\sqrt{2}$ m ③ $50\sqrt{3}$ m
④ $52\sqrt{2}$ m ⑤ $52\sqrt{3}$ m

▶ 정답 및 풀이 22쪽

07

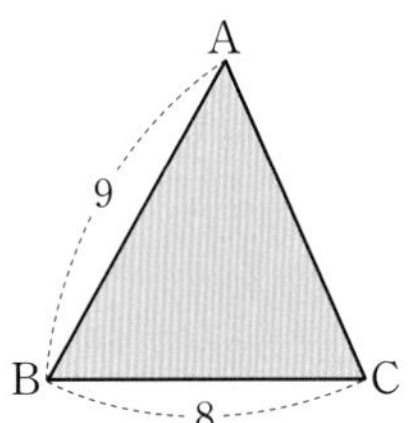

오른쪽 그림과 같은 △ABC에서 $\overline{AB}=9$, $\overline{BC}=8$이고 $\tan B=\sqrt{3}$일 때, △ABC의 넓이는?

(단, $0^\circ < B < 90^\circ$)

① 24 ② $18\sqrt{3}$

③ $20\sqrt{3}$ ④ 36
⑤ $24\sqrt{3}$

08 실수 주의

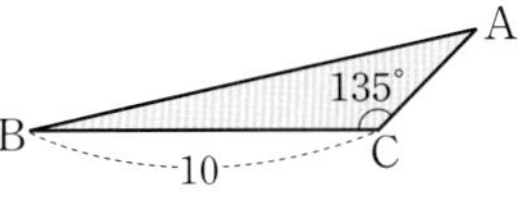

오른쪽 그림과 같은 △ABC의 넓이가 $10\sqrt{2}$일 때, $\overline{AC}$의 길이는?

① 2 ② $2\sqrt{2}$ ③ 3
④ 4 ⑤ $3\sqrt{2}$

09

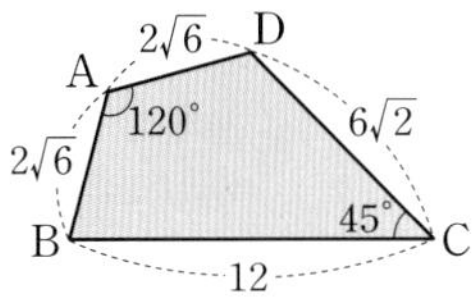

오른쪽 그림과 같은 □ABCD의 넓이는?

① 42 ② $36+6\sqrt{2}$
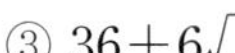
③ $36+6\sqrt{3}$ ④ $40+8\sqrt{2}$
⑤ $40+8\sqrt{3}$

10

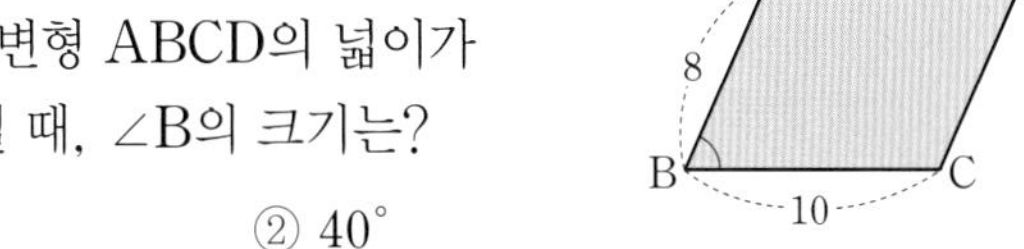

오른쪽 그림과 같이 ∠B가 예각인 평행사변형 ABCD의 넓이가 $40\sqrt{3}$일 때, ∠B의 크기는?

① 30° ② 40°
③ 45° ④ 50°
⑤ 60°

11 80% 출제율

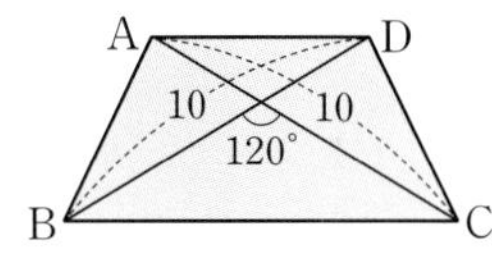

오른쪽 그림과 같이 $\overline{AC}=\overline{BD}=10$인 사다리꼴 ABCD의 넓이는?

① 20 ② 25

③ $15\sqrt{3}$
④ $20\sqrt{3}$ ⑤ $25\sqrt{3}$

12 서술형

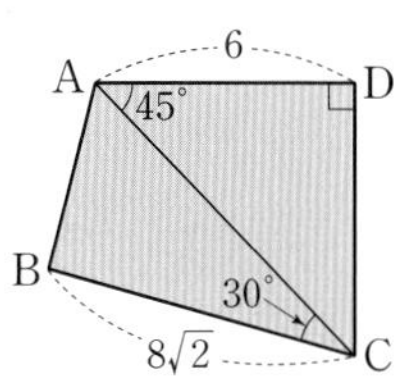

오른쪽 그림과 같은 □ABCD의 넓이를 구하시오.

채점 기준 1 $\overline{AC}$의 길이 구하기

채점 기준 2 △ABC, △ACD의 넓이 각각 구하기

채점 기준 3 □ABCD의 넓이 구하기

다른 부분은 모두 12곳이야!

정답

Ⅱ 원의 성질

원의 성질을 배우고 나면 원의 현, 접선에 관한 성질을 이해하고, 원주각의 성질을 이해할 수 있어요. 중1과 중2에서 배운 평면도형의 성질, 내심과 외심의 성질 등과 연계하여 원의 성질을 깊이 있게 탐구해 볼 수 있어요.

Ⅱ-1 원과 직선

01 원의 중심각과 호, 현

한 원 또는 합동인 두 원에서

(1) 크기가 같은 두 중심각에 대한 호의 길이와 현의 길이는 각각 같다.

→ $\angle AOB = \angle COD$이면 $\overset{\frown}{AB} = \overset{\frown}{CD}$, $\overline{AB} = \overline{CD}$

(2) 길이가 같은 두 호(또는 두 현)에 대한 중심각의 크기는 같다.

→ $\overset{\frown}{AB} = \overset{\frown}{CD}$(또는 $\overline{AB} = \overline{CD}$)이면 $\angle AOB = \angle COD$

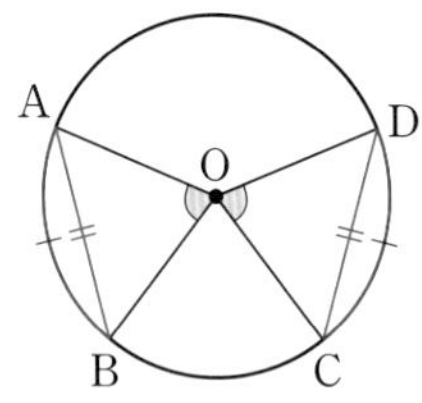

참고 호의 길이는 중심각의 크기에 정비례하고, 현의 길이는 중심각의 크기에 정비례하지 않는다.

02 현의 수직이등분선

(1) 원의 중심에서 현에 내린 수선은 그 현을 이등분한다.

→ $\overline{OM} \perp \overline{AB}$이면 $\overline{AM} = \overline{BM}$

(2) 현의 수직이등분선은 그 원의 중심을 지난다.

참고 (1) 오른쪽 그림과 같이 원의 중심 O에서 현 AB에 내린 수선의 발을 M이라 하면
$\triangle OAM$과 $\triangle OBM$에서
$\angle OMA = \angle OMB = 90^\circ$, $\overline{OA} = \overline{OB}$ (반지름), $\overline{OM}$은 공통이므로
$\triangle OAM \equiv \triangle OBM$ (RHS 합동) $\therefore \overline{AM} = \overline{BM}$

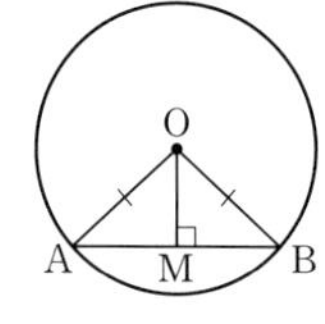

(2) 오른쪽 그림에서 현 AB의 수직이등분선을 l이라 하면 두 점 A, B로부터 같은 거리에 있는 점들은 모두 직선 l 위에 있다.
따라서 원의 중심도 직선 l 위에 있다.
즉, 원에서 현의 수직이등분선은 그 원의 중심을 지난다.

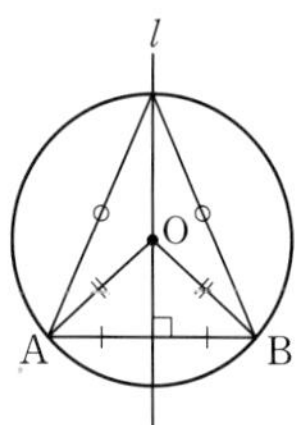

03 현의 길이

(1) 한 원에서 원의 중심으로부터 같은 거리에 있는 두 현의 길이는 같다.

→ $\overline{OM} = \overline{ON}$이면 $\overline{AB} = \overline{CD}$

(2) 한 원에서 길이가 같은 두 현은 원의 중심으로부터 같은 거리에 있다.

→ $\overline{AB} = \overline{CD}$이면 $\overline{OM} = \overline{ON}$

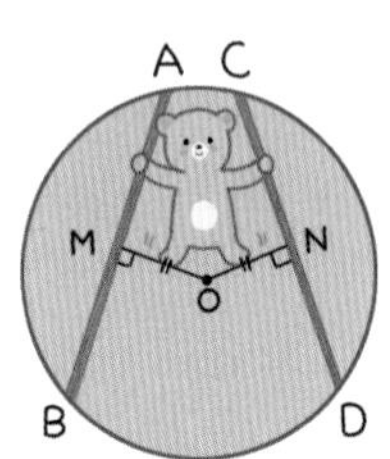

참고 (1) 오른쪽 그림과 같은 $\triangle OAM$과 $\triangle OCN$에서
$\angle OMA = \angle ONC = 90^\circ$, $\overline{OA} = \overline{OC}$ (반지름), $\overline{OM} = \overline{ON}$이므로
$\triangle OAM \equiv \triangle OCN$ (RHS 합동) $\therefore \overline{AM} = \overline{CN}$
이때 $\overline{AB} = 2\overline{AM}$, $\overline{CD} = 2\overline{CN}$이므로 $\overline{AB} = \overline{CD}$

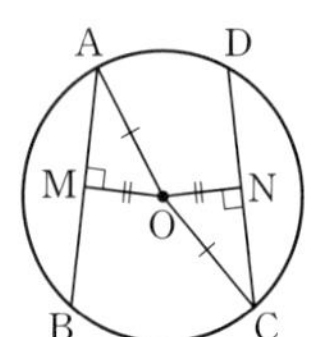

(2) 오른쪽 그림과 같은 $\triangle OAM$과 $\triangle OCN$에서
$\overline{AB} = \overline{CD}$이므로 $\overline{AM} = \overline{CN}$이고
$\angle OMA = \angle ONC = 90^\circ$, $\overline{OA} = \overline{OC}$ (반지름)이므로
$\triangle OAM \equiv \triangle OCN$ (RHS 합동) $\therefore \overline{OM} = \overline{ON}$

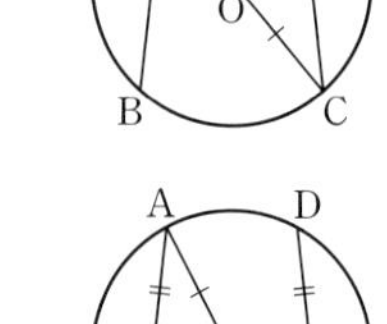

04 원의 접선의 길이

(1) 원 O 밖의 한 점 P에서 원 O에 그을 수 있는 접선은 2개이다.

(2) 두 접점을 각각 A, B라 하면 $\overline{PA}$, $\overline{PB}$의 길이를 점 P에서 원 O에 그은 접선의 길이라 한다.

(3) 원 O 밖의 한 점 P에서 그 원에 그은 두 접선의 길이는 서로 같다.

→ $\overline{PA}=\overline{PB}$

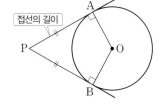

참고 $\overline{PA}$, $\overline{PB}$가 원 O의 접선일 때, △PAO와 △PBO에서
$\angle PAO=\angle PBO=90°$, $\overline{PO}$는 공통, $\overline{OA}=\overline{OB}$ (반지름)이므로
△PAO≡△PBO (RHS 합동)
$\therefore \overline{PA}=\overline{PB}$

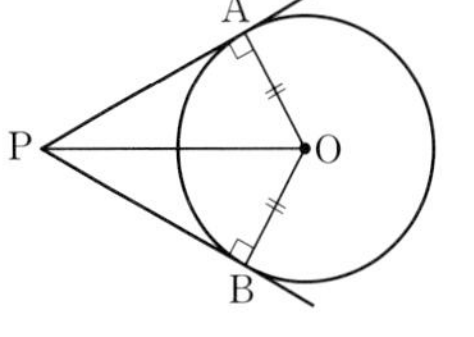

05 삼각형의 내접원

반지름의 길이가 r인 원 O가 △ABC에 내접하고 세 점 D, E, F가 접점일 때,

(1) $\overline{AD}=\overline{AF}$, $\overline{BD}=\overline{BE}$, $\overline{CE}=\overline{CF}$

(2) **삼각형 ABC의 둘레의 길이 :**

$$a+b+c=2(x+y+z)$$

(3) **삼각형 ABC의 넓이 :**

$$\triangle ABC=\frac{1}{2}r(a+b+c)$$

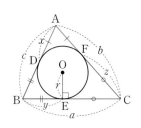

참고 (2)에서 $a=y+z$ …… ㉠, $b=x+z$ …… ㉡, $c=x+y$ …… ㉢

$\therefore$ (△ABC의 둘레의 길이)$=a+b+c=$㉠$+$㉡$+$㉢$=2(x+y+z)$

(3)에서 $\triangle ABC=\triangle OAB+\triangle OBC+\triangle OCA$

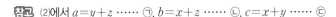

$=\frac{1}{2}cr+\frac{1}{2}ar+\frac{1}{2}br$

$=\frac{1}{2}r(a+b+c)$ → △ABC의 둘레의 길이

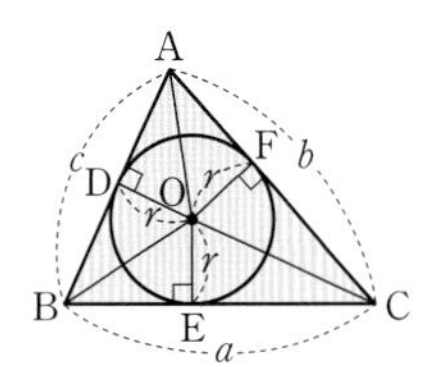
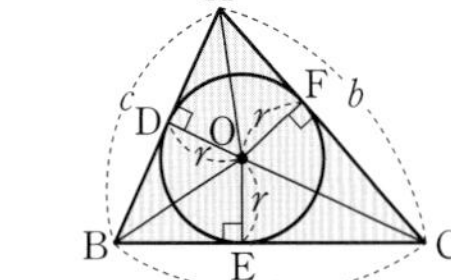

06 외접사각형의 성질

(1) 원에 외접하는 사각형의 두 쌍의 대변의 길이의 합은 서로 같다.

→ $\overline{AB}+\overline{CD}=\overline{AD}+\overline{BC}$

(2) 두 쌍의 대변의 길이의 합이 같은 사각형은 원에 외접한다.

참고 (1)에서 $\overline{AB}+\overline{CD}=(\overline{AP}+\overline{BP})+(\overline{CR}+\overline{DR})$
$=(\overline{AS}+\overline{BQ})+(\overline{CQ}+\overline{DS})$
$=(\overline{AS}+\overline{DS})+(\overline{BQ}+\overline{CQ})$
$=\overline{AD}+\overline{BC}$

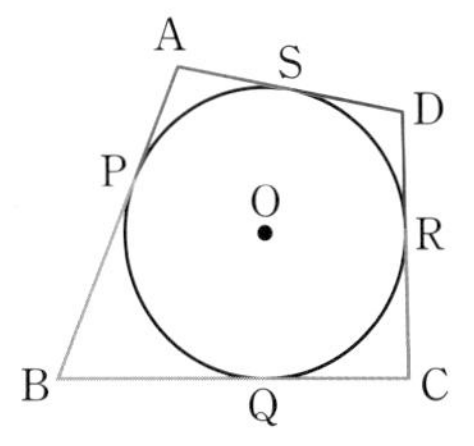

중심각의 크기와 호, 현의 길이

중학교 1 학년 때 배웠어요!

중심각의 크기와 부채꼴의 호의 길이 ← 한 원 또는 합동인 두 원에서

(1) 중심각의 크기가 같은 두 부채꼴의 호의 길이는 같다.

(2) 부채꼴의 호의 길이는 중심각의 크기에 정비례한다.

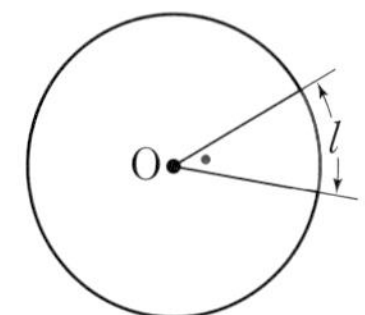

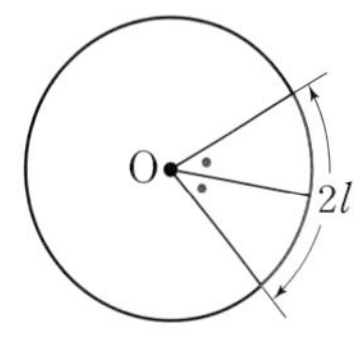

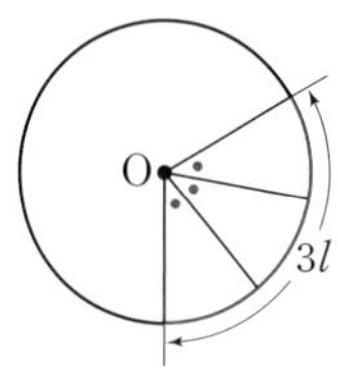

POINT

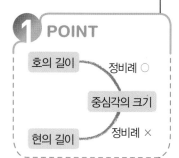

호의 길이 — 정비례 ○ — 중심각의 크기 — 정비례 × — 현의 길이

중심각의 크기와 현의 길이 ← 한 원 또는 합동인 두 원에서

(1) 크기가 같은 두 중심각에 대한 현의 길이는 같다.
$\angle AOB = \angle BOC$이면 $\overline{AB} = \overline{BC}$

(2) 현의 길이는 중심각의 크기에 정비례하지 않는다.
$\overline{AC} < \overline{AB} + \overline{BC} = 2\overline{AB}$ $\quad \therefore \overline{AC} \neq 2\overline{AB}$
따라서 $\angle AOC = 2\angle AOB$일 때, $\overline{AC} \neq 2\overline{AB}$

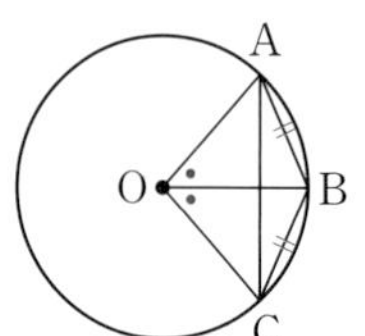

실수 Check

현의 길이, 삼각형의 넓이, 활꼴의 넓이는 중심각의 크기에 정비례하지 않는다.

중심각의 크기와 호의 길이 구하기

다음 그림의 원 O에서 x의 값을 구하시오.

01

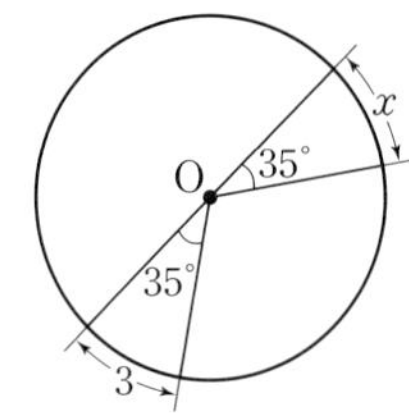

02

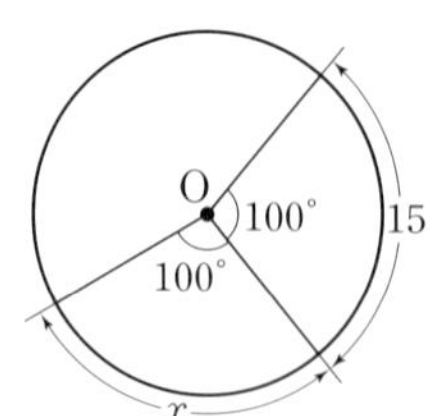

03

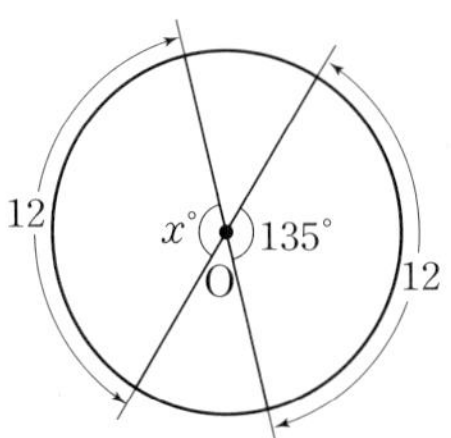

중심각의 크기와 현의 길이 구하기

다음 그림의 원 O에서 x의 값을 구하시오.

04

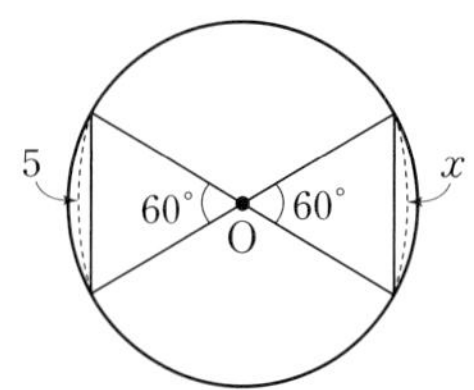

05

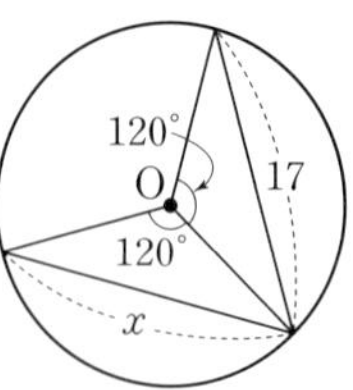

06

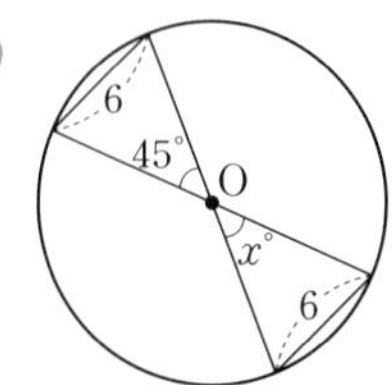

중심각의 크기와 호, 현의 길이 사이의 관계

 다음 그림의 원 O에서 x의 값을 구하시오.

07 따라해

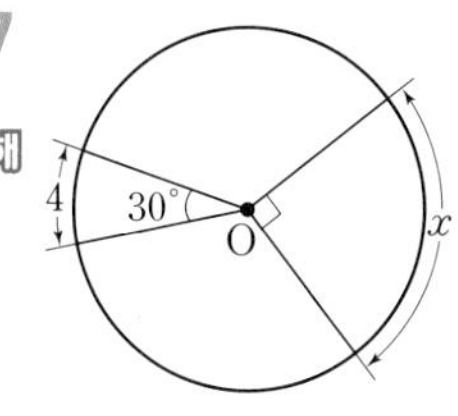

→ 한 원에서 중심각의 크기와 호의 길이는 정비례하므로

$30^\circ : \square^\circ = 4 : x$

$\therefore x = \square$

08

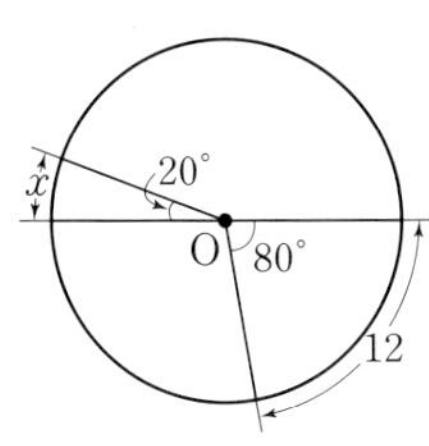

09

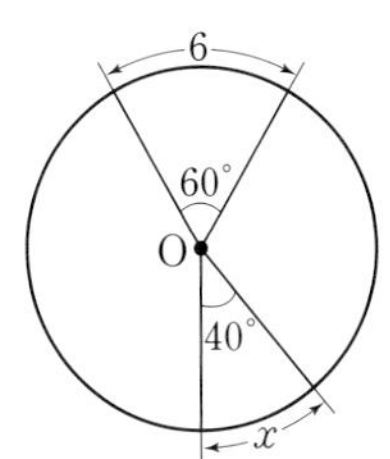

10

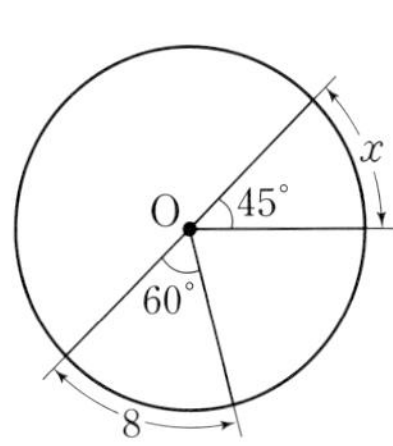

11

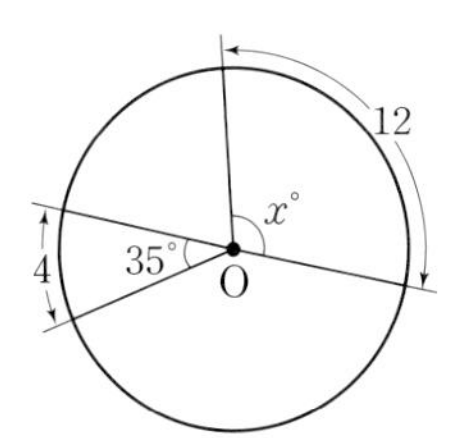

12

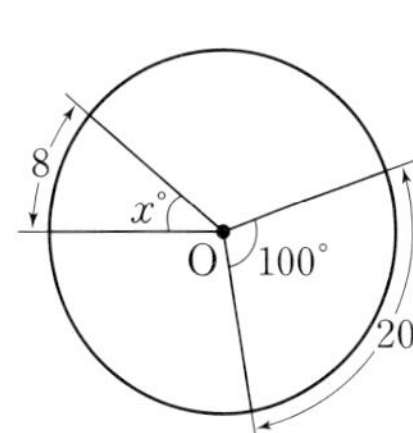

13

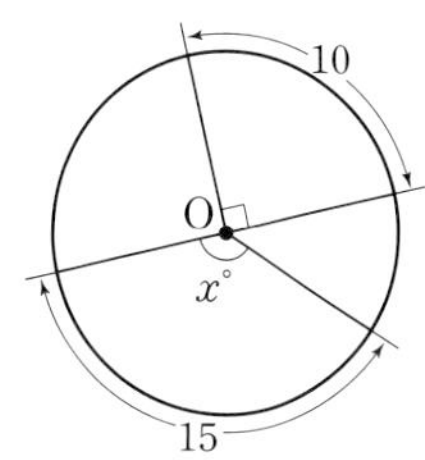

오른쪽 그림의 원 O에서 $\angle AOB = \angle COD = \angle DOE = \angle EOF$ 일 때, 다음 중 옳은 것에는 ○표, 옳지 않은 것에는 ×표를 하시오.

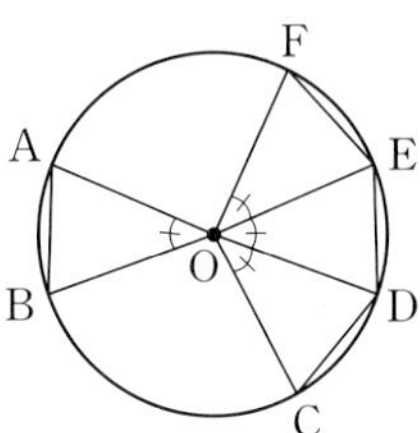

14 $\overline{AB} = \overline{EF}$ (　　)

15 $\widehat{CE} = \widehat{DF}$ (　　)

16 $3\overline{AB} = \overline{CF}$ (　　)

17 $3\widehat{AB} = \widehat{CF}$ (　　)

18 $2\triangle AOB = \triangle COE$ (　　)

▶ 정답 및 풀이 24쪽

원의 중심과 현의 수직이등분선

다음 그림의 원 O에서 x의 값을 구해 보자.

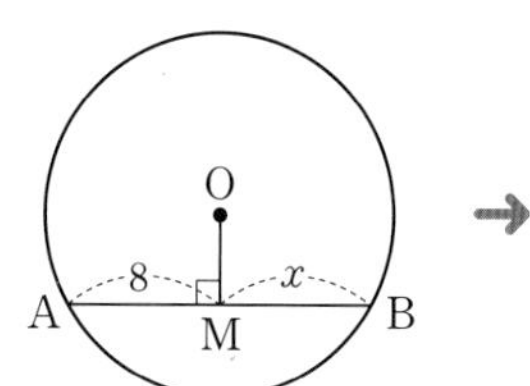

원의 중심에서 현에 내린 수선은 그 현을 이등분하므로 $\overline{AM}=\overline{BM}$ $\therefore$ $x=8$

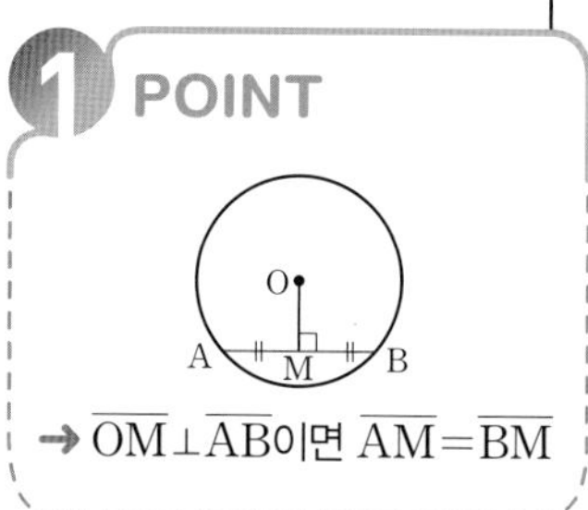

→ $\overline{OM}\perp\overline{AB}$이면 $\overline{AM}=\overline{BM}$

참고 현의 수직이등분선은 그 원의 중심을 지난다.

현의 수직이등분선의 성질을 이용하여 선분의 길이 구하기

다음 그림의 원 O에서 x의 값을 구하시오.

01

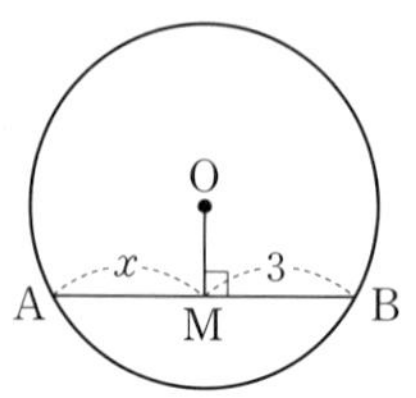

02

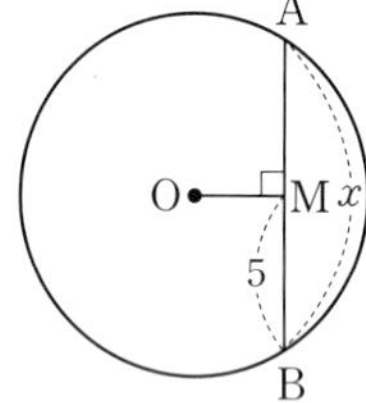

03

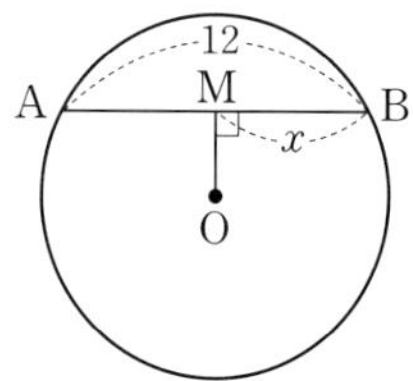

다음 그림에서 원의 반지름의 길이를 구하시오.

04

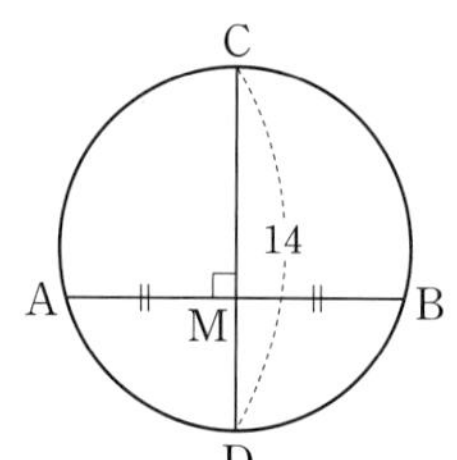

05

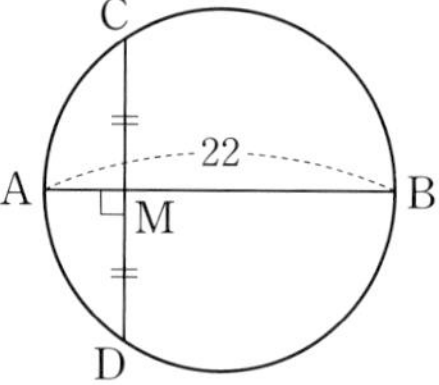

06

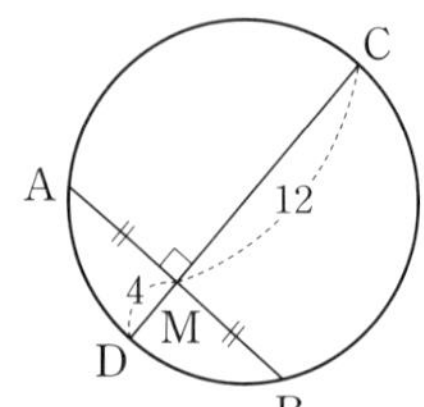

피타고라스 정리를 이용하여 선분의 길이 구하기

다음 그림의 원 O에서 x의 값을 구하시오.

07 따라해

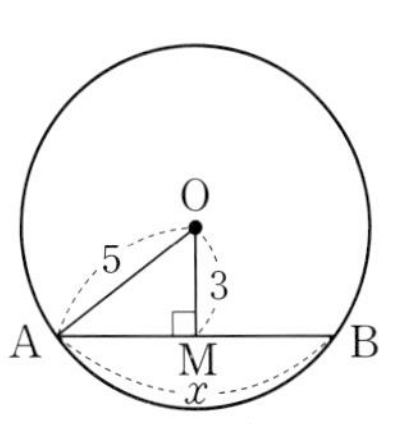

➜ 직각삼각형 OAM에서

$\overline{AM}=\sqrt{\overline{OA}^2-\square^2}=\sqrt{5^2-\square^2}=\square$

$\therefore x=2\overline{AM}=2\times\square=\square$

08

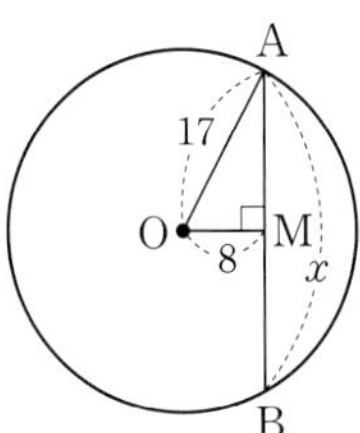

09

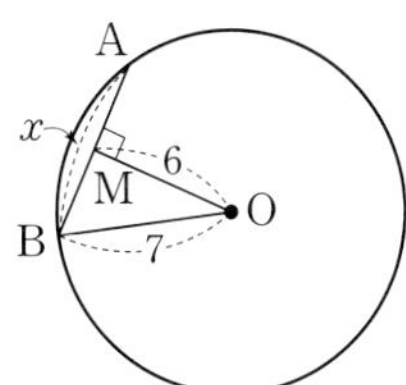

10

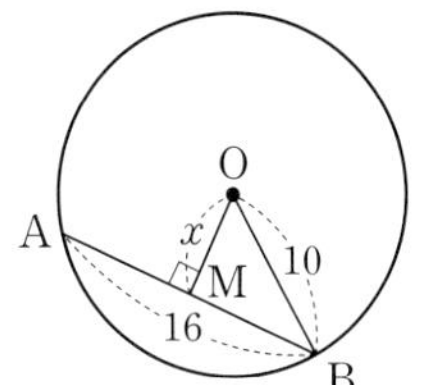

11 따라해

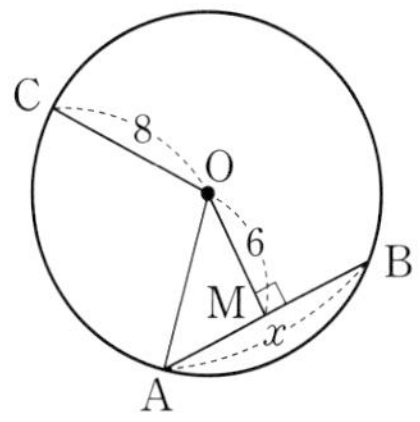

C
8
O
6
B
M
x
A

➜ $\overline{OA}$를 그으면 $\overline{OA}=\overline{OC}=\square$

직각삼각형 OAM에서

$\overline{AM}=\sqrt{\square^2-6^2}=\square$

$\therefore x=2\overline{AM}=2\times\square=\square$

12

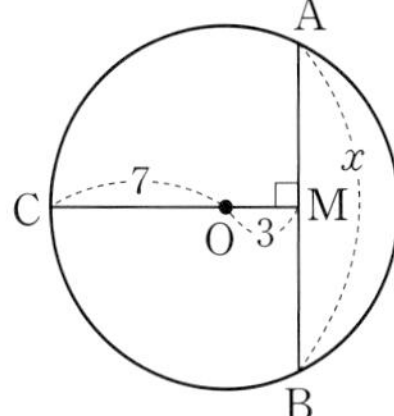

13

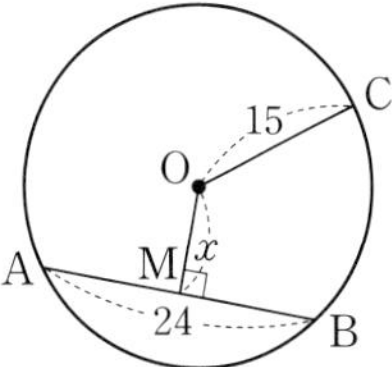

14

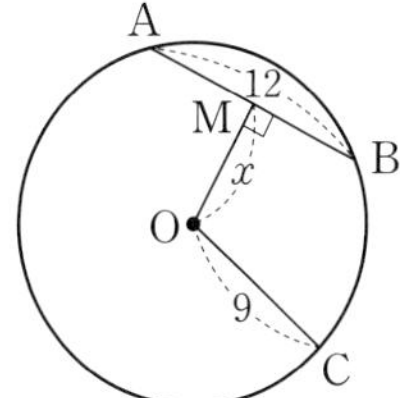

피타고라스 정리를 이용하여 원의 반지름의 길이 구하기

다음 그림에서 원 O의 반지름의 길이를 구하시오.

15 따라해

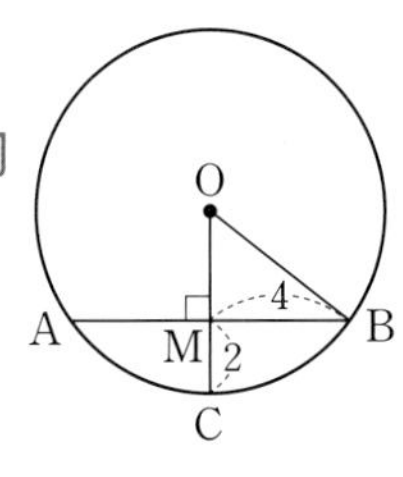

→ 원 O의 반지름의 길이를 r라 하면

$\overline{OC}=\overline{OB}=r$이므로

$\overline{OM}=$ ☐

직각삼각형 OBM에서

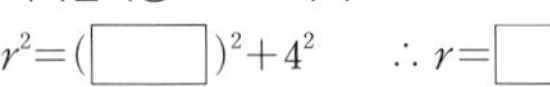

$r^2=($ ☐ $)^2+4^2$ $\therefore r=$ ☐

따라서 원 O의 반지름의 길이는 ☐이다.

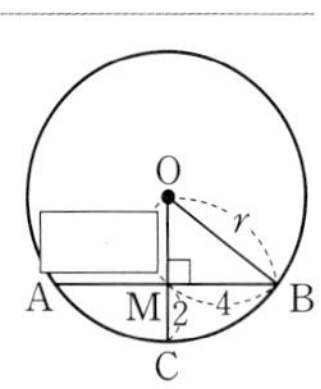

16

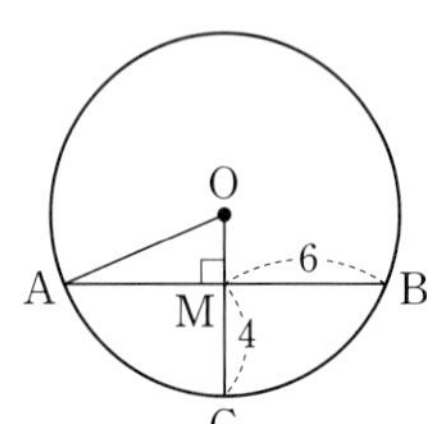

17

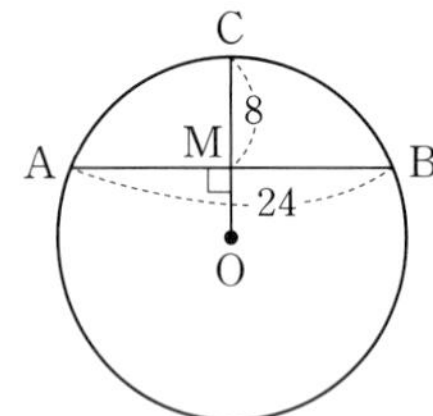

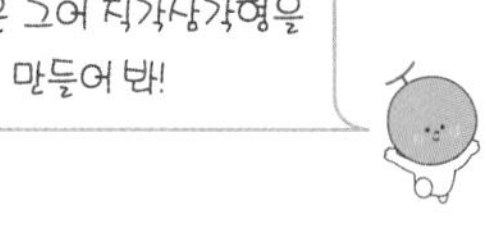

18

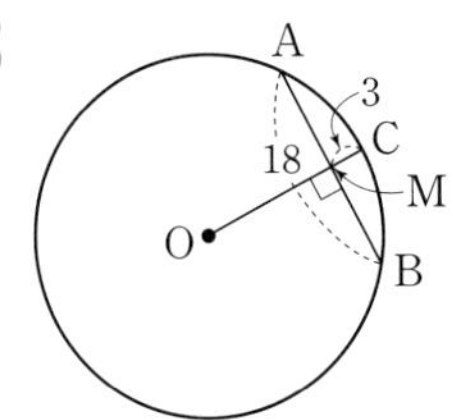

다음 그림에서 $\widehat{AB}$는 원의 일부분이다. $\overline{AB}\perp\overline{CD}$, $\overline{AD}=\overline{BD}$일 때, 이 원의 반지름의 길이를 구하시오.

19 따라해

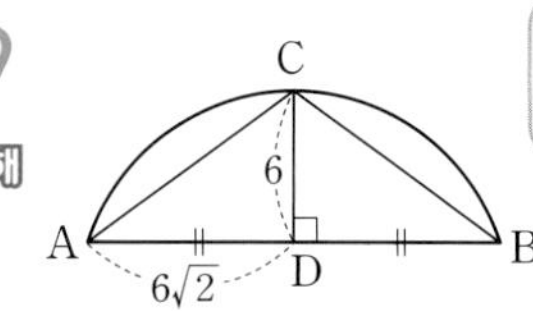

→ 원의 중심을 O라 하고 $\overline{CD}$의 연장선을 그으면 직선 CD는 원의 중심을 지나므로 점 D는 $\overline{CO}$ 위의 점이다.

원 O의 반지름의 길이를 r라 하면

$\overline{OD}=$ ☐

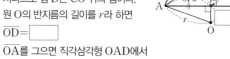

$\overline{OA}$를 그으면 직각삼각형 OAD에서

$r^2=($ ☐ $)^2+(6\sqrt{2})^2$

$\therefore r=$ ☐

따라서 원 O의 반지름의 길이는 ☐이다.

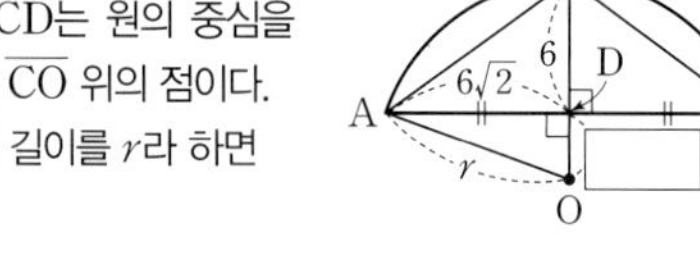

20

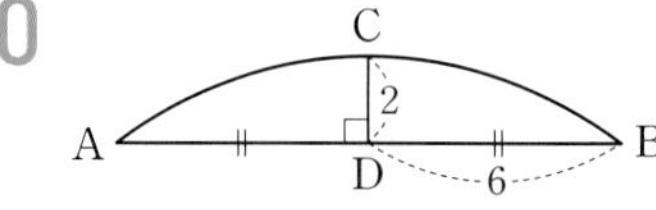

21

A

C 3 D

$3\sqrt{3}$

B

22

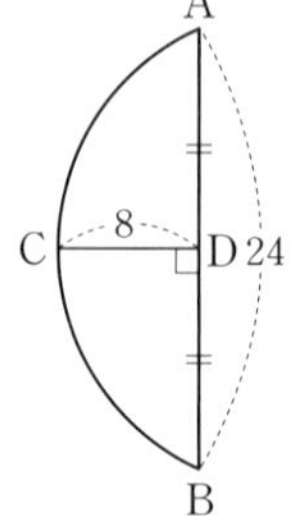

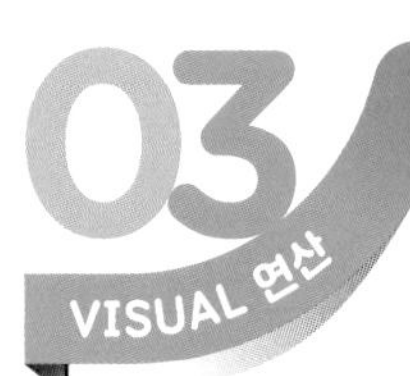

원의 중심과 현의 길이

현의 길이 구하기

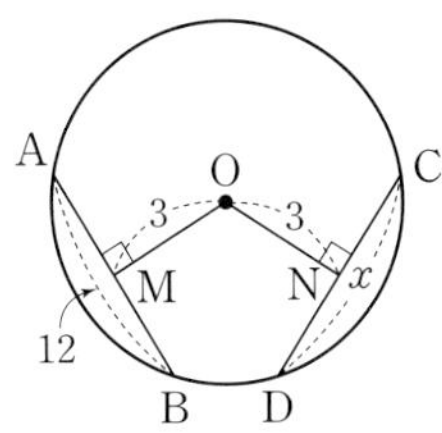

원의 중심으로부터 같은 거리에 있는 두 현의 길이는 같다.

$\therefore x=12$

중심으로부터 거리 구하기

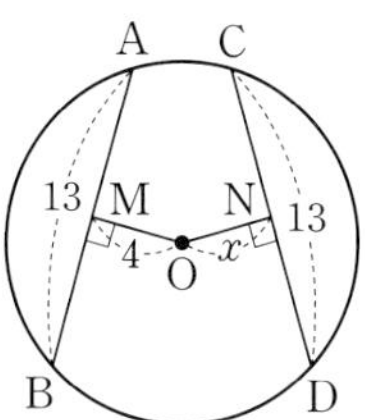

길이가 같은 두 현은 원의 중심으로부터 같은 거리에 있다.

$\therefore x=4$

1 POINT

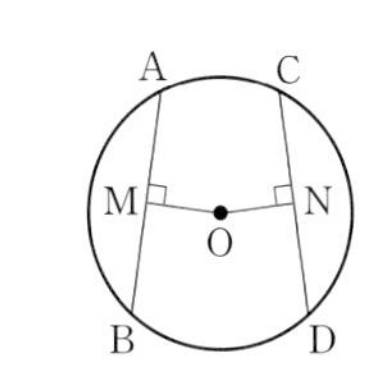

→ (1) $\overline{OM}=\overline{ON}$이면 $\overline{AB}=\overline{CD}$

(2) $\overline{AB}=\overline{CD}$이면 $\overline{OM}=\overline{ON}$

현의 길이 구하기

다음 그림의 원 O에서 x의 값을 구하시오.

01

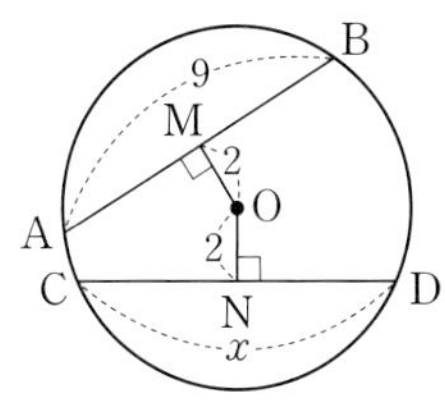

→ 원의 중심으로부터 같은 거리에 있는 두 현의 길이는 ☐.

즉, $\overline{OM}=\overline{ON}=2$이므로 $\overline{CD}=\overline{AB}=$☐

$\therefore x=$☐

02

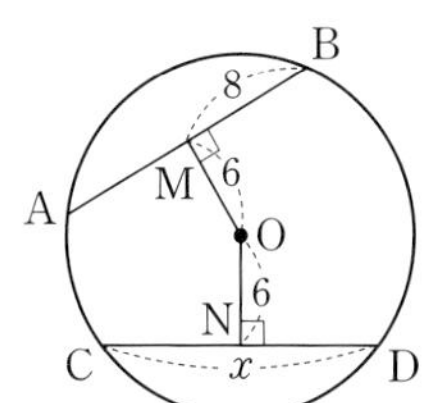

03

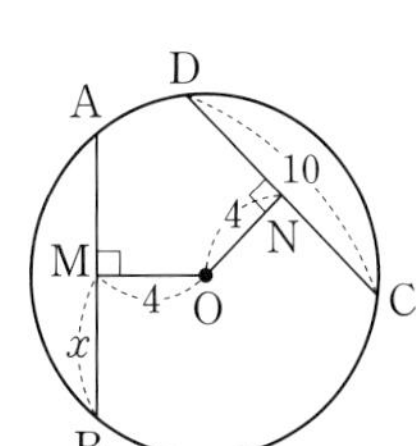

04

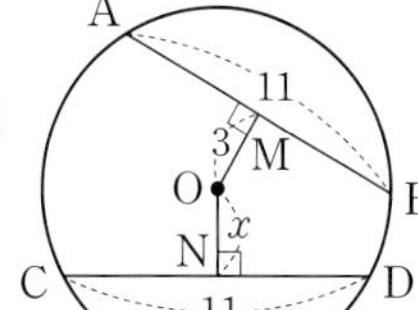

→ 길이가 같은 두 현은 원의 중심으로부터 ☐ 거리에 있다.

즉, $\overline{AB}=\overline{CD}=11$이므로 $\overline{ON}=\overline{OM}=$☐

$\therefore x=$☐

05

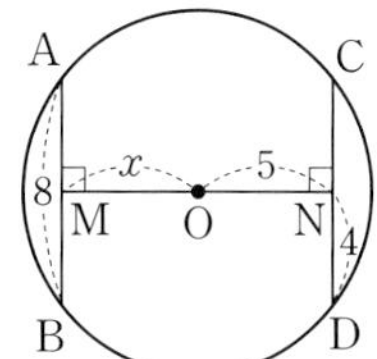

06

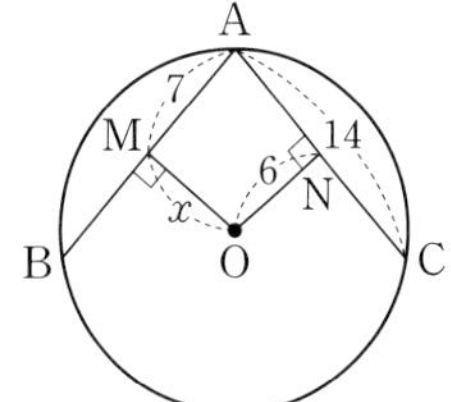

피타고라스 정리를 이용하여 현의 길이 구하기

 다음 그림의 원 O에서 x의 값을 구하시오.

07 따라해

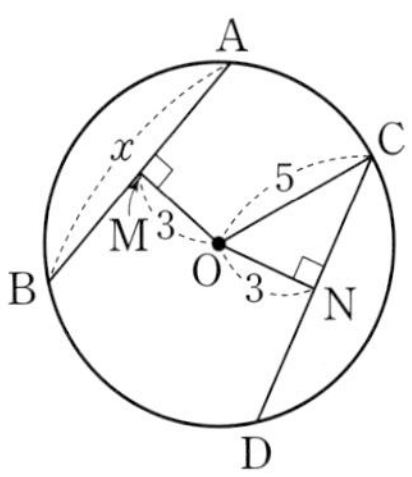

→ 직각삼각형 OCN에서 $\overline{CN}=\sqrt{5^2-\square^2}=\square$이므로

$\overline{CD}=2\overline{CN}=2\times\square=\square$

$\overline{OM}=\overline{ON}$이므로 $x=\overline{CD}=\square$

08

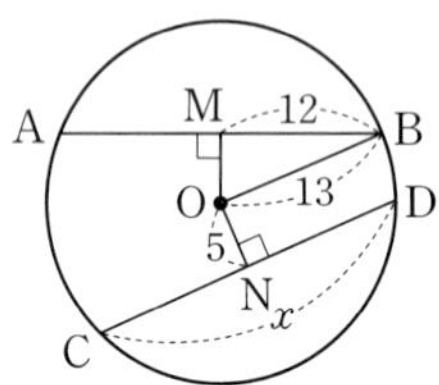

09

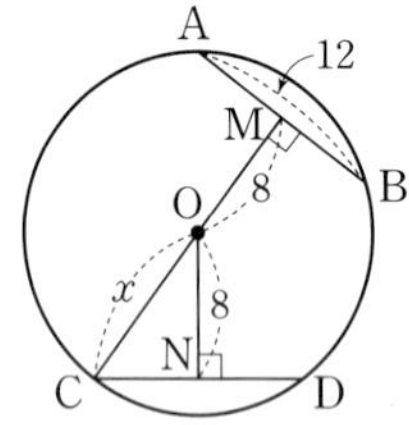

10

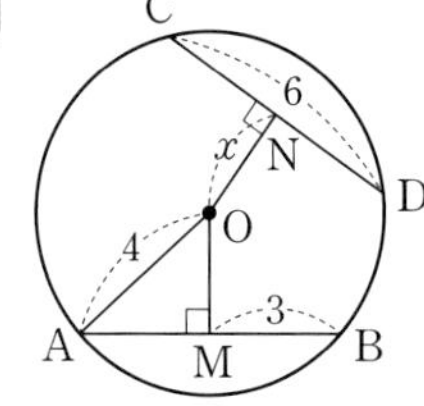

삼각형에서 현의 길이의 활용

다음 그림의 원 O에서 $\overline{OM}=\overline{ON}$일 때, $\angle x$의 크기를 구하시오.

11 따라해

→ $\overline{OM}=\overline{ON}$이므로 $\overline{AB}=\square$

따라서 △ABC는 $\square$삼각형이므로

$\angle x=180^\circ-2\times\square^\circ=\square^\circ$

12

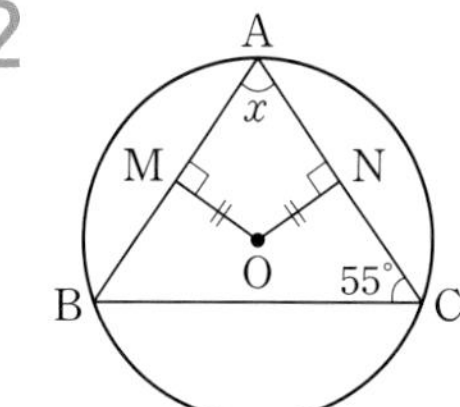

13

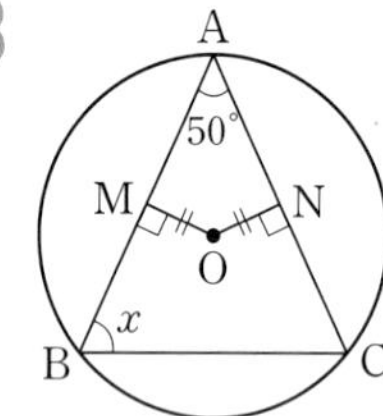

14

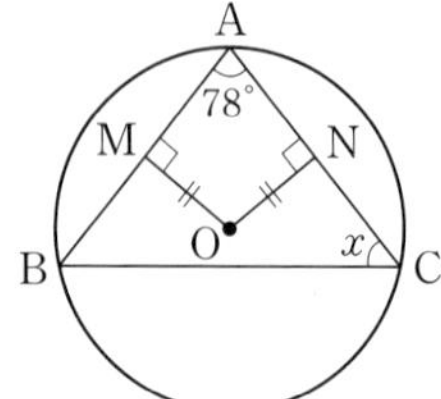

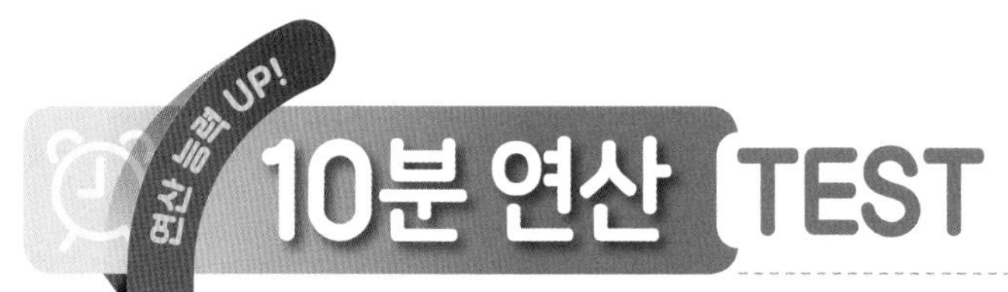

▶ 정답 및 풀이 26쪽

[01 ~ 03] 다음 그림의 원 O에서 x의 값을 구하시오.

01

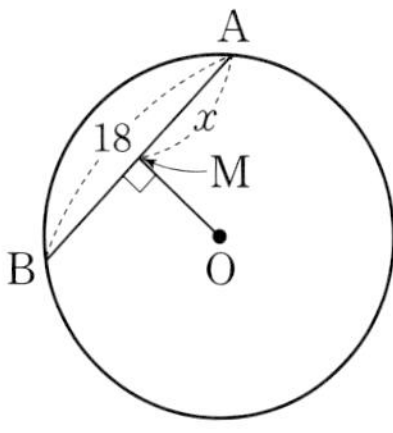

02

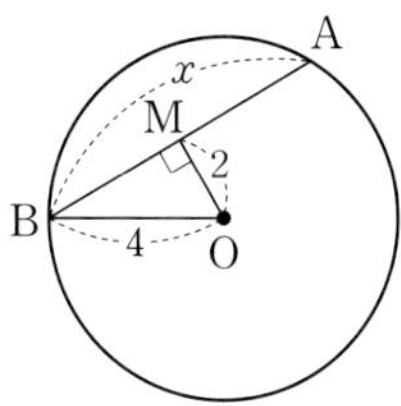

03

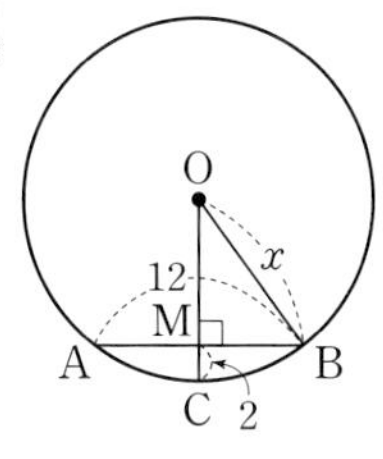

04 오른쪽 그림에서 $\overset{\frown}{AB}$는 원의 일부분이다. $\overline{AB}\perp\overline{CD}$이고 $\overline{AD}=\overline{BD}$일 때, 이 원의 반지름의 길이를 구하시오.

C, 2, A, D, B, 8

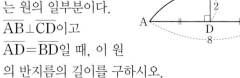

[05 ~ 07] 다음 그림의 원 O에서 x의 값을 구하시오.

05

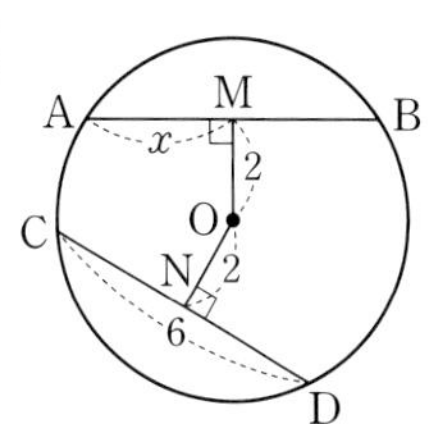

06

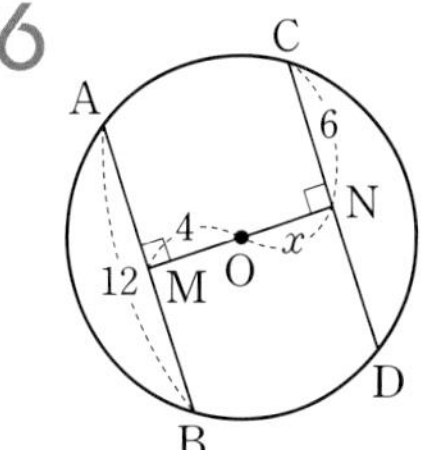

07

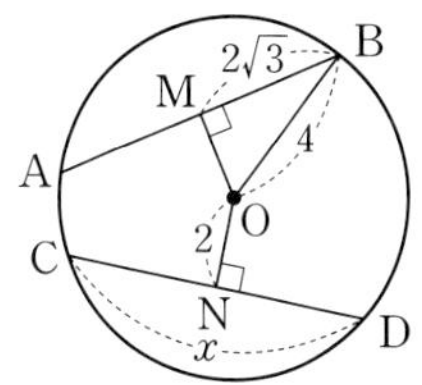

08 오른쪽 그림의 원 O에서 $\overline{OM}=\overline{ON}$일 때, $\angle x$의 크기를 구하시오.

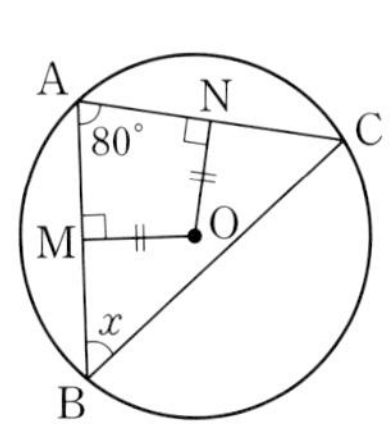

한 번 더 연산테스트는 부록 8쪽에서

맞힌 개수 　개 / 8개

▶ 정답 및 풀이 26쪽

원의 접선과 반지름

다음 그림에서 $\overline{PA}$는 원 O의 접선이고, 점 A는 접점일 때, $\angle x$의 크기를 구해 보자.

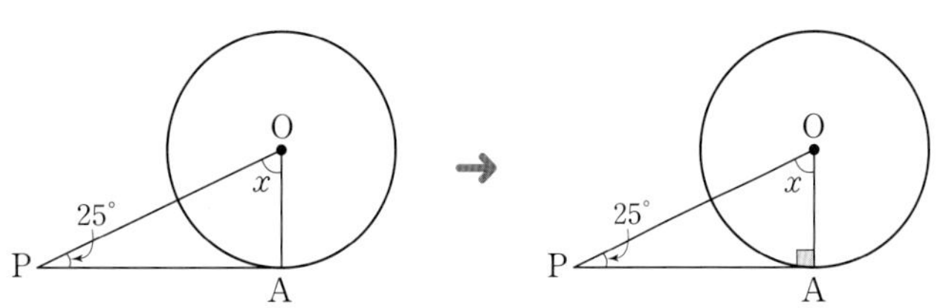

원 O와 직선 l이 한 점 T에서 만날 때 직선 l은 원 O에 접한다고 해.

원의 접선은 그 접점을 지나는 반지름과 수직이므로

$\angle PAO=90^\circ$

$\therefore \angle x=180^\circ-(25^\circ+90^\circ)=65^\circ$

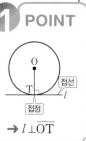

1 POINT

접선, 접점

→ $l \perp \overline{OT}$

원의 접선과 반지름의 성질을 이용하여 각의 크기 구하기

다음 그림에서 $\overline{PA}$는 원 O의 접선이고, 점 A는 접점일 때, $\angle x$의 크기를 구하시오.

01

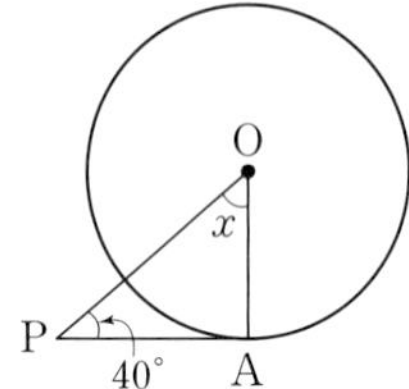

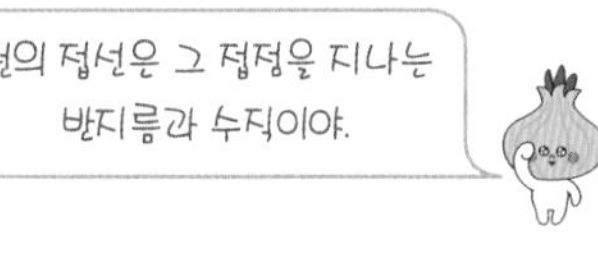

원의 접선은 그 접점을 지나는 반지름과 수직이야.

02

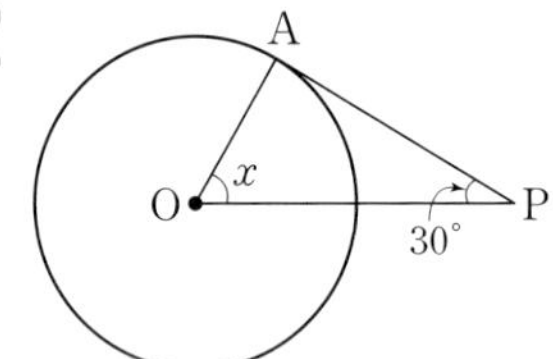

03

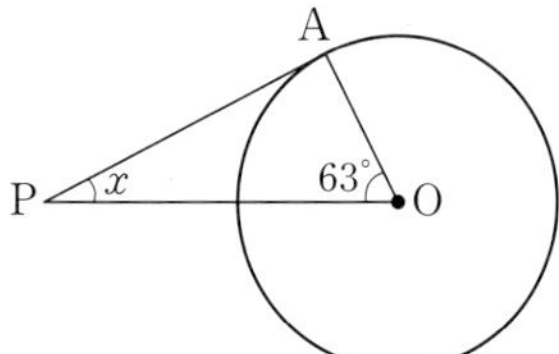

두 접선이 이루는 각의 크기 구하기

다음 그림에서 $\overline{PA}$, $\overline{PB}$는 원 O의 접선이고, 두 점 A, B는 접점일 때, $\angle x$의 크기를 구하시오.

04 따라해

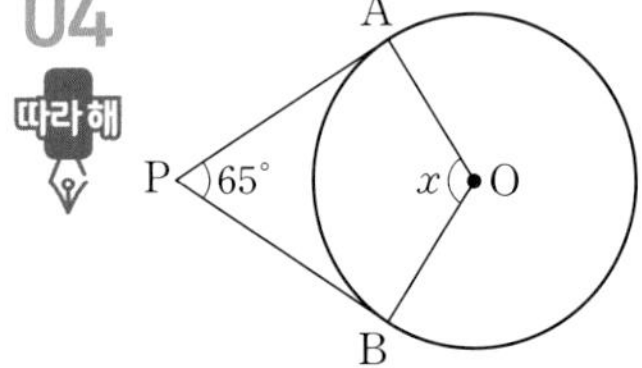

→ □APBO에서 $\angle PAO=\angle PBO=$ □$^\circ$이므로

$\angle x=360^\circ-($□$^\circ+65^\circ+$□$^\circ)=$□$^\circ$

05

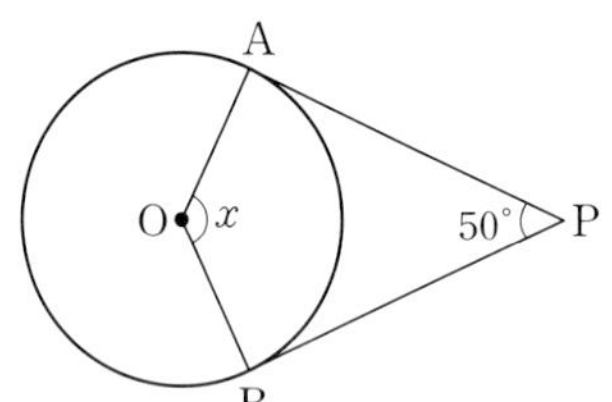

06

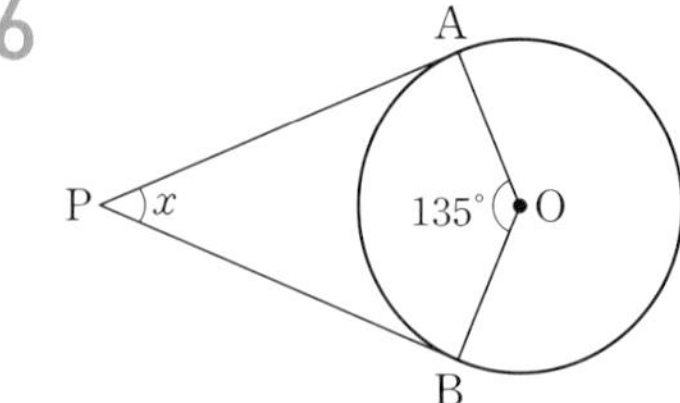

피타고라스 정리를 이용하여 선분의 길이 구하기

다음 그림에서 $\overline{PA}$는 원 O의 접선이고, 점 A는 접점일 때, x의 값을 구하시오.

07

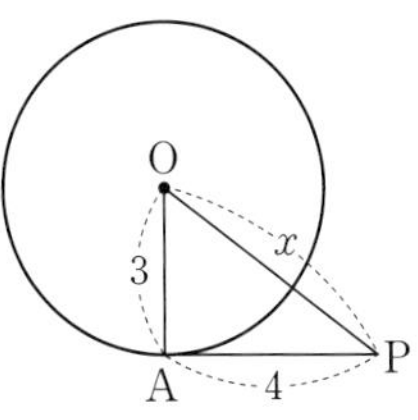

08

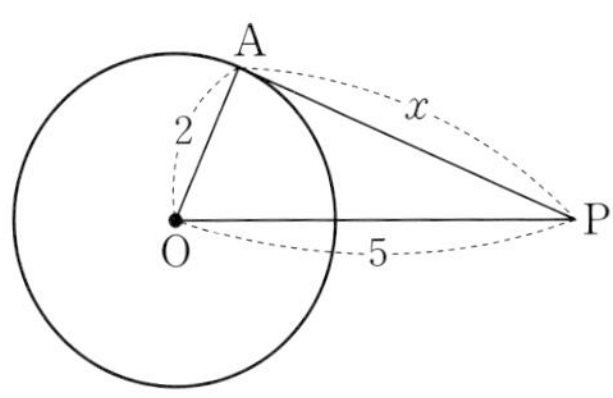

09

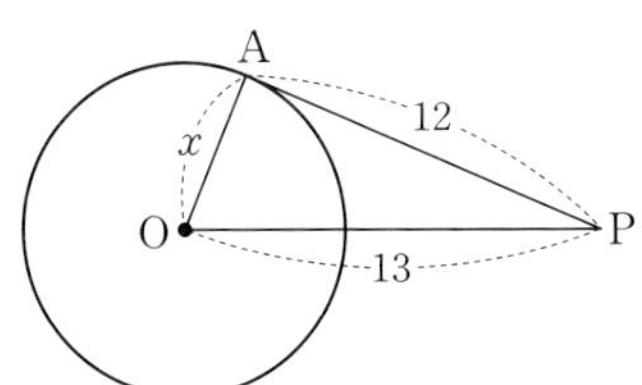

10

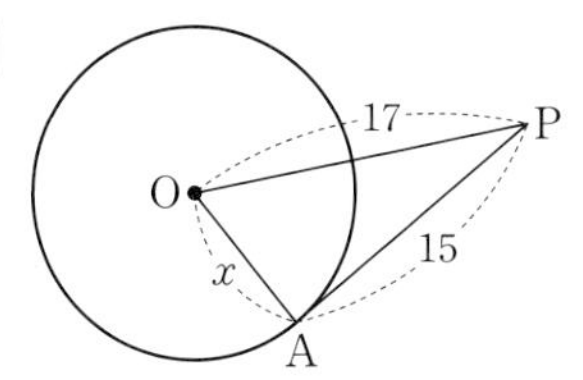

반지름을 이용하여 길이 구하기

다음 그림에서 $\overline{PA}$는 원 O의 접선이고, 점 A는 접점, 점 B는 원 O와 $\overline{OP}$의 교점일 때, x의 값을 구하시오.

11 따라해

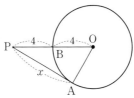

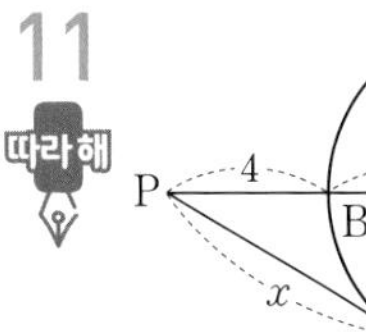

→ $\overline{OA}=\overline{OB}=\square$

$\angle PAO=\square^\circ$이므로 직각삼각형 PAO에서

$(4+4)^2=\square^2+x^2$, $x^2=\square$

$\therefore x=\square$ $(\because x>0)$

12

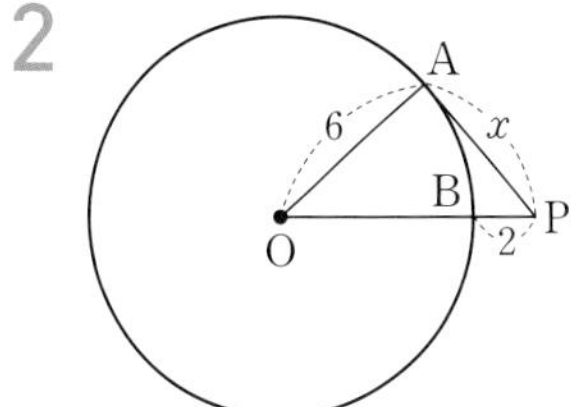

13

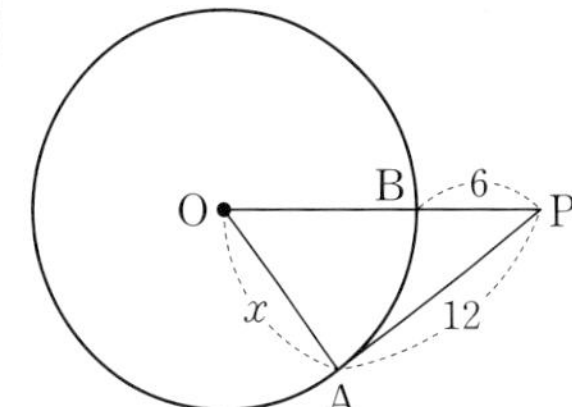

14

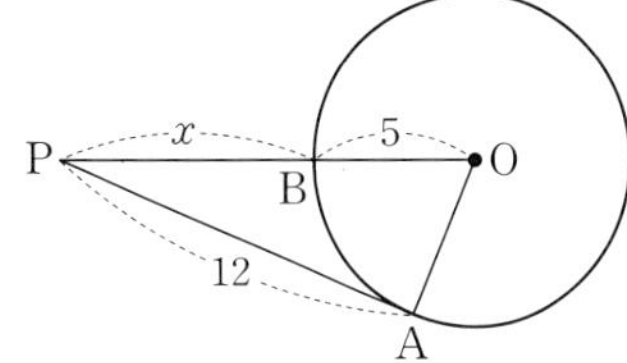

▶ 정답 및 풀이 27쪽

원의 접선의 길이

다음 그림에서 $\overline{PA}$, $\overline{PB}$는 원 O의 접선이고, 두 점 A, B는 접점일 때, x의 값을 구해 보자.

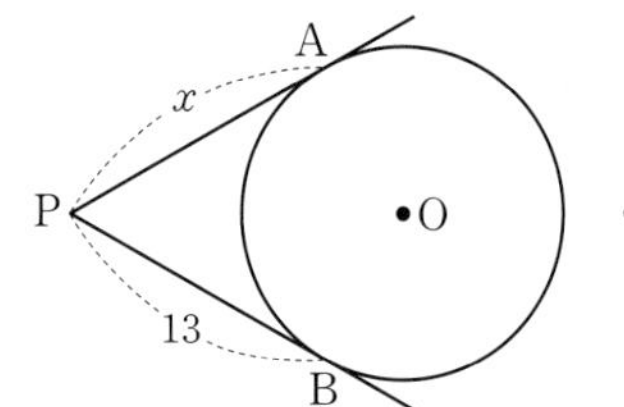

→ 원 밖의 한 점에서 그 원에 그은 두 접선의 길이는 같으므로 $x=13$

$\overline{PA}$, $\overline{PB}$의 길이를 점 P에서 원 O에 그은 접선의 길이라고 해.

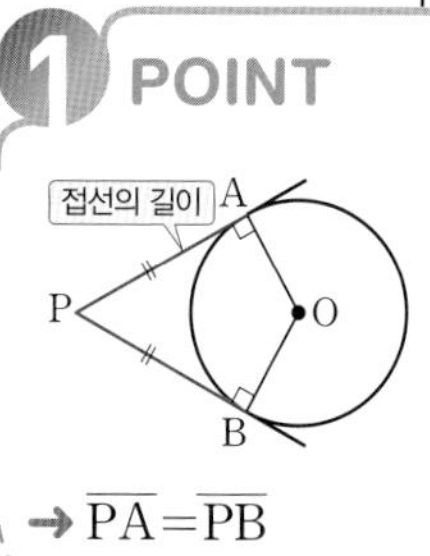

→ $\overline{PA}=\overline{PB}$

접선의 길이 구하기

다음 그림에서 $\overline{PA}$, $\overline{PB}$는 원 O의 접선이고, 두 점 A, B는 접점일 때, x의 값을 구하시오.

01

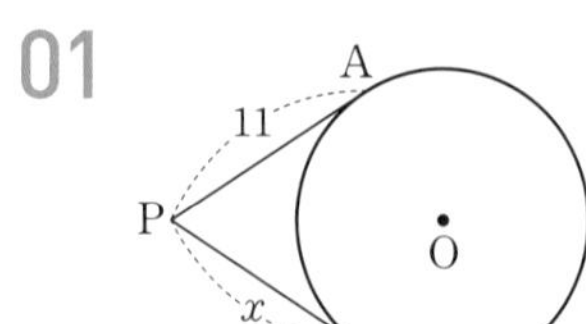

02

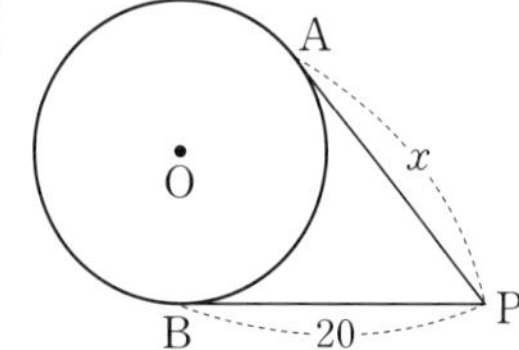

03 따라해

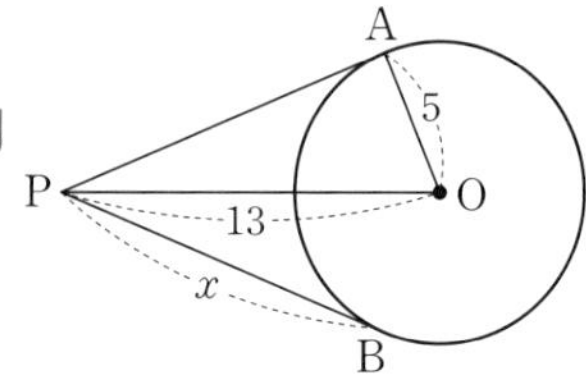

→ $\angle PAO=\square°$이므로 직각삼각형 PAO에서

$\overline{PA}=\sqrt{13^2-\square^2}=\square$

따라서 $\overline{PB}=\overline{PA}$이므로 $x=\square$

04

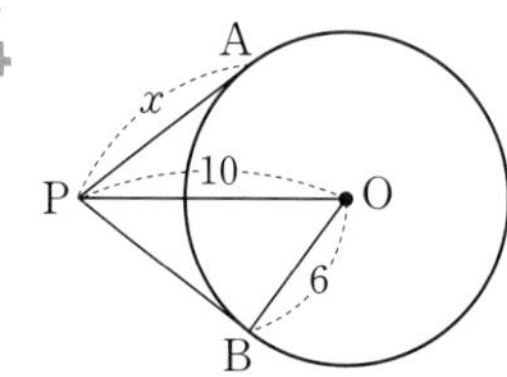

05

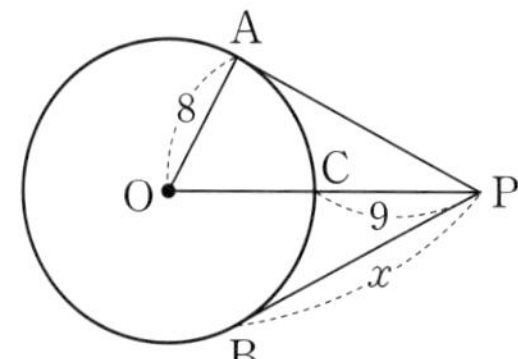

06

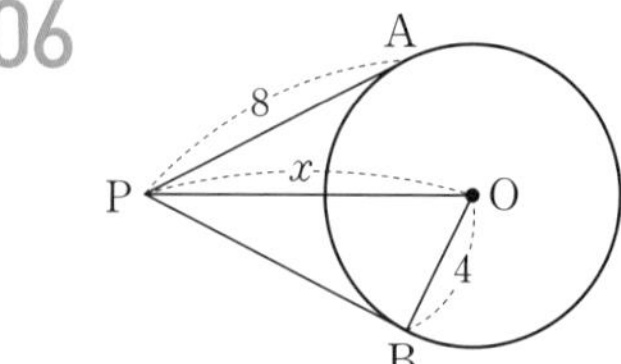

두 접선이 이루는 각의 크기 구하기

다음 그림에서 $\overline{PA}$, $\overline{PB}$는 원 O의 접선이고, 두 점 A, B는 접점일 때, $\angle x$의 크기를 구하시오.

07 따라해

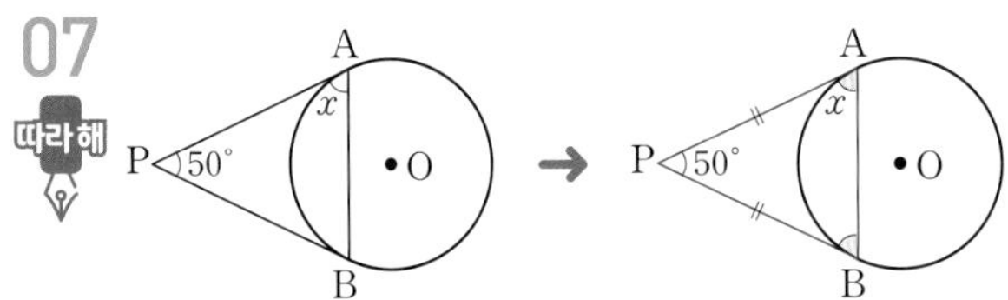

→ △PAB는 $\overline{PA}=$☐인 ☐ 삼각형이므로
$\angle PAB=\angle$☐
$\therefore \angle x=\frac{1}{2}\times(180^\circ-$☐$^\circ)=$☐$^\circ$

원 밖의 한 점에서 그 원에 그은 두 접선의 길이는 같아!

08

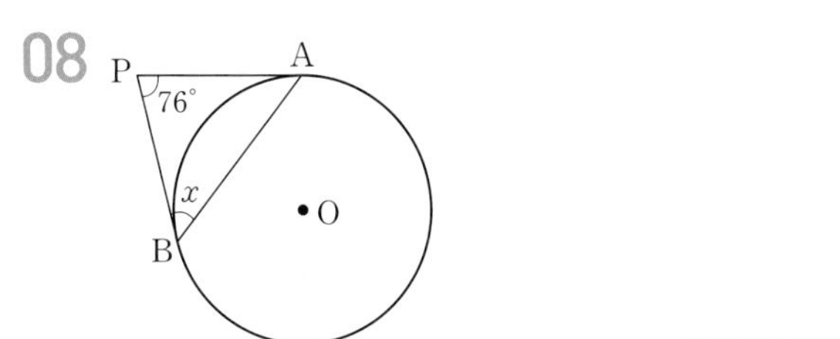

09

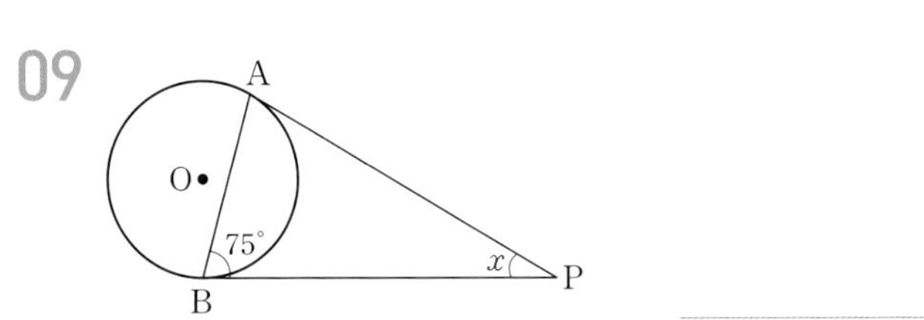

10

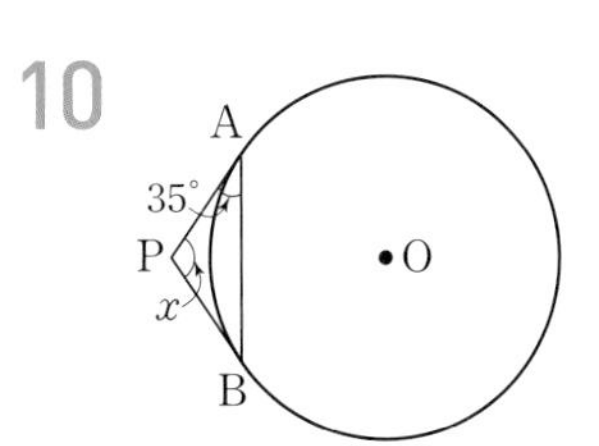

접선의 길이의 응용

다음 그림에서 $\overline{AD}$, $\overline{AE}$, $\overline{BC}$는 원 O의 접선이고, 세 점 D, E, F는 접점일 때, x의 값을 구하시오.

11 따라해

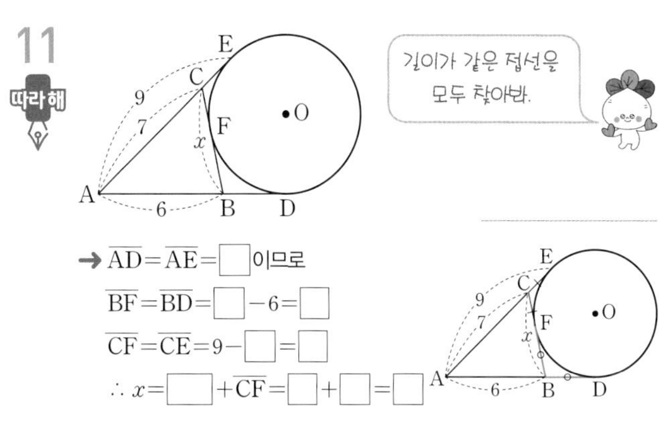

길이가 같은 접선을 모두 찾아봐.

→ $\overline{AD}=\overline{AE}=$☐이므로
$\overline{BF}=\overline{BD}=$☐$-6=$☐
$\overline{CF}=\overline{CE}=9-$☐$=$☐
$\therefore x=$☐$+\overline{CF}=$☐$+$☐$=$☐

12

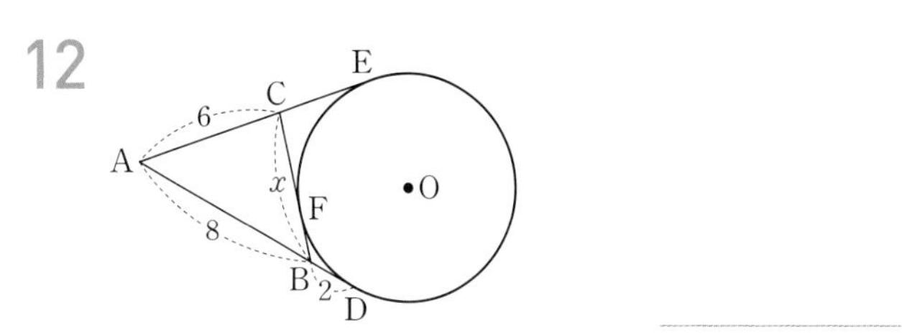

13

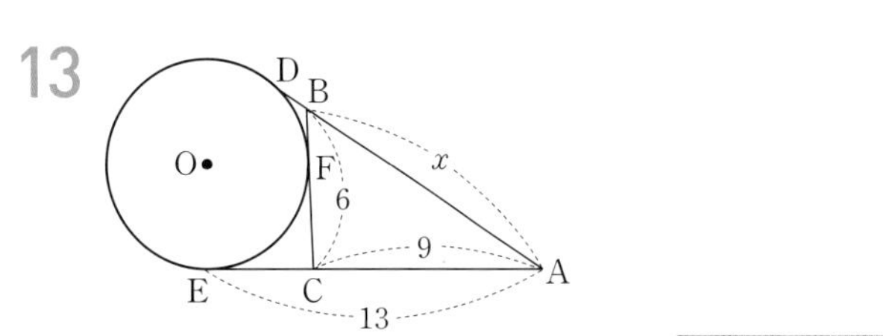

14

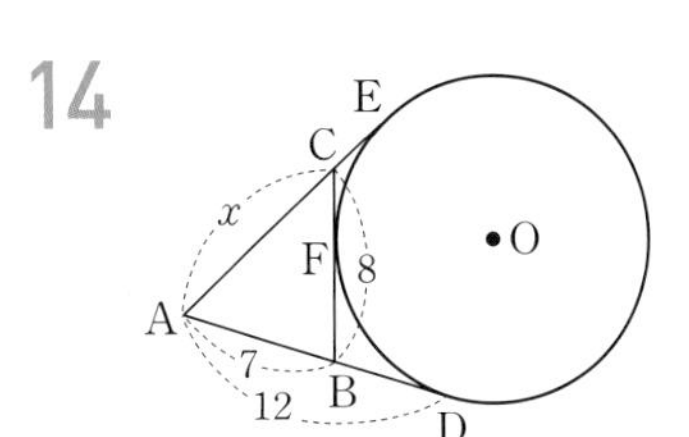

▶ 정답 및 풀이 27쪽

삼각형의 내접원

다음 그림에서 원 O는 △ABC의 내접원이고, 세 점 D, E, F는 접점일 때, x의 값을 구해 보자.

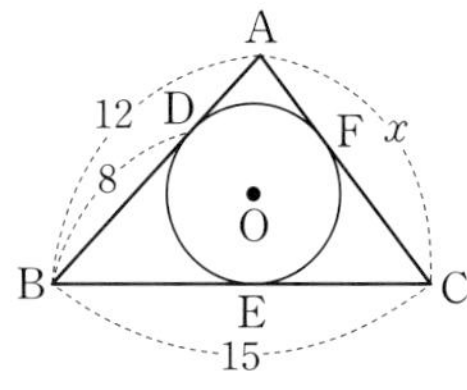

➜ 길이가 같은 선분을 찾는다.

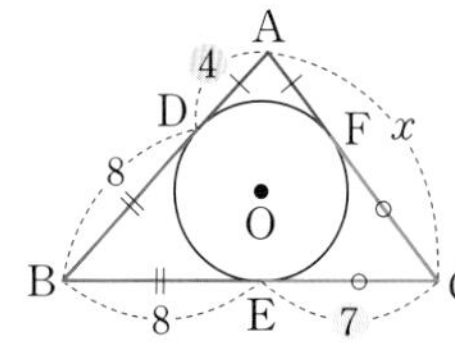

$\overline{AF}=\overline{AD}=12-8=4$
$\overline{CF}=\overline{CE}=15-8=7$
$\overline{AC}=\overline{AF}+\overline{CF}$이므로
$x=4+7=11$

POINT

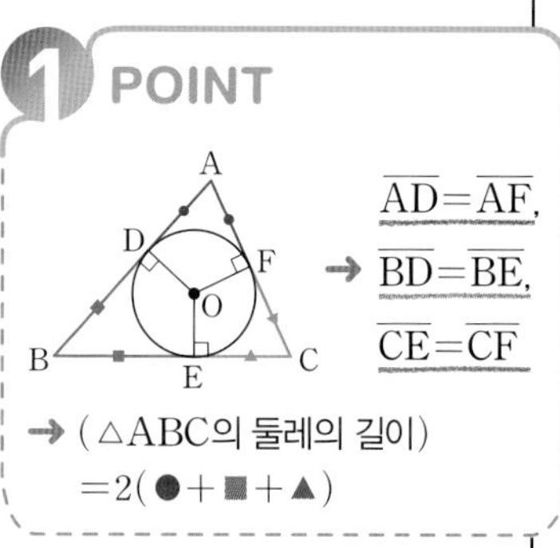

➜ $\overline{AD}=\overline{AF}$, $\overline{BD}=\overline{BE}$, $\overline{CE}=\overline{CF}$

➜ (△ABC의 둘레의 길이) $=2(●+■+▲)$

삼각형의 내접원에서 접선의 길이 구하기

다음 그림에서 원 O는 △ABC의 내접원이고, 세 점 **D**, **E**, **F**는 접점일 때, x의 값을 구하시오.

01 따라해

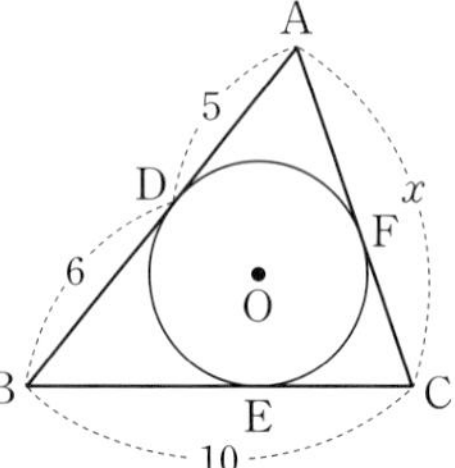

➜ $\overline{AF}=\overline{AD}=\square$
$\overline{BE}=\overline{BD}=\square$이므로
$\overline{CF}=\overline{CE}=10-\square=\square$
$\therefore x=\overline{AF}+\square$
$=\square+\square=\square$

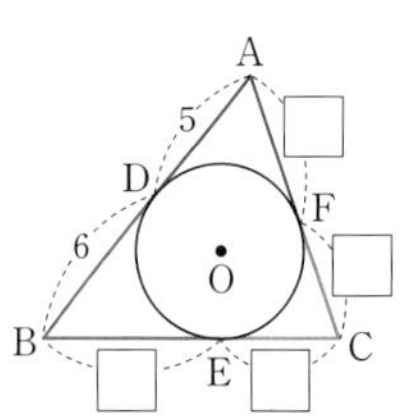

02

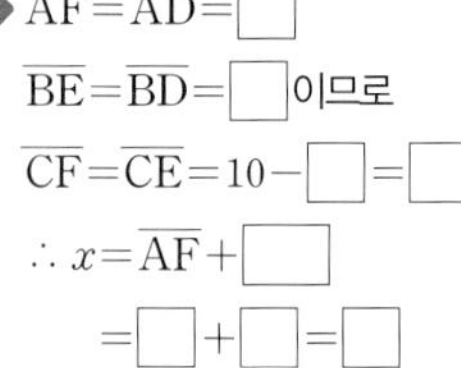

03

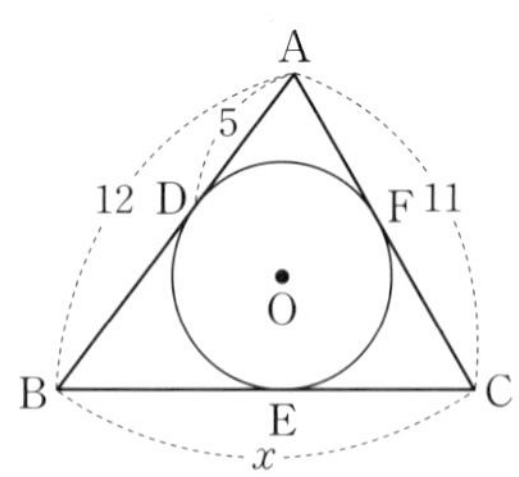

04 따라해

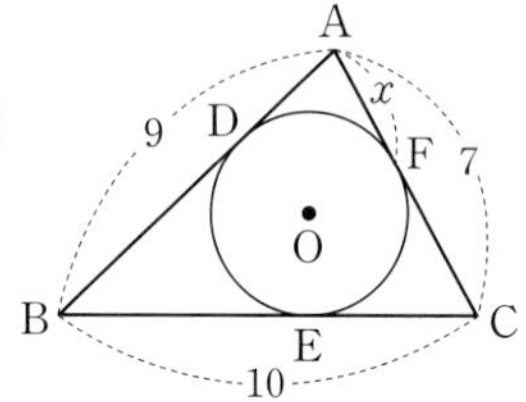

➜ $\overline{AD}=\overline{AF}=x$이므로
$\overline{BE}=\overline{BD}=9-x$
$\overline{CE}=\overline{CF}=\square$
$\overline{BC}=\overline{BE}+\overline{CE}$이므로
$10=(9-x)+(\square)$
$\therefore x=\square$

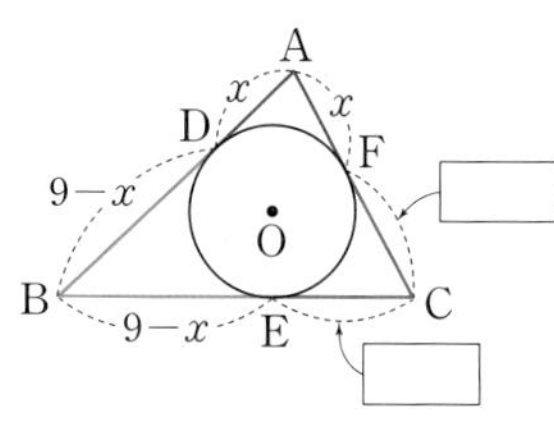

05

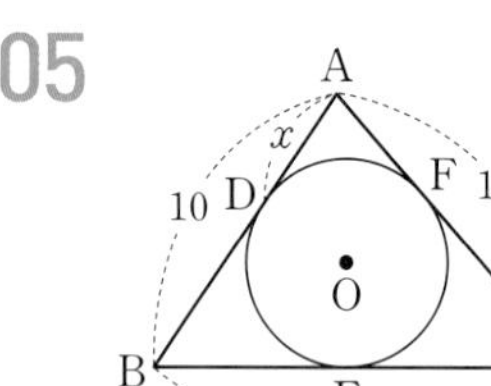

06

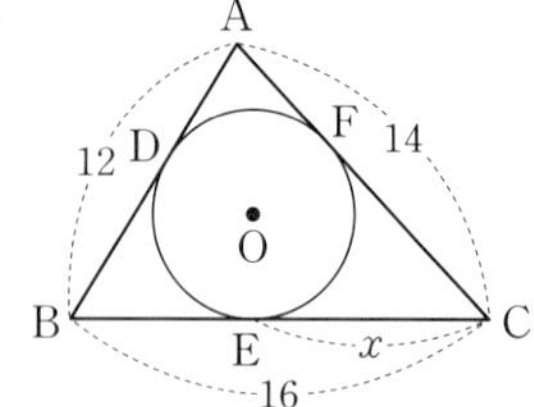

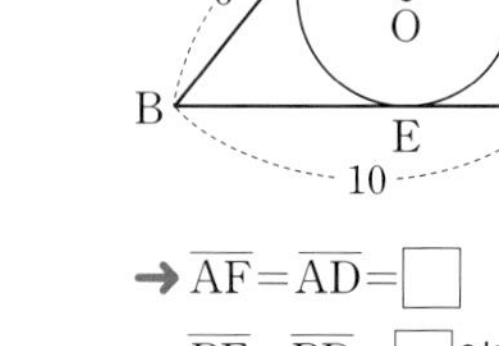

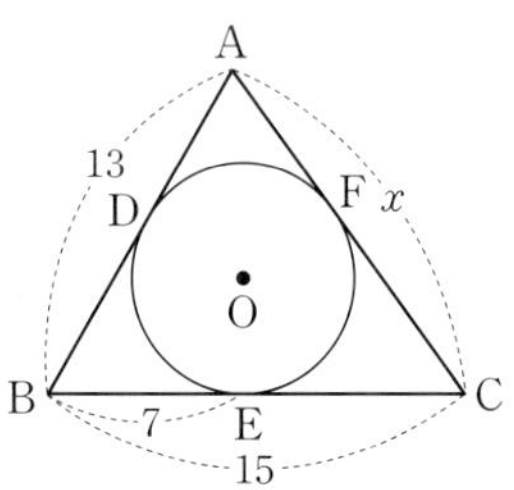

삼각형의 둘레의 길이 구하기

다음 그림에서 원 O는 △ABC의 내접원이고, 세 점 D, E, F는 접점일 때, △ABC의 둘레의 길이를 구하시오.

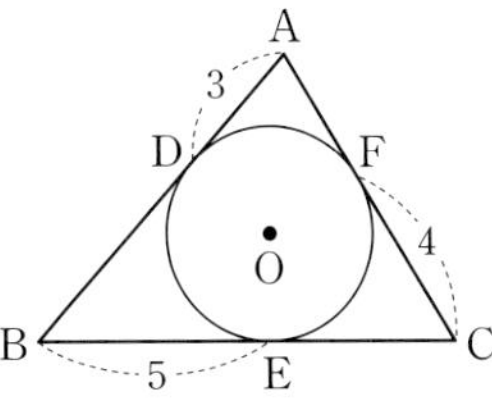

→ (△ABC의 둘레의 길이)$=2\times(3+\square+4)$
$=\square$

08

A, D, F, O, B, E, C, 8, 7, 9

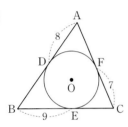

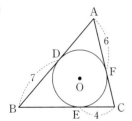

09

A, D, F, O, B, E, C, 6, 7, 4

10

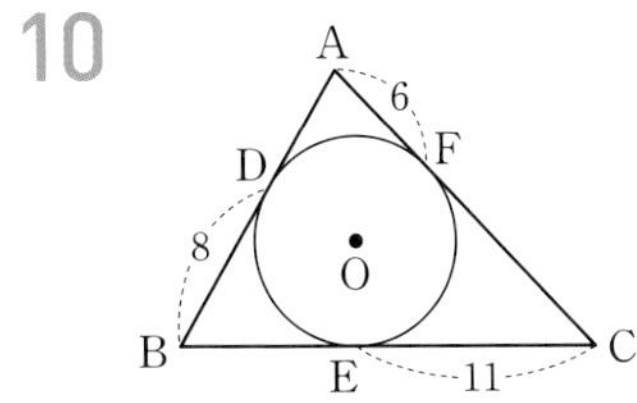

다음 그림에서 원 O는 △ABC의 내접원이고, 세 점 D, E, F는 접점일 때, $x+y+z$의 값을 구하시오.

11 따라해

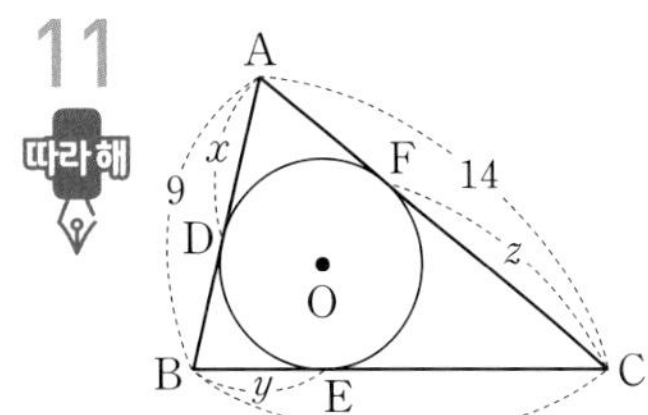

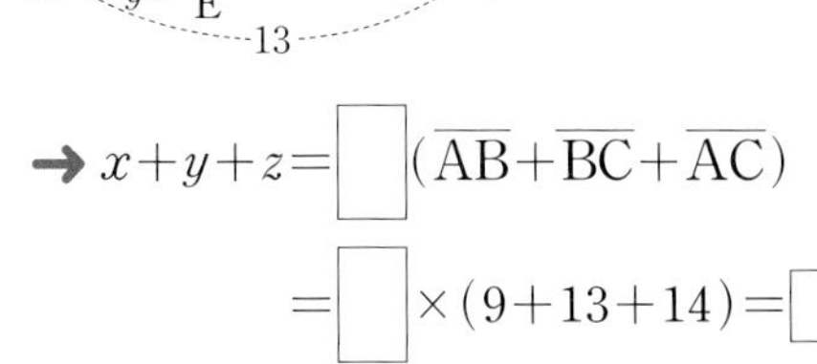
→ $x+y+z=\square(\overline{AB}+\overline{BC}+\overline{AC})$
$=\square\times(9+13+14)=\square$

12

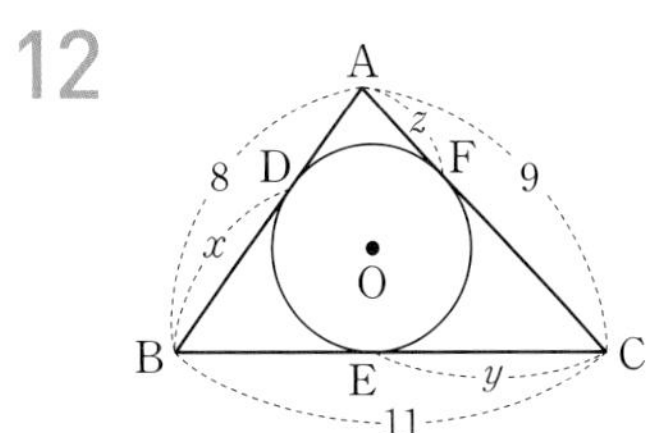

13

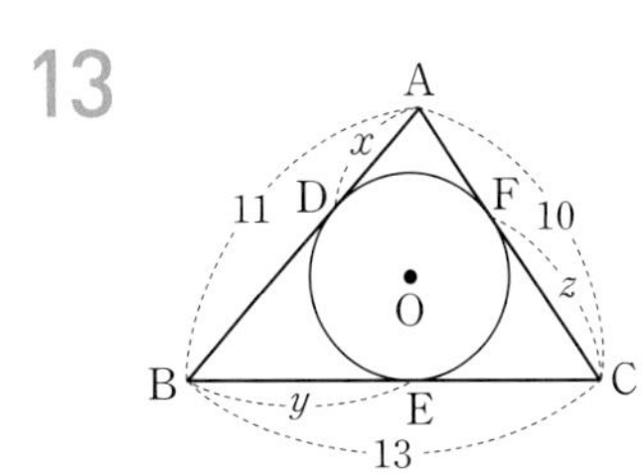

14

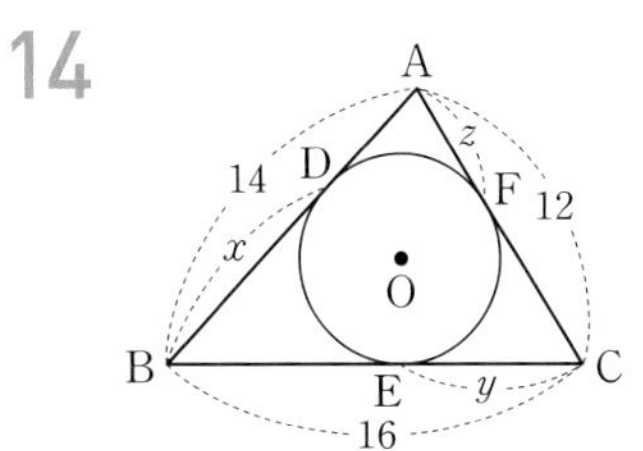

직각삼각형의 내접원의 반지름의 길이 구하기

다음 그림에서 원 O는 직각삼각형 ABC의 내접원이고, 세 점 D, E, F는 접점일 때, r의 값을 구하시오.

15 따라해

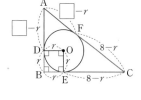

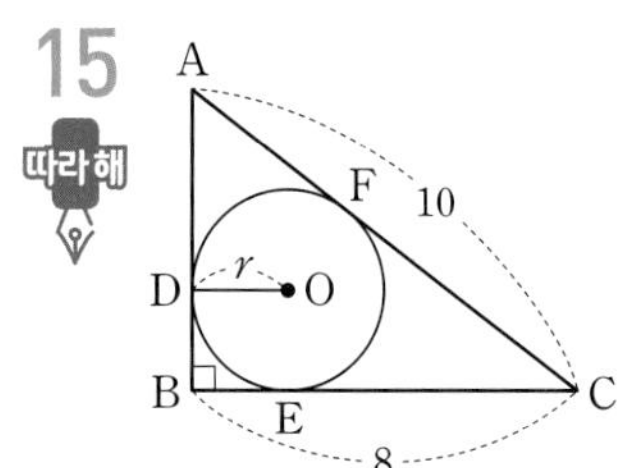

→ 직각삼각형 ABC에서

$\overline{AB}=\sqrt{10^2-\square^2}=\square$

$\overline{BD}=\overline{BE}=r$이므로

$\overline{AF}=\overline{AD}=\square-r$

$\overline{CF}=\overline{CE}=8-r$

$\overline{AC}=\overline{AF}+\overline{CF}$이므로

$\square=(\square-r)+(8-r)$

$\therefore r=\square$

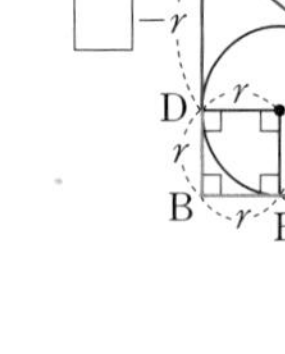

16

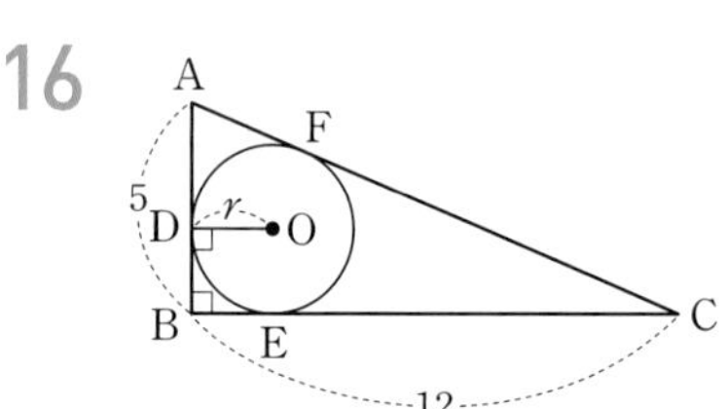

17 따라해

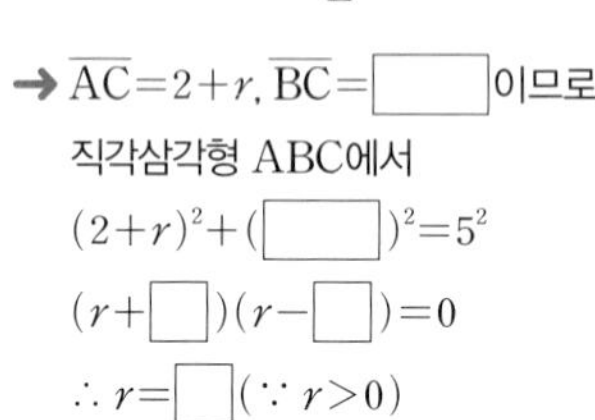

→ $\overline{AC}=2+r$, $\overline{BC}=\square$이므로

직각삼각형 ABC에서

$(2+r)^2+(\square)^2=5^2$

$(r+\square)(r-\square)=0$

$\therefore r=\square\ (\because r>0)$

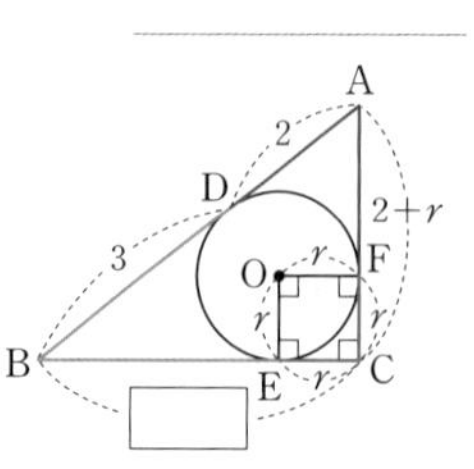

18

D A F r O B 12 E 5 C

내접원의 넓이 구하기

다음 그림에서 원 O는 직각삼각형 ABC의 내접원이고, 세 점 D, E, F는 접점일 때, 내접원 O의 넓이를 구하시오.

19 따라해

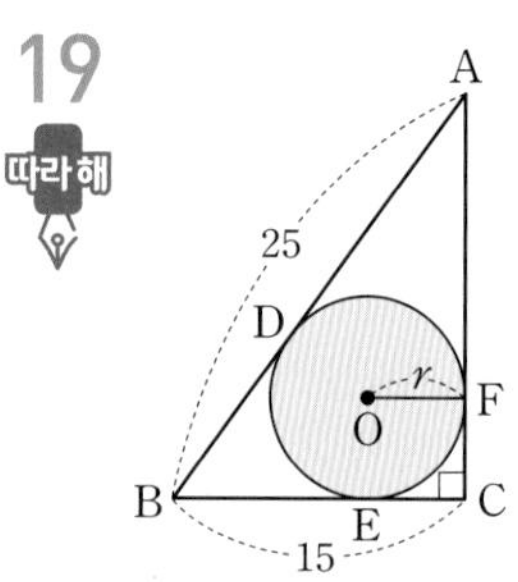

→ 직각삼각형 ABC에서

$\overline{AC}=\sqrt{25^2-\square^2}=\square$

$\overline{AD}=\overline{AF}=20-r$,

$\overline{BD}=\overline{BE}=\square-r$이므로

$(20-r)+(\square-r)=\square$

$\therefore r=5$

$\therefore$ (원 O의 넓이)$=\square$

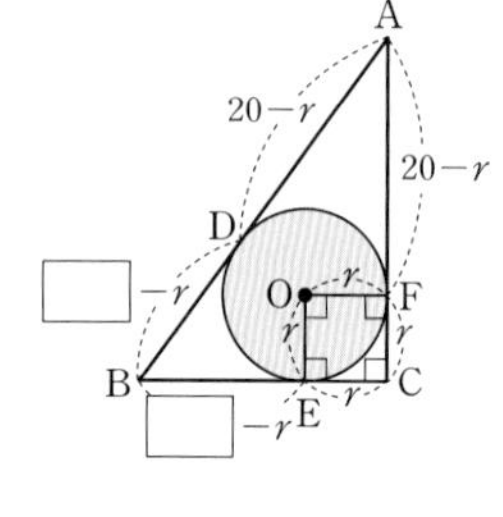

20

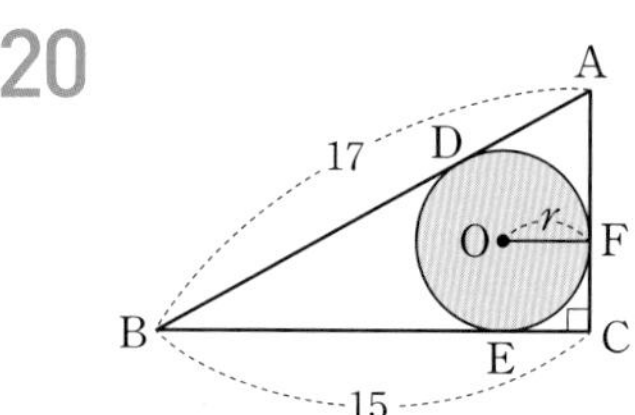

21

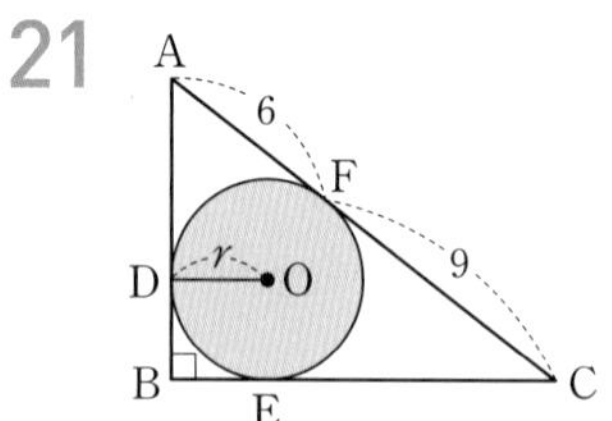

22

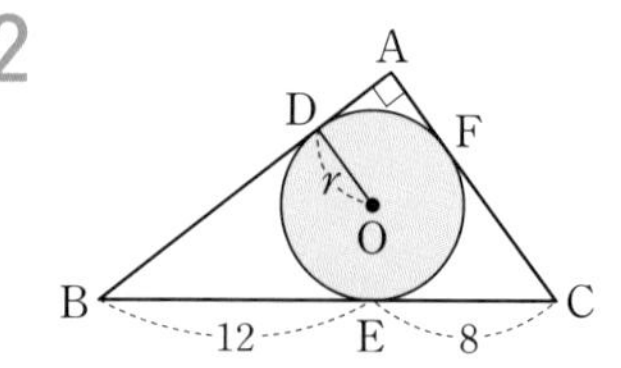

▶ 정답 및 풀이 28쪽

원에 외접하는 사각형의 성질

다음 그림에서 □ABCD가 원 O에 외접할 때, $\overline{AD}+\overline{BC}$의 둘레의 길이를 구해 보자.

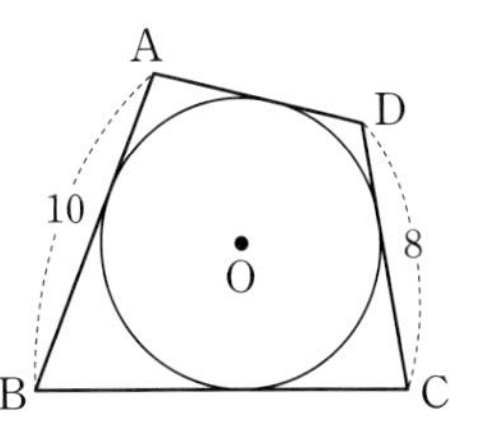

➜

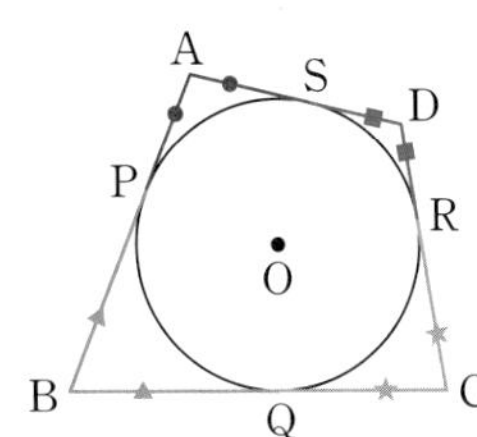

$\overline{AD}+\overline{BC}$
$=(● + ■)+(▲ + ★)$
$=(● + ▲)+(★ + ■)$
$=\overline{AB}+\overline{CD}$
$=10+8=18$

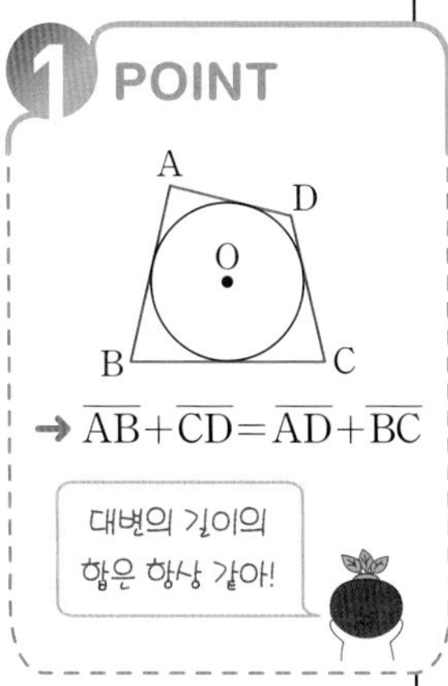

원에 외접하는 사각형에서 변의 길이 구하기

다음 그림에서 □ABCD가 원 O에 외접할 때, x의 값을 구하시오.

01

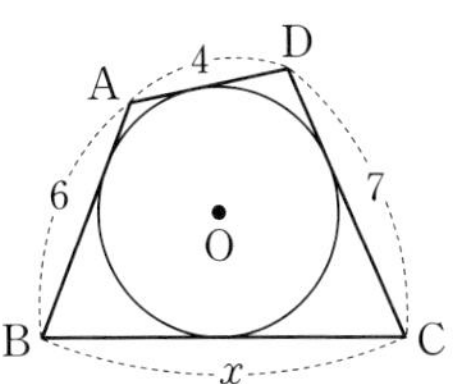

➜ $\overline{AB}+\overline{CD}=\overline{AD}+\overline{BC}$이므로
$6+\square=\square+x$
$\therefore x=\square$

02

A, 5, D, 8, x, O, 3, B, 10, C

03

A, x, 5, D, 13, 12, O, B, 15, C

다음 그림에서 □ABCD가 원 O에 외접할 때, □ABCD의 둘레의 길이를 구하시오.

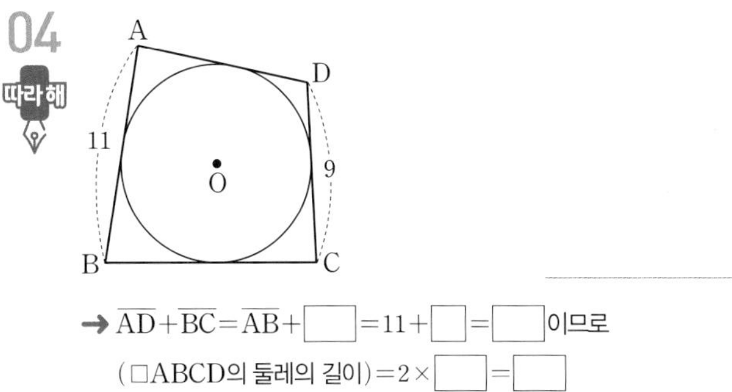

➜ $\overline{AD}+\overline{BC}=\overline{AB}+\square=11+\square=\square$이므로
(□ABCD의 둘레의 길이)$=2\times\square=\square$

05

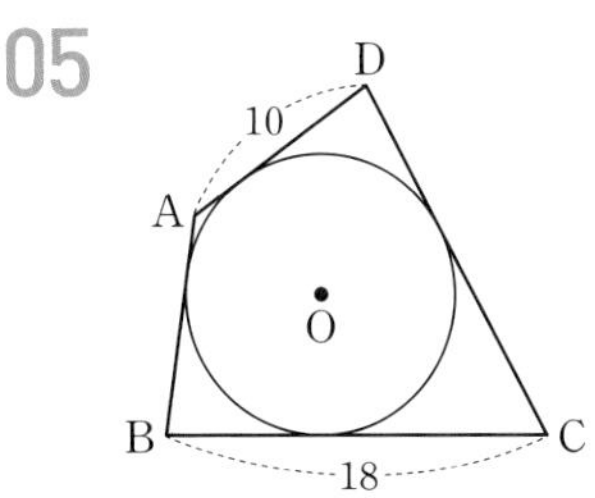

06

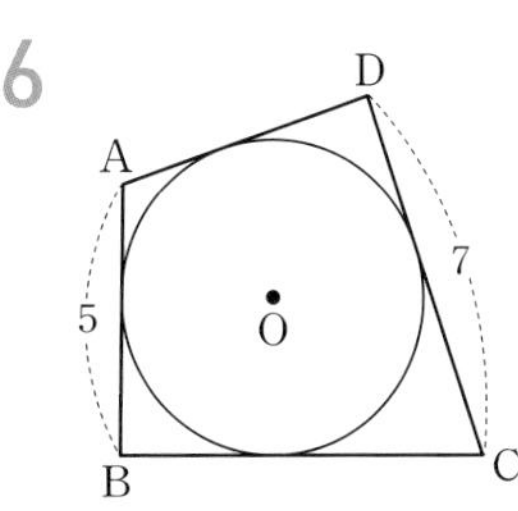

다음 그림에서 □ABCD가 원 O에 외접하고, 네 점 E, F, G, H는 접점일 때, x의 값을 구하시오.

07 따라해

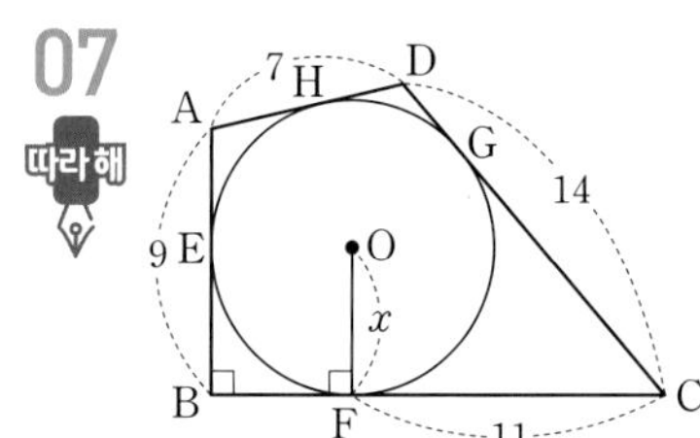

➜ $\overline{BF}=\overline{OF}=\square$

$\overline{AB}+\overline{CD}=\overline{AD}+\overline{BC}$이므로

$9+\square=7+(x+\square)$ $\quad\therefore x=\square$

08

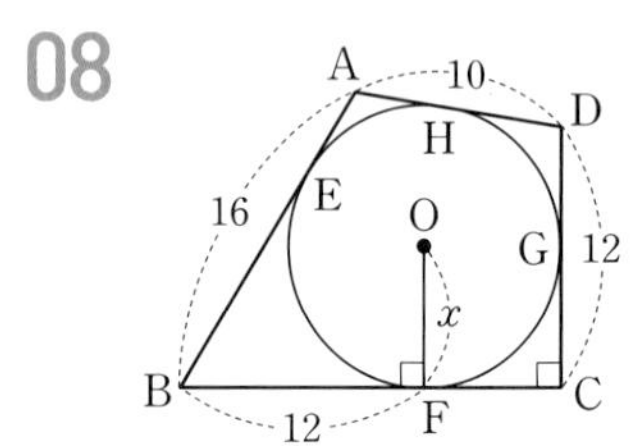

09 따라해

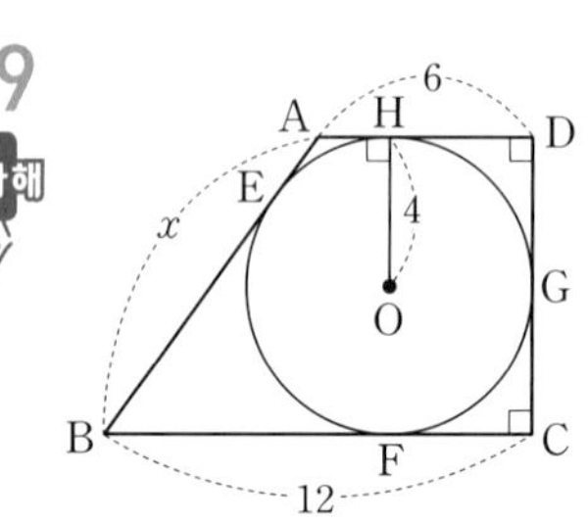

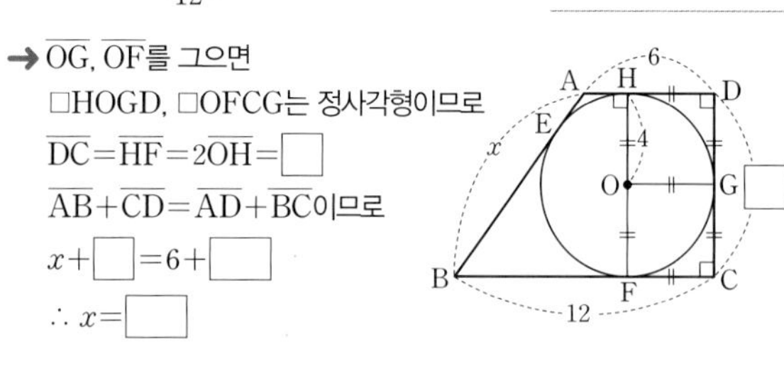

➜ $\overline{OG}$, $\overline{OF}$를 그으면

□HOGD, □OFCG는 정사각형이므로

$\overline{DC}=\overline{HF}=2\overline{OH}=\square$

$\overline{AB}+\overline{CD}=\overline{AD}+\overline{BC}$이므로

$x+\square=6+\square$

$\therefore x=\square$

10

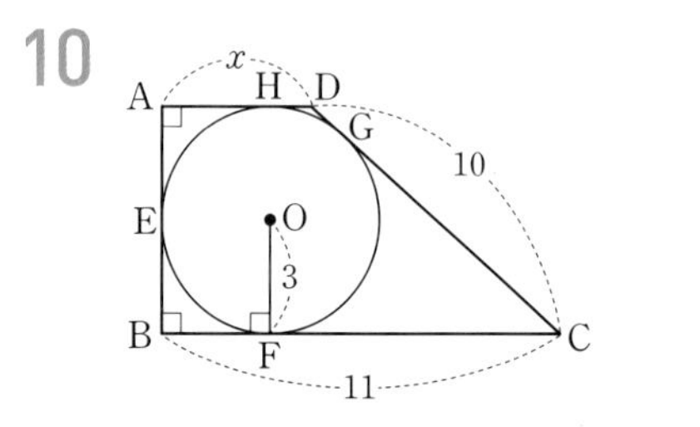

11

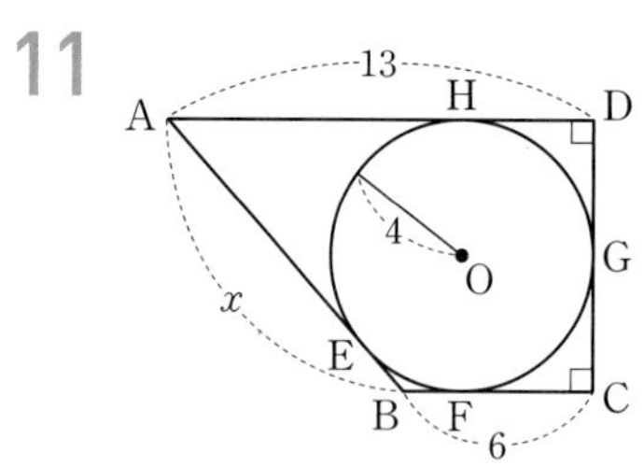

원에 외접하는 사각형의 성질의 응용

다음 그림과 같이 직사각형 ABCD의 세 변에 접하는 원 O가 있다. $\overline{DE}$가 원 O의 접선일 때, x의 값을 구하시오.

12 따라해

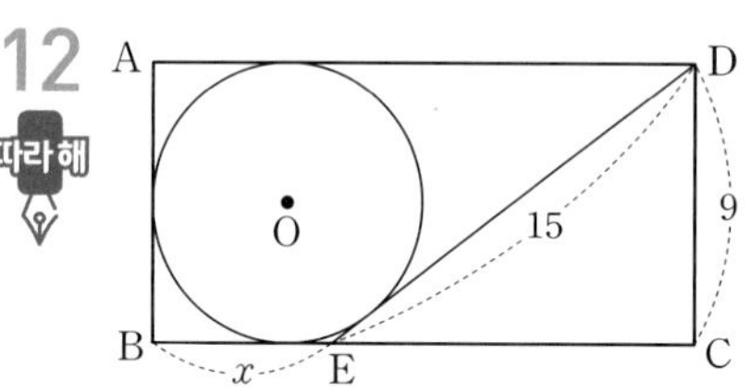

➜ 직각삼각형 DEC에서

$\overline{EC}=\sqrt{15^2-\square^2}=\square$이므로

$\overline{AD}=\overline{BC}=x+\square$

□ABED에서 $\overline{AB}+\overline{ED}=\overline{AD}+\overline{BE}$이므로

$\square+15=(x+\square)+x$

$\therefore x=\square$

13

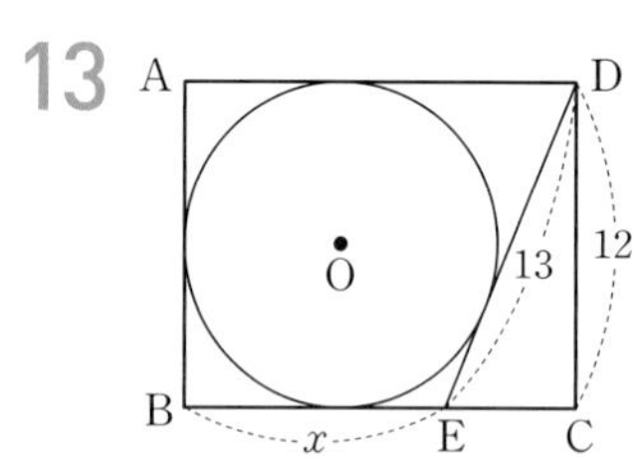

14

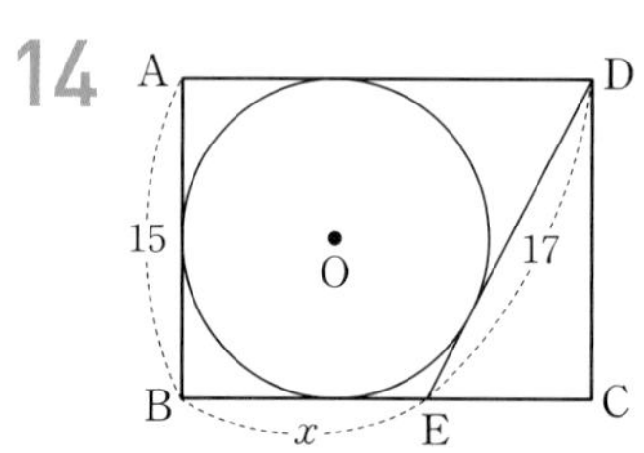

연산 능력 UP! 10분 연산 TEST

▶ 정답 및 풀이 29쪽

01 오른쪽 그림에서 $\overline{PA}$, $\overline{PB}$는 원 O의 접선이고, 두 점 A, B는 접점일 때, $\angle x$의 크기를 구하시오.

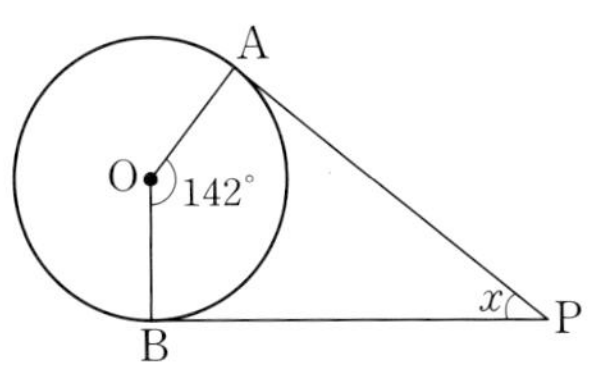

02 오른쪽 그림에서 $\overline{PA}$는 원 O의 접선이고, 점 A는 접점, 점 B는 원 O와 $\overline{OP}$의 교점일 때, x의 값을 구하시오.

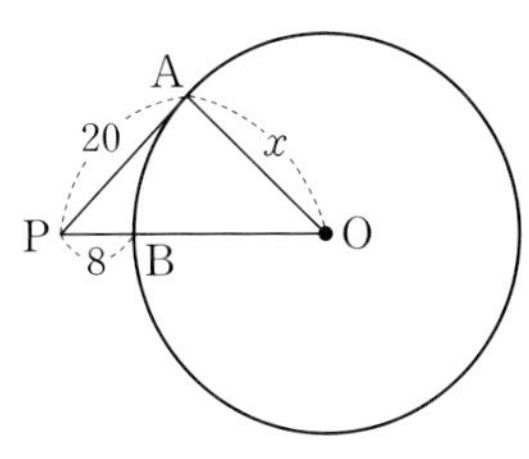

03 오른쪽 그림에서 $\overline{PA}$, $\overline{PB}$는 원 O의 접선이고, 두 점 A, B는 접점일 때, x의 값을 구하시오.

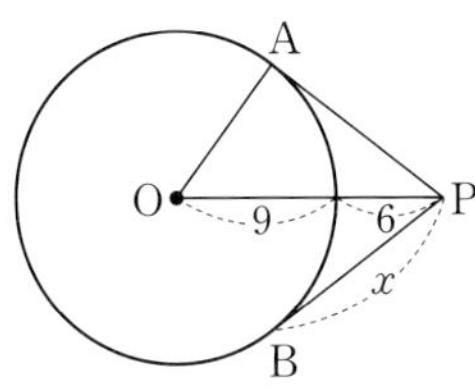

04 오른쪽 그림에서 $\overline{PA}$, $\overline{PB}$는 원 O의 접선이고, 두 점 A, B는 접점일 때, $\angle x$의 크기를 구하시오.

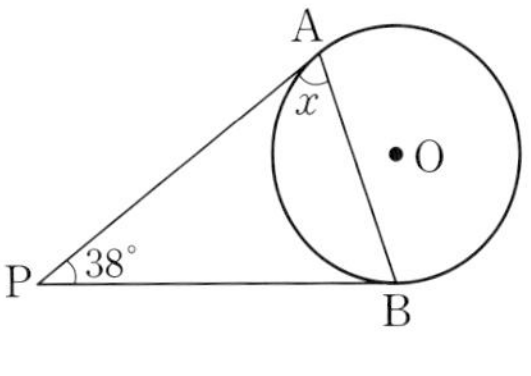

05 오른쪽 그림에서 $\overline{AD}$, $\overline{AE}$, $\overline{BC}$는 원 O의 접선이고 세 점 D, E, F는 접점일 때, $\triangle ABC$의 둘레의 길이를 구하시오.

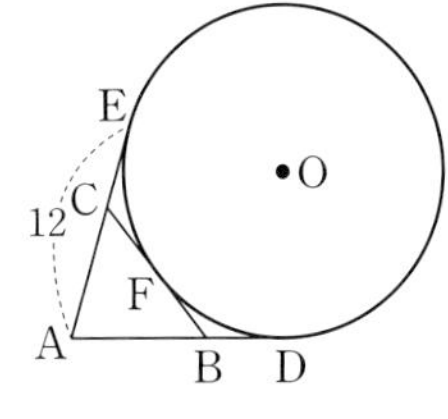

06 오른쪽 그림에서 원 O는 $\triangle ABC$의 내접원이고, 세 점 D, E, F는 접점일 때, x의 값을 구하시오.

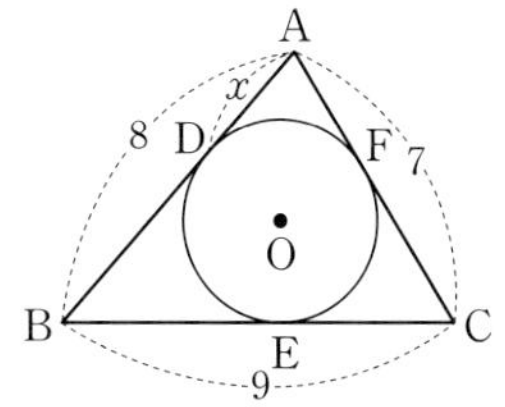

07 오른쪽 그림에서 원 O는 $\triangle ABC$의 내접원이고 세 점 D, E, F는 접점일 때, $x+y+z$의 값을 구하시오.

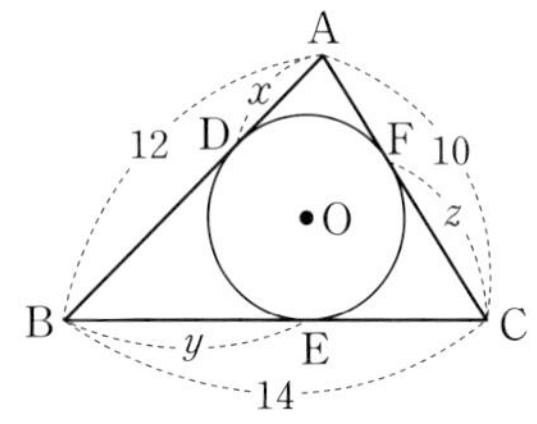

08 오른쪽 그림에서 □ABCD가 원 O에 외접할 때, x의 값을 구하시오.

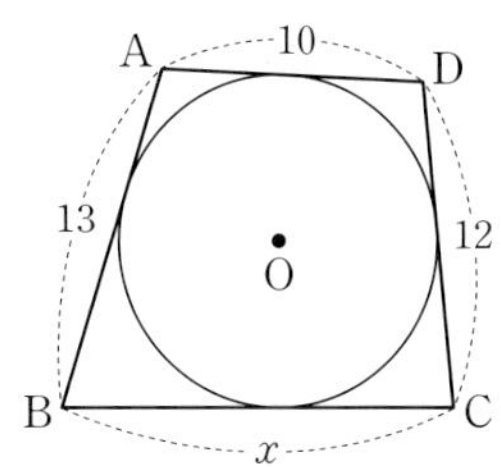

09 오른쪽 그림에서 □ABCD가 원 O에 외접할 때, □ABCD의 둘레의 길이를 구하시오.

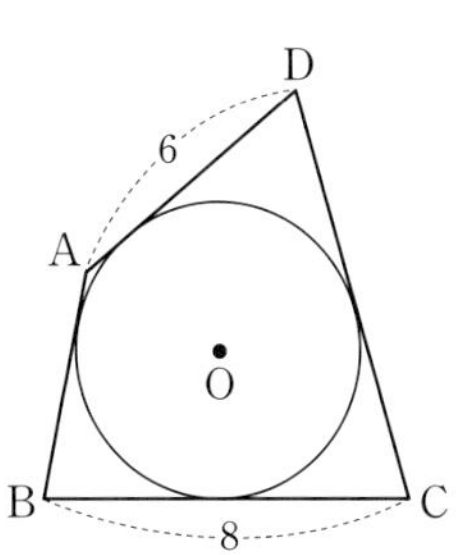

10 오른쪽 그림에서 □ABCD가 원 O에 외접할 때, x의 값을 구하시오.

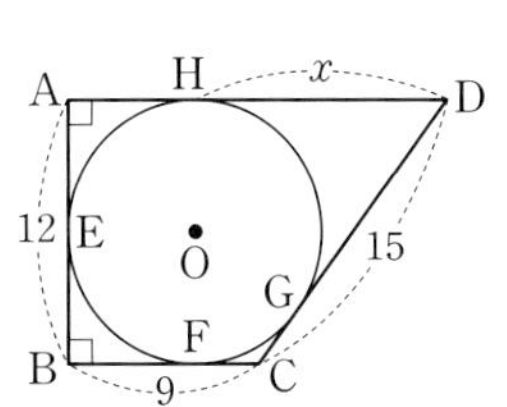

맞힌 개수 개/10개

학교 시험 PREVIEW

학교 시험 미리보기!

01

오른쪽 그림의 원 O에서 $\overline{AB}$는 $\overline{OC}$의 수직이등분선이고, $\overline{OC}=4$일 때, $\overline{AB}$의 길이는?

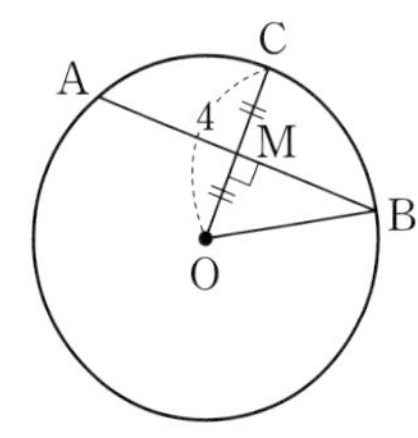

① 5 ② $3\sqrt{3}$

③ 6 ④ $4\sqrt{3}$
⑤ 7

02 90% 출제율

오른쪽 그림은 깨진 원 모양의 접시의 일부분이다. 깨지기 전 이 접시의 지름의 길이는?

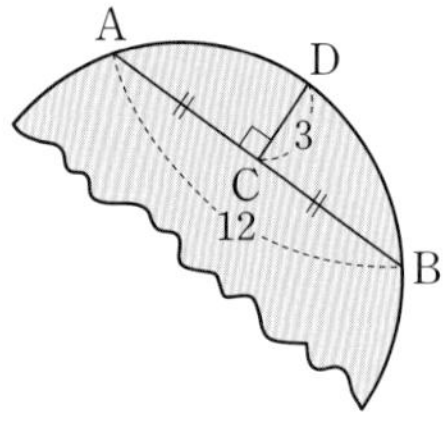

① 14 ② 15

③ 16 ④ 17
⑤ 18

03

오른쪽 그림과 같은 원 O에서 $\overline{OM}\perp\overline{AB}$, $\overline{ON}\perp\overline{CD}$이고 $\overline{AB}=\overline{CD}=30$, $\overline{OB}=17$일 때, $\overline{ON}$의 길이는?

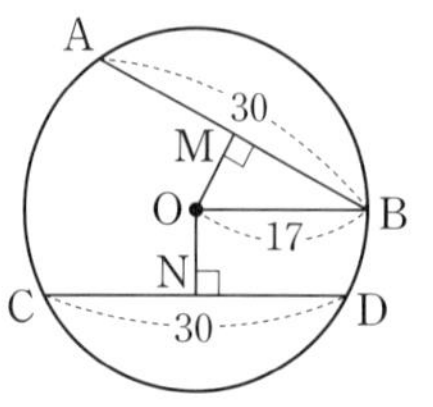

① 8 ② 9

③ 10 ④ 11
⑤ 12

04

오른쪽 그림에서 원 O는 △ABC의 외접원이고 $\overline{AC}=6$이다. $\overline{OD}=\overline{OE}=\overline{OF}$일 때, △ABC의 둘레의 길이는?

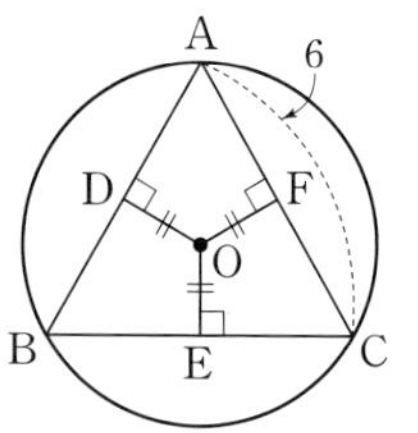

① 15 ② 16
③ 17 ④ 18
⑤ 19

05

오른쪽 그림과 같은 원 O에서 $\overline{OM}=\overline{ON}$이고, $\angle MON=124°$일 때, $\angle x$의 크기는?

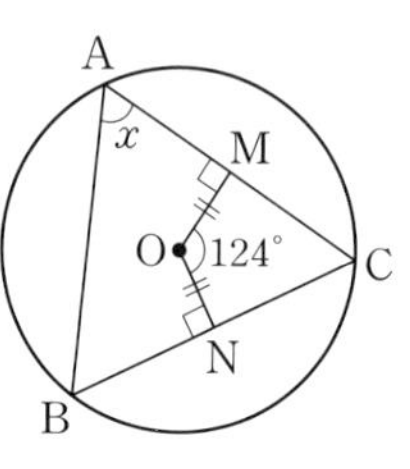

① 58° ② 60°
③ 62° ④ 64°
⑤ 66°

06

오른쪽 그림에서 $\overline{PA}$, $\overline{PB}$는 원 O의 접선이고, $\angle BAC=18°$일 때, $\angle x$의 크기는?

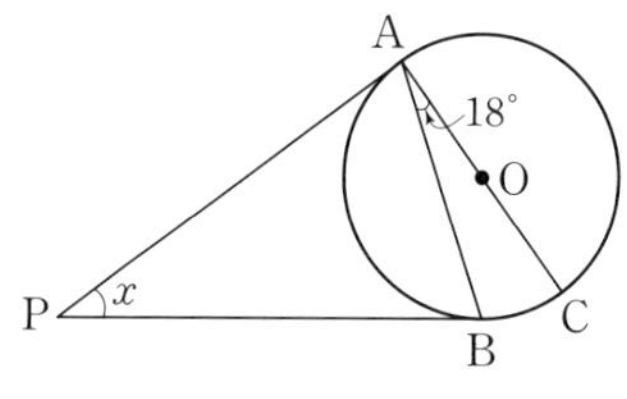

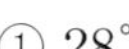
① 28° ② 30°
③ 32° ④ 34°
⑤ 36°

07

오른쪽 그림에서 $\overline{PA}$, $\overline{PB}$는 원 O의 접선이고, $\overline{OA}=8$, $\overline{OP}=17$일 때, □APBO의 넓이는?

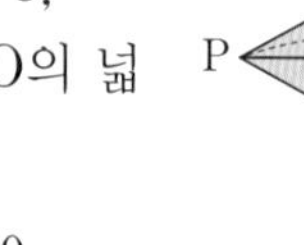

① 116 ② 120
③ 124 ④ 128
⑤ 132

▶ 정답 및 풀이 29쪽

08 실수 주의

오른쪽 그림에서 $\overline{AD}$, $\overline{AE}$, $\overline{BC}$는 원 O의 접선이고, 세 점 D, E, F는 접점이다. $\overline{AB}=5$, $\overline{BD}=3$, $\overline{BC}=4$일 때, $\overline{AC}$의 길이는?

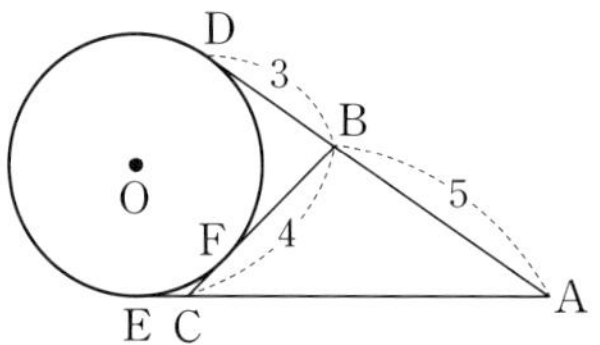

① 4 ② 5 ③ 6
④ 7 ⑤ 8

09 85% 출제율

오른쪽 그림에서 원 O는 △ABC의 내접원이고, 세 점 D, E, F는 그 접점일 때, $\overline{CE}$의 길이는?

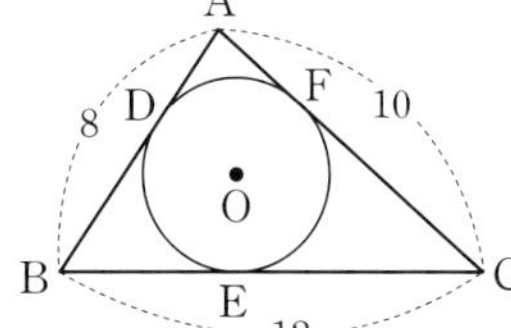

① 5 ② 6
③ 7 ④ 8
⑤ 9

10

오른쪽 그림에서 원 O는 ∠A=90°인 직각삼각형 ABC의 내접원이다. $\overline{AC}=9$, $\overline{OD}=3$일 때, $\overline{BE}$의 길이는?

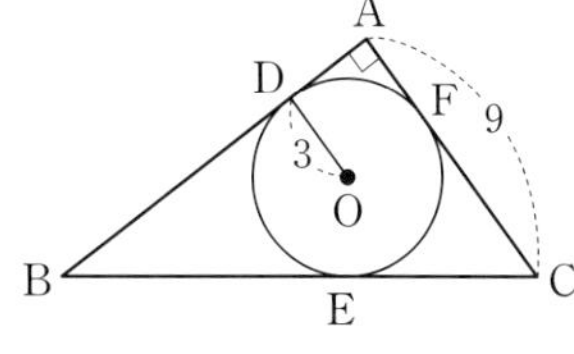

① 8 ② 9 ③ 10
④ 11 ⑤ 12

11

오른쪽 그림에서 □ABCD가 원 O에 외접하고, ∠B=90°일 때, $\overline{CD}$의 길이는?

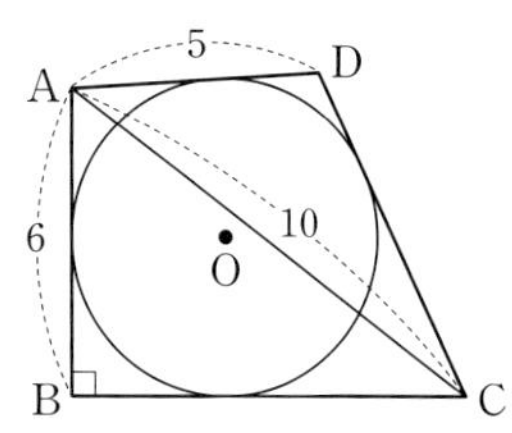

① 7 ② 8
③ 9 ④ 10
⑤ 11

12

오른쪽 그림과 같이 직사각형 ABCD의 세 변에 접하는 원 O가 있다. $\overline{DE}$가 원 O의 접선이고 점 F는 접점일 때, x의 값은?

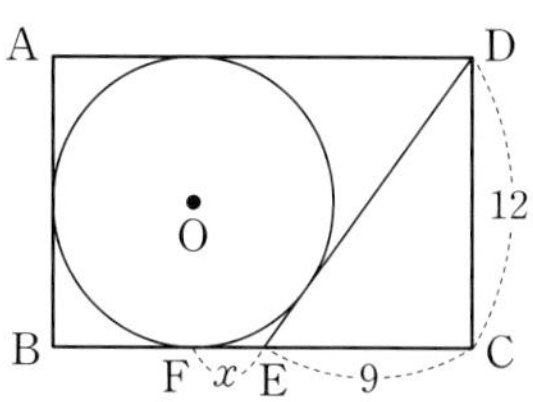
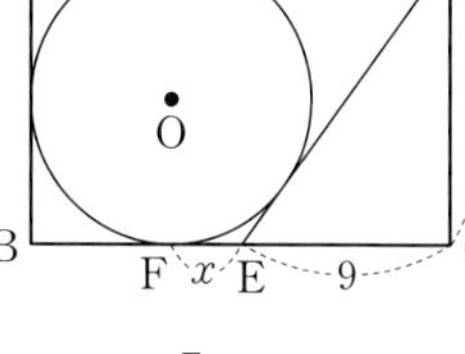

① $\frac{3}{2}$ ② 2 ③ $\frac{5}{2}$
④ 3 ⑤ 4

13 서술형

오른쪽 그림과 같이 반지름의 길이가 3인 원 O에 외접하는 사다리꼴 ABCD가 있다. ∠C=∠D=90°, $\overline{AB}=8$일 때, 사다리꼴 ABCD의 넓이를 구하시오.

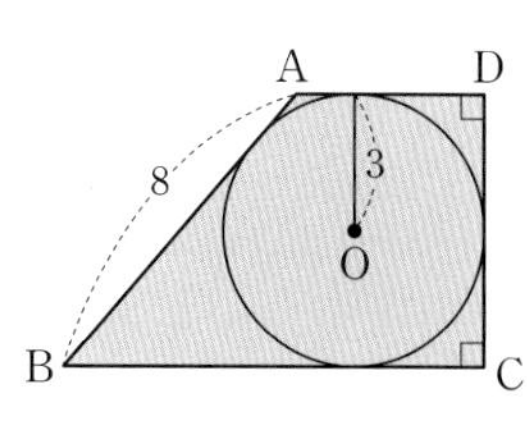

채점 기준 1 $\overline{CD}$의 길이 구하기

채점 기준 2 $\overline{AD}+\overline{BC}$의 길이 구하기

채점 기준 3 □ABCD의 넓이 구하기

Ⅱ-2 원주각

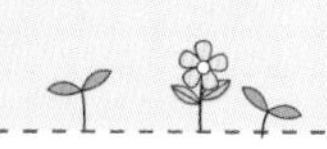

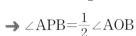

01 원주각과 중심각의 크기

(1) **원주각** : 원 O에서 호 AB 위에 있지 않은 원 위의 한 점 P에 대하여 ∠APB를 호 AB에 대한 원주각이라 한다.

참고 한 호에 대한 중심각은 하나로 정해지지만 원주각은 무수히 많다.

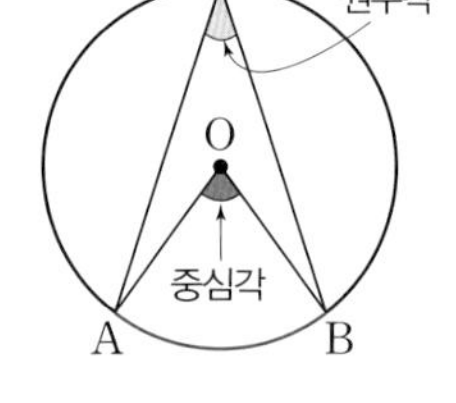

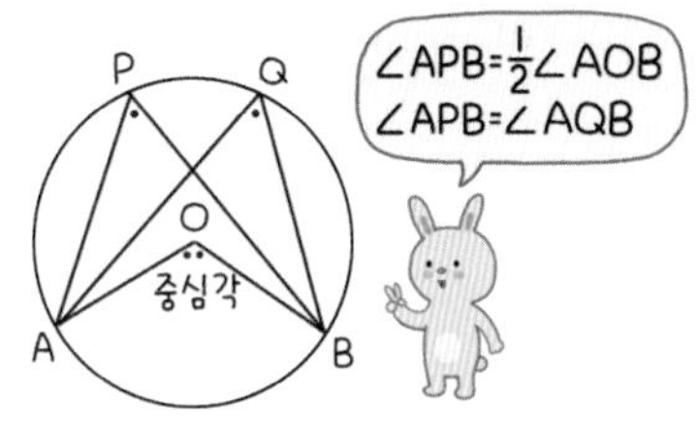

(2) 한 원에서 한 호에 대한 원주각의 크기는 그 호에 대한 중심각의 크기의 $\frac{1}{2}$이다.

→ $\angle APB=\frac{1}{2}\angle AOB$

참고

중심 O가 ∠APB의 한 변 위에 있는 경우	중심 O가 ∠APB의 내부에 있는 경우	중심 O가 ∠APB의 외부에 있는 경우
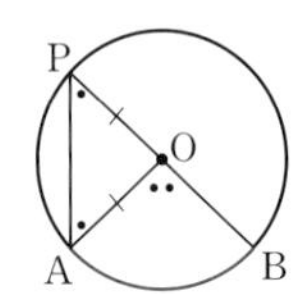	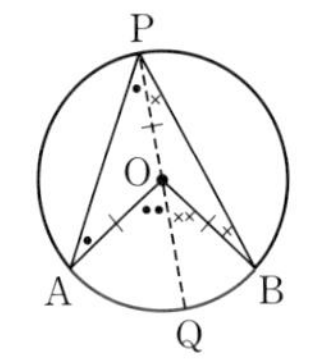	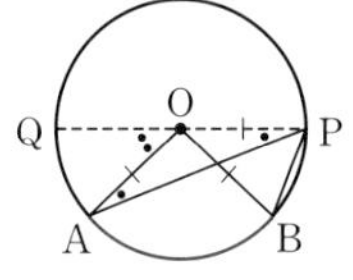
$\angle OPA=\angle OAP$이므로 $\angle AOB=\angle OPA+\angle OAP$ $=2\angle APB$ $\therefore \angle APB=\frac{1}{2}\angle AOB$	$\angle APB=\angle APQ+\angle BPQ$ $=\frac{1}{2}(\angle AOQ+\angle BOQ)$ $=\frac{1}{2}\angle AOB$	$\angle APB=\angle QPB-\angle QPA$ $=\frac{1}{2}(\angle QOB-\angle QOA)$ $=\frac{1}{2}\angle AOB$

(3) 한 원에서 한 호에 대한 원주각의 크기는 모두 같다.

→ $\angle APB=\angle AQB=\angle ARB$ ← 호 AB에 대한 원주각

(4) 반원에 대한 원주각의 크기는 90°이다.

→ $\angle APB=\frac{1}{2}\times \underline{180^\circ}=90^\circ$

↑ 반원에 대한 중심각의 크기

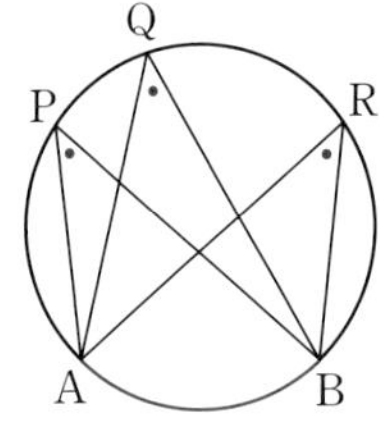

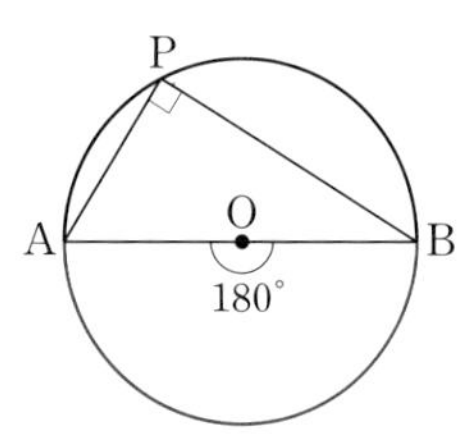

02 원주각의 크기와 호의 길이

한 원 또는 합동인 두 원에서

(1) 길이가 같은 호에 대한 원주각의 크기는 서로 같다.

→ $\overset{\frown}{AB}=\overset{\frown}{CD}$이면 $\angle APB=\angle CQD$

참고 $\angle APB=\frac{1}{2}\angle AOB$, $\angle CQD=\frac{1}{2}\angle COD$

$\overset{\frown}{AB}=\overset{\frown}{CD}$이므로 $\angle AOB=\angle COD$ $\quad\therefore \angle APB=\angle CQD$

(2) 크기가 같은 원주각에 대한 호의 길이는 서로 같다.

→ $\angle APB=\angle CQD$이면 $\overset{\frown}{AB}=\overset{\frown}{CD}$

(3) 호의 길이는 그 호에 대한 원주각의 크기에 정비례한다.

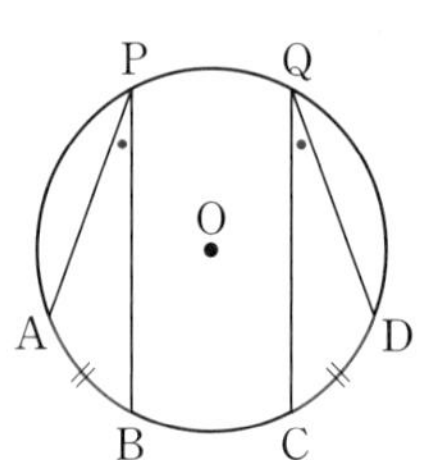

03 네 점이 한 원 위에 있을 조건

두 점 C, D가 직선 AB에 대하여 같은 쪽에 있을 때,
$\angle ACB = \angle ADB$이면 네 점 A, B, C, D는 한 원 위에 있다.

참고 네 점 A, B, C, D가 한 원 위에 있으면 $\angle ACB = \angle ADB$이다.

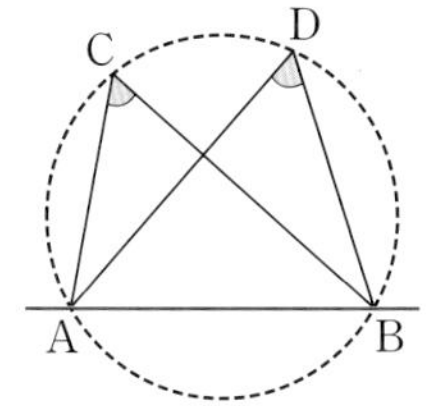

04 원에 내접하는 사각형

(1) 원에 내접하는 사각형의 성질

① 원에 내접하는 사각형의 한 쌍의 대각의 크기의 합은 180°이다.

→ $\angle A + \angle C = 180°$, $\angle B + \angle D = 180°$

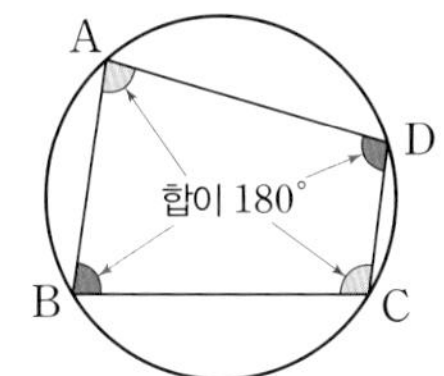

참고 $\angle A = \frac{1}{2}\angle x$, $\angle C = \frac{1}{2}\angle y$

$\therefore \angle A + \angle C = \frac{1}{2}(\angle x + \angle y) = \frac{1}{2} \times 360° = 180°$

같은 방법으로 하면 $\angle B + \angle D = 180°$

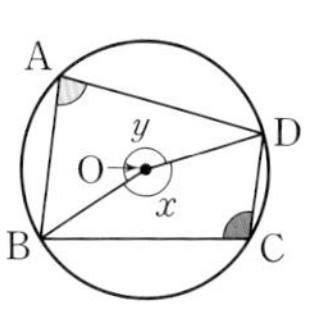

② 원에 내접하는 사각형의 한 외각의 크기는 그와 이웃한 내각에 대한 대각의 크기와 같다.

→ $\angle DCE = \angle A$

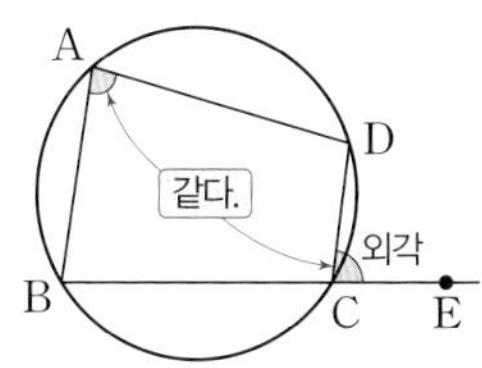

(2) 사각형이 원에 내접하기 위한 조건

① 한 쌍의 대각의 크기의 합이 180°인 사각형은 원에 내접한다.

② 한 외각의 크기와 그와 이웃한 내각의 대각의 크기가 같은 사각형은 원에 내접한다.

05 접선과 현이 이루는 각

(1) 원의 접선과 그 접점을 지나는 현이 이루는 각의 크기는 그 각의 내부에 있는 호에 대한 원주각의 크기와 같다.

→ $\angle BAT = \angle BCA$

(2) 원 O에서 $\angle BAT = \angle BCA$이면 직선 AT는 원 O의 접선이다.

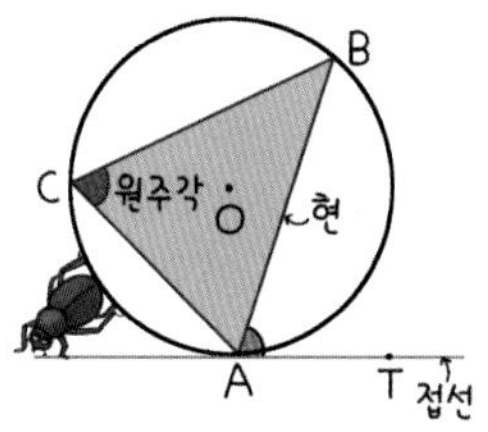

참고

$\angle BAT$가 직각인 경우

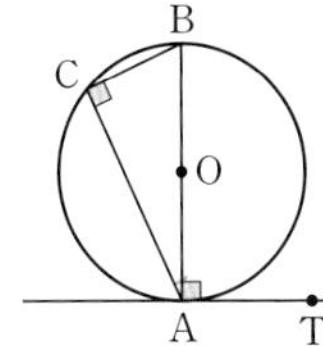

현 AB는 원 O의 지름이므로
$\angle BCA = 90°$
$\therefore \angle BAT = \angle BCA = 90°$

$\angle BAT$가 예각인 경우

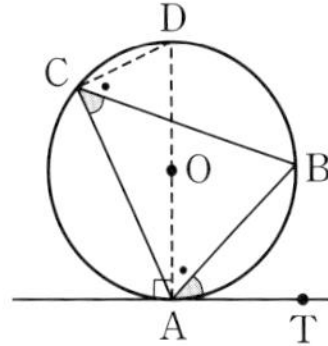

$\angle DAT = \angle DCA = 90°$
$\therefore \angle BAT = 90° - \angle DAB$
$= 90° - \angle DCB$
$= \angle BCA$

$\angle BAT$가 둔각인 경우

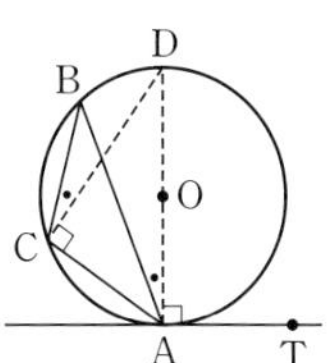

$\angle DAT = \angle DCA = 90°$
$\therefore \angle BAT = 90° + \angle BAD$
$= 90° + \angle BCD$
$= \angle BCA$

원주각과 중심각의 크기

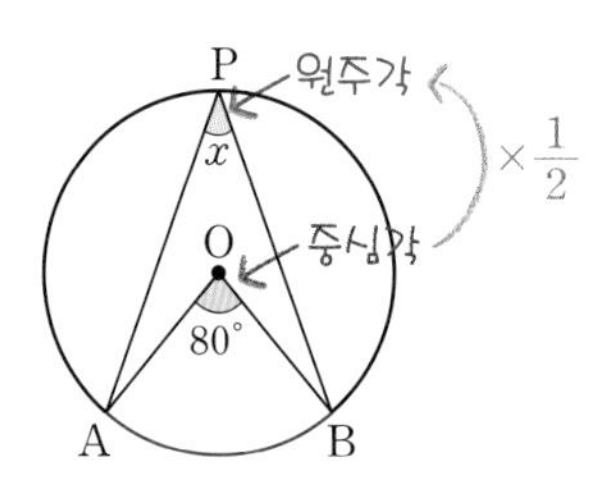

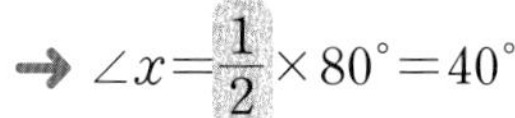

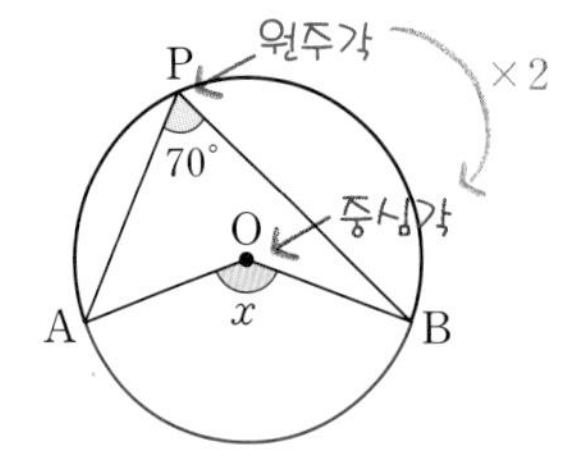

→ $\angle x = 2 \times 70^\circ = 140^\circ$

원 O에서 $\widehat{AB}$ 위에 있지 않은 점 P에 대하여 $\angle APB$를 $\widehat{AB}$에 대한 원주각이라고 해.

한 호에 대한 원주각은 무수히 많음에 주의한다.

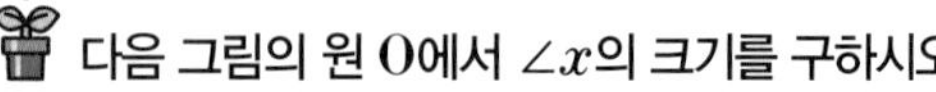

원주각의 크기 구하기

다음 그림의 원 O에서 $\angle x$의 크기를 구하시오.

01

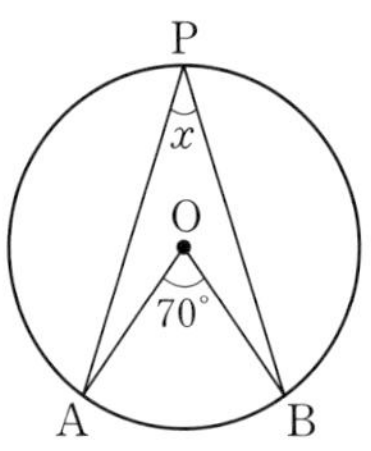

→ $\angle x = \square \angle AOB = \square \times 70^\circ = \square^\circ$

02

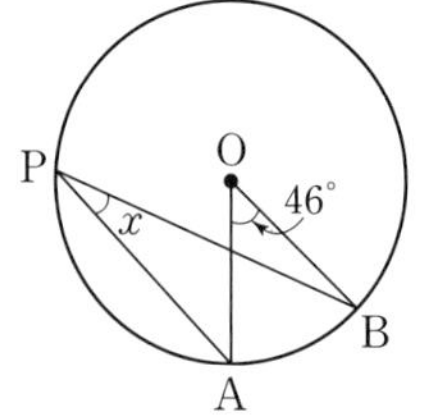

03

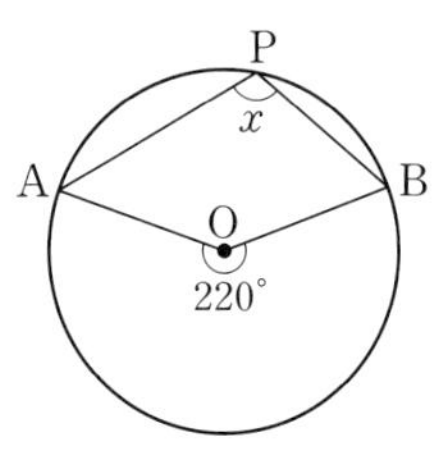

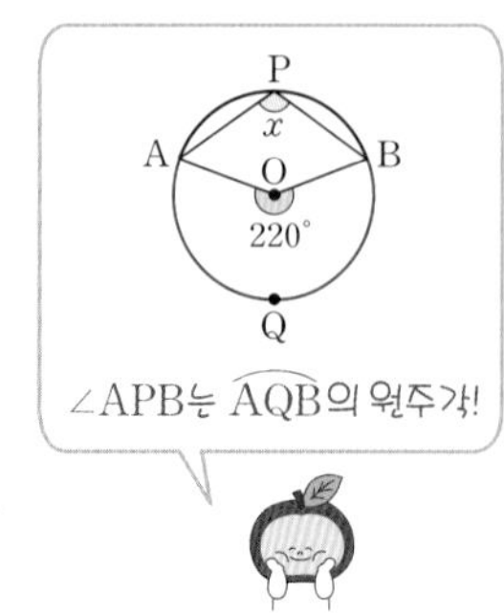

04

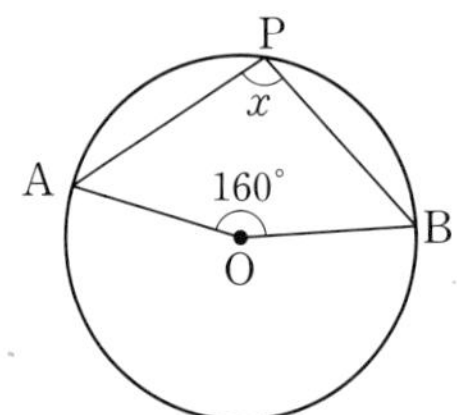

$\angle APB$는 어떤 호에 대한 원주각일까?

중심각의 크기 구하기

다음 그림의 원 O에서 $\angle x$의 크기를 구하시오.

05

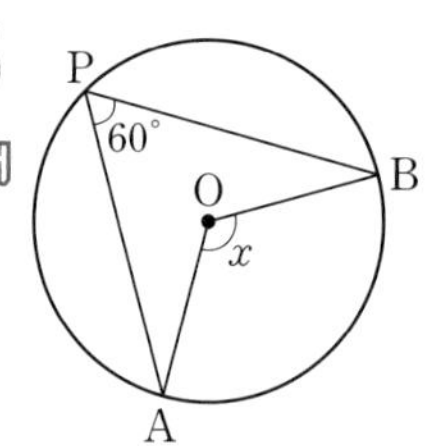

→ $\angle x = \square \angle APB = \square \times 60^\circ = \square^\circ$

06

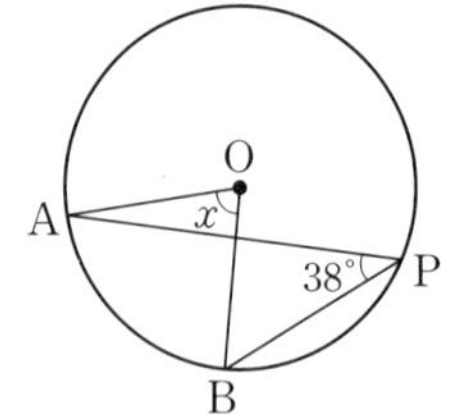

07

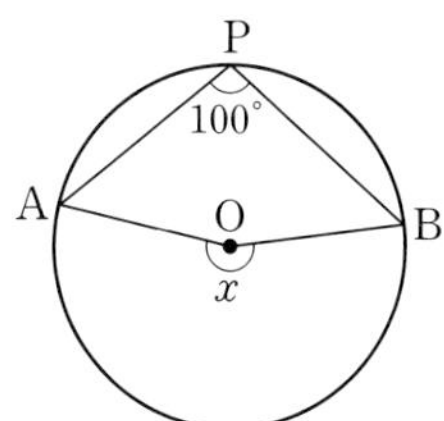

08

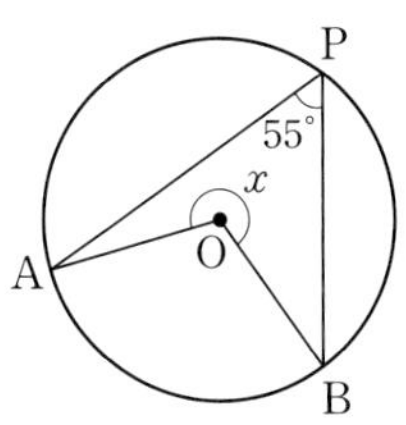

이등변삼각형을 이용한 각의 크기 구하기

다음 그림의 원 O에서 $\angle x$의 크기를 구하시오.

09 따라해

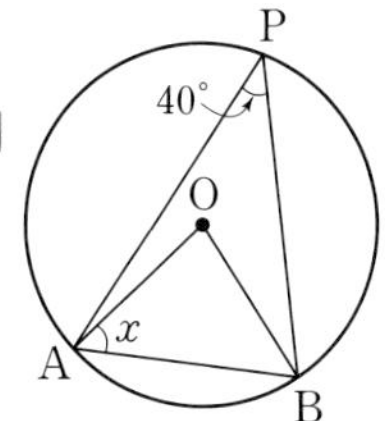

이등변삼각형의 두 밑각의 크기가 같음을 이용해!

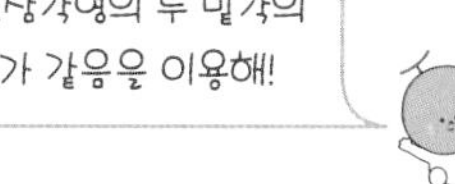

→ $\angle AOB = \square \angle APB = \square \times 40^\circ = \square^\circ$

△OAB는 $\overline{OA} = \square$인 $\square$삼각형이므로

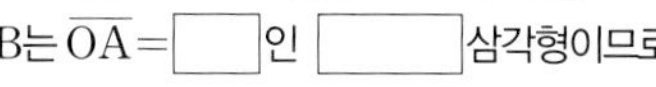

$\angle x = \frac{1}{2} \times (180^\circ - \square^\circ) = \square^\circ$

10

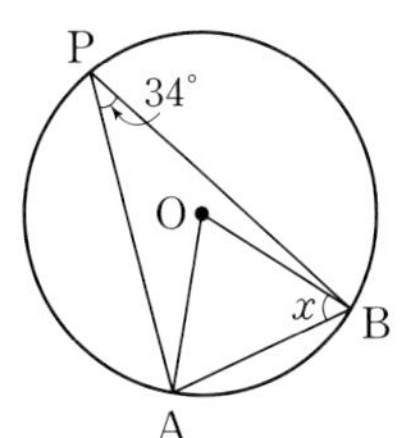

11

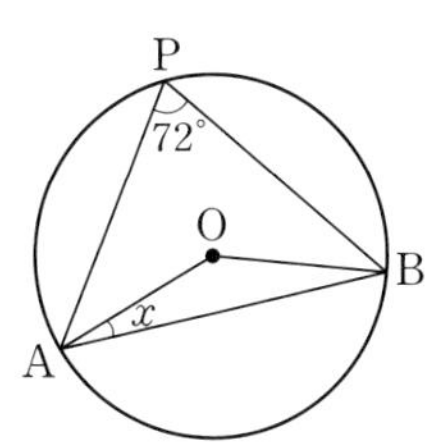

원의 접선을 이용한 원주각의 크기 구하기

다음 그림에서 $\overline{PA}$, $\overline{PB}$는 원 O의 접선이고 두 점 A, B는 그 접점일 때, $\angle x$의 크기를 구하시오.

12 따라해

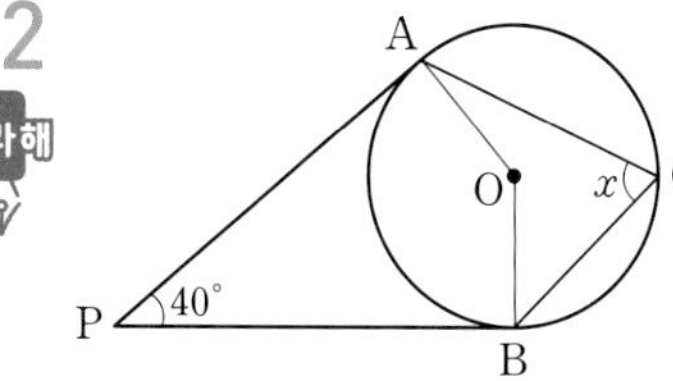

→ $\overline{OA}$, $\overline{OB}$를 그으면 $\angle PAO = \angle PBO = \square^\circ$이므로

□APBO에서

$\angle AOB = 360^\circ - (90^\circ + \square^\circ + 90^\circ) = \square^\circ$

$\therefore \angle x = \frac{1}{2}\angle AOB = \frac{1}{2} \times \square^\circ = \square^\circ$

13

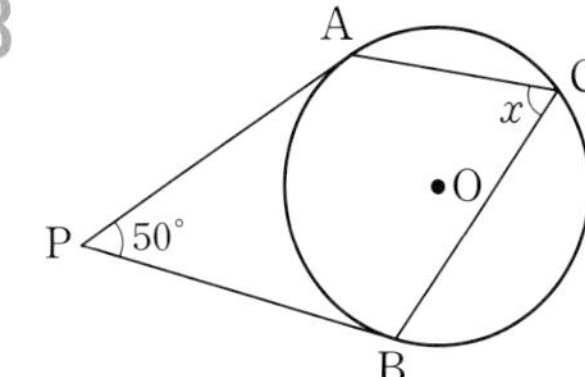

$\overline{OA}$, $\overline{OB}$를 그어 봐.

14

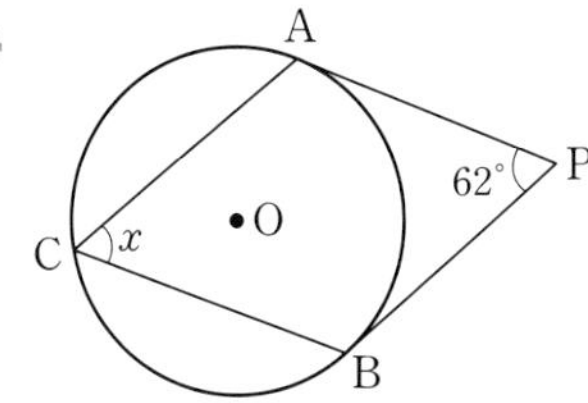

15

P x, A, O, 55°, C, B

원주각의 성질

한 호에 대한 원주각의 크기

한 호에 대한 원주각의 크기는 모두 같다.

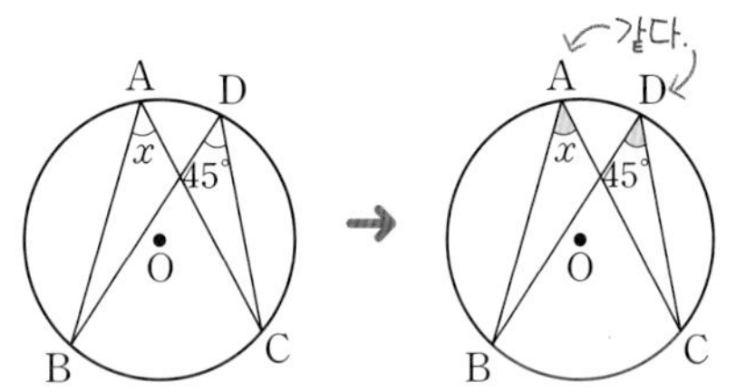

$\angle x = \angle BDC = 45^\circ$

↳ $\overset{\frown}{BC}$에 대한 원주각

반원에 대한 원주각의 크기

반원에 대한 원주각의 크기는 90°이다.

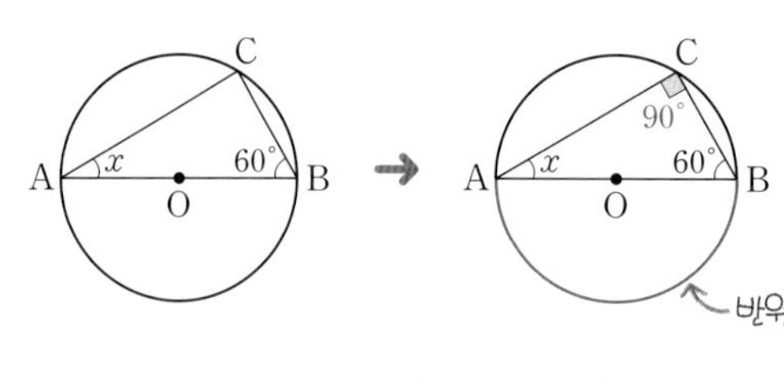

$\angle x = 180^\circ - (90^\circ + 60^\circ)$

$= 30^\circ$

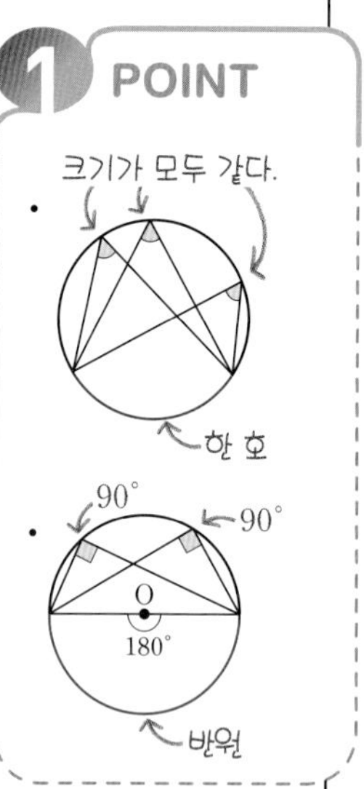

한 호에 대한 원주각의 크기 구하기

다음 그림의 원 O에서 $\angle x$의 크기를 구하시오.

01

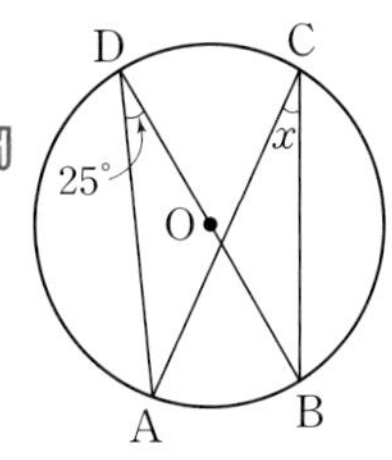

→ $\angle x = \angle$ ☐ $=$ ☐°

02

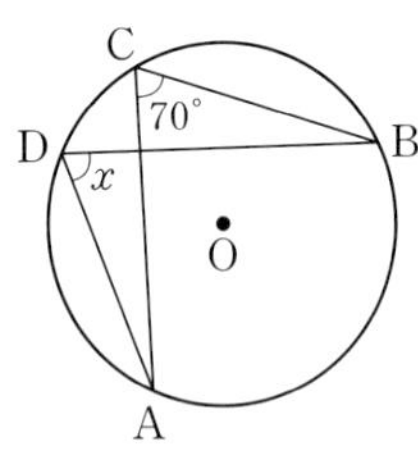

03

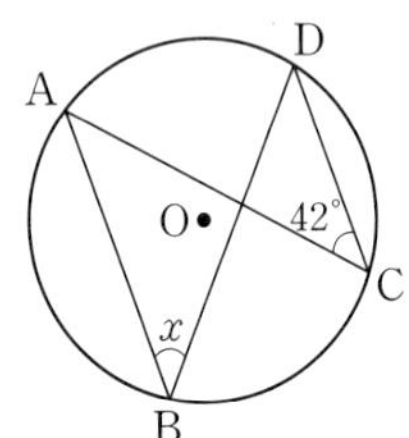

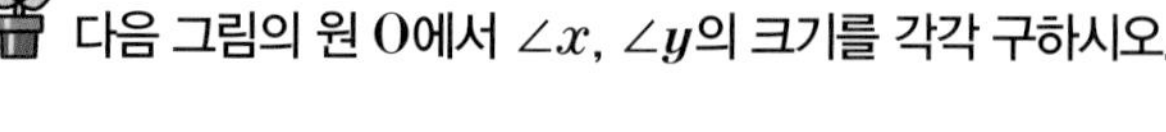

다음 그림의 원 O에서 ∠x, ∠y의 크기를 각각 구하시오.

04

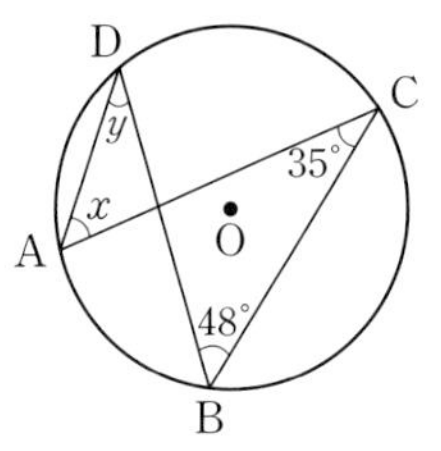

$\angle x =$ ______

$\angle y =$ ______

05

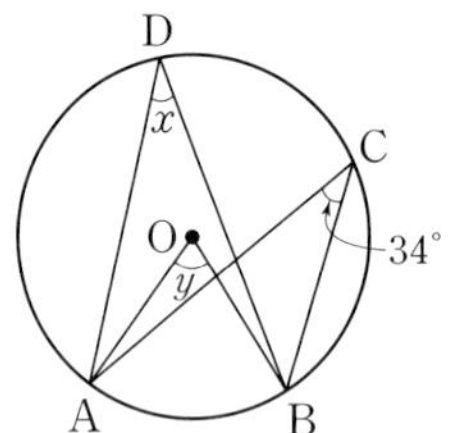

$\angle x =$ ______

$\angle y =$ ______

06

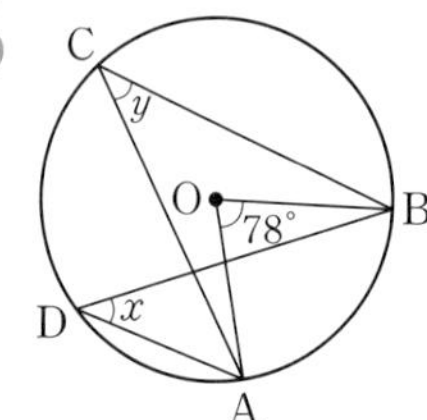

$\angle x =$ ______

$\angle y =$ ______

07 따라해

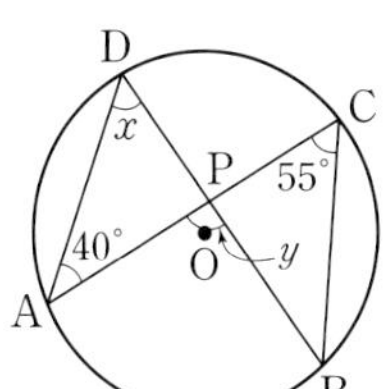

삼각형의 내각과 외각
사이의 관계를 이용해.

$\angle x=$ ______

$\angle y=$ ______

→ $\angle x=\angle \mathrm{ACB}=\square^{\circ}$

$\triangle \mathrm{APD}$에서

$\angle y=40^{\circ}+\square^{\circ}=\square^{\circ}$

08

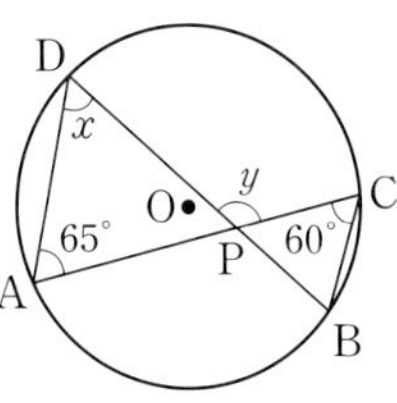

$\angle x=$ ______

$\angle y=$ ______

09

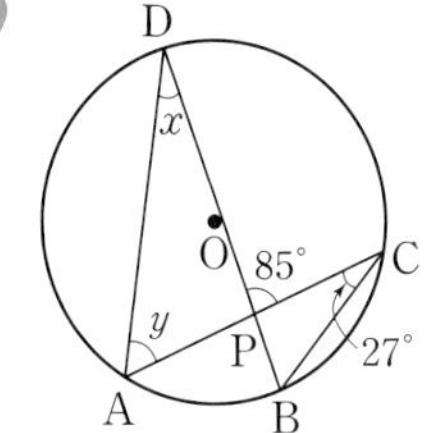

$\angle x=$ ______

$\angle y=$ ______

반원에 대한 원주각의 크기 구하기

다음 그림에서 $\overline{\mathrm{AB}}$가 원 O의 지름일 때, $\angle x$의 크기를 구하시오.

10

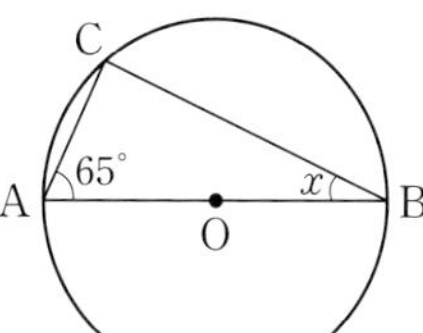

______

→ $\overline{\mathrm{AB}}$가 원 O의 지름이므로 $\angle \mathrm{ACB}=\square^{\circ}$

$\therefore \angle x=180^{\circ}-(\square^{\circ}+65^{\circ})=\square^{\circ}$

11

______

12 따라해

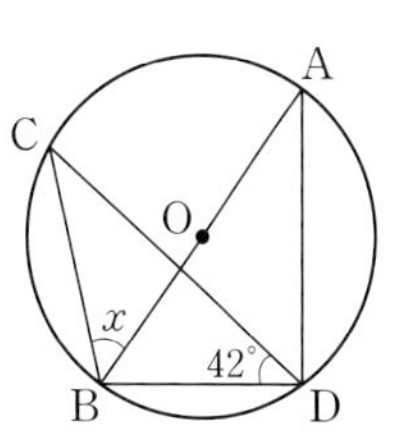

______

→ $\overline{\mathrm{AB}}$가 원 O의 지름이므로 $\angle \mathrm{ADB}=\square^{\circ}$

$\angle \mathrm{ADC}=\square^{\circ}-42^{\circ}=\square^{\circ}$이므로

$\angle x=\angle \mathrm{ADC}=\square^{\circ}$

13

______

14 따라해

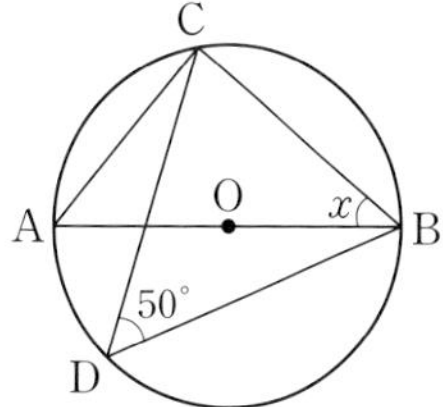

______

→ $\overline{\mathrm{AB}}$가 원 O의 지름이므로 $\angle \mathrm{ACB}=\square^{\circ}$

$\angle \mathrm{CAB}=\angle \mathrm{CDB}=50^{\circ}$이므로

$\triangle \mathrm{ABC}$에서

$\angle x=180^{\circ}-(\square^{\circ}+50^{\circ})=\square^{\circ}$

15

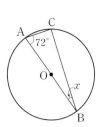

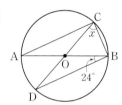

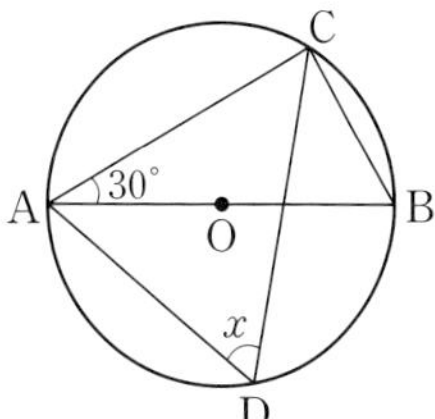

______

원주각의 크기와 호의 길이 (1)

한 원 또는 합동인 두 원에서

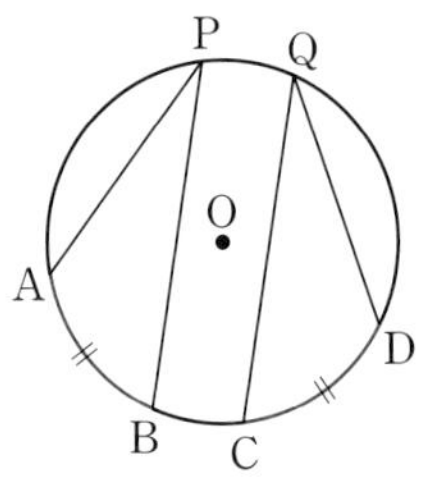

$\overset{\frown}{AB}=\overset{\frown}{CD}$

길이가 같은 호에 대한 원주각의 크기는 같다. →

← 크기가 같은 원주각에 대한 호의 길이는 같다.

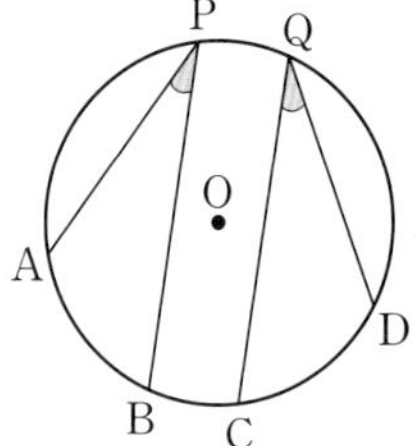

$\angle APB=\angle CQD$

다음 그림의 원 O에서 x의 값을 구하시오.

01

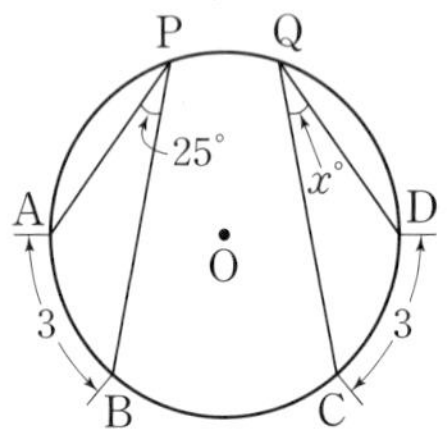

02

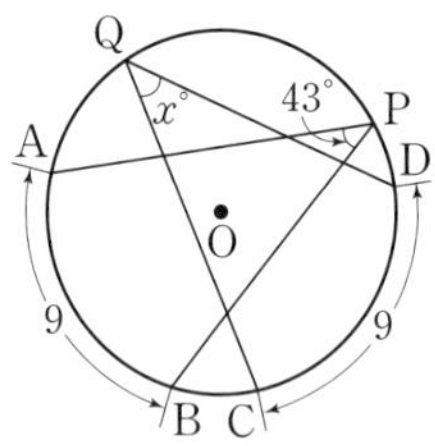

03

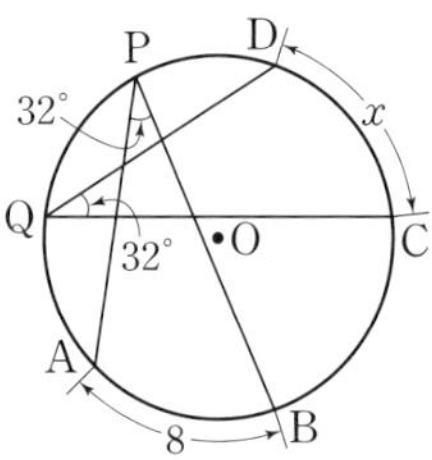

04

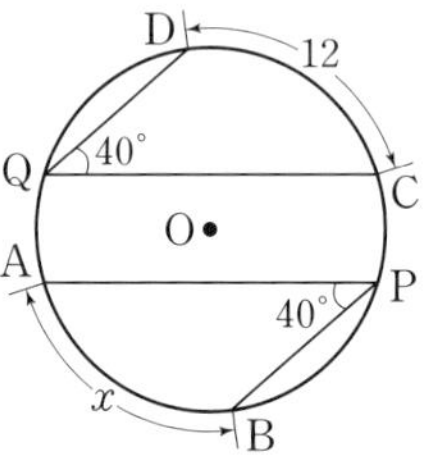

다음 그림의 원 O에서 x의 값을 구하시오.

05 따라해

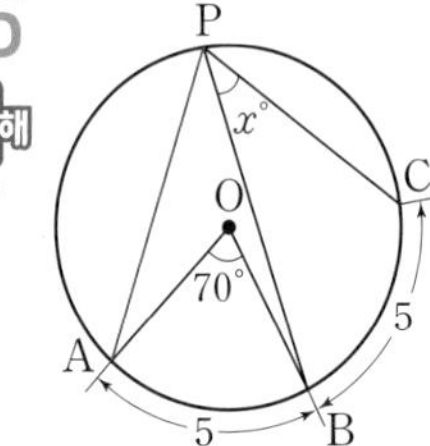

→ $\overline{AP}$를 그으면 $\overset{\frown}{AB}=$☐이므로

$\angle BPC=\angle APB=$☐$\angle AOB=$☐° $\therefore x=$☐

06

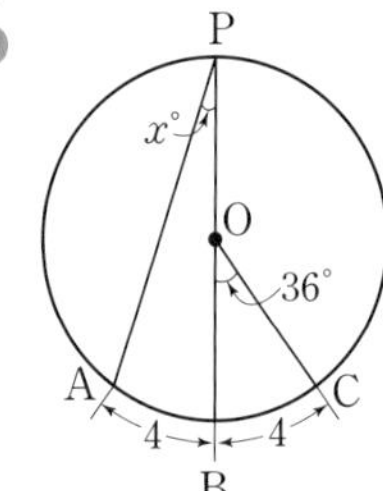

07

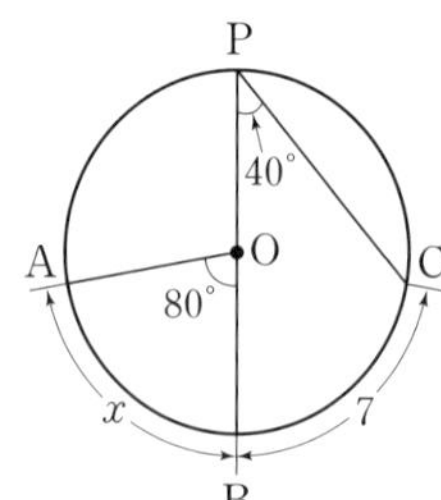

08

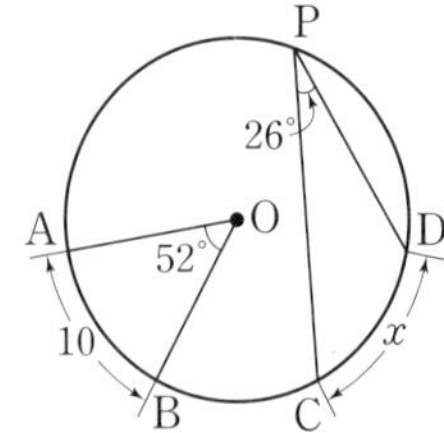

보조선을 어떻게 그으면 호 AB에 대한 원주각의 크기를 이용할 수 있을까?

▶ 정답 및 풀이 32쪽

원주각의 크기와 호의 길이 (2)

한 원 또는 합동인 두 원에서 호의 길이는 그 호에 대한 원주각의 크기에 정비례한다.

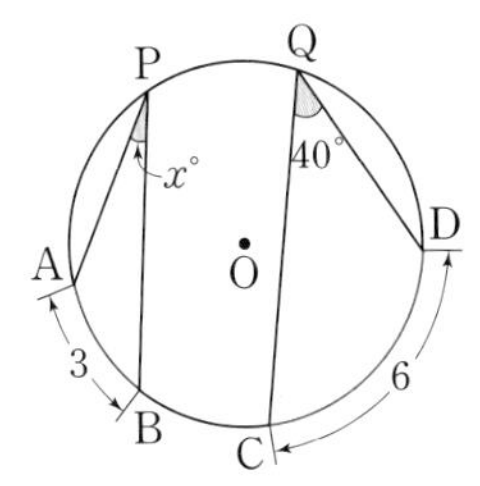

원주각의 크기는 호의 길이에 정비례하므로

$x° : 40° = 3 : 6$

$\therefore x = 20$

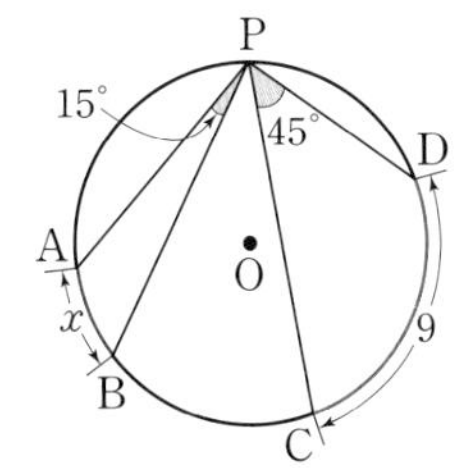

호의 길이는 원주각의 크기에 정비례하므로

$15° : 45° = x : 9$

$\therefore x = 3$

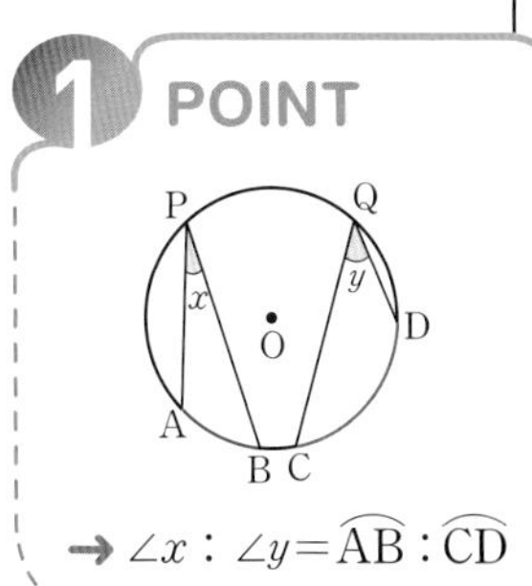

→ $\angle x : \angle y = \widehat{AB} : \widehat{CD}$

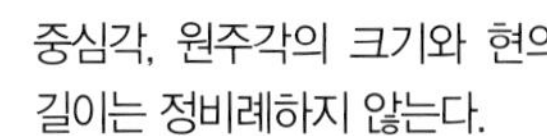

중심각, 원주각의 크기와 현의 길이는 정비례하지 않는다.

정비례 관계를 이용한 원주각의 크기 또는 호의 길이 구하기

다음 그림의 원 O에서 x의 값을 구하시오.

01 따라해

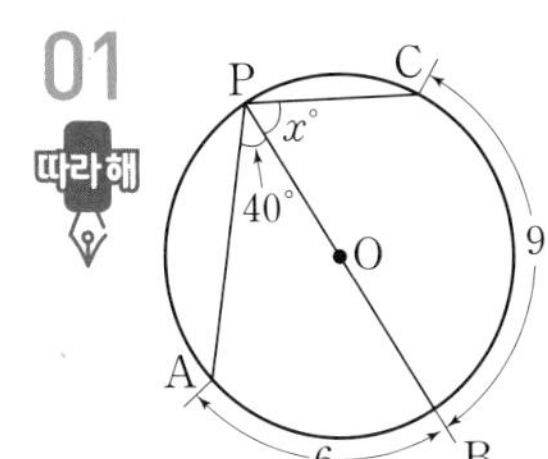

→ ∠☐ : ∠BPC $= \widehat{AB}$: ☐이므로

☐° : $x°$ = 6 : ☐ $\quad \therefore x =$ ☐

02

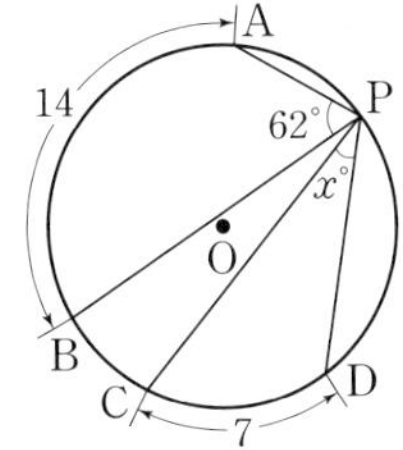

03

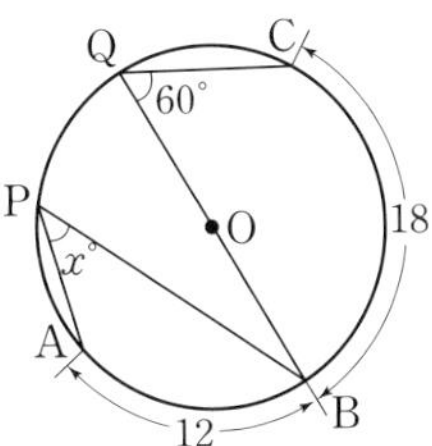

04

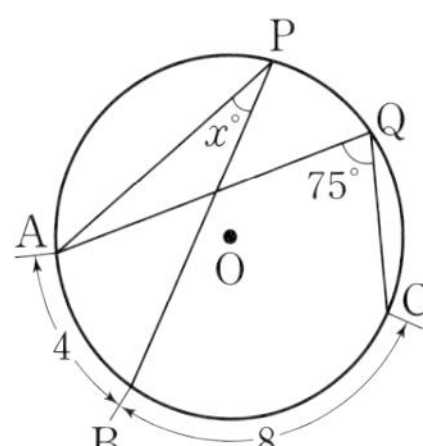

05

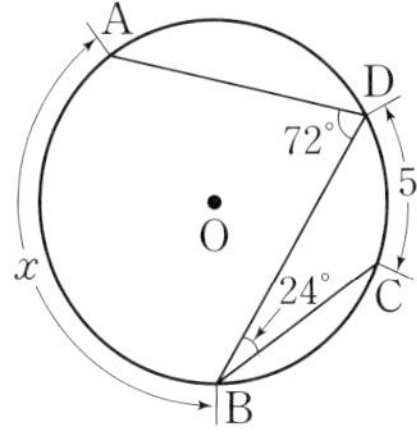

06

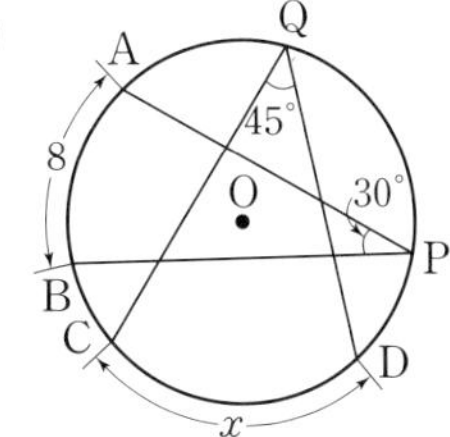

07

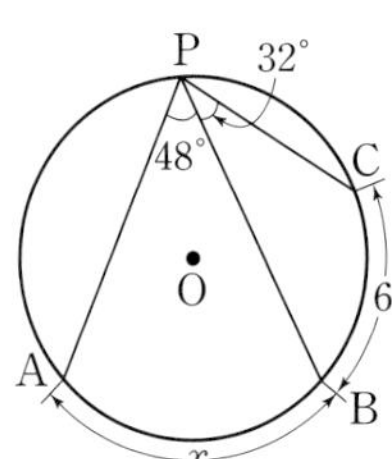

08

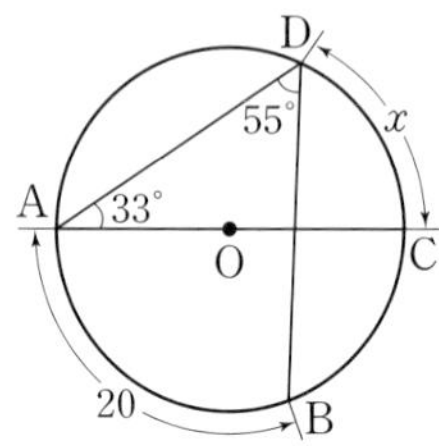

09

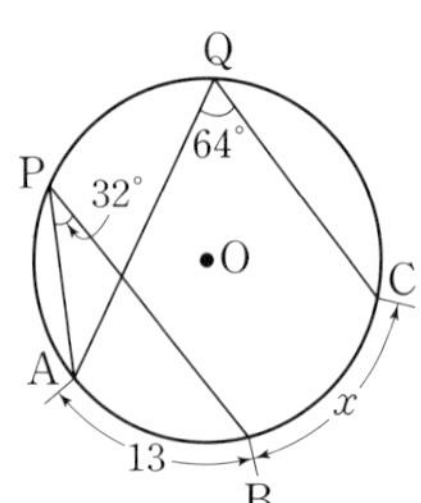

10

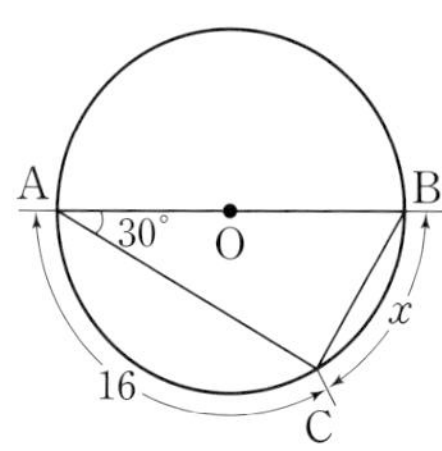

반원에 대한 원주각의 크기를 생각해 봐!

호의 길이의 비에 대한 원주각의 크기 구하기

아래 그림에서 원 O는 $\triangle ABC$의 외접원이다. $\overset{\frown}{AB}$, $\overset{\frown}{BC}$, $\overset{\frown}{CA}$의 길이의 비가 다음과 같을 때, $\angle x$, $\angle y$, $\angle z$의 크기를 각각 구하시오.

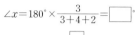

11 $\overset{\frown}{AB} : \overset{\frown}{BC} : \overset{\frown}{CA} = 3 : 4 : 2$

따라해

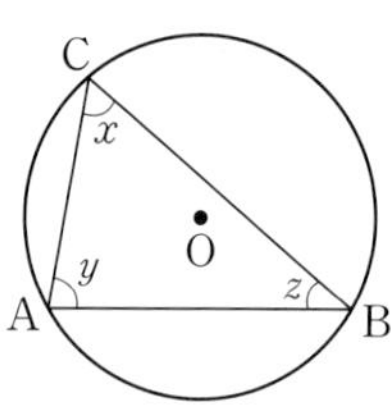

$\angle x =$

$\angle y =$

$\angle z =$

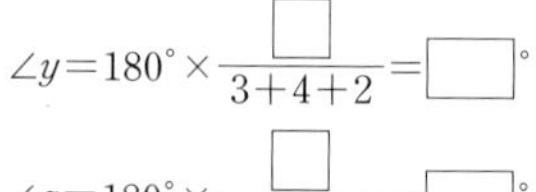

➜ $\angle x : \angle y : \angle z = \overset{\frown}{AB} : \overset{\frown}{BC} : \overset{\frown}{CA} = 3 : \square : \square$이므로

$\angle x = 180° \times \dfrac{3}{3+4+2} = \square°$

$\angle y = 180° \times \dfrac{\square}{3+4+2} = \square°$

$\angle z = 180° \times \dfrac{\square}{3+4+2} = \square°$

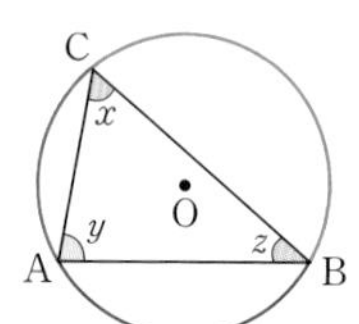

한 원에서 모든 호에 대한 원주각의 크기의 합은 180°야.

12 $\overset{\frown}{AB} : \overset{\frown}{BC} : \overset{\frown}{CA} = 3 : 2 : 1$

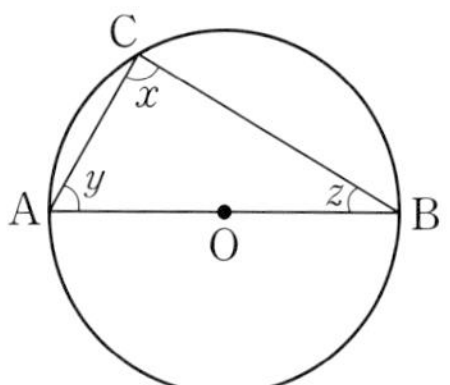

$\angle x =$

$\angle y =$

$\angle z =$

13 $\overset{\frown}{AB} : \overset{\frown}{BC} : \overset{\frown}{CA} = 4 : 3 : 5$

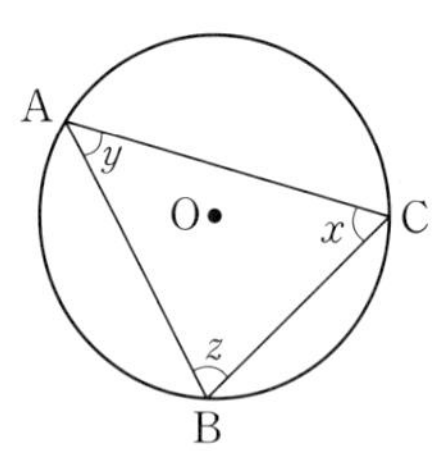

$\angle x =$

$\angle y =$

$\angle z =$

14 $\overset{\frown}{AB} : \overset{\frown}{BC} : \overset{\frown}{CA} = 1 : 4 : 7$

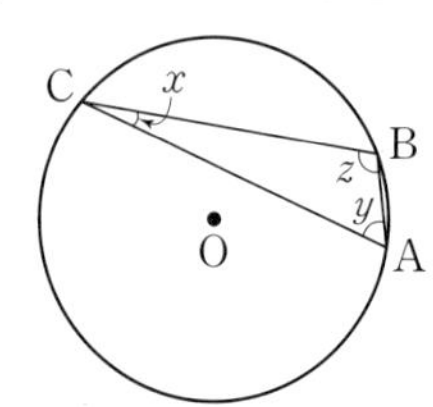

$\angle x =$

$\angle y =$

$\angle z =$

네 점이 한 원 위에 있을 조건

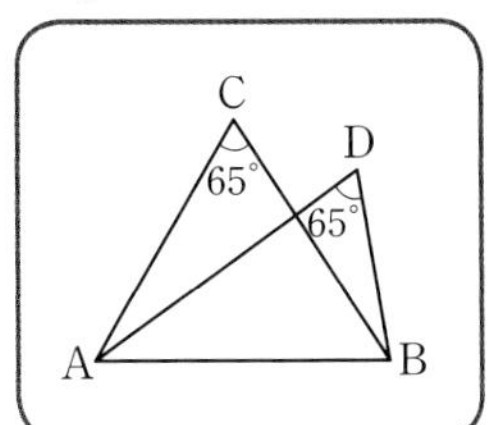

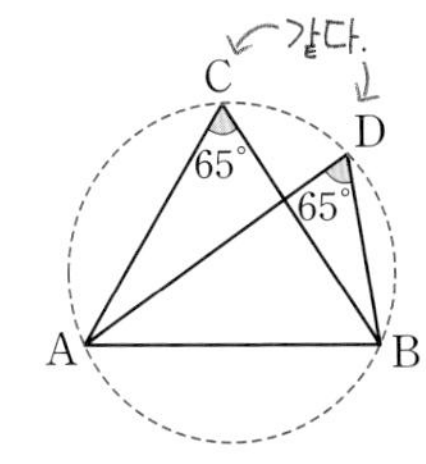

→ 네 점 A, B, C, D가 **한 원 위에 있다.**

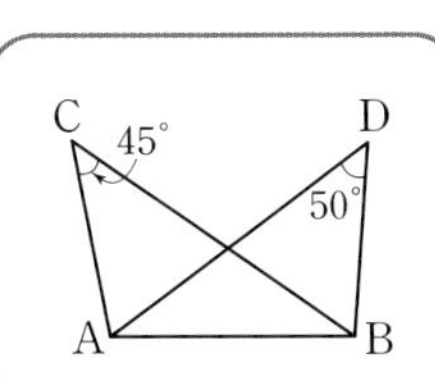

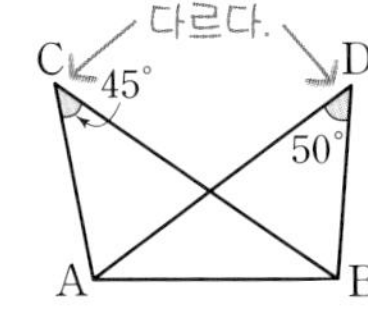

→ 네 점 A, B, C, D가 **한 원 위에 있지 않다.**

참고 네 점 A, B, C, D가 한 원 위에 있으면 ∠ACB=∠ADB이다.

POINT

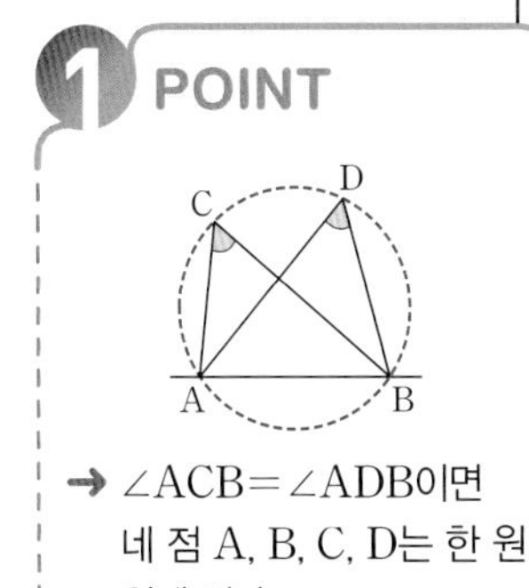

→ ∠ACB=∠ADB이면 네 점 A, B, C, D는 한 원 위에 있다.

한 원 위에 있는 네 점 찾기

다음 그림에서 네 점 A, B, C, D가 한 원 위에 있는 것에는 ○표, 한 원 위에 있지 않은 것에는 ×표를 하시오.

01

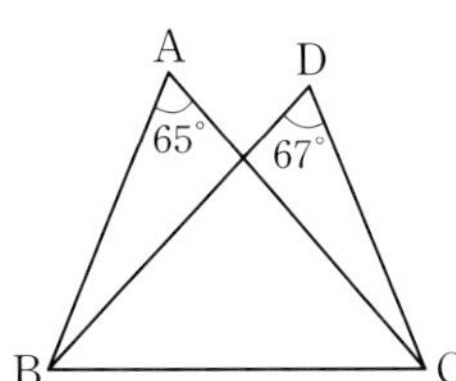

( )

02

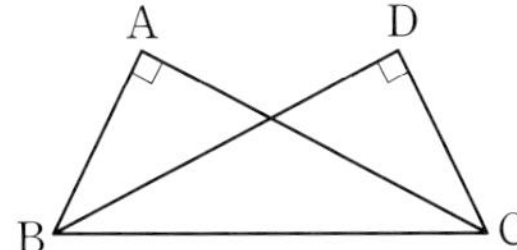

( )

03

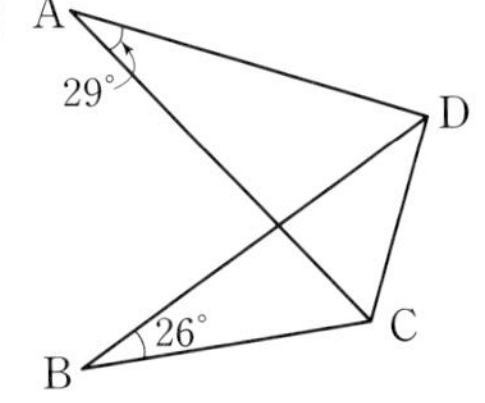

( )

04

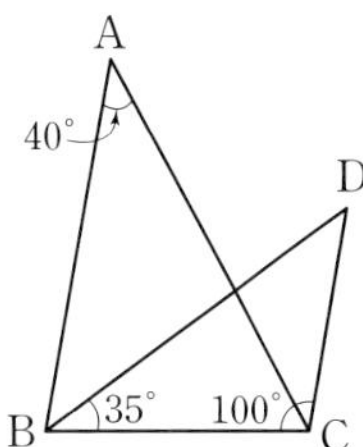

△BDC에서 ∠BDC의 크기를 먼저 구해 봐!

( )

05

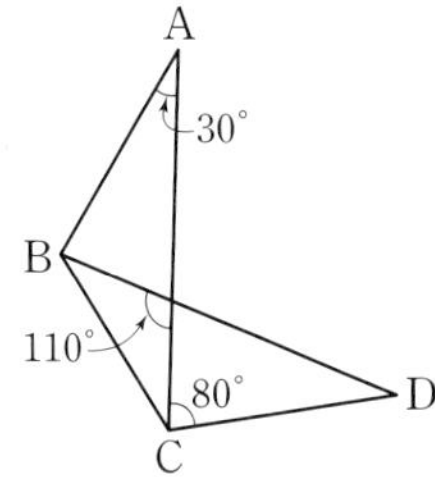

( )

06

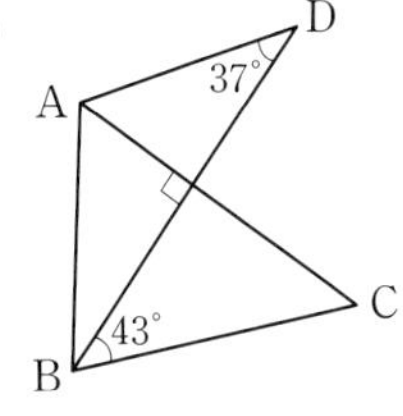

( )

네 점이 한 원 위에 있을 때 각의 크기 구하기

다음 그림에서 네 점 A, B, C, D가 한 원 위에 있을 때, $\angle x$의 크기를 구하시오.

07

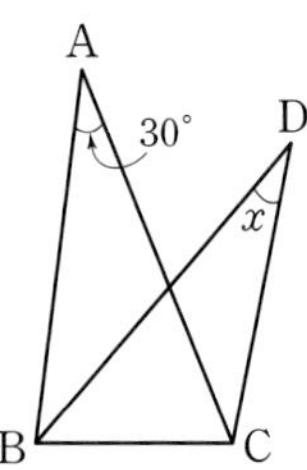

08

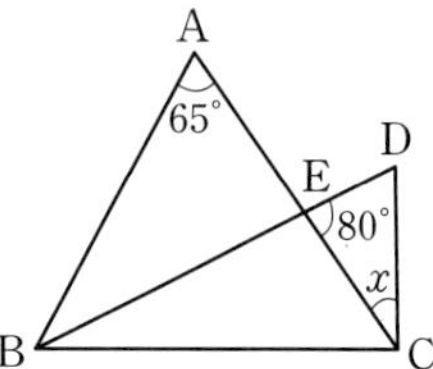

09

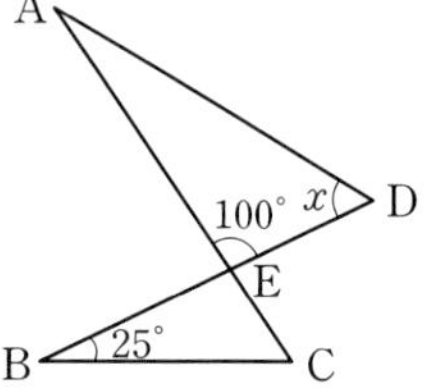

10

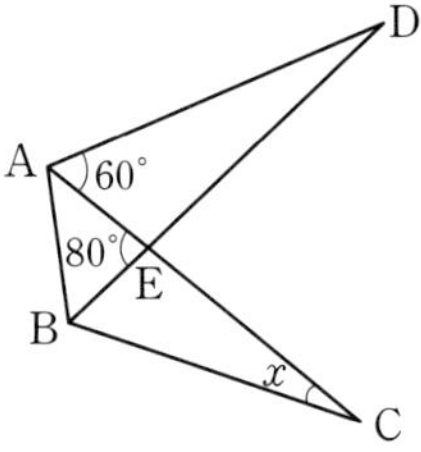

11

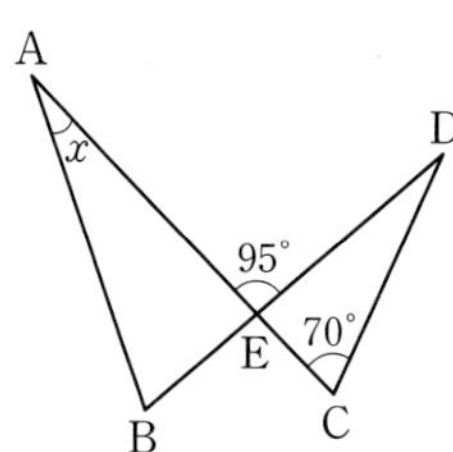

12

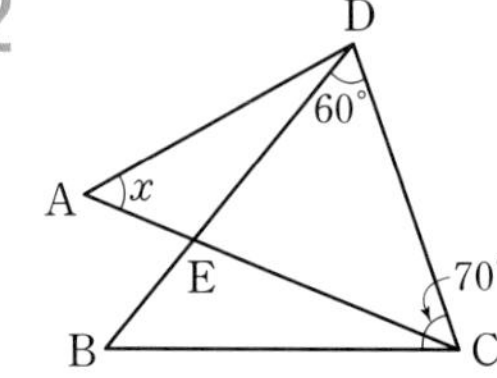

13

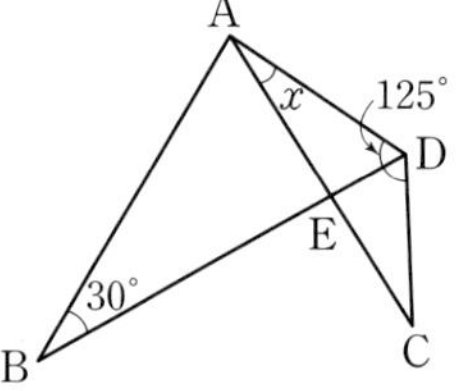

14

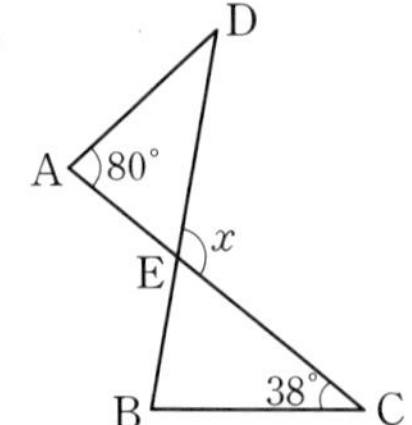

연산 능력 UP!

10분 연산 TEST

▶ 정답 및 풀이 33쪽

[01 ~ 02] 다음 그림의 원 O에서 $\angle x$의 크기를 구하시오.

01

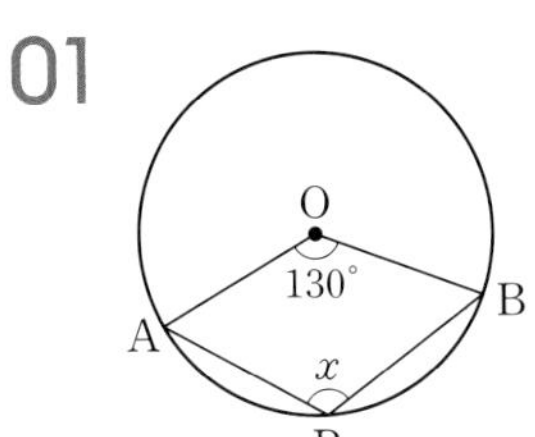

02

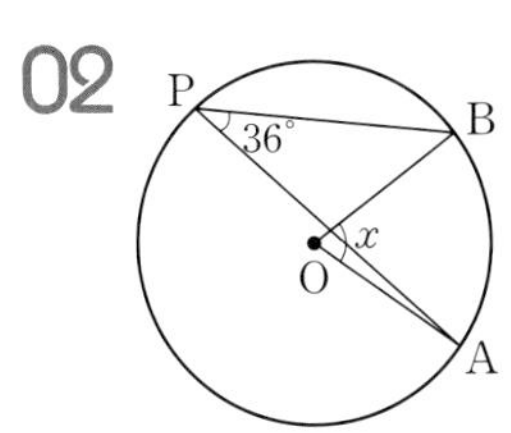

03 오른쪽 그림의 원 O에서 $\angle x$, $\angle y$의 크기를 각각 구하시오.

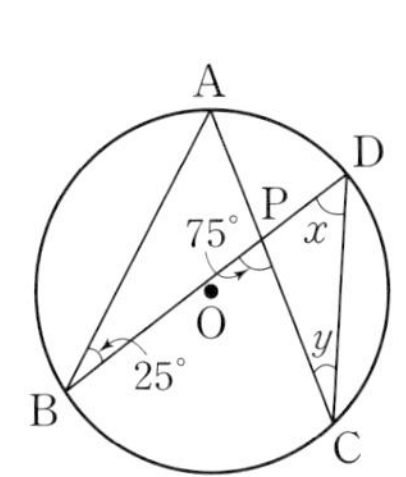

[04 ~ 05] 다음 그림에서 $\overline{AB}$가 원 O의 지름일 때, $\angle x$의 크기를 구하시오.

04

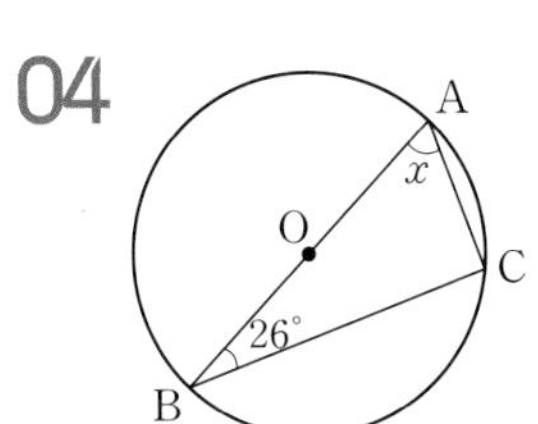

05

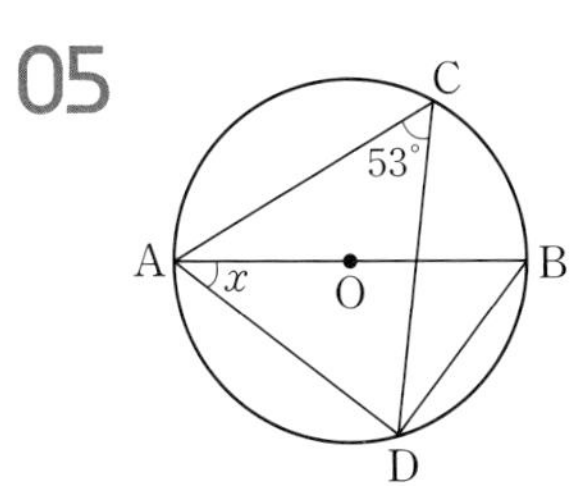

[06 ~ 07] 다음 그림의 원 O에서 x의 값을 구하시오.

06

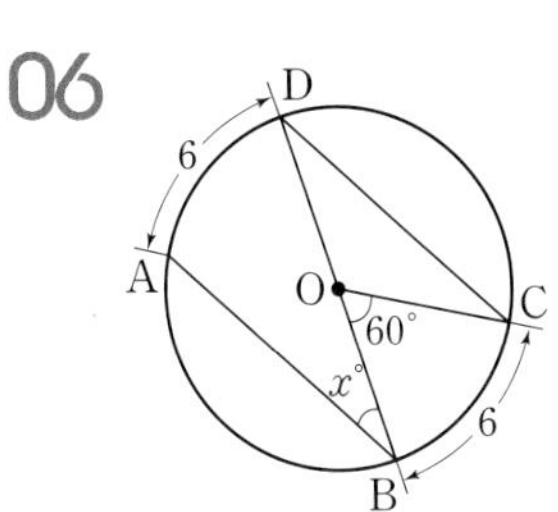

07

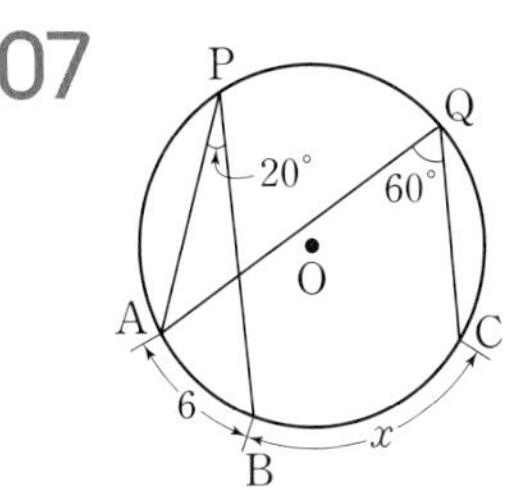

08 오른쪽 그림에서 원 O는 $\triangle ABC$의 외접원이다. $\overset{\frown}{AB} : \overset{\frown}{BC} : \overset{\frown}{CA} = 2 : 3 : 7$일 때, $\angle x$, $\angle y$, $\angle z$의 크기를 각각 구하시오.

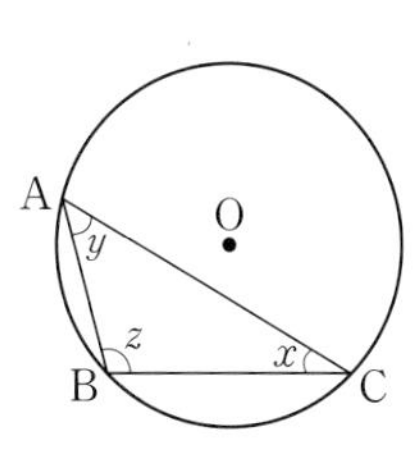

[09 ~ 10] 다음 그림에서 네 점 A, B, C, D가 한 원 위에 있을 때, $\angle x$의 크기를 구하시오.

09

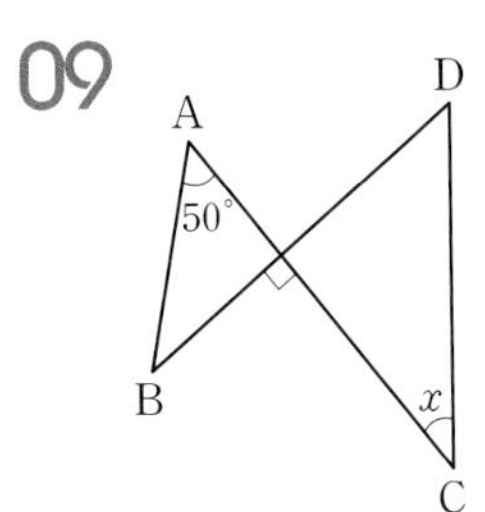

10

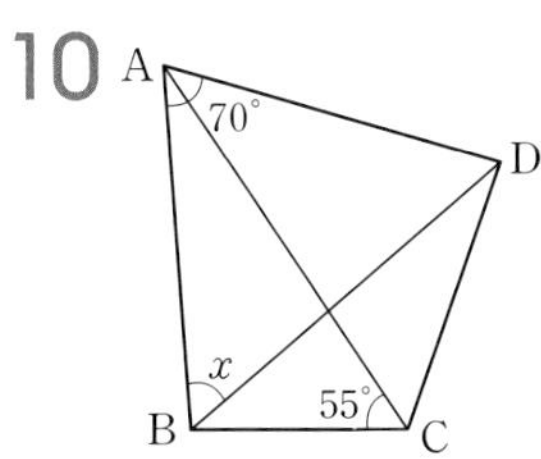

맞힌 개수 개/10개

원에 내접하는 사각형의 성질

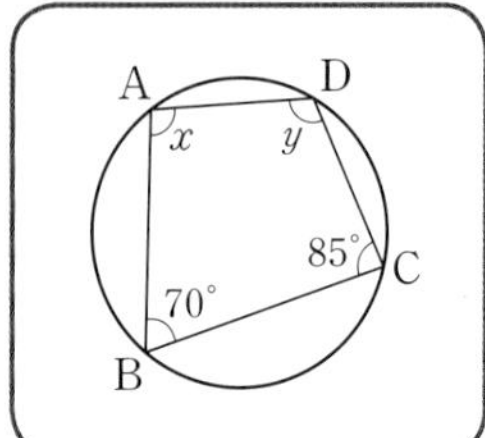

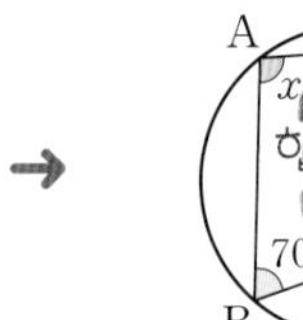

$\angle x+85^\circ=180^\circ$

$\therefore\ \angle x=95^\circ$

$\angle y+70^\circ=180^\circ$

$\therefore\ \angle y=110^\circ$

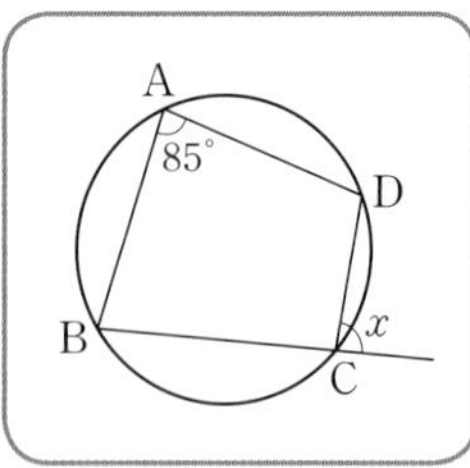

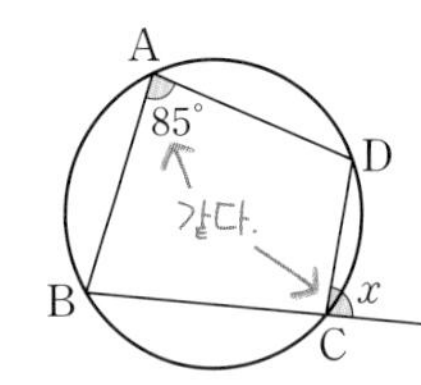

$85^\circ+\angle BCD=180^\circ$

$\therefore\ \angle BCD=95^\circ$

$95^\circ+\angle x=180^\circ$

$\therefore\ \angle x=85^\circ$

원에 내접하는 사각형의 성질 (1)

다음 그림에서 □ABCD가 원 O에 내접할 때, $\angle x$, $\angle y$의 크기를 각각 구하시오.

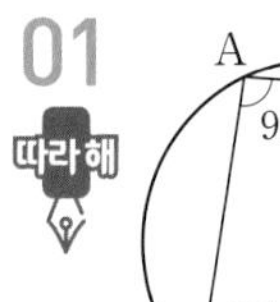

01 따라해

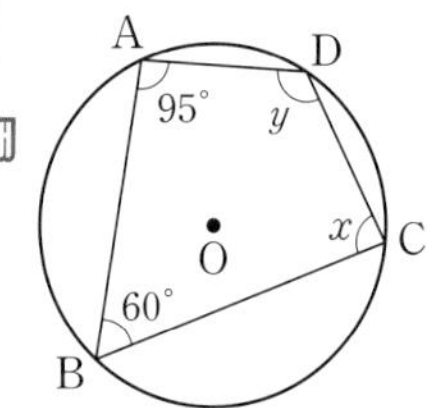

$\angle x=$ ______

$\angle y=$ ______

➜ $\angle x+$ □ $^\circ=180^\circ$이므로 $\angle x=$ □ $^\circ$

$\angle y+$ □ $^\circ=180^\circ$이므로 $\angle y=$ □ $^\circ$

02

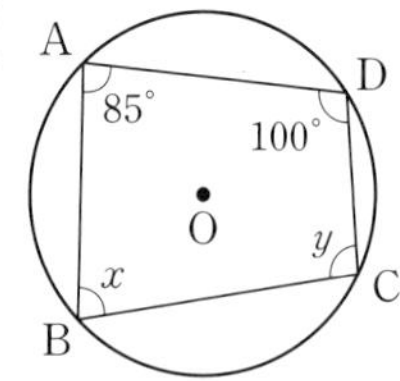

$\angle x=$ ______

$\angle y=$ ______

03

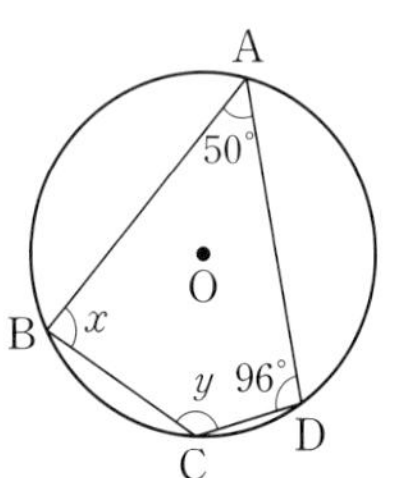

$\angle x=$ ______

$\angle y=$ ______

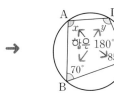

04 따라해

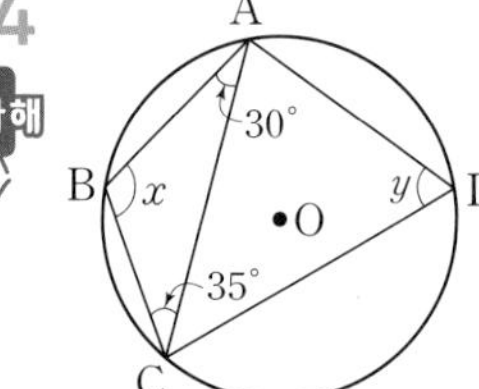

$\angle x=$ ______

$\angle y=$ ______

➜ △ABC에서

$\angle x=180^\circ-(30^\circ+$ □ $^\circ)=$ □ $^\circ$

□ $^\circ+\angle y=180^\circ$이므로

$\angle y=180^\circ-$ □ $^\circ=$ □ $^\circ$

05

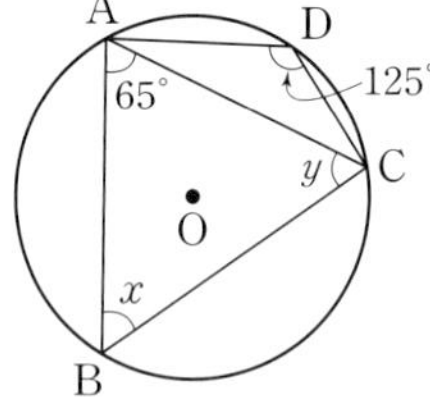

$\angle x=$ ______

$\angle y=$ ______

06

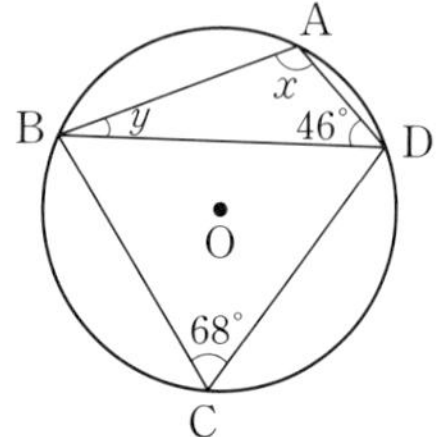

$\angle x=$ ______

$\angle y=$ ______

07

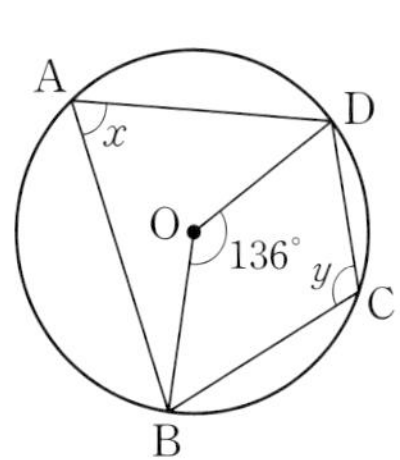

$\angle x=$ ______

$\angle y=$ ______

→ $\angle x=\square\angle BOD=\square\times136^\circ=\square^\circ$

$\angle y=180^\circ-\square^\circ=\square^\circ$

08

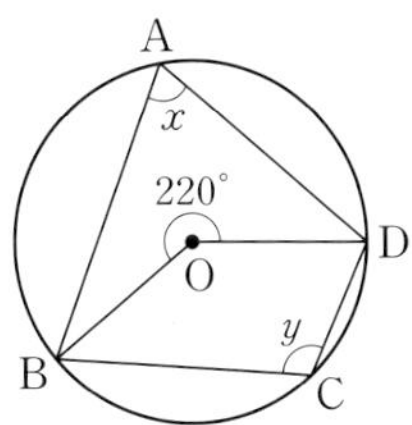

$\angle x=$ ______

$\angle y=$ ______

원에 내접하는 사각형의 성질 (2)

다음 그림에서 □ABCD가 원에 내접할 때, $\angle x$의 크기를 구하시오.

09

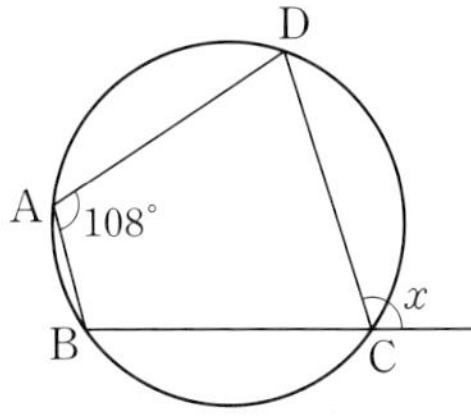

______

10

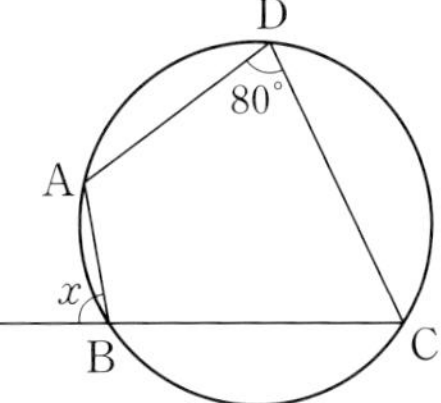

______

11

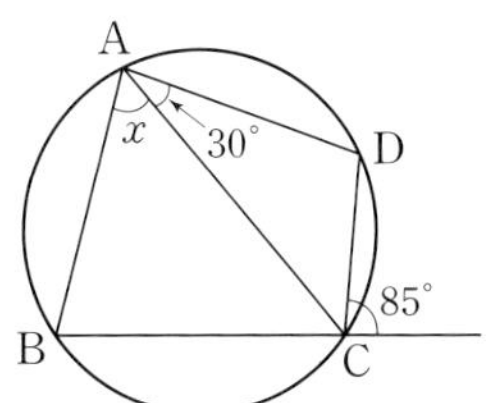

______

다음 그림에서 □ABCD가 원에 내접할 때, $\angle x$, $\angle y$의 크기를 각각 구하시오.

12

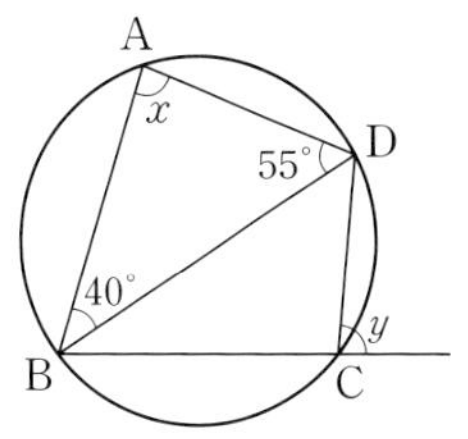

$\angle x=$ ______

$\angle y=$ ______

13

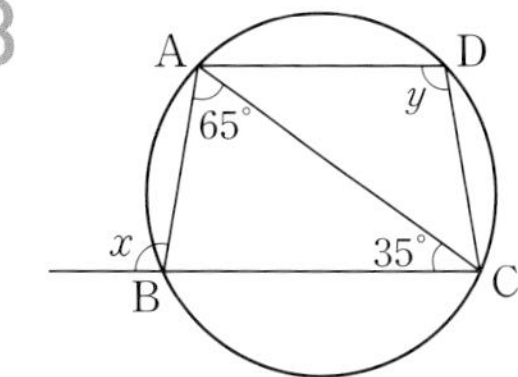

$\angle x=$ ______

$\angle y=$ ______

14

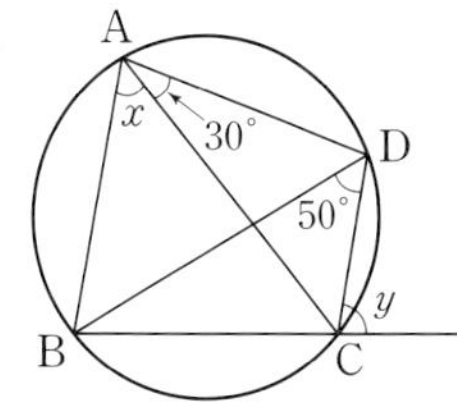

$\angle x=$ ______

$\angle y=$ ______

15

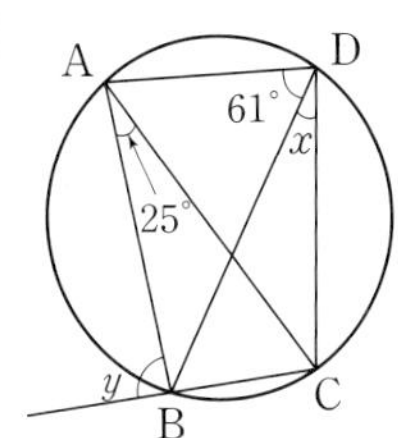

$\angle x=$ ______

$\angle y=$ ______

▶ 정답 및 풀이 34쪽

사각형이 원에 내접하기 위한 조건

다음의 어느 한 조건을 만족시키는 사각형은 원에 내접한다.

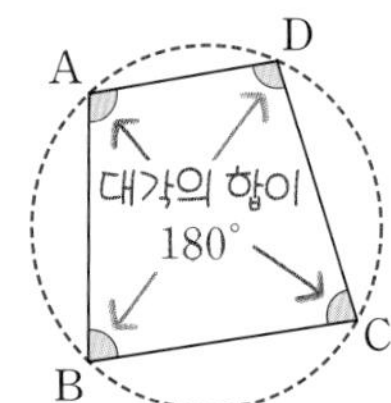

→ $\angle A + \angle C = 180^\circ$, $\angle B + \angle D = 180^\circ$

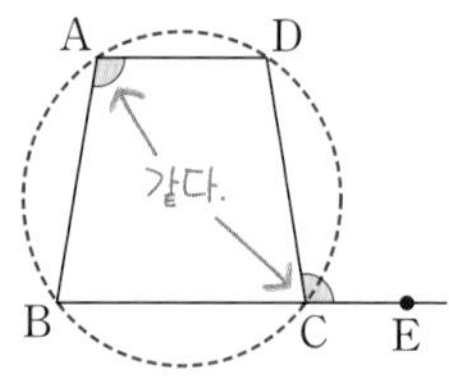

→ $\angle A = \angle DCE$

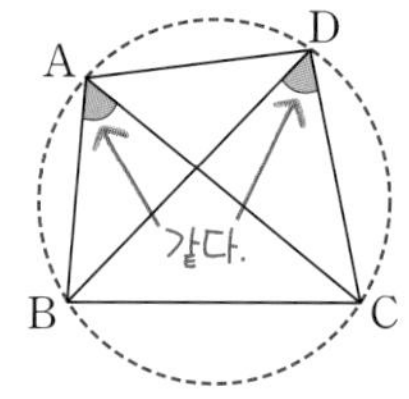

→ $\angle BAC = \angle BDC$

참고 정사각형, 직사각형, 등변사다리꼴은 모두 한 쌍의 대각의 크기의 합이 180°이므로 항상 원에 내접한다.

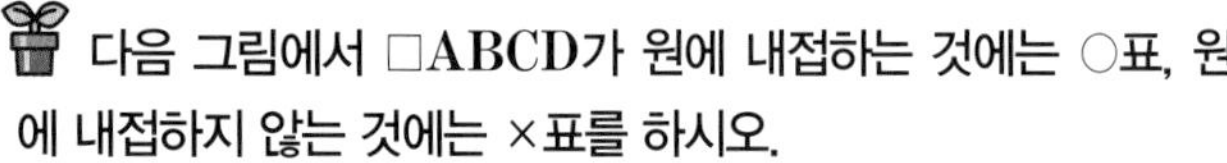

원에 내접하는 사각형 찾기

다음 그림에서 □ABCD가 원에 내접하는 것에는 ○표, 원에 내접하지 않는 것에는 ×표를 하시오.

01

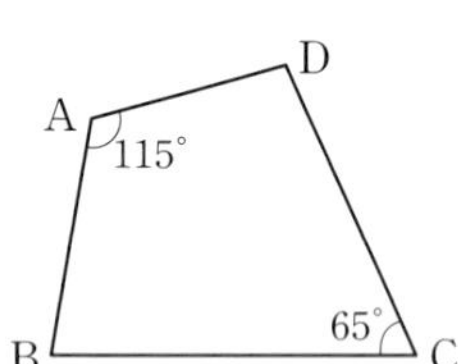

( )

02

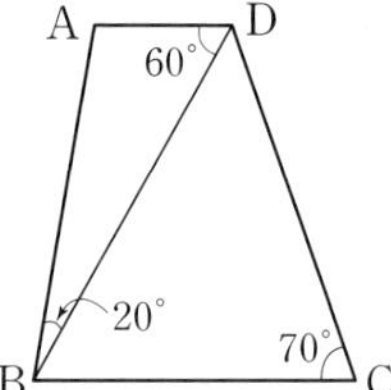

( )

03

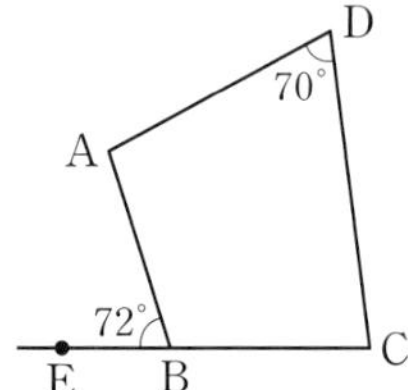

( )

04

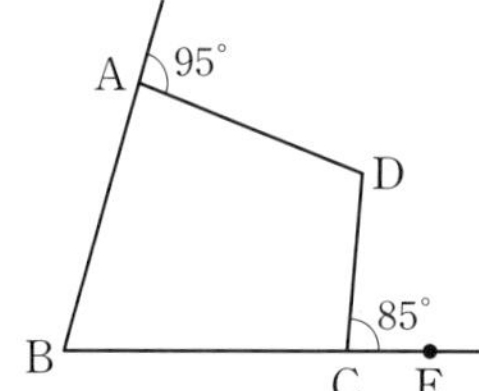

( )

05

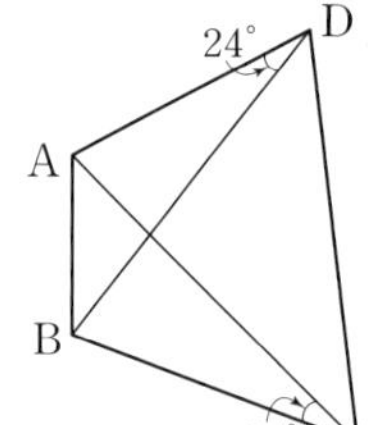

( )

06

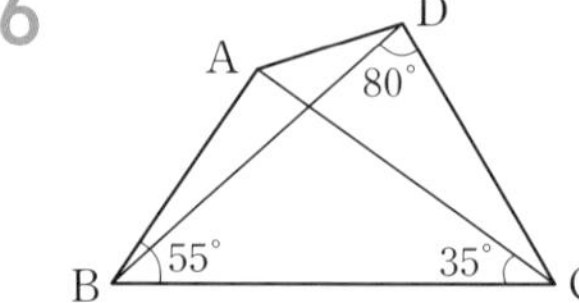

( )

사각형이 원에 내접할 때 각의 크기 구하기

다음 그림에서 □ABCD가 원에 내접할 때, $\angle x$의 크기를 구하시오.

07

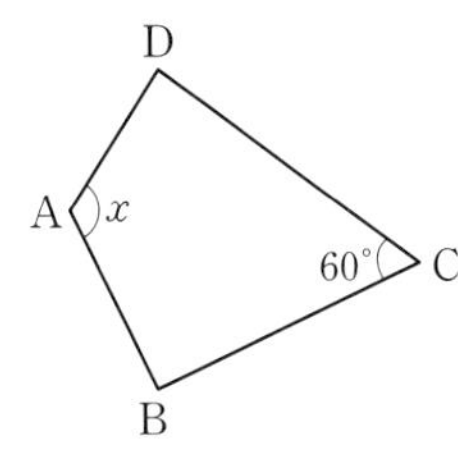

사각형이 원에 내접할 때
(한 쌍의 대각의 크기의 합) = 180°

08

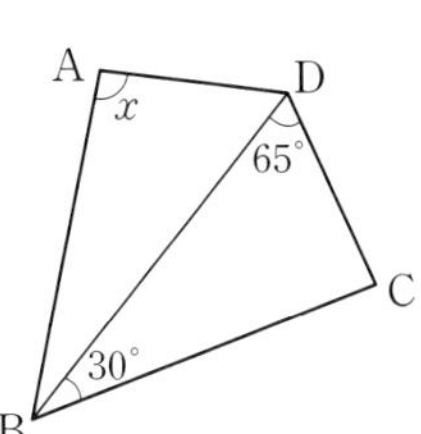

09

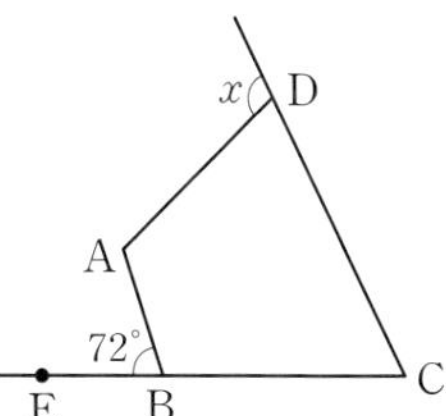

10

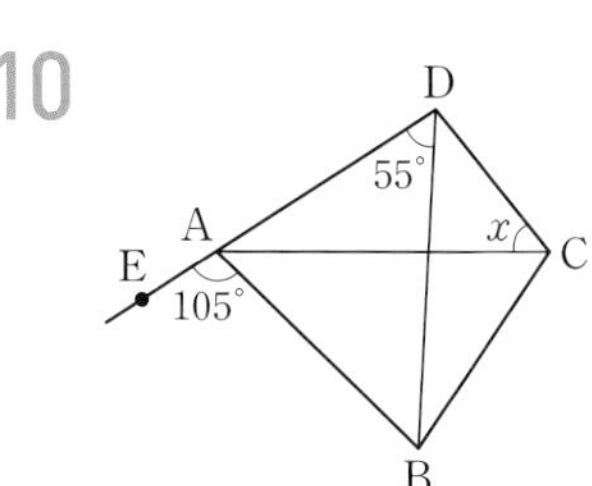

다음 그림에서 $\angle x$의 크기를 구하시오.

11 따라해

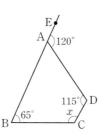

E
A
120°
115°
D
65°
x
B
C

→ $\angle ABC + \angle ADC = 65° + 115° =$ □°이므로
□ABCD는 원에 내접한다.
$\therefore \angle x = \angle DAE =$ □°

12

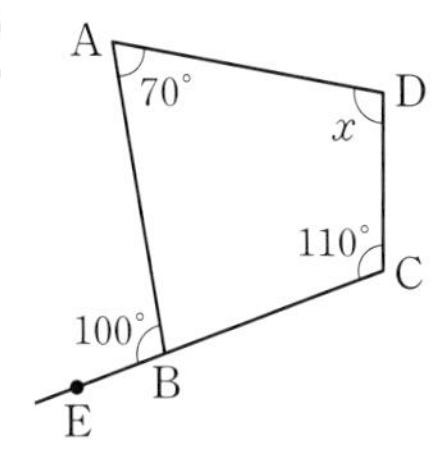

13 따라해

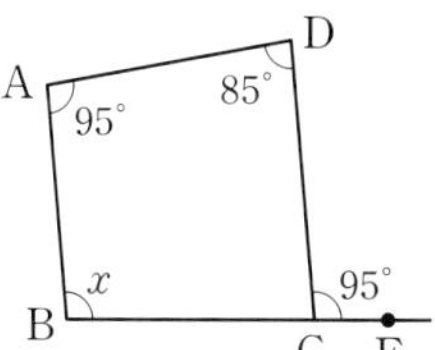

→ $\angle A = \angle DCE$이므로 □ABCD는 원에 내접한다.
$\angle x + 85° =$ □°이므로
$\angle x =$ □° $- 85° =$ □°

14

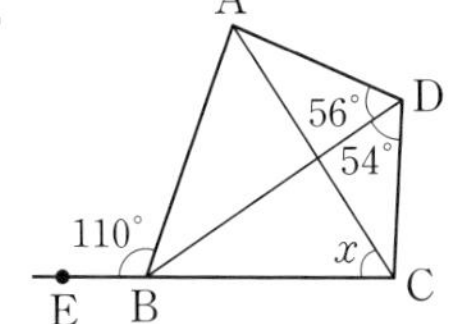

08 VISUAL 연산 접선과 현이 이루는 각

원의 접선과 그 접점을 지나는 현이 이루는 각의 크기는 그 각의 내부에 있는 호에 대한 원주각의 크기와 같다.

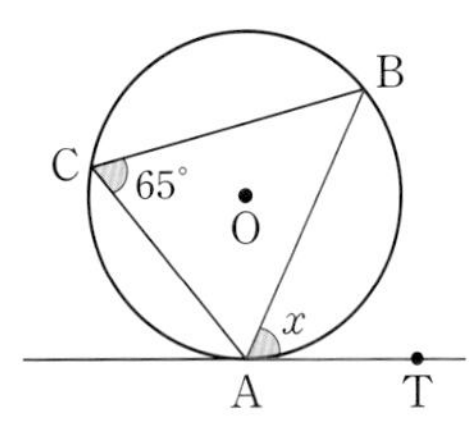

→ ∠BAT=∠BCA이므로 ∠x=65°

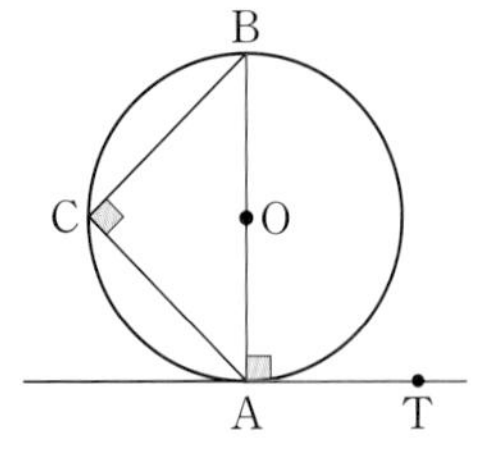

→ ∠BAT=∠BCA=90°

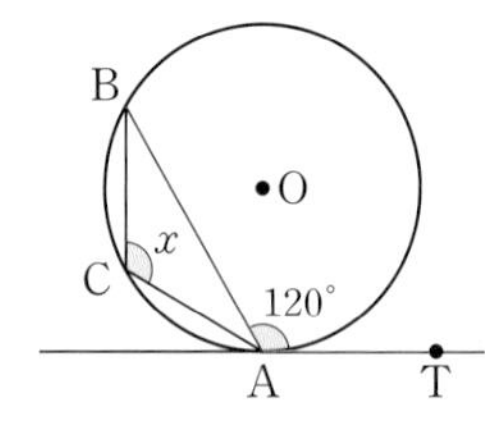

→ ∠BAT=∠BCA이므로 ∠x=120°

1 POINT

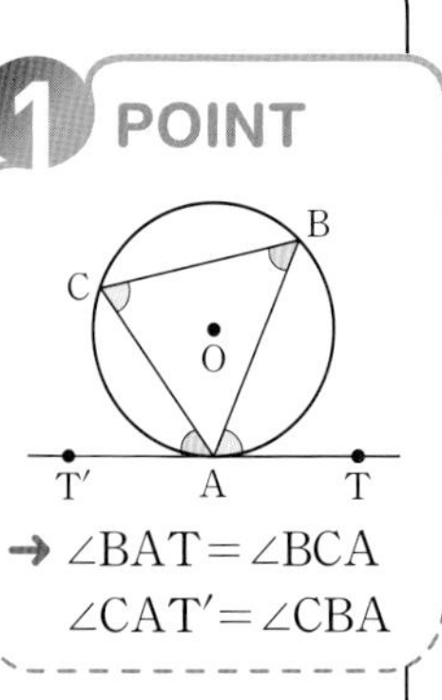

→ ∠BAT=∠BCA
∠CAT′=∠CBA

접선과 현이 이루는 각의 크기 구하기

다음 그림에서 직선 AT는 원 O의 접선이고 점 A는 그 접점일 때, ∠x의 크기를 구하시오.

01

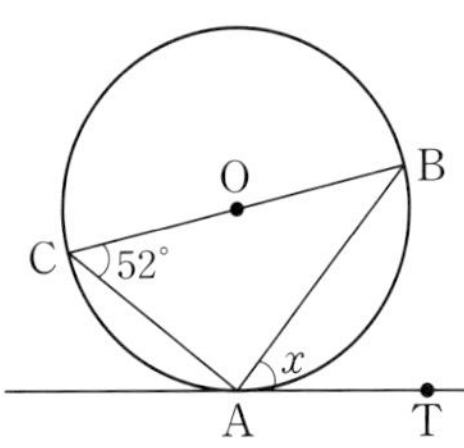

02

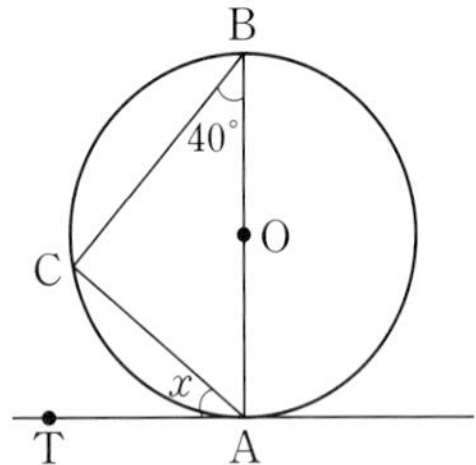

03

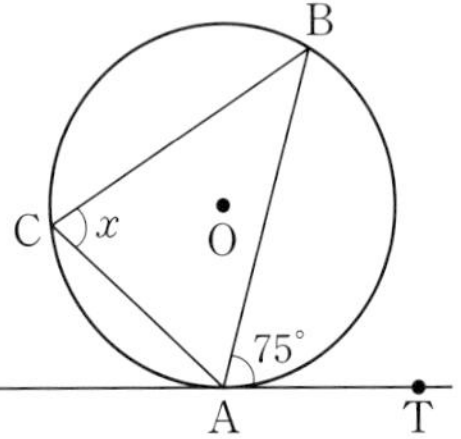

04

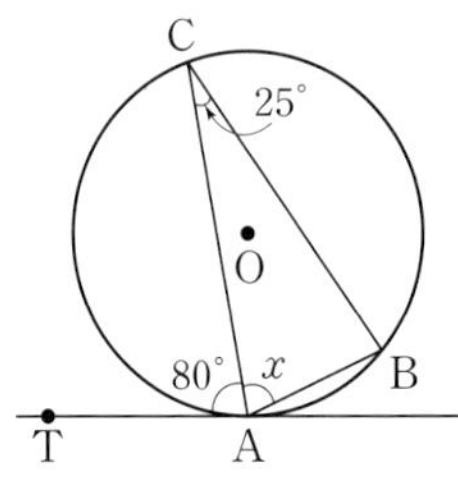

05

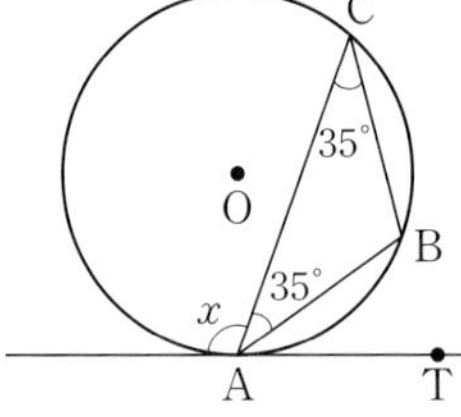

06

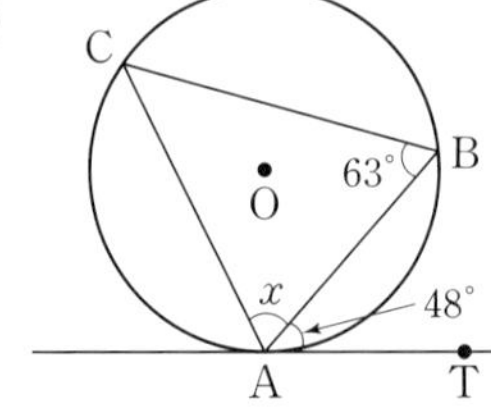

현이 원의 중심을 지나는 경우

다음 그림에서 $\overleftrightarrow{AT}$는 원 O의 접선이고 점 A는 그 접점이다. $\overline{CB}$가 원 O의 지름일 때, $\angle x$의 크기를 구하시오.

07 따라해

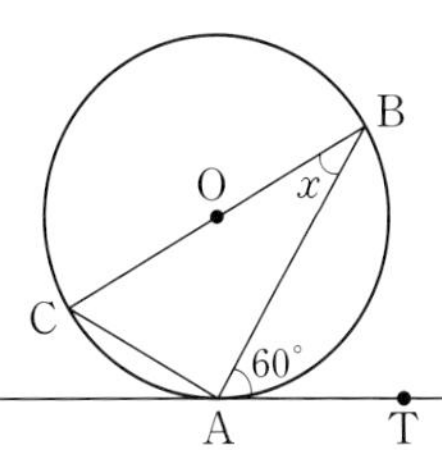

반원에 대한 원주각의
크기가 90°임을 이용해!

→ $\angle BCA = \angle BAT = \square^\circ$

$\overline{CB}$가 원 O의 지름이므로 $\angle CAB = \square^\circ$

따라서 △ABC에서

$\angle x = 180^\circ - (60^\circ + \square^\circ) = \square^\circ$

08

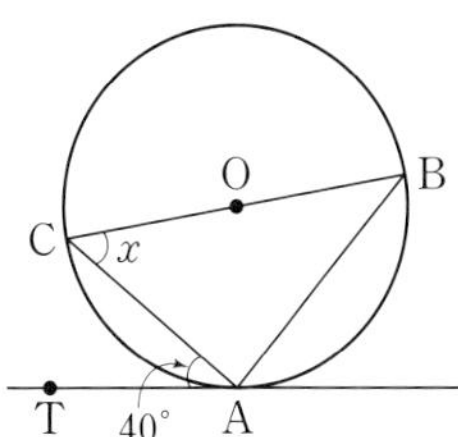

09

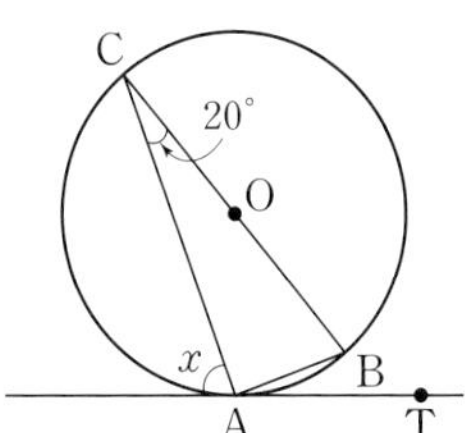

10

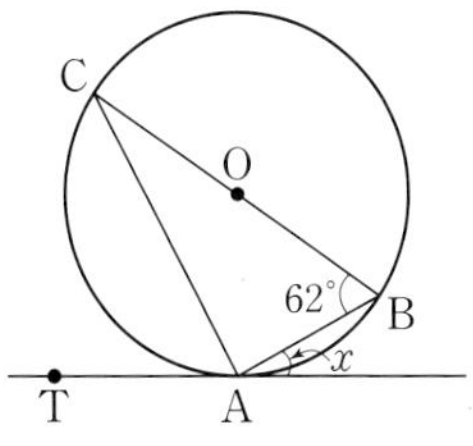

중심각의 크기를 이용하는 경우

다음 그림에서 $\overleftrightarrow{AT}$는 원 O의 접선이고 점 A는 그 접점일 때, $\angle x$의 크기를 구하시오.

11 따라해

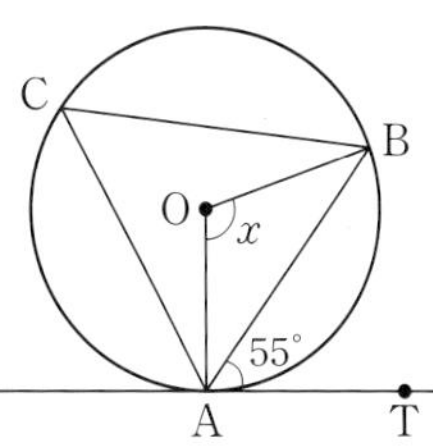

→ $\angle BCA = \angle BAT = \square^\circ$이므로

$\angle x = 2\angle BCA = 2 \times \square^\circ = \square^\circ$

12

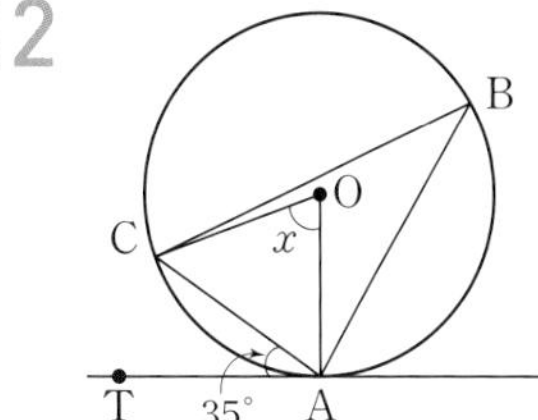

13

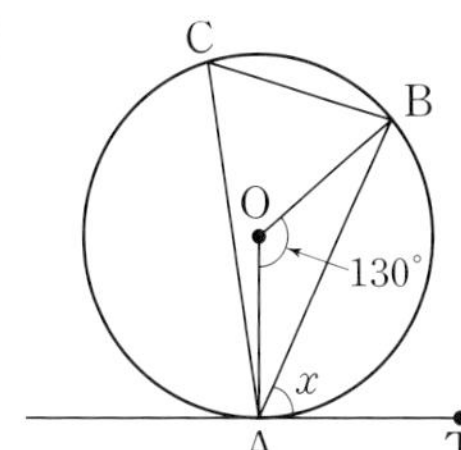

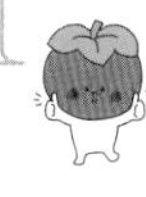

14

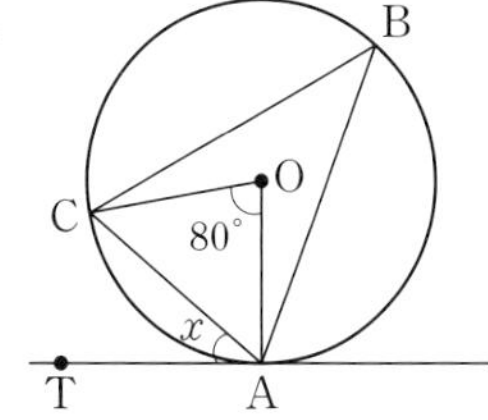

접선과 현이 이루는 각의 활용

다음 그림에서 $\overleftrightarrow{AT}$는 원의 접선이고 점 A는 그 접점일 때, $\angle x$의 크기를 구하시오.

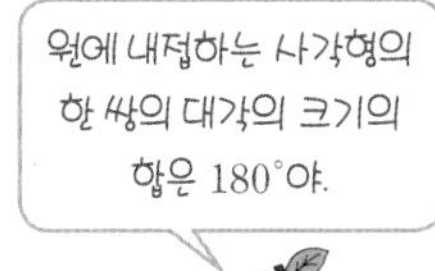
원에 내접하는 사각형의
한 쌍의 대각의 크기의
합은 180°야.

15 따라해

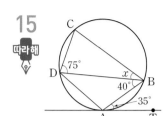

→ 직선 AT는 원의 접선이므로 $\angle BDA = \angle BAT = \square°$

□ABCD는 원에 내접하므로 $\angle B + \angle D = \square°$에서

$\angle x = \square° - (75° + \square° + 40°) = \square°$

16

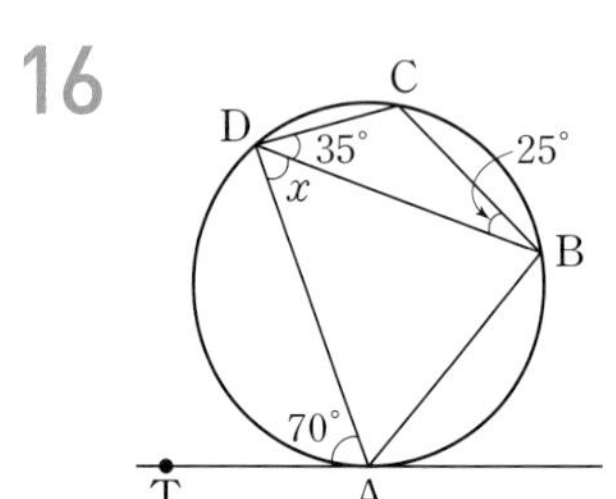

17

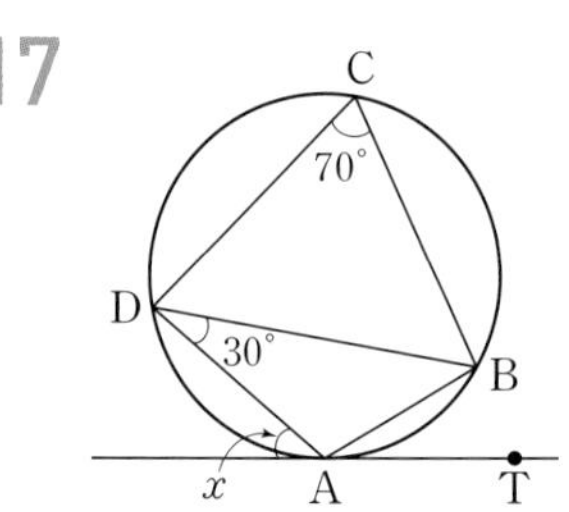

다음 그림에서 $\overrightarrow{PT}$는 원 O의 접선이고 점 T는 그 접점일 때, $\angle x$의 크기를 구하시오.

18 따라해

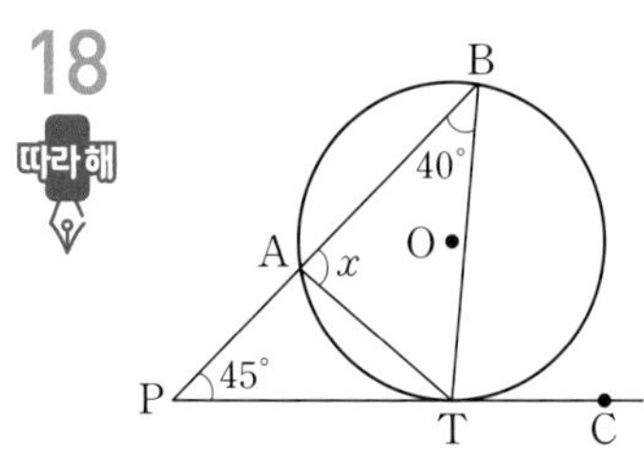
삼각형의 내각과 외각
사이의 관계를 이용해.

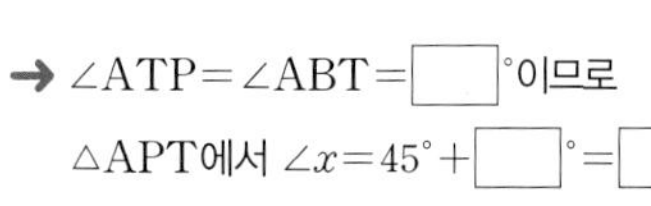

→ $\angle ATP = \angle ABT = \square°$이므로

△APT에서 $\angle x = 45° + \square° = \square°$

19

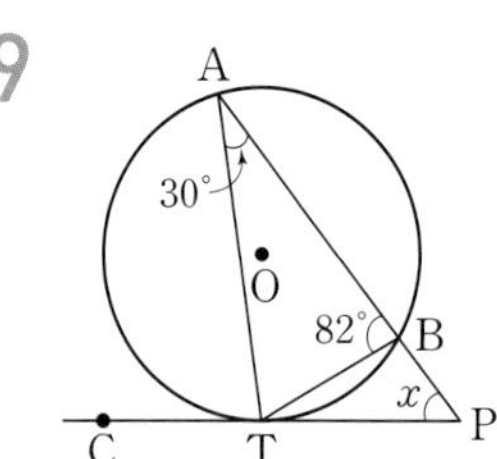

다음 그림에서 $\overrightarrow{PT}$는 원 O의 접선이고 점 T는 그 접점이다. $\overline{PB}$가 원 O의 중심을 지날 때, $\angle x$의 크기를 구하시오.

20 따라해

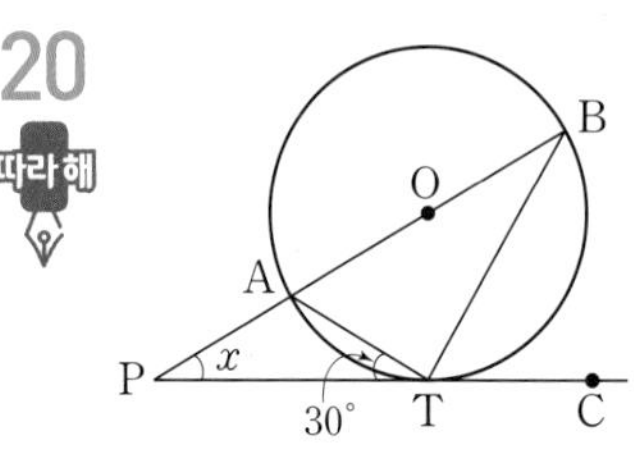
반원에 대한 원주각의
크기를 이용해.

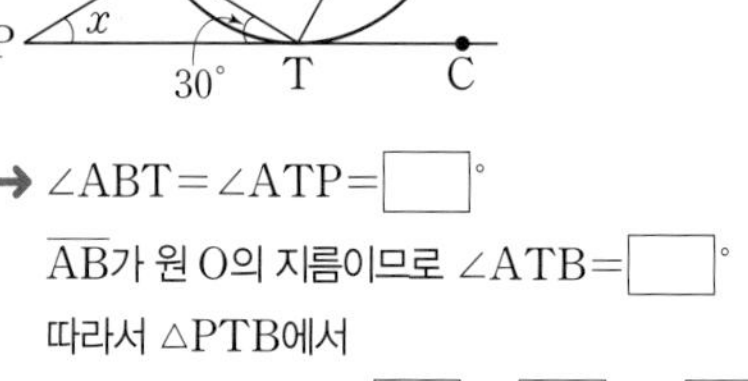

→ $\angle ABT = \angle ATP = \square°$

$\overline{AB}$가 원 O의 지름이므로 $\angle ATB = \square°$

따라서 △PTB에서

$\angle x = 180° - (30° + \square° + \square°) = \square°$

21

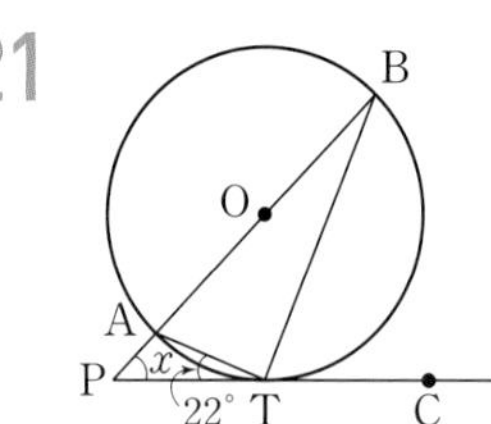

22

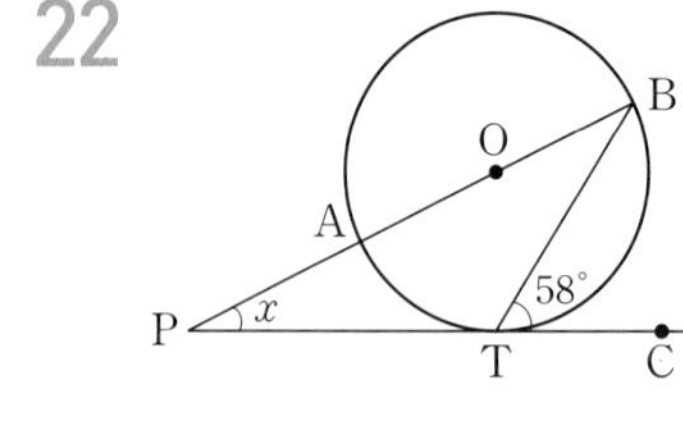

보조선을 그어서
반원에 대한 원주각의
크기를 이용해 봐.

10분 연산 TEST

▶ 정답 및 풀이 35쪽

[01 ~ 04] 다음 그림에서 □ABCD가 원 O에 내접할 때, $\angle x$, $\angle y$의 크기를 각각 구하시오.

01

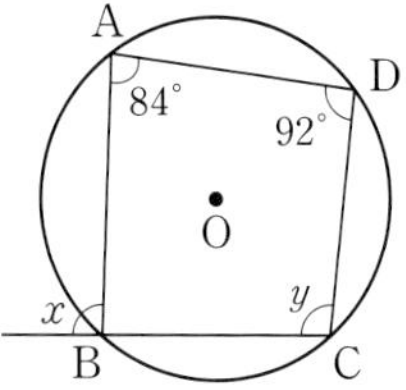

02

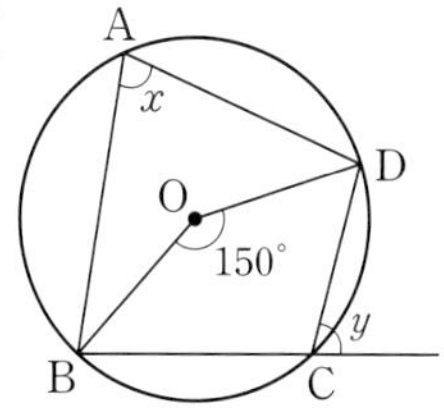

03

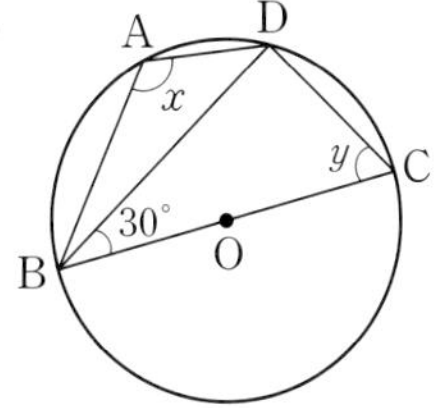

04

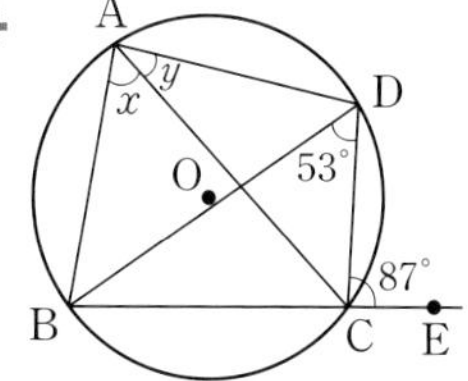

[05 ~ 06] 다음 그림에서 □ABCD가 원에 내접할 때, $\angle x$의 크기를 구하시오.

05

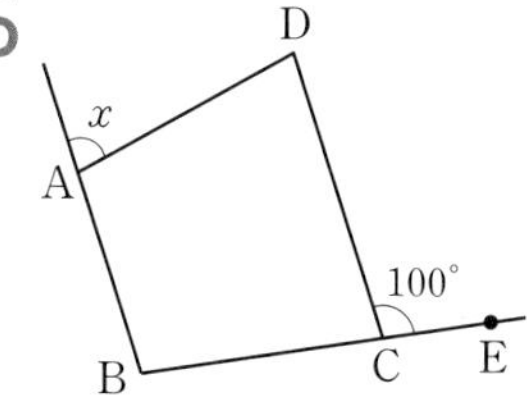

06

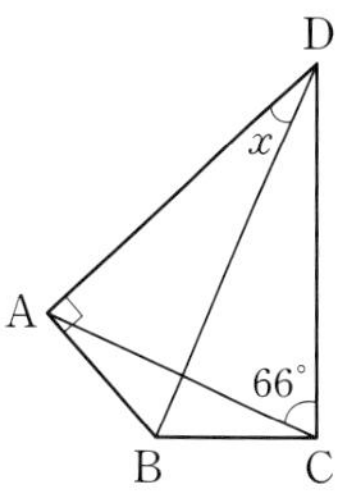

[07 ~ 09] 다음 그림에서 $\overleftrightarrow{AT}$는 원 O의 접선이고 점 A는 그 접점일 때, $\angle x$의 크기를 구하시오.

07

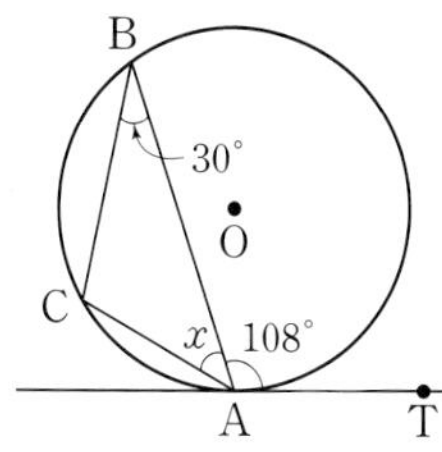

08

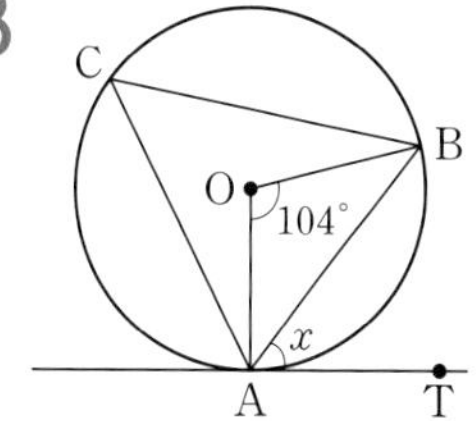

09

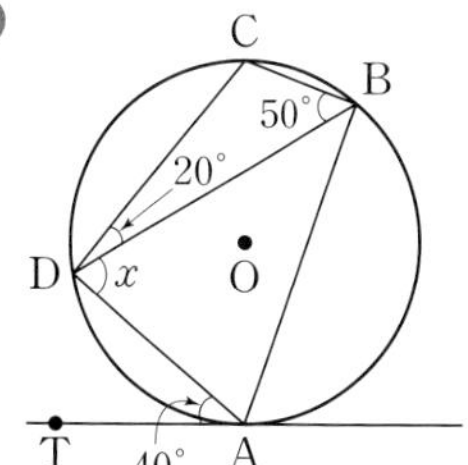

10 오른쪽 그림에서 $\overrightarrow{PT}$는 원 O의 접선이고, 점 T는 그 접점이다. $\overline{PB}$가 원 O의 중심을 지날 때, $\angle x$의 크기를 구하시오.

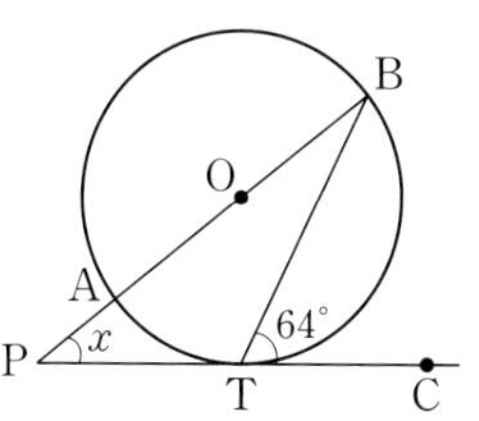

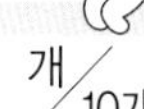

한 번 더 연산테스트는 부록 11쪽에서

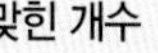

맞힌 개수 개/10개

학교 시험 PREVIEW

01

오른쪽 그림에서 $\angle BAC=68^\circ$일 때, $\angle x$의 크기는?

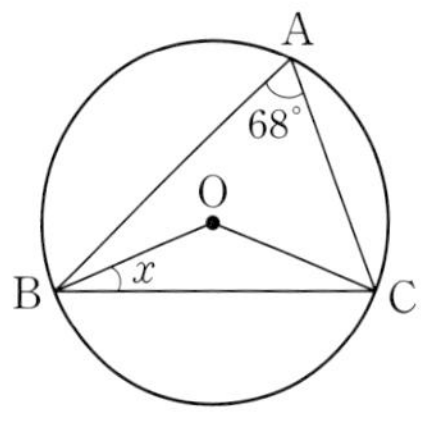

① 16° ② 18° ③ 20° ④ 22° ⑤ 24°

02 85% 출제율

오른쪽 그림에서 $\overline{PA}$, $\overline{PB}$가 원 O의 접선이고, $\angle ACB=56^\circ$일 때, $\angle x$의 크기는?

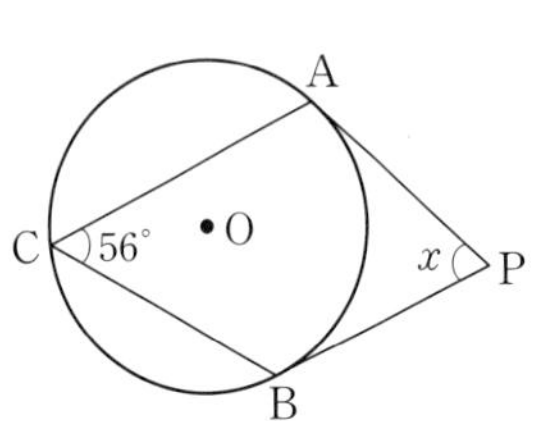

① 60° ② 64° ③ 68° ④ 72° ⑤ 76°

03

오른쪽 그림에서 $\angle CBD=30^\circ$, $\angle DFE=20^\circ$일 때, $\angle x$의 크기는?

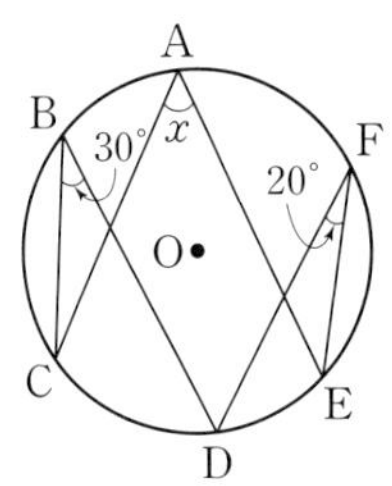

① 48° ② 50° ③ 52° ④ 54° ⑤ 56°

04

오른쪽 그림과 같이 두 현 AD, BC의 연장선의 교점을 P라 하자. $\angle DPC=25^\circ$, $\angle DBC=60^\circ$일 때, $\angle x$의 크기는?

① 20° ② 25° ③ 30° ④ 35° ⑤ 40°

05 실수 주의

오른쪽 그림에서 $\overline{AB}$는 원 O의 지름이고, $\angle APR=52^\circ$일 때, $\angle x$의 크기는?

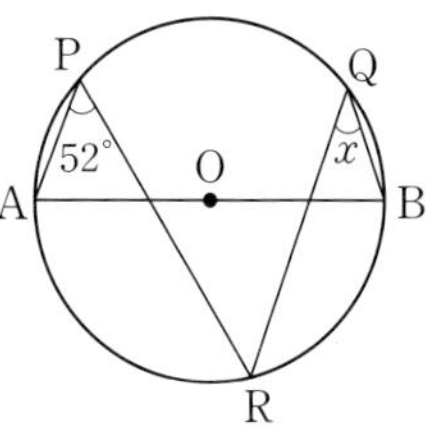

① 30° ② 32° ③ 34° ④ 36° ⑤ 38°

06

오른쪽 그림에서 $\overline{AC}$는 원 O의 지름이고, $\widehat{BC}=12$, $\widehat{DE}=8$, $\angle BCA=60^\circ$일 때, $\angle x$의 크기는?

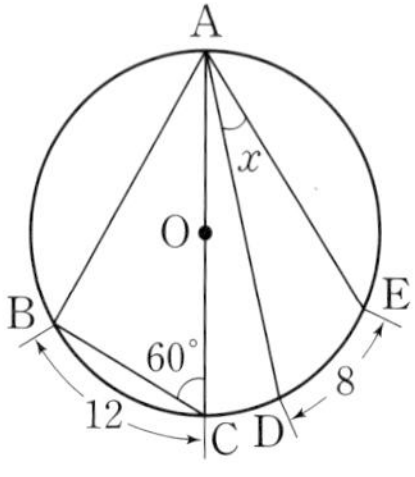

① 16° ② 18° ③ 20° ④ 22° ⑤ 24°

07 80% 출제율

오른쪽 그림에서 원 O는 $\triangle ABC$의 외접원이다. $\widehat{AB}:\widehat{BC}:\widehat{CA}=4:5:6$일 때, $\angle x$의 크기는?

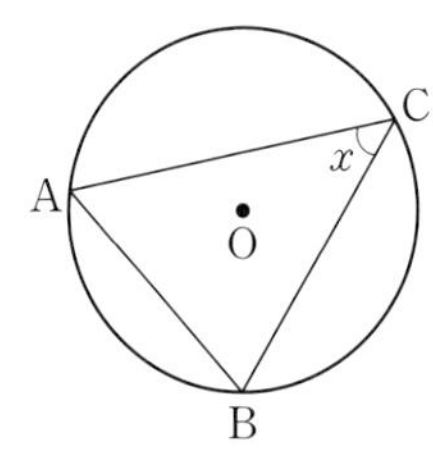

① 48° ② 50° ③ 52° ④ 54° ⑤ 56°

08

오른쪽 그림에서 네 점 A, B, C, D가 한 원 위에 있을 때, $\angle x$의 크기는?

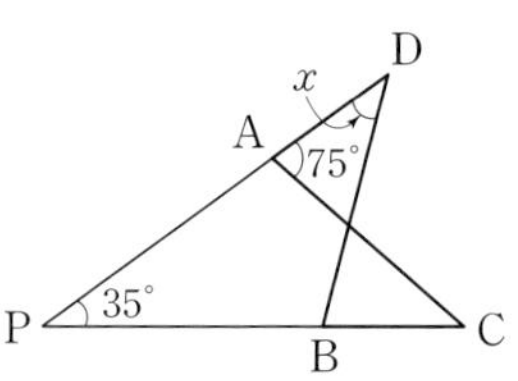

① 35° ② 40° ③ 45° ④ 50° ⑤ 55°

▶ 정답 및 풀이 36쪽

09 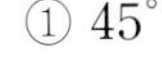 

오른쪽 그림에서 □ABCD가 원 O에 내접하고, $\angle DAB=100°$, $\angle DCE=30°$일 때, $\angle x$의 크기는?

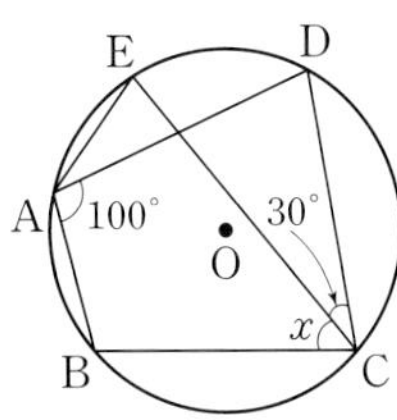

① 45° ② 50° ③ 55° ④ 60° ⑤ 65°

10

오른쪽 그림에서 □ABCD가 원에 내접하고, $\angle APB=30°$, $\angle BCD=80°$일 때, $\angle x$의 크기는?

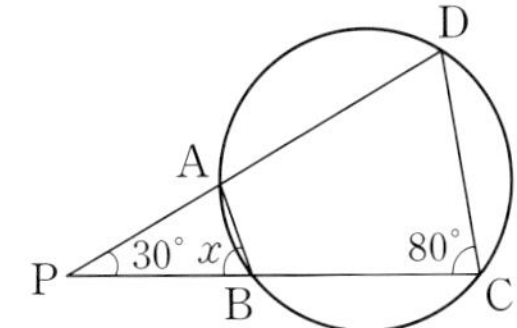

① 60° ② 65° ③ 70° ④ 75° ⑤ 80°

11

다음 중 □ABCD가 원에 내접하는 것을 모두 고르면? (정답 2개)

①
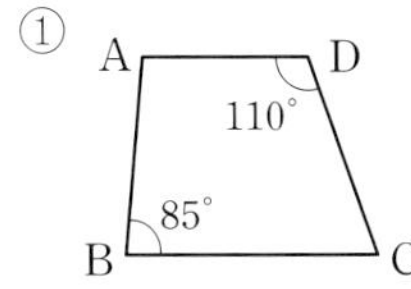

②
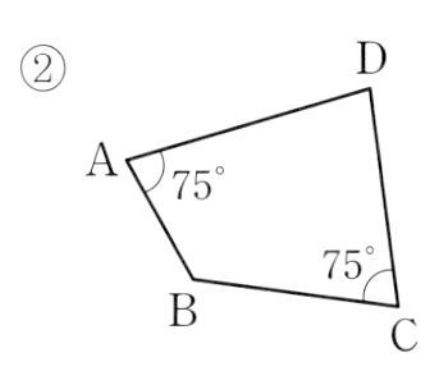

③
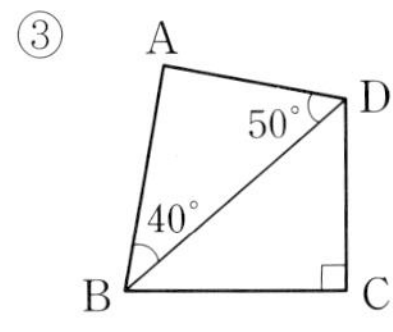

④
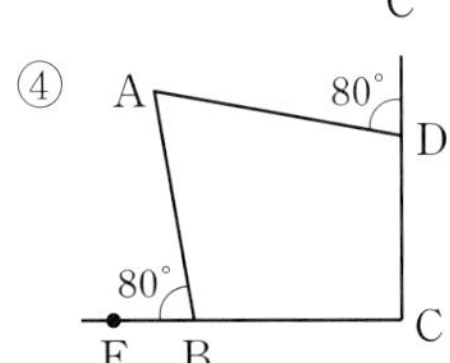

⑤
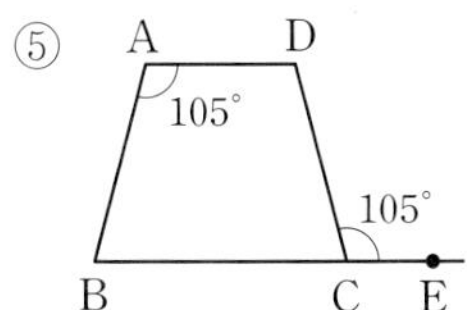

12

오른쪽 그림에서 $\overleftrightarrow{AT}$는 원 O의 접선이고, 점 A는 그 접점이다. $\angle AOB=124°$일 때, $\angle x$의 크기는?

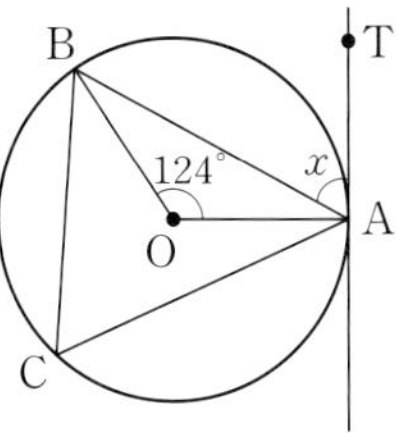

① 56° ② 58° ③ 60° ④ 62° ⑤ 64°

13

오른쪽 그림에서 $\overleftrightarrow{AT}$는 원 O의 접선이고, 점 A는 그 접점이다. $\overline{CD}$가 원 O의 지름이고, $\angle ABC=112°$일 때, $\angle x$의 크기는?

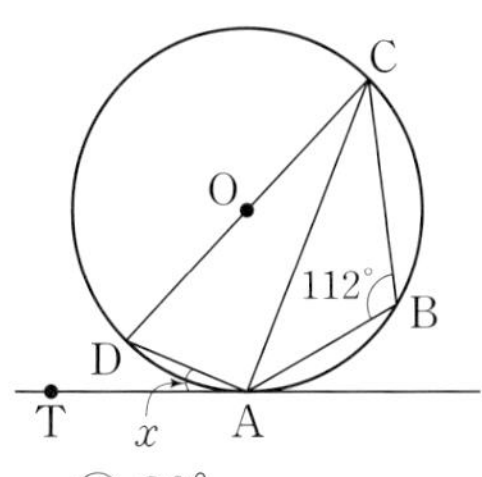

① 18° ② 19° ③ 20° ④ 21° ⑤ 22°

14 

오른쪽 그림에서 $\overrightarrow{PT}$는 원 O의 접선이고, 점 T는 그 접점이다. $\overline{PB}$가 원 O의 중심을 지나고 $\angle PBT=28°$일 때, $\angle x$의 크기를 구하시오.

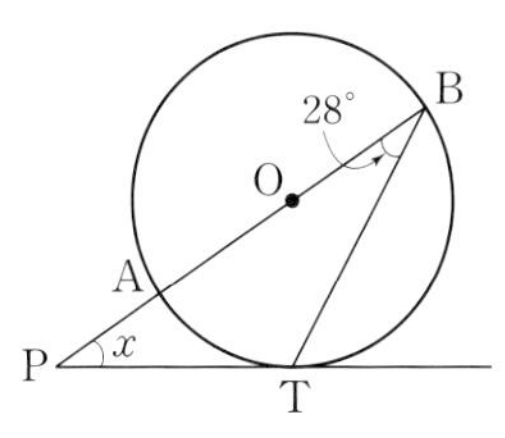

채점 기준 1 $\angle ATB$의 크기 구하기

채점 기준 2 $\angle ATP$의 크기 구하기

채점 기준 3 $\angle x$의 크기 구하기

바나나, 장화, 당근, 모자, 안경, 빗자루, 촛불, 나무, 샌드위치, 수박, 압정

정답

III

통계

통계를 배우고 나면 대푯값과 산포도의 의미를 알고 이를 구할 수 있어요. 또, 자료를 산점도로 나타내고 이를 이용하여 상관관계를 말할 수 있어요. 중1에서 배운 도수분포와 그래프 등과 연계하여 다양한 자료를 수집, 정리, 분석할 수도 있지요.

대푯값과 산포도

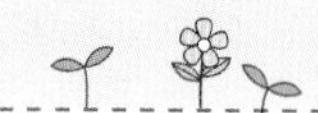

01 대푯값

(1) **대푯값** : 자료 전체의 특징을 대표적인 하나의 수로 나타낸 값

참고 대푯값에는 평균, 중앙값, 최빈값 등이 있으며 그중에서 평균이 가장 많이 쓰인다.

(2) **평균** : 변량의 총합을 변량의 개수로 나눈 값 ➜ $(\text{평균})=\dfrac{(\text{변량의 총합})}{(\text{변량의 개수})}$

└► 자료를 수량으로 나타낸 값

예 변량이 1, 2, 3, 4, 5일 때, $(\text{평균})=\dfrac{1+2+3+4+5}{5}=3$

(3) **중앙값** : 자료의 변량을 작은 값부터 크기순으로 나열하였을 때 한가운데 있는 값

- 중앙값 구하는 방법 : n개의 변량을 작은 값부터 크기순으로 나열한 후,

  ① 변량의 개수 n이 홀수 ➜ 중앙에 있는 값이 중앙값이다.

  └► $\dfrac{n+1}{2}$번째 변량

  ② 변량의 개수 n이 짝수 ➜ 중앙에 있는 두 값의 평균이 중앙값이다.

  └► $\dfrac{n}{2}$번째와 $\left(\dfrac{n}{2}+1\right)$번째 변량

  예 ① 변량이 1, 2, 3, 4, 5일 때, (중앙값)=3

  ② 변량이 1, 2, 3, 4, 5, 6일 때, $(\text{중앙값})=\dfrac{3+4}{2}=\dfrac{7}{2}$

자료의 개수가 짝수이면
가운데 위치한 값이
2개이니까 이 두 값의
평균으로 정하는 거야.

(4) **최빈값** : 자료에서 가장 많이 나타나는 값

- 최빈값 구하는 방법

  ① 자료의 값 중에서 도수가 가장 큰 값이 한 개 이상이면 그 값이 모두 최빈값이다. ◄ 최빈값은 여러 개일 수도 있다.

  ② 각 자료의 값의 도수가 모두 같으면 최빈값은 없다.

  예 ① 변량이 1, 2, 3, 3, 3, 4일 때, 최빈값은 3이다.

  ② 변량이 1, 1, 2, 3, 4, 4, 5일 때, 최빈값은 1, 4이다.

  ③ 변량이 1, 2, 3, 4, 5일 때, 최빈값은 없다.

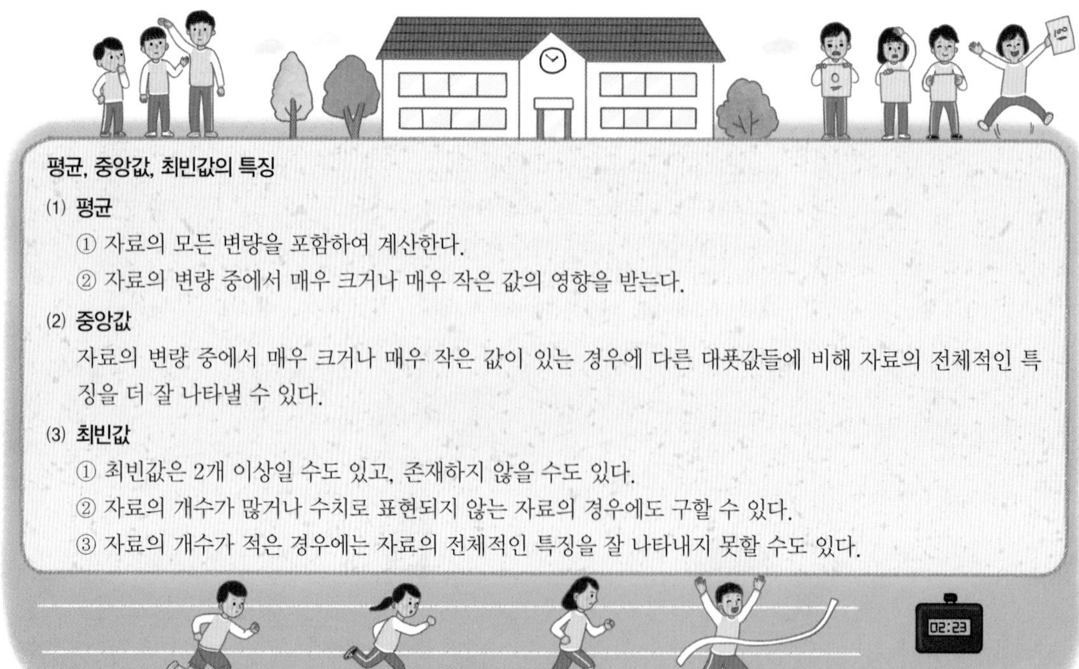

평균, 중앙값, 최빈값의 특징

(1) **평균**

① 자료의 모든 변량을 포함하여 계산한다.

② 자료의 변량 중에서 매우 크거나 매우 작은 값의 영향을 받는다.

(2) **중앙값**

자료의 변량 중에서 매우 크거나 매우 작은 값이 있는 경우에 다른 대푯값들에 비해 자료의 전체적인 특징을 더 잘 나타낼 수 있다.

(3) **최빈값**

① 최빈값은 2개 이상일 수도 있고, 존재하지 않을 수도 있다.

② 자료의 개수가 많거나 수치로 표현되지 않는 자료의 경우에도 구할 수 있다.

③ 자료의 개수가 적은 경우에는 자료의 전체적인 특징을 잘 나타내지 못할 수도 있다.

02 산포도

(1) **산포도** : 변량이 흩어져 있는 정도를 하나의 수로 나타낸 값

(2) **산포도의 성질**

변량들이 대푯값으로부터 멀리 떨어져 있으면 산포도가 크고, 대푯값 주위에 모여 있으면 산포도가 작다.

참고 산포도에는 여러 가지가 있지만 분산, 표준편차가 가장 많이 쓰인다.

03 편차

(1) **편차** : 각 변량에서 평균을 뺀 값

→ (편차)=(변량)−(평균) ← 편차를 구하려면 먼저 평균을 구해야 한다.

(2) **편차의 성질**

① 편차의 총합은 항상 0이다.

② 변량이 평균보다 크면 편차는 양수이고, 변량이 평균보다 작으면 편차는 음수이다. ← (변량)=(평균)이면 (편차)=0

③ 편차의 절댓값이 클수록 변량은 평균으로부터 멀리 있고, 편차의 절댓값이 작을수록 변량은 평균에 가까이 있다.

예 자료 1, 2, 3, 4, 5에서 (평균)=3이므로

각 변량의 편차는 −2, −1, 0, 1, 2 → (편차의 총합)=(−2)+(−1)+0+1+2=0

04 분산과 표준편차

(1) **분산** : 각 편차의 제곱의 총합을 변량의 개수로 나눈 값, 즉 편차의 제곱의 평균

→ $(\text{분산})=\dfrac{(\text{편차})^2\text{의 총합}}{(\text{변량의 개수})}$

(2) **표준편차** : 분산의 음이 아닌 제곱근 ← 분산은 0일 수도 있다.

→ $(\text{표준편차})=\sqrt{(\text{분산})}$

예 자료 1, 2, 3, 4, 5에서 (평균)=3이므로

각 변량의 $(\text{편차})^2$의 총합 → $(-2)^2+(-1)^2+0^2+1^2+2^2=10$

분산 → $\dfrac{10}{5}=2$, 표준편차 → $\sqrt{2}$

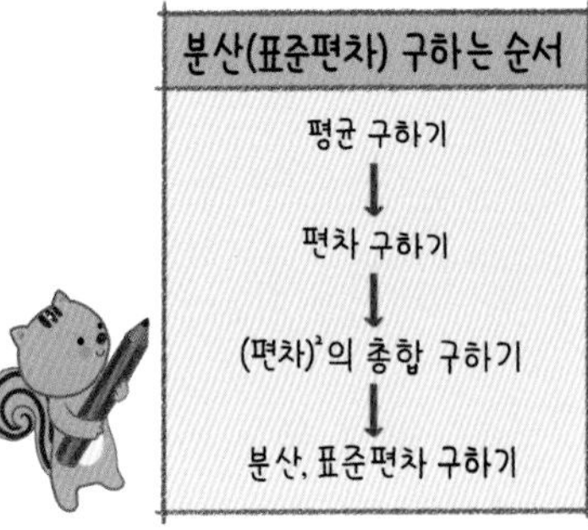

분산(표준편차) 구하는 순서
평균 구하기
편차 구하기
(편차)²의 총합 구하기
분산, 표준편차 구하기

주의 분산은 단위를 쓰지 않고, 표준편차는 주어진 변량과 같은 단위를 쓴다.

참고 분산과 표준편차가 작을수록 변량들이 평균 가까이에 모여 있으므로 자료의 분포 상태가 고르다고 할 수 있다.

산포도가 작다.
=
변량이 평균을 중심으로 모여 있다.
=
변량 간의 격차가 작다.
=
자료의 분포 상태가 고르다.

참고 편차의 총합은 항상 0이므로 편차의 평균도 0이다. 따라서 편차의 평균으로는 변량이 흩어져 있는 정도, 즉 산포도를 구할 수 없으므로 편차의 제곱의 평균(분산)과 음이 아닌 제곱근(표준편차)을 산포도로 사용한다.

▶ 정답 및 풀이 37쪽

01 VISUAL 연산 줄기와 잎 그림, 히스토그램, 도수분포다각형

중학교 1 학년 때 배웠어요!

(1) **줄기와 잎 그림** : 줄기와 잎을 이용하여 자료를 나타낸 그림

① 줄기 : 세로선의 왼쪽에 있는 수 ② 잎 : 세로선의 오른쪽에 있는 수

중복되는 수를 한 번만 쓴다. / 중복되는 수를 모두 쓴다.

[자료]

무게 (단위 : g)

21	26	43	25
29	40	27	28
20	31	42	33
37	12	39	35
26	18	34	26

변량

[줄기와 잎 그림]

무게 (1|2는 12 g)

줄기	잎
1	2 8
2	0 1 5 6 6 6 7 8 9
3	1 3 4 5 7 9
4	0 2 3

십의 자리 수 / 세로선 / 일의 자리 수

(2) **히스토그램** : 가로축에 계급을, 세로축에 각 계급의 도수를 표시하여 도수분포표를 직사각형 모양으로 나타낸 그래프

(3) **도수분포다각형** : 히스토그램에서 각 직사각형의 윗변의 중앙에 점을 찍어 차례대로 선분으로 연결하여 그린 다각형 모양의 그래프

[히스토그램]

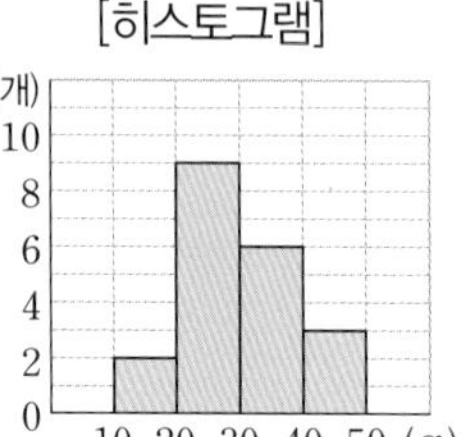

[도수분포다각형]

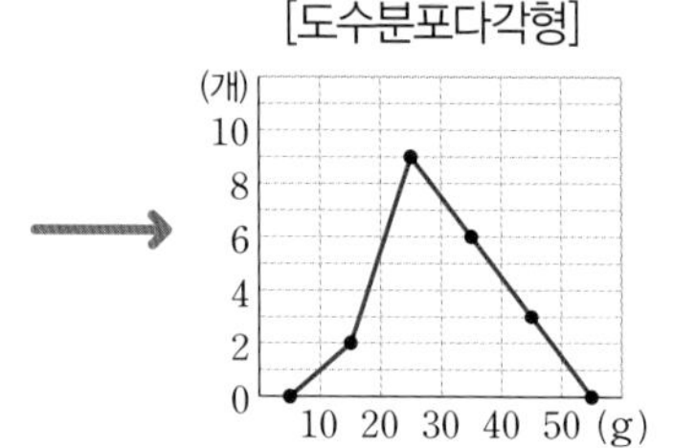

줄기와 잎 그림

다음은 어느 독서 동아리 회원들이 여름 방학 동안 읽은 책의 수를 조사하여 줄기와 잎 그림으로 나타낸 것이다. □ 안에 알맞은 수를 써넣으시오.

책의 수 (0|1은 1권)

줄기	잎
0	1 1 2 2 3 4 5 6 7
1	0 1 1 3 6 6 6
2	2 3 5
3	2

01 동아리 전체 회원 수는 □명이다.

02 읽은 책의 수가 10권 이상 20권 미만인 학생 수는 □명이다.

03 학생 수가 가장 많은 줄기는 □이다.

04 22권을 읽은 학생은 많이 읽은 학생 쪽에서 □번째이다.

05 읽은 책의 수가 10권 미만인 학생은 전체의 □%이다.

히스토그램 (도수분포다각형)

오른쪽은 수민이네 반 학생들의 등교 시간을 조사하여 나타낸 히스토그램이다. □ 안에 알맞은 수를 써넣으시오.

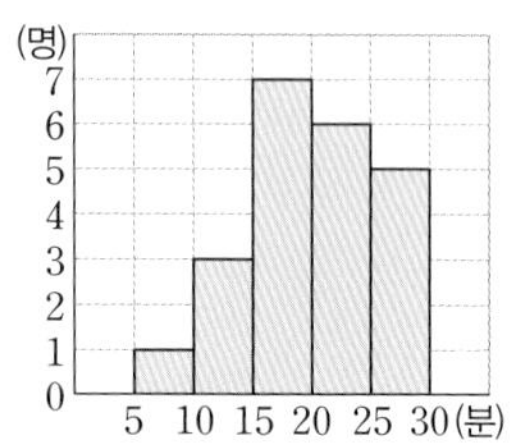

06 수민이네 반 전체 학생 수는 □명이다.

07 계급의 크기는 □분이다.

08 계급의 개수는 □이다.

09 도수가 가장 큰 계급은 □분 이상 □분 미만이다.

10 주어진 히스토그램을 도수분포다각형으로 나타내시오.

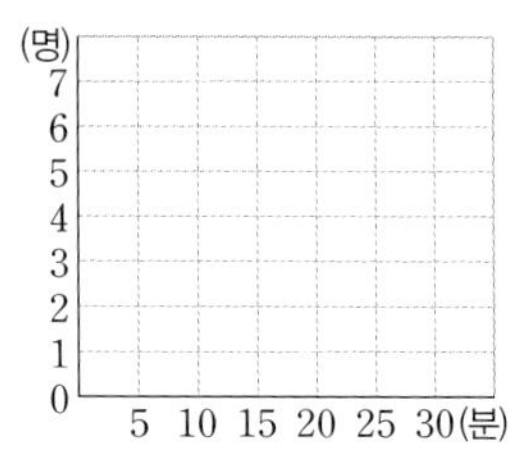

대푯값과 평균

대푯값 : 자료 전체의 특징을 대표적인 하나의 수로 나타낸 값

→ 평균, 중앙값, 최빈값 등

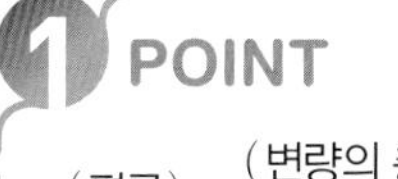

POINT

$(\text{평균})=\dfrac{(\text{변량의 총합})}{(\text{변량의 개수})}$

다음 자료의 평균을 구해 보자.

7, 6, 11, 12, 8, 10

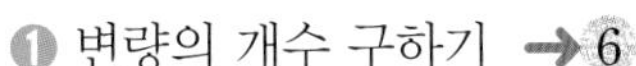

❶ 변량의 개수 구하기 → 6

❷ 변량을 모두 더하기 → $7+6+11+12+8+10=54$

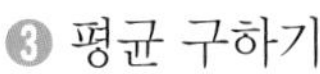

❸ 평균 구하기 → $(\text{평균})=\dfrac{54}{6}=9$

대푯값으로 가장 많이 사용되는 것은 평균이야.

자료의 평균

다음 자료의 평균을 구하시오.

01 2, 3, 3, 4, 5, 7

따라해

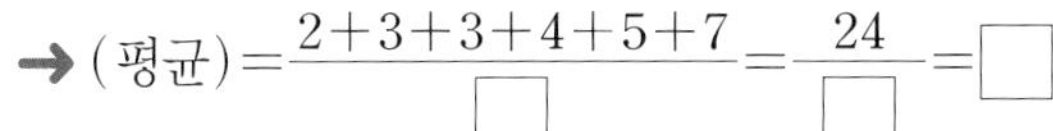

→ $(\text{평균})=\dfrac{2+3+3+4+5+7}{\square}=\dfrac{24}{\square}=\square$

02 4, 5, 8, 13, 15

03 10, 30, 20, 40, 50, 60

04 12, 13, 14, 24, 37

05 8, 11, 19, 12, 21, 7, 20

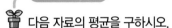

평균이 주어질 때 변량 구하기

다음 자료의 평균이 [ ] 안의 수와 같을 때, x의 값을 구하시오.

06 6, 5, 9, x [7]

따라해

→ $(\text{평균})=\dfrac{6+5+9+x}{\square}=7$이므로

$6+5+9+x=\square$, $20+x=\square$ $\therefore x=\square$

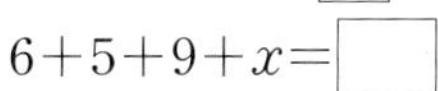

평균을 이용하여 변량의 총합을 먼저 구해 봐.

07 x, 5, 8, 4, 7 [6]

08 5, 8, 10, 14, x [10]

09 20, 12, x, 15, 18, 19 [18]

중앙값

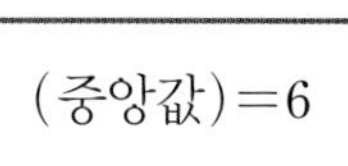

중앙값은 자료의 변량을 작은 값부터 크기순으로 나열하였을 때 한가운데 있는 값이야.

다음 자료의 중앙값을 구해 보자.

(1) 변량의 개수가 홀수일 때

2, 9, 6, 4, 7 → (크기순으로 나열) → 2, 4, 6, 7, 9 (자료의 개수 $n=5$) → (중앙에 있는 값) → (중앙값)$=6$ ($\frac{n+1}{2}$번째 변량)

(2) 변량의 개수가 짝수일 때

3, 2, 2, 6, 5, 5 → (크기순으로 나열) → 2, 2, 3, 5, 5, 6 (자료의 개수 $n=6$) → (중앙에 있는 두 값의 평균) → (중앙값)$=\frac{3+5}{2}=4$ ($\frac{n}{2}$번째와 $\left(\frac{n}{2}+1\right)$번째 변량의 평균)

실수 Check

크기가 같은 변량도 각각 다른 변량으로 생각해야 함에 주의한다.
2, 3, 1, 4, 3 → 1, 2, 3, 4 (×) 1, 2, 3, 3, 4 (○)

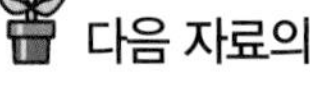

자료의 개수가 홀수일 때 중앙값 구하기

다음 자료의 중앙값을 구하시오.

01 3, 9, 8, 8, 2

따라해

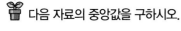

→ 변량을 작은 값부터 크기순으로 나열하면
2, 3, □, □, □
변량의 개수가 5이므로 중앙값은 3번째 변량 □ 이다.

02 2, 5, 1, 6, 4

03 4, 8, 10, 2, 6

04 13, 8, 10, 12, 9

05 7, 18, 16, 16, 13, 12, 19

06 22, 15, 11, 21, 20, 14, 26

07 10, 60, 30, 50, 10, 20, 30

자료의 개수가 짝수일 때 중앙값 구하기

다음 자료의 중앙값을 구하시오.

08 4, 8, 5, 9, 3, 7

따라해

→ 변량을 작은 값부터 크기순으로 나열하면
3, 4, □, □, □, □
변량의 개수가 6이므로 중앙값은 3번째와 4번째 변량 □와 □의 평균인 $\frac{\square+\square}{2}=\square$

09 12, 7, 16, 14

10 24, 45, 36, 20

11 8, 9, 4, 7, 2, 5

12 19, 6, 12, 16, 11, 20

13 26, 15, 19, 12, 15, 13

14 20, 10, 10, 30, 20, 40, 50, 20

중앙값이 주어질 때 변량 구하기

다음은 자료의 변량을 작은 값부터 크기순으로 나열한 것이다. 이 자료의 중앙값이 [ ] 안의 수와 같을 때, x의 값을 구하시오.

15 4, x, 7, 9 [6]

→ (중앙값) $=\dfrac{x+7}{\square}=6$이므로

$x+7=\square$ $\therefore x=\square$

자료의 개수가 짝수이므로 중앙에 있는 두 수의 평균이야!

16 3, 6, x, 12 [8]

17 2, 3, x, 8, 9, 11 [7]

18 3, 5, x, 9, 11, 12 [8]

19 4, 6, 10, 12, x, 20, 21, 26 [14]

최빈값

최빈값은 자료에서 가장 많이 나타나는 값이야.

다음 자료의 최빈값을 구해 보자.

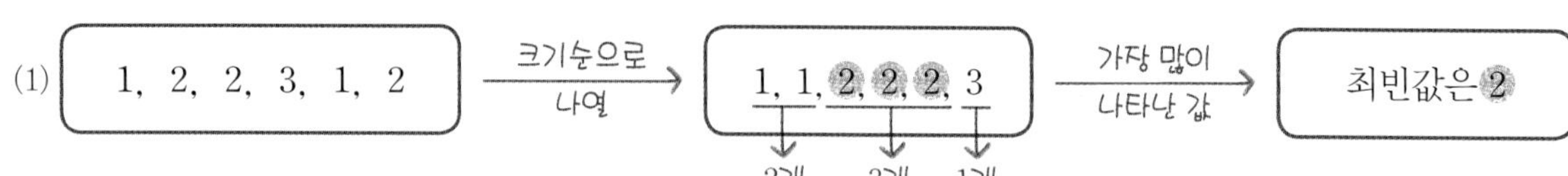

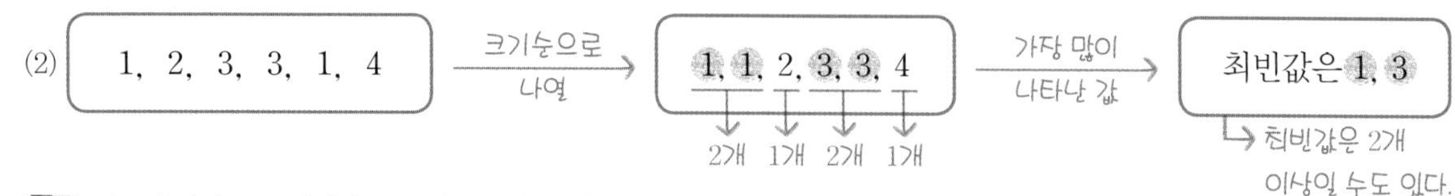

참고 자료의 값이 모두 같거나 모두 다르면 최빈값은 없다.

최빈값은 2개 이상일 수도 있고, 없을 수도 있음에 주의한다.

다음 자료의 최빈값을 구하시오.

01 2, 2, 3, 4, 5, 9

따라해

→ 자료에서 가장 많이 나타난 값은 ☐ 이므로 최빈값은 ☐ 이다.

02 4, 5, 5, 6, 7, 8, 11

03 16, 17, 19, 17, 16

04 10, 20, 20, 30, 30, 40, 40, 50, 60

05 5, 5, 5, 5, 5, 5, 5

06 11, 12, 13, 14, 15, 16

07 다음 표는 준석이네 반 학생 20명을 대상으로 혈액형을 조사하여 나타낸 것이다. 이 자료의 최빈값을 구하시오.

혈액형	A형	B형	O형	AB형
도수(명)	7	6	5	2

08 다음 표는 어느 동아리 회원 20명이 좋아하는 운동을 조사하여 나타낸 것이다. 이 자료의 최빈값을 구하시오.

운동	농구	야구	축구	수영	탁구
도수(명)	2	5	8	3	2

09 다음 표는 예원이가 친구 30명의 취미 활동을 조사하여 나타낸 것이다. 이 자료의 최빈값을 구하시오.

취미 활동	음악 감상	독서	춤	영화 감상	게임
도수(명)	5	6	13	4	2

자료의 평균, 중앙값, 최빈값 구하기

아래 자료는 학생 8명의 수학 수행평가 점수를 조사하여 나타낸 것이다. 이 자료에 대하여 다음을 구하시오.

(단위 : 점)

9, 8, 10, 8, 5, 7, 8, 9

10 평균

11 중앙값

12 최빈값

아래 자료는 학생 7명의 오래 매달리기 기록을 조사하여 나타낸 것이다. 이 자료에 대하여 다음을 구하시오.

(단위 : 초)

17, 21, 21, 15, 1, 24, 20

13 평균

14 중앙값

15 최빈값

아래 표는 학생 20명의 일주일 동안의 독서량을 조사하여 나타낸 것이다. 이 자료에 대하여 다음을 구하시오.

독서량(권)	1	2	3	4	5
학생 수(명)	3	4	4	6	3

16 평균

17 중앙값

18 최빈값

아래 자료는 소원이네 모둠 9명의 하루 동안의 휴대 전화 문자 발신 횟수를 조사하여 줄기와 잎 그림으로 나타낸 것이다. 이 자료에 대하여 다음을 구하시오.

문자 발신 횟수 (0|8은 8회)

줄기	잎
0	8 9 9
1	0 5 5
2	6 8
3	3

19 평균

➜ $(\text{평균})=\dfrac{8+9+9+10+15+15+26+28+33}{\square}$

$=\dfrac{\square}{\square}=\square$(회)

20 중앙값

➜ 변량의 개수가 9이므로 변량을 작은 값부터 크기 순으로 나열했을 때 □번째 변량이 중앙값이다.
따라서 중앙값은 □회이다.

21 최빈값

➜ 자료에서 가장 많이 나타난 값은 도수가 2명인 □와 □이다. 따라서 최빈값은 □회, □회이다.

아래 자료는 은혁이네 모둠 10명의 국어 성적을 조사하여 줄기와 잎 그림으로 나타낸 것이다. 이 자료에 대하여 다음을 구하시오.

국어 성적 (6|0은 60점)

줄기	잎
6	0 5 9
7	0 6 8 8
8	2 8
9	4

22 평균

23 중앙값

24 최빈값

▶ 정답 및 풀이 39쪽

01 다음 자료의 평균을 구하시오.

10, 12, 9, 6, 8

02 다음 자료의 평균이 8일 때, x의 값을 구하시오.

2, 8, x, 4, 6, 9

[03~04] 다음 자료의 중앙값을 구하시오.

03

8, 3, 6, 9, 4

04

8, 6, 7, 5, 6, 9

05 다음은 자료의 변량을 작은 값부터 크기순으로 나열한 것이다. 이 자료의 중앙값이 22일 때, x의 값을 구하시오.

12, 15, 20, x, 25, 30

06 다음 자료의 최빈값을 구하시오.

6, 8, 9, 3, 8, 6, 5

07 다음 표는 사진 공모전에서 입상한 작품 20점의 입상 결과를 조사하여 나타낸 것이다. 이 자료의 최빈값을 구하시오.

구분	대상	최우수상	우수상	장려상	특별상
입상작 수(점)	1	2	3	5	9

[08~10] 아래 자료에서 다음을 구하시오.

35, 20, 25, 15, 15, 15, 50

08 평균

09 중앙값

10 최빈값

[11~12] 아래 자료는 학생 20명의 2단 뛰기 줄넘기 기록을 조사하여 줄기와 잎 그림으로 나타낸 것이다. 이 자료에 대하여 다음을 구하시오.

줄넘기 기록 (0|1은 1개)

줄기	잎						
0	1	3	4	4	5	6	8
1	2	4	6	8	9		
2	0	3	3	3	7		
3	0	0	5				

11 중앙값

12 최빈값

맞힌 개수 개/12개

산포도와 편차

(1) **산포도** : 변량이 흩어져 있는 정도를 하나의 수로 나타낸 값
(2) **편차** : 각 변량에서 평균을 뺀 값

1 POINT
(편차)=(변량)−(평균)
→ (변량)=(평균)+(편차)

다음 자료의 평균이 10일 때, 각 변량의 편차를 구해 보자.

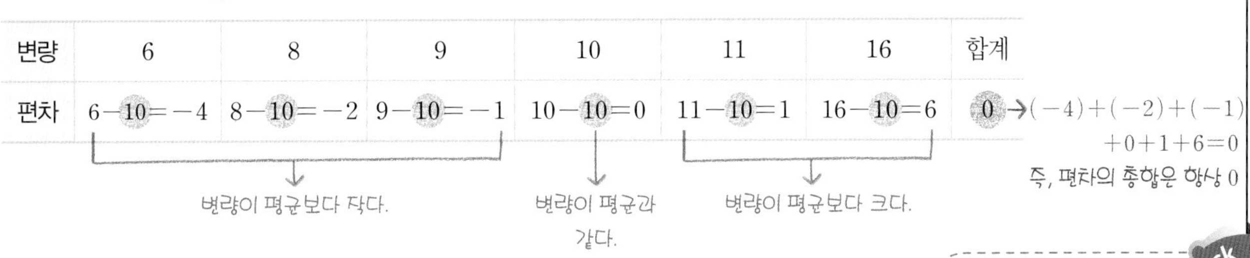

변량	6	8	9	10	11	16	합계
편차	6−10=−4	8−10=−2	9−10=−1	10−10=0	11−10=1	16−10=6	0

변량이 평균보다 작다. / 변량이 평균과 같다. / 변량이 평균보다 크다.

0 → (−4)+(−2)+(−1)+0+1+6=0
즉, 편차의 총합은 항상 0

편차를 구할 때는 빼는 순서에 주의한다.

평균이 주어진 경우 편차 구하기

주어진 자료의 평균이 다음과 같을 때, 표를 완성하시오.

01 (평균)=6

변량	4	7	6	3	10
편차	−2				

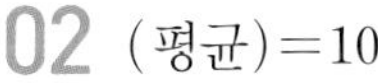

02 (평균)=10

변량	12	6	11	13	8
편차					

03 (평균)=16

변량	15				
편차	−1	2	6	−3	−4

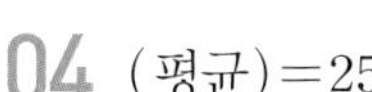

04 (평균)=25

변량					
편차	−1	−4	−5	0	10

평균이 주어지지 않은 경우 편차 구하기

다음 자료의 평균을 구하고, 표를 완성하시오.

05 따라해 (평균)$=\dfrac{8+4+5+2+6}{\square}=\dfrac{25}{\square}=\square$

변량	8	4	5	2	6
편차					

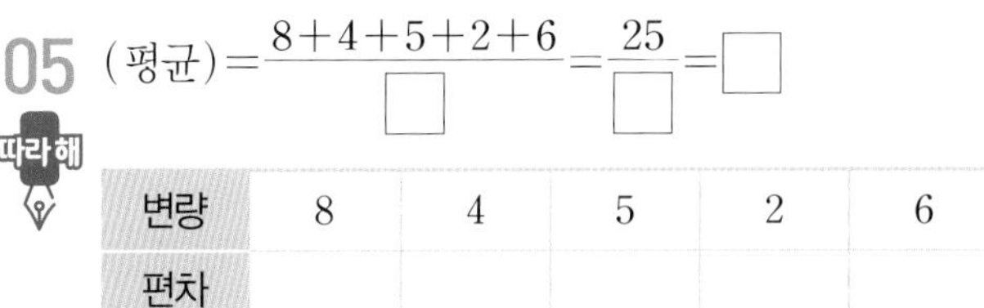

06 (평균)=________

변량	22	15	16	20	17
편차					

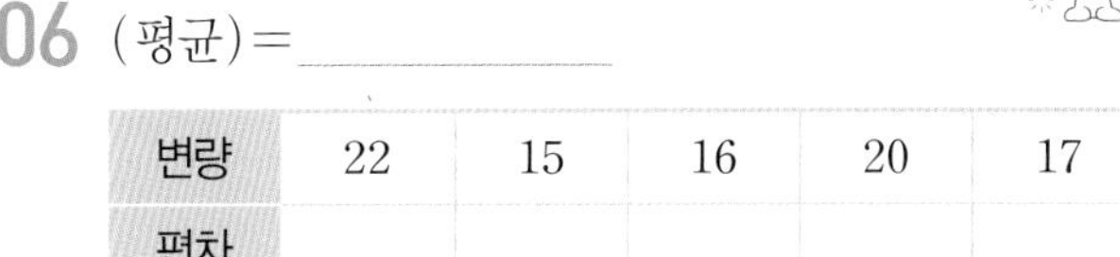

07 (평균)=________

변량	10	5	6	8	12	7
편차						

08 (평균)=________

변량	15	18	10	14	9	12
편차						

편차의 성질

 어떤 자료의 편차가 다음과 같을 때, x의 값을 구하시오.

09 x, -8, 6, 3

→ 편차의 총합은 0이므로
$x+(-8)+6+3=\square$
$\therefore x=\square$

10 -1, x, 5, 3, -3

11 9, -2, -7, 6, x

12 -11, 9, x, -1, 2, 4

13 7, 6, -12, x, -2, 1

14 4, 9, -8, -10, x, 2

편차의 성질을 이용하여 변량 구하기

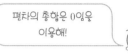

아래 표는 5일 동안 어느 분식집에 온 요일별 손님 수에 대한 편차를 조사하여 나타낸 것이다. 이 자료에 대하여 다음을 구하시오.

요일	월	화	수	목	금
편차(명)	6	-4	3	-7	x

15 x의 값

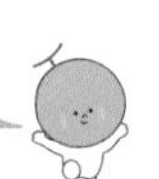

16 손님 수의 평균이 60명일 때, 월요일에 온 손님 수

→ (월요일의 손님 수)$=60+\square=\square$(명)
↳ (변량)=(평균)+(편차)

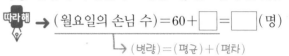

아래 표는 학생 6명의 영어 성적에 대한 편차를 조사하여 나타낸 것이다. 이 자료에 대하여 다음을 구하시오.

학생	A	B	C	D	E	F
편차(점)	4	-3	-4	x	5	-3

17 x의 값

18 영어 성적의 평균이 70점일 때, D의 점수

아래 표는 학생 5명의 윗몸 일으키기 횟수에 대한 편차를 조사하여 나타낸 것이다. 이 자료에 대하여 다음을 구하시오.

학생	A	B	C	D	E
편차(회)	-6	x	3	1	-2

19 x의 값

20 윗몸 일으키기 횟수의 평균이 14회일 때, B의 윗몸 일으키기 횟수

▶ 정답 및 풀이 40쪽

분산과 표준편차

(1) **분산** : 편차의 제곱의 평균
(2) **표준편차** : 분산의 음이 아닌 제곱근

POINT

• (분산) $=\dfrac{(\text{편차})^2\text{의 총합}}{(\text{변량의 개수})}$
• (표준편차) $=\sqrt{(\text{분산})}$

다음 자료의 분산과 표준편차를 각각 구해 보자.

2, 5, 6, 3, 4

❶ 평균 구하기 → $(\text{평균})=\dfrac{2+5+6+3+4}{5}=\dfrac{20}{5}=4$

❷ 편차 구하기 → $-2,\ 1,\ 2,\ -1,\ 0$ ← (변량)−(평균)

❸ $(\text{편차})^2$의 총합 구하기 → $(-2)^2+1^2+2^2+(-1)^2+0^2=10$

❹ 분산 구하기 → $(\text{분산})=\dfrac{10}{5}=2$

❺ 표준편차 구하기 → $(\text{표준편차})=\sqrt{2}$

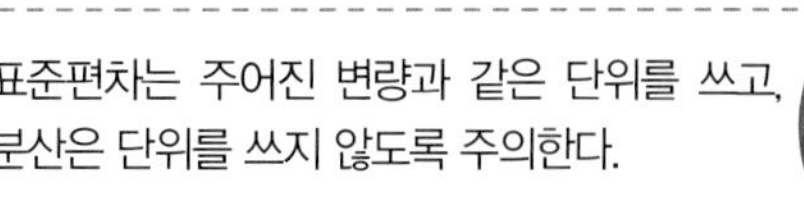

실수 Check 표준편차는 주어진 변량과 같은 단위를 쓰고, 분산은 단위를 쓰지 않도록 주의한다.

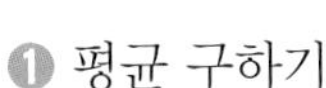

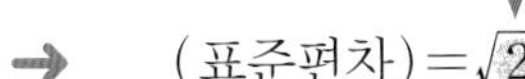

편차가 주어질 때 분산과 표준편차 구하기

어떤 자료의 편차가 다음과 같을 때, 분산과 표준편차를 각각 구하시오.

01 $-1,\ 3,\ 1,\ -3$

→ ❶ $(\text{편차})^2$의 총합 구하기 ________
　↳ $(-1)^2+3^2+1^2+(-3)^2$
❷ 분산 구하기 ________
❸ 표준편차 구하기 ________

02 $3,\ -1,\ 2,\ 0,\ -4$

분산 : ________
표준편차 : ________

03 $-1,\ 3,\ -4,\ 5,\ -3$

분산 : ________
표준편차 : ________

04 $2,\ 0,\ -2,\ -4,\ 4$

분산 : ________
표준편차 : ________

05 $-5,\ 3,\ 4,\ 0,\ 1,\ -3$

분산 : ________
표준편차 : ________

06 $1,\ -2,\ 1,\ -3,\ 2,\ -2,\ 0,\ 3$

분산 : ________
표준편차 : ________

편차의 성질을 이용하여 분산과 표준편차 구하기

 어떤 자료의 편차가 다음과 같을 때, 분산과 표준편차를 각각 구하시오.

07 $-4,\ x,\ -1,\ 0,\ 3$

따라해

→ ❶ x의 값 구하기 ______

❷ (편차)^{2}의 총합 구하기 ______

❸ 분산 구하기 ______

❹ 표준편차 구하기 ______

편차의 총합은 0임을 이용하여 x의 값부터 구해!

08 $x,\ -2,\ 4,\ 4$

분산 : ______

표준편차 : ______

09 $-2,\ x,\ -8,\ 1,\ 4$

분산 : ______

표준편차 : ______

10 $3,\ -8,\ 7,\ x,\ -3,\ -5$

분산 : ______

표준편차 : ______

평균, 분산, 표준편차 구하기

다음 자료의 평균, 분산, 표준편차를 각각 구하시오.

11 8, 10, 4, 2, 7, 5

따라해

→ ❶ 평균 구하기 ______

❷ 편차 구하기 ______

❸ (편차)^{2}의 총합 구하기 ______

❹ 분산 구하기 ______

❺ 표준편차 구하기 ______

12 5, 6, 7, 8, 9

평균 : ______

분산 : ______

표준편차 : ______

13 11, 10, 14, 12, 8

평균 : ______

분산 : ______

표준편차 : ______

14 55, 85, 75, 60, 75

평균 : ______

분산 : ______

표준편차 : ______

15 다음 자료는 5명의 학생이 일주일 동안 읽은 책의 수를 조사하여 나타낸 것이다. 읽은 책의 수의 분산과 표준편차를 각각 구하시오.

따라해

(단위 : 권)

4, 3, 2, 6, 5

→ ❶ 평균 구하기 ______

❷ 편차 구하기 ______

❸ (편차)^{2}의 총합 구하기 ______

❹ 분산 구하기 ______

❺ 표준편차 구하기 ______

분산은 단위를 쓰지 않고, 표준편차는 변량의 단위와 같아.

16 다음 자료는 학생 5명의 필통에 들어 있는 연필의 수를 조사하여 나타낸 것이다. 연필 수의 분산과 표준편차를 각각 구하시오.

(단위 : 자루)

7, 3, 5, 1, 4

분산 : ______

표준편차 : ______

17 다음 자료는 경민이의 5회에 걸친 턱걸이 횟수를 조사하여 나타낸 것이다. 턱걸이 횟수의 분산과 표준편차를 각각 구하시오.

(단위 : 회)

8, 11, 9, 5, 2

분산 : ______

표준편차 : ______

18 다음 자료는 가영이의 5회에 걸친 미술 수행평가 점수를 조사하여 나타낸 것이다. 수행평가 점수의 분산과 표준편차를 각각 구하시오.

(단위 : 점)

24, 32, 16, 10, 28

분산 : ______

표준편차 : ______

평균이 주어질 때 분산 구하기

다음 자료의 평균이 [ ] 안의 수와 같을 때, 이 자료의 분산을 구하시오.

19 13, 11, x, 5, 2 [8]

따라해

→ 평균이 8이므로

$\frac{13+11+x+5+2}{5}=8$

$31+x=40$ $\quad\therefore x=\square$

따라서 분산은

$\frac{5^2+3^2+\square^2+(-3)^2+(-6)^2}{\square}=\square$

20 4, x, 11, 7, 5 [8]

______

21 96, 88, 92, x, 94 [92]

______

22 9, 14, 15, 11, 12, x [12]

______

자료의 해석

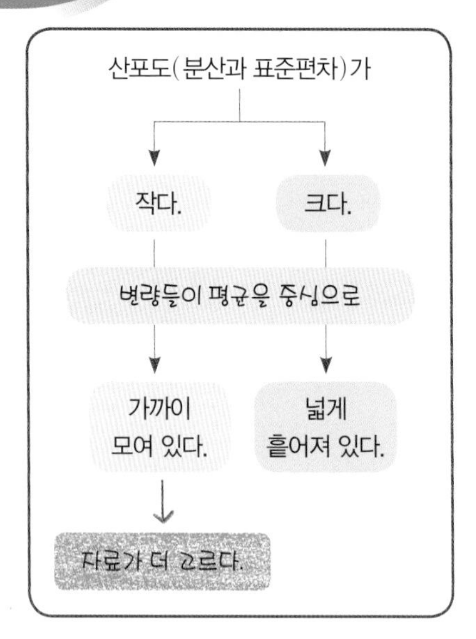

〈자료 A〉

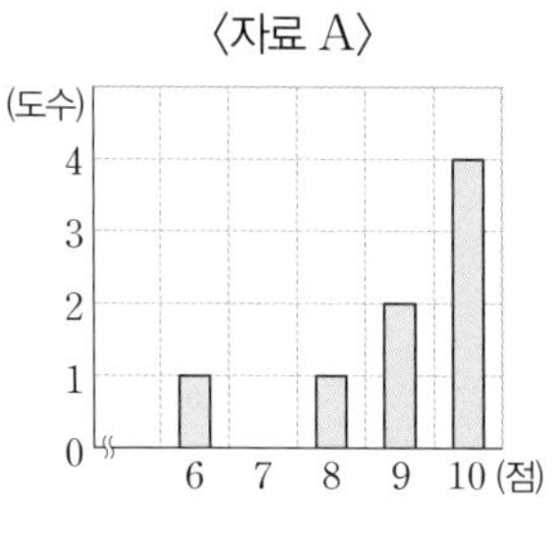

평균 : 9점

분산 : $\frac{7}{4}$

표준편차 : $\frac{\sqrt{7}}{2}$점

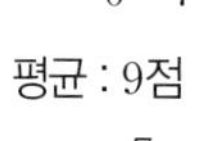

〈자료 B〉

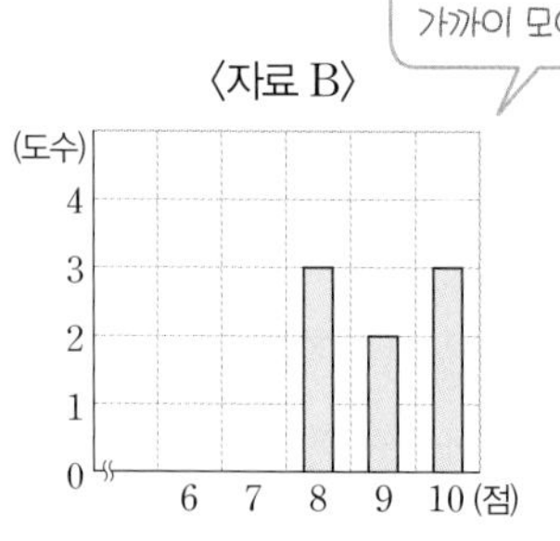

평균 주변에 가까이 모여 있다.

평균 : 9점

분산 : $\frac{3}{4}$

표준편차 : $\frac{\sqrt{3}}{2}$점

→ 〈자료 A〉와 〈자료 B〉의 평균은 같지만, 분산과 표준편차는 각각 $\frac{7}{4}>\frac{3}{4}$, $\frac{\sqrt{7}}{2}>\frac{\sqrt{3}}{2}$이므로 〈자료 B〉가 〈자료 A〉보다 더 고르다.

다음 중 옳은 것에는 ○표, 옳지 않은 것에는 ×표를 하시오.

01 편차의 총합은 항상 0이다. (　　)

02 편차의 제곱의 평균은 분산이다. (　　)

03 평균보다 큰 변량의 편차는 음수이다. (　　)

04 분산이 클수록 자료의 분포 상태가 고르다. (　　)

05 평균이 클수록 산포도는 작다. (　　)

오른쪽 표는 어느 중학교 3학년의 두 반 A, B 학생들의 수학 성적에 대한 평균과 표준편차를 나타낸 것이다. 다음 설명 중 옳은 것에는 ○표, 옳지 않은 것에는 ×표를 하시오.

	A 반	B 반
평균(점)	74	74
표준편차(점)	6.3	5.9

06 A 반의 수학 성적이 B 반의 수학 성적보다 우수하다. (　　)

07 B 반의 수학 성적이 A 반보다 고르게 분포되어 있다. (　　)

08 A 반의 수학 성적의 분산이 B 반의 수학 성적의 분산보다 크다. (　　)

09 두 반 학생의 수학 성적의 분포는 같다. (　　)

아래 표는 세 반 A, B, C 학생들의 앉은키의 평균과 표준편차를 조사하여 나타낸 것이다. 다음 물음에 답하시오.

	A 반	B 반	C 반
평균(cm)	92	90	93
표준편차(cm)	$\sqrt{15}$	$2\sqrt{5}$	4

10 앉은키가 가장 큰 반을 말하시오.

따라해 → □ 반의 평균이 가장 높으므로 □ 반의 앉은키가 가장 크다.

11 앉은키가 가장 작은 반을 말하시오. ______

12 앉은키가 가장 고른 반을 말하시오.

따라해 → □ 반의 표준편차가 가장 작으므로 □ 반의 앉은키가 가장 고르다.

표준편차가 가장 작은 반을 찾아봐!

13 앉은키가 가장 고르지 않은 반을 말하시오. ______

아래 표는 두 농장 A, B에서 수확한 수박의 무게를 조사하여 나타낸 것이다. 다음 물음에 답하시오.

(단위 : kg)

농장 A	6	7	13	10	9
농장 B	3	9	10	7	11

14 두 농장에서 수확한 수박 무게의 평균을 각각 구하시오. ______

15 두 농장에서 수확한 수박 무게의 분산을 각각 구하시오. ______

16 두 농장 중 어느 농장에서 수확한 수박의 무게가 더 고른지 말하시오. ______

아래는 A, B 두 모둠 학생들이 일주일 동안 읽은 책의 수를 조사하여 나타낸 막대그래프이다. 다음 물음에 답하시오.

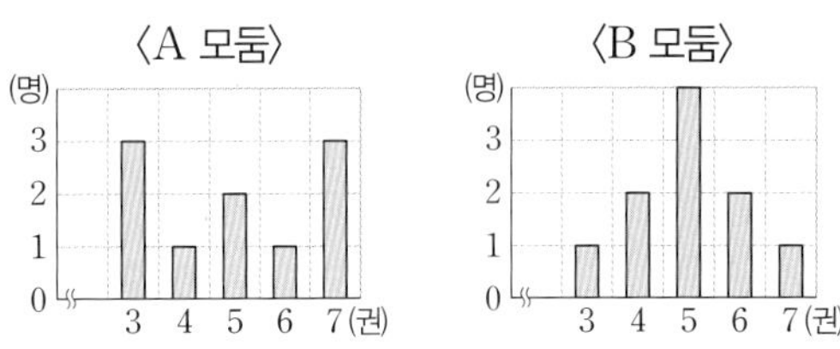

17 두 모둠이 읽은 책의 수의 평균을 각각 구하시오. ______

따라해 → A 모둠의 평균은

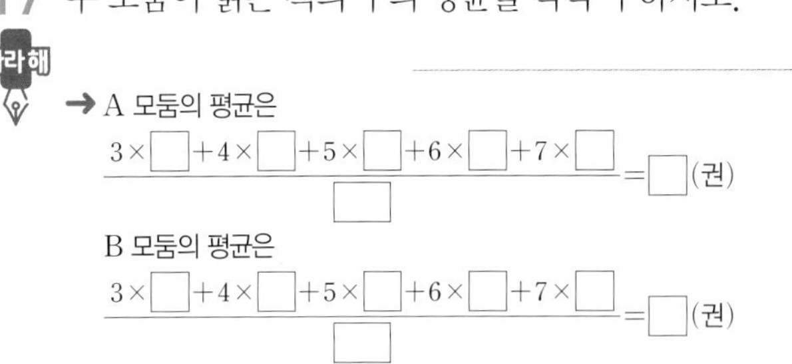

18 두 모둠이 읽은 책의 수의 분산을 각각 구하시오. ______

따라해 → A 모둠의 분산은

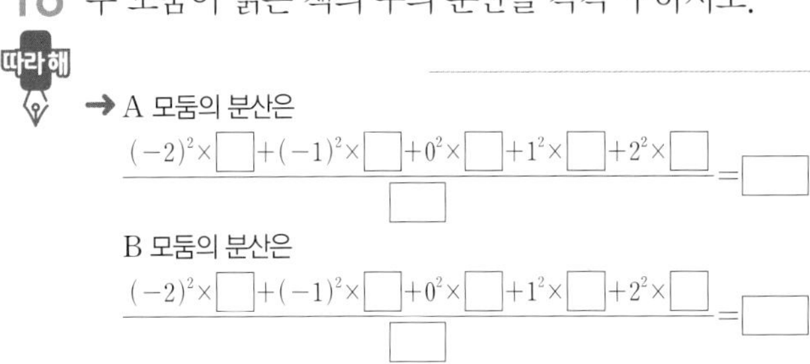

19 두 모둠 중 읽은 책의 수가 더 고른 모둠은 어느 모둠인지 말하시오. ______

아래는 학생 수가 각각 15명인 A, B, C 세 반의 학생들이 방학 동안 본 영화의 수를 조사하여 나타낸 막대그래프이다. 다음 물음에 답하시오.

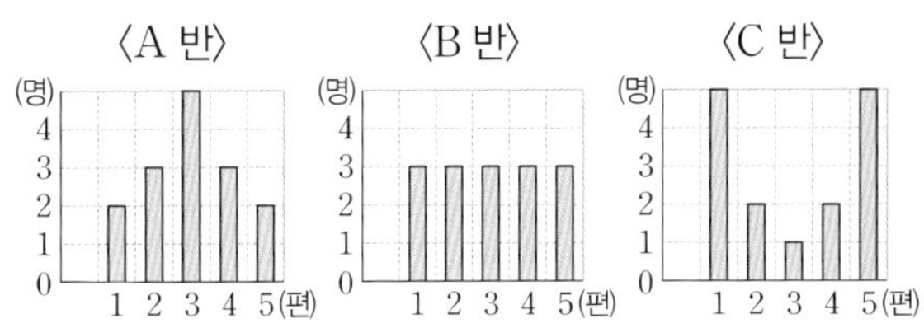

20 세 반의 학생들이 본 영화 수의 평균을 각각 구하시오. ______

21 세 반의 학생들이 본 영화 수의 분산을 각각 구하시오. ______

22 세 반 중 학생들이 본 영화 수가 가장 고른 반을 말하시오. ______

▶ 정답 및 풀이 42쪽

01 다음 자료의 평균이 16일 때, 표를 완성하시오.

변량	12	22	13	18	15
편차					

02 다음 자료의 평균을 구하고, 표를 완성하시오.

변량	17	8	11	9	15
편차					

03 어떤 자료의 편차가 다음과 같을 때, x의 값을 구하시오.

$8,\ -11,\ 2,\ x,\ 3$

[04~05] 어떤 자료의 편차가 다음과 같을 때, 분산과 표준편차를 각각 구하시오.

04 $-5,\ -1,\ 1,\ 2,\ 3$

05 $2,\ 0,\ -2,\ 3,\ -3$

[06~09] 다음은 5명의 학생 A, B, C, D, E의 국어 성적에 대한 편차를 나타낸 것이다. 이 학생들의 국어 성적의 평균이 80점일 때, 다음을 구하시오.

학생	A	B	C	D	E
편차(점)	-1	-3	11	x	5

06 x의 값

07 학생 D의 국어 성적

08 5명의 국어 성적의 분산

09 5명의 국어 성적의 표준편차

10 다음은 어느 반 학생 5명의 수학 성적을 조사하여 나타낸 것이다. 평균과 표준편차를 각각 구하시오.

(단위 : 점)

$96,\ 88,\ 92,\ 90,\ 94$

[11~12] 오른쪽은 어느 중학교 3학년 A, B 두 반의 사회 성적의 평균과 표준편차를 조사하여 나타낸 것이다. 다음 설명 중 옳은 것에는 ○표, 옳지 않은 것에는 ×표를 하시오.

	A 반	B 반
평균(점)	65	65
표준편차(점)	8.3	12.6

11 B 반의 성적이 더 우수하다. (　　)

12 A 반의 성적이 더 고르다. (　　)

한 번 더
연산테스트는
부록 13쪽에서

맞힌 개수 　개/12개

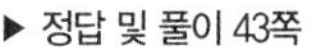
▶ 정답 및 풀이 43쪽

01

다음 표는 학생 6명의 일주일 동안의 운동 시간을 조사하여 나타낸 것이다. 운동 시간의 평균은?

학생	A	B	C	D	E	F
운동 시간 (시간)	8	12	5	4	6	7

① 5시간 ② 6시간 ③ 7시간
④ 8시간 ⑤ 9시간

02

다음은 주은이의 6회에 걸친 미술 성적을 조사하여 나타낸 것이다. 미술 성적의 평균이 92점일 때, x의 값은?

(단위 : 점)

82, 88, x, 94, 96, 97

① 92 ② 93 ③ 94
④ 95 ⑤ 96

03

다음 자료에서 세 변량 a, b, c의 총합이 18일 때, 이 자료의 평균은?

a, b, c, 8, 9

① 5 ② 6 ③ 7
④ 8 ⑤ 9

04 80% 출제율

다음은 자료의 변량을 작은 값부터 크기순으로 나열한 것이다. 이 자료의 평균과 중앙값이 같을 때, x의 값은?

4, 8, 9, 13, x, 17

① 13 ② 14 ③ 15
④ 16 ⑤ 17

05

다음 자료의 평균을 a, 중앙값을 b, 최빈값을 c라 할 때, abc의 값은?

2, 2, 2, 4, 4, 5, 5, 8

① 28 ② 32 ③ 40
④ 52 ⑤ 60

06 실수 주의

다음 설명 중 옳은 것을 모두 고르면? (정답 2개)

① 중앙값이 존재하지 않는 경우도 있다.
② 최빈값은 항상 중앙값보다 크다.
③ 최빈값은 반드시 한 개 이상이다.
④ 평균, 중앙값, 최빈값이 모두 같은 경우도 있다.
⑤ 자료의 개수가 짝수일 때는 작은 값부터 크기순으로 나열하였을 때 중앙에 있는 두 값의 평균이 중앙값이다.

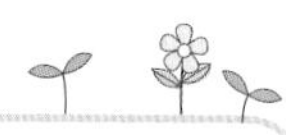

07

다음 표는 학생 5명의 줄넘기 횟수를 조사하여 나타낸 것이다. C의 줄넘기 횟수의 편차는?

학생	A	B	C	D	E
횟수(회)	85	84	83	76	82

① -3회 ② -2회 ③ -1회
④ 1회 ⑤ 2회

08

다음 표는 5명의 학생 A, B, C, D, E가 윗몸 일으키기를 한 횟수의 편차를 조사하여 나타낸 것이다. 5명의 학생의 윗몸 일으키기 횟수의 평균이 24회일 때, 학생 B가 윗몸 일으키기를 한 횟수는?

학생	A	B	C	D	E
편차(회)	-3		11	-5	7

① 14회 ② 18회 ③ 20회
④ 24회 ⑤ 26회

09

다음 자료는 5일 동안의 최고 기온에 대한 편차를 조사하여 나타낸 것이다. 5일 동안의 최고 기온에 대한 분산은?

(단위 : ℃)

$-3,\ -2,\ 1,\ 3,\ 1$

① 4 ② $\dfrac{24}{5}$ ③ 5
④ $\dfrac{26}{5}$ ⑤ 6

10

다음 중 주어진 자료에 대한 설명으로 옳지 않은 것을 모두 고르면? (정답 2개)

5, 8, 7, 6, 8, 9, 6, 6, 7, 8

① 평균은 7이다. ② 중앙값은 7이다.
③ 최빈값은 8이다. ④ 분산은 1.2이다.
⑤ 표준편차는 $\sqrt{1.4}$이다.

11

다음 표는 A, B, C, D, E 5개의 회사 직원들의 한 달 동안 임금에 대한 평균과 표준편차를 조사하여 나타낸 것이다. 임금이 가장 고르다고 할 수 있는 회사는?

	A 사	B 사	C 사	D 사	E 사
평균(만 원)	176	187	154	163	160
표준편차(만 원)	60	63	65	59	58

① A 사 ② B 사 ③ C 사
④ D 사 ⑤ E 사

12 서술형

다음 자료의 평균이 10일 때, 표준편차를 구하시오.

$13,\ 12,\ 4,\ 15,\ x$

채점 기준 1 x의 값 구하기

채점 기준 2 분산 구하기

채점 기준 3 표준편차 구하기

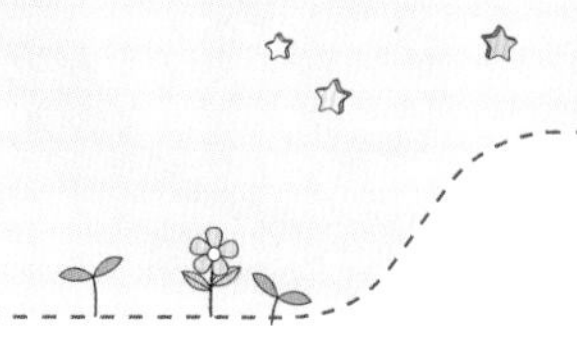

III-2 산점도와 상관관계

01 산점도

산점도 : 서로 대응하는 두 변량을 각각 x, y라 할 때, 순서쌍 (x, y)를 좌표로 하는 점을 좌표평면 위에 나타낸 그래프

예 학생 10명의 국어 점수와 영어 점수가 다음과 같을 때

학생(번호)	1	2	3	4	5	6	7	8	9	10
국어 점수(점)	85	60	75	95	90	65	100	95	80	70
영어 점수(점)	80	55	65	90	85	75	95	95	85	80

국어 점수를 x점, 영어 점수를 y점이라 하고 순서쌍 (x, y)를 구하면

→ $(85, 80)$, $(60, 55)$, $(75, 65)$, $(95, 90)$, $(90, 85)$, $(65, 75)$, $(100, 95)$, $(95, 95)$, $(80, 85)$, $(70, 80)$

→ 산점도로 나타내면 오른쪽과 같다.

참고 x, y의 산점도를 주어진 조건에 따라 분석할 때는 기준이 되는 보조선을 이용한다.

① 이상 또는 이하에 대한 조건이 주어질 때

조건	기준선	산점도에서의 위치
x가 a 이상	직선 $x=a$	직선 $x=a$ 위 또는 오른쪽
x가 a 이하		직선 $x=a$ 위 또는 왼쪽
y가 b 이상	직선 $y=b$	직선 $y=b$ 위 또는 위쪽
y가 b 이하		직선 $y=b$ 위 또는 아래쪽

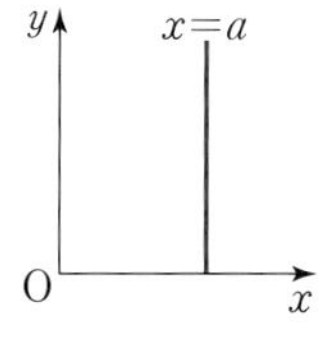

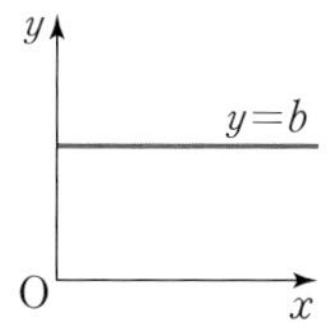

② 두 자료를 비교할 때

조건	기준선	산점도에서의 위치
x와 y가 같다.	직선 $y=x$	직선 $y=x$ 위
x가 y보다 크다.		직선 $y=x$의 아래쪽
x가 y보다 작다.		직선 $y=x$의 위쪽

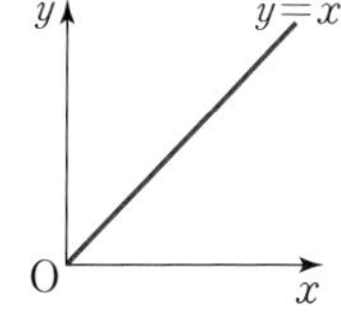

산점도를 분석할 때 기준이 되는 보조선을 잘 활용해 봐.

02 상관관계

(1) **상관관계** : 산점도의 두 변량 x와 y 중 한쪽이 증가함에 따라 다른 한쪽이 대체로 증가 또는 감소할 때, x와 y 사이에 상관관계가 있다고 한다.

산점도의 점들이 한 직선 주위에 가까이 모여 있을수록 상관관계가 강하다고 해.

(2) **상관관계의 종류**

① 양의 상관관계 : 두 변량 중 한쪽이 증가함에 따라 다른 한쪽도 대체로 증가하는 관계

② 음의 상관관계 : 두 변량 중 한쪽이 증가함에 따라 다른 한쪽은 대체로 감소하는 관계

③ 상관관계가 없다 : 두 변량 중 한쪽이 증가함에 따라 다른 한쪽이 대체로 증가하거나 감소하는지 분명하지 않은 관계

양의 상관관계

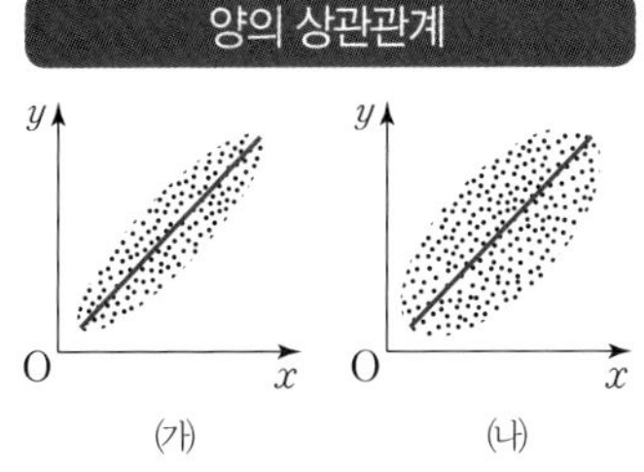

(가) (나)

→ (가)가 (나)보다 상관관계가 강하다.

음의 상관관계

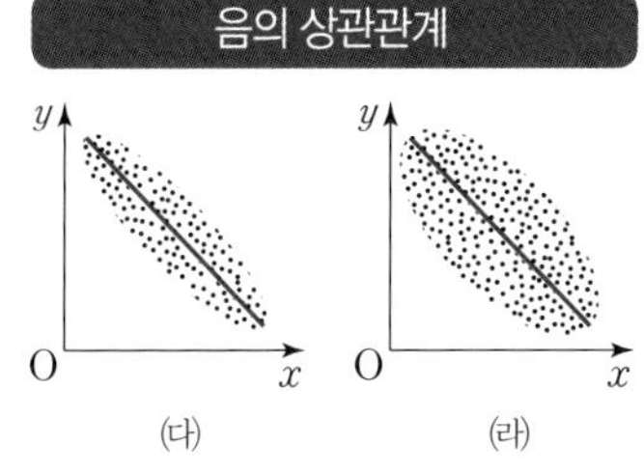

(다) (라)

→ (다)가 (라)보다 상관관계가 강하다.

상관관계가 없다.

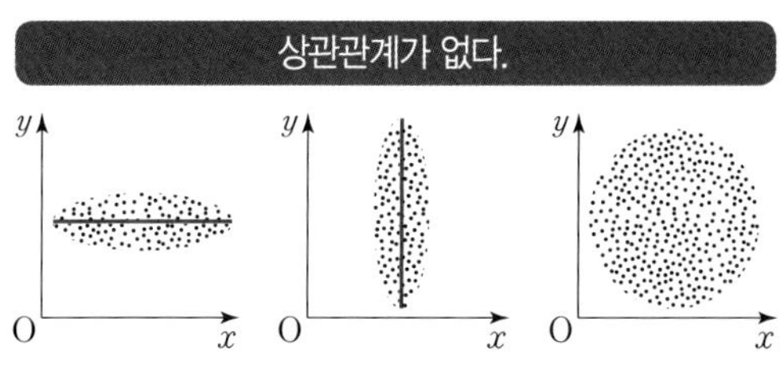

▶ 정답 및 풀이 44쪽

산점도

산점도 : 두 변량 x, y의 순서쌍 (x, y)를 좌표로 하는 점을 좌표평면 위에 나타낸 그래프

학생 6명의 키와 발 길이가 다음과 같을 때, 키를 x cm, 발 길이를 y mm라 하고 x, y의 산점도를 그려 보자.

학생	키(cm)	발 길이(mm)
A	165	235
B	160	230
C	165	240
D	170	250
E	160	245
F	155	230

→ 순서쌍 (x, y)로 나타내기 (키 ↲ ↳ 발 길이)

(165, 235), (160, 230), (165, 240), (170, 250), (160, 245), (155, 230)

→ 순서쌍 (x, y)를 좌표평면 위에 나타내기

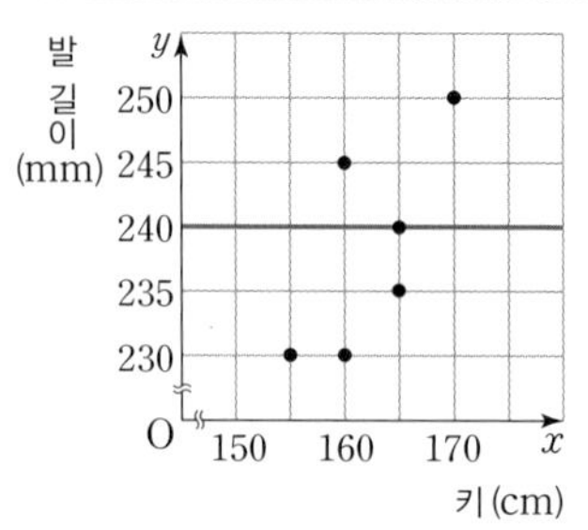

참고 x, y의 산점도를 주어진 조건에 따라 분석할 때는 기준이 되는 보조선을 이용한다.

발 길이가 240 mm 이상인 학생은 3명이군!

산점도 그리기

01 따라해 다음은 채민이네 모둠 8명의 하루 평균 운동 시간과 1분 동안의 윗몸 일으키기 기록을 조사하여 나타낸 표이다. 하루 평균 운동 시간을 x분, 1분 동안의 윗몸 일으키기 기록을 y회라 할 때, x와 y에 대한 산점도를 그리시오.

학생(번호)	1	2	3	4	5	6	7	8
운동 시간(분)	35	45	20	30	60	80	35	25
기록(회)	28	32	22	25	30	36	25	27

→ 순서쌍 (x, y)를 구하면
(35, 28), (45, 32), (20, 22), (30, 25), (60, 30), (80, □), (□, 25), (□, □)

→ 순서쌍 (x, y)를 좌표평면 위에 나타내면

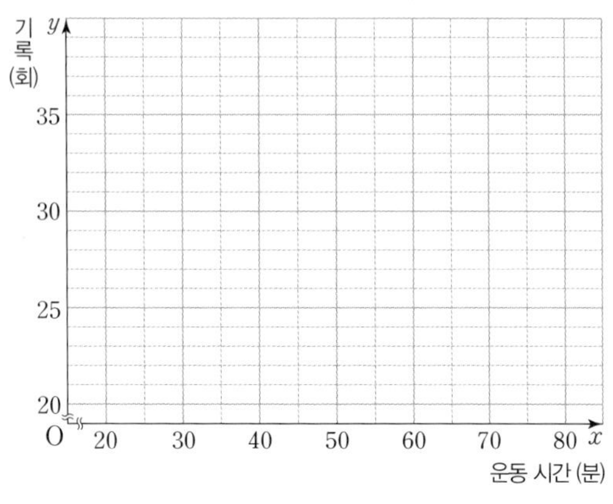

02 다음은 어느 매점에서 판매하는 7종류의 아이스크림의 가격과 하루 판매량을 조사하여 나타낸 표이다. 아이스크림의 가격을 x원, 판매량을 y개라 할 때, x와 y에 대한 산점도를 그리시오.

아이스크림	A	B	C	D	E	F	G
가격(원)	500	1000	800	500	900	600	500
판매량(개)	15	10	17	22	15	13	16

→ 순서쌍 (x, y)를 구하면

→ 순서쌍 (x, y)를 좌표평면 위에 나타내면

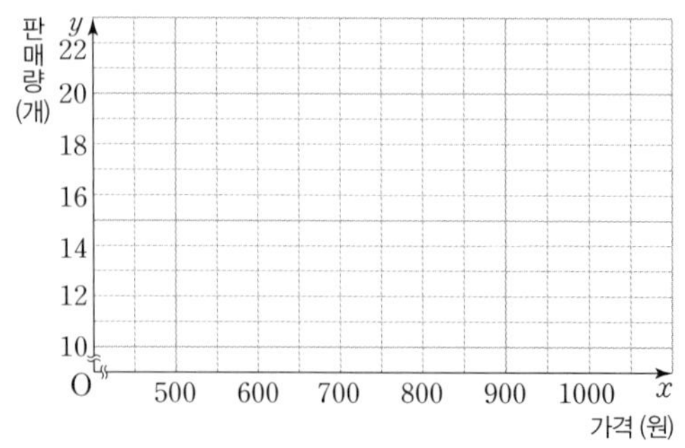

03 다음은 준석이네 반 학생 8명의 1차, 2차 영어 수행평가 점수를 조사하여 나타낸 표이다. 1차 점수를 x점, 2차 점수를 y점이라 할 때, x와 y에 대한 산점도를 그리시오.

학생	A	B	C	D	E	F	G	H
1차(점)	85	70	95	100	90	75	80	100
2차(점)	75	85	95	100	95	70	85	95

↓

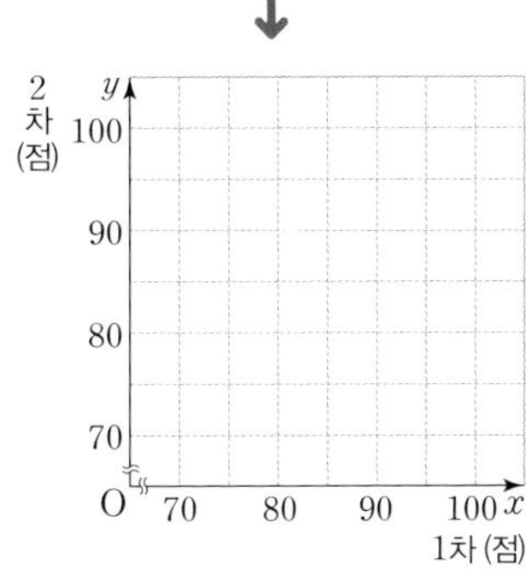

04 다음은 윤재네 반 학생 8명의 한 달 동안 읽은 책 수와 일주일 동안의 휴대 전화 사용 시간을 조사하여 나타낸 표이다. 읽은 책 수를 x권, 휴대 전화 사용 시간을 y시간이라 할 때, x와 y에 대한 산점도를 그리시오.

학생	A	B	C	D	E	F	G	H
책 수(권)	3	4	2	1	3	5	6	4
휴대 전화 사용 시간(시간)	5	6	1	6	4	2	4	3

↓

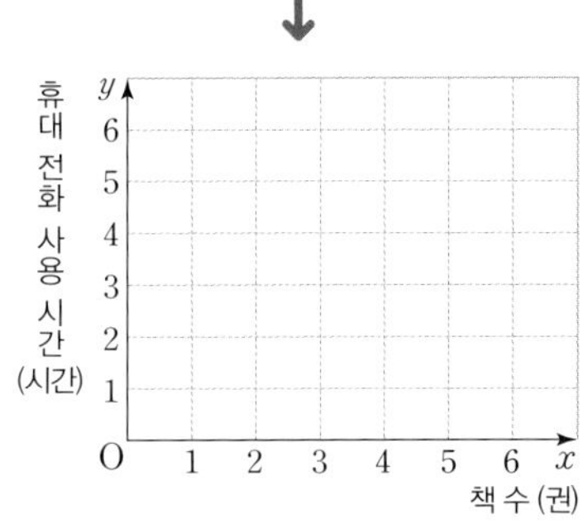

05 다음은 민서네 반 학생 10명의 중간고사 수학 점수와 과학 점수를 조사하여 나타낸 표이다. 수학 점수를 x점, 과학 점수를 y점이라 할 때, x와 y에 대한 산점도를 그리시오.

학생	A	B	C	D	E
수학 점수(점)	85	70	100	80	60
과학 점수(점)	90	75	90	95	75
학생	F	G	H	I	J
수학 점수(점)	65	75	90	95	85
과학 점수(점)	85	80	70	100	85

↓

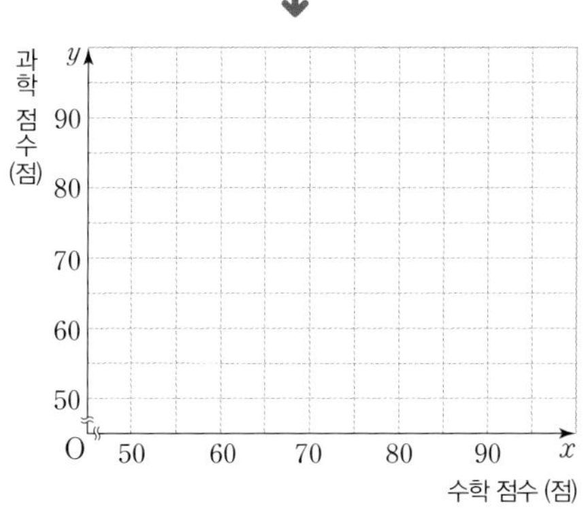

06 다음은 서울과 시드니의 월별 평균 최고 기온을 조사하여 나타낸 표이다. 서울의 월별 평균 최고 기온을 x ℃, 시드니의 월별 평균 최고 기온을 y ℃라 할 때, x와 y에 대한 산점도를 그리시오.

월	서울 (℃)	시드니 (℃)	월	서울 (℃)	시드니 (℃)
1	2	26	7	29	17
2	4	26	8	30	18
3	10	25	9	26	21
4	18	22	10	20	22
5	22	19	11	11	24
6	27	17	12	4	25

↓

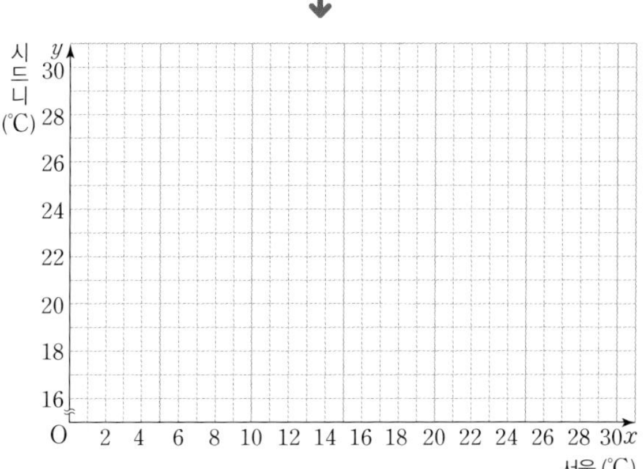

산점도 해석하기

아래 그래프는 어느 버스 정류장에서 정차하는 버스 10대의 바로 앞차와의 배차 시간과 각 버스를 기다리는 승객 수를 조사하여 나타낸 것이다. 다음을 구하시오.

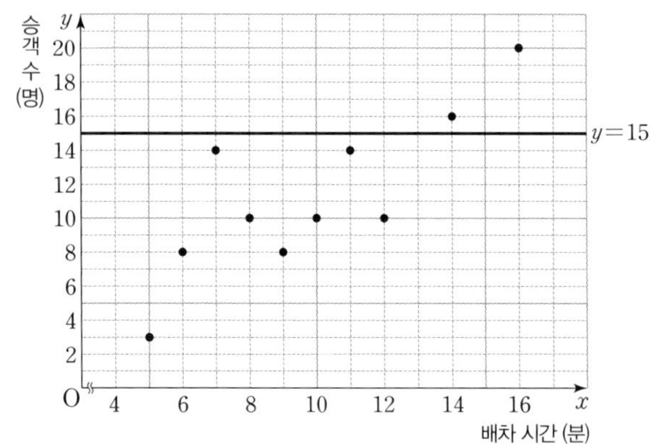

x좌표가 8

07 앞차와의 배차 시간이 8분인 버스를 기다리는 승객 수

08 버스를 기다리는 승객이 16명인 버스의 앞차와의 배차 시간

09 버스를 기다리는 승객이 가장 많은 버스를 기다리는 승객 수

y좌표가 가장 큰 점을 찾아봐!

10 앞차와의 배차 시간이 가장 짧은 버스를 기다리는 승객 수

11 버스를 기다리는 승객이 15명 이상인 버스의 수

→ 위의 산점도에서 직선 $y=15$ 위의 점과 그 위쪽에 있는 점의 수가 □개이므로 버스를 기다리는 승객이 15명 이상인 버스의 수는 □대이다.

12 앞차와의 배차 시간이 10분 이하인 버스의 수

아래 그래프는 학생 16명의 중간고사 평균 점수와 기말고사 평균 점수를 조사하여 나타낸 것이다. 다음을 구하시오.

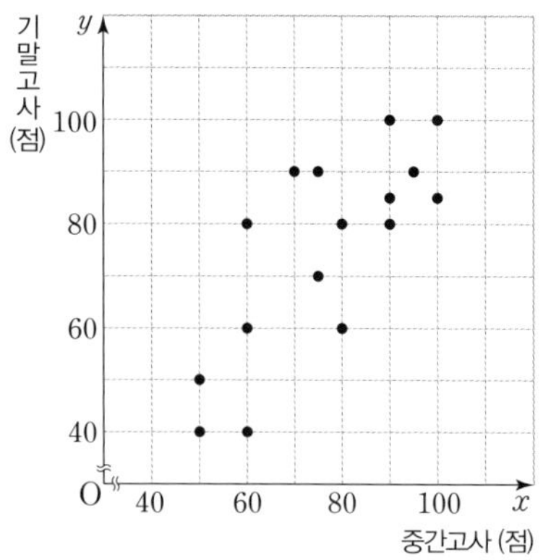

13 중간고사 평균 점수가 80점 이상인 학생 수

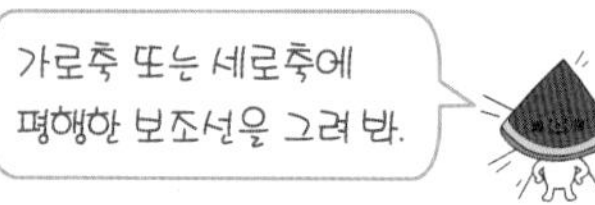

가로축 또는 세로축에 평행한 보조선을 그려 봐.

14 기말고사 평균 점수가 60점 이하인 학생 수

15 중간고사 평균 점수와 기말고사 평균 점수가 모두 80점 이상인 학생 수

16 중간고사 평균 점수와 기말고사 평균 점수가 같은 학생 수

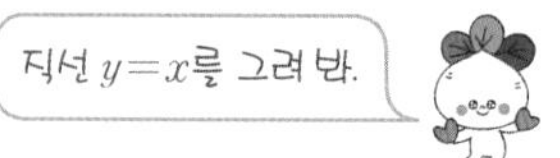

17 기말고사 평균 점수가 중간고사 평균 점수보다 높은 학생 수

아래 그래프는 멀리 던지기 대회에서 학생 16명의 1차 기록과 2차 기록을 조사하여 나타낸 것이다. 다음을 구하시오.

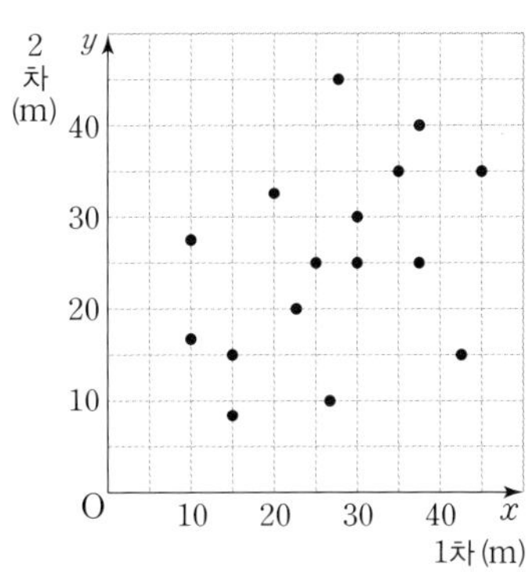

18 1차에서 가장 멀리 던진 학생의 기록

19 2차 기록이 35 m 이상인 학생은 전체의 ☐ %이다.

따라해

→ 2차 기록이 35 m 이상인 학생 수는 ☐명이므로 이는 전체 학생의 $\frac{\square}{16} \times 100 = \square$ (%)

20 1차 기록과 2차 기록이 변화가 없는 학생 수

21 1차 기록이 2차 기록보다 더 좋은 학생 수

22 1차 기록과 2차 기록이 모두 30 m 초과인 학생 수

23 1차 기록과 2차 기록 중 적어도 한 번의 기록이 15 m 이하인 학생 수

아래 그래프는 신생아 20명의 체중과 머리둘레를 조사하여 나타낸 것이다. 체중을 x kg, 머리둘레를 y cm라 할 때, 다음 중 옳은 것에는 ○표, 옳지 않은 것에는 ×표를 하시오.

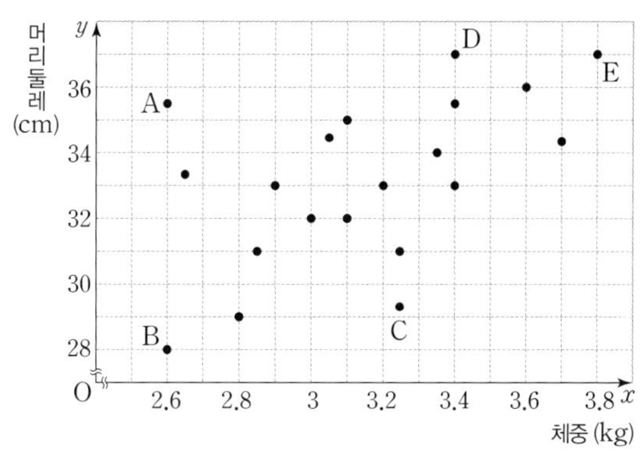

24 A, B, C, D, E 중에서 체중이 가장 많이 나가는 신생아는 A이다. (　　)

25 A, B, C, D, E 중에서 머리둘레가 가장 작은 신생아는 C이다. (　　)

26 A는 C보다 체중이 적게 나간다. (　　)

27 A는 C보다 머리둘레가 작다. (　　)

28 체중이 3 kg 이하인 신생아 수는 7명이다. (　　)

29 머리둘레가 32 cm 미만인 신생아 수는 7명이다. (　　)

상관관계

상관관계 : 산점도의 두 변량 x와 y 중 한쪽이 증가함에 따라 다른 한쪽이 대체로 증가 또는 감소할 때, x와 y 사이에 상관관계가 있다고 한다.

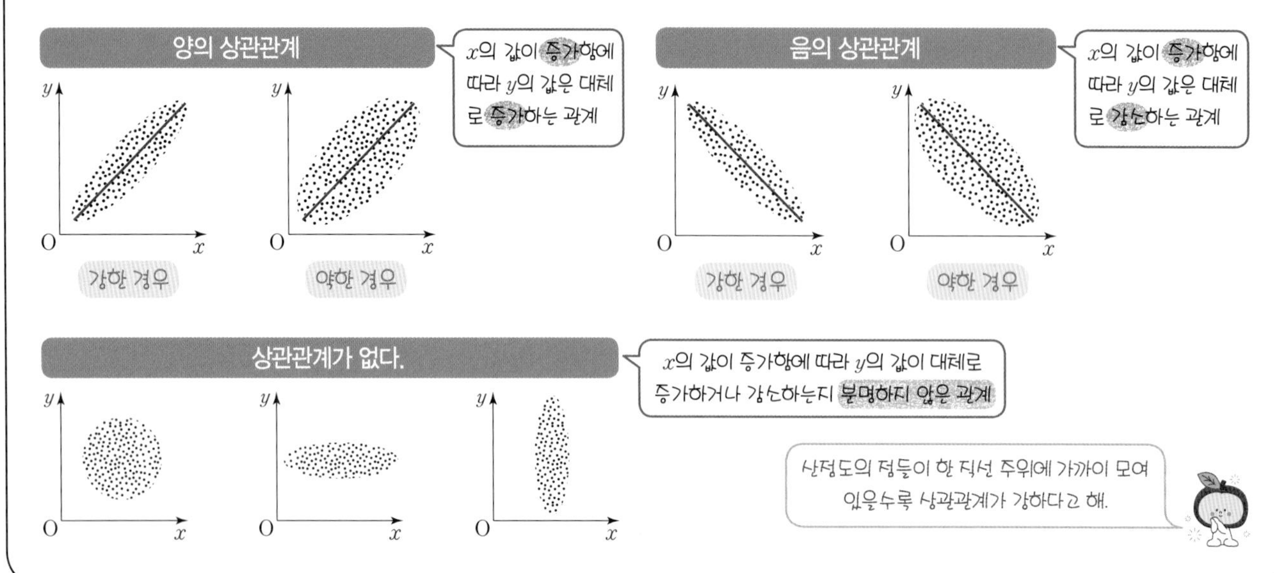

양의 상관관계
x의 값이 증가함에 따라 y의 값은 대체로 증가하는 관계
강한 경우
약한 경우
음의 상관관계
x의 값이 증가함에 따라 y의 값은 대체로 감소하는 관계
강한 경우
약한 경우

상관관계가 없다.

x의 값이 증가함에 따라 y의 값이 대체로 증가하거나 감소하는지 불명확한 관계

산점도의 점들이 한 직선 주위에 가까이 모여 있을수록 상관관계가 강하다고 해.

보기의 산점도를 보고, 다음 물음에 답하시오.

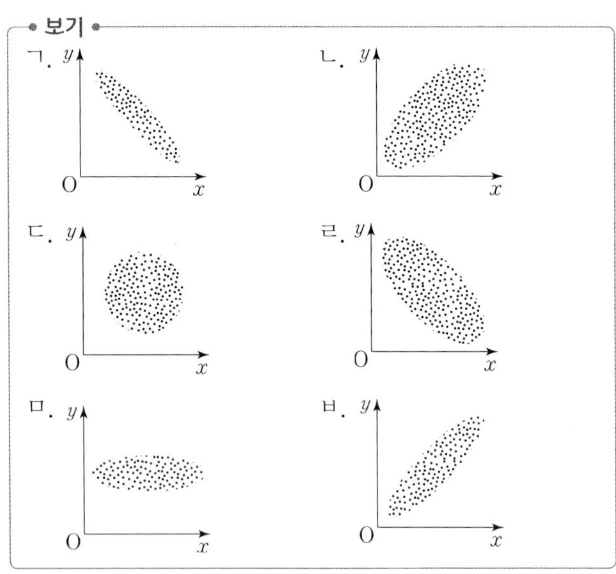

01 양의 상관관계가 있는 것을 모두 고르시오.

02 음의 상관관계가 있는 것을 모두 고르시오.

03 상관관계가 없는 것을 모두 고르시오.

04 x의 값이 증가함에 따라 y의 값은 대체로 감소하는 관계가 있는 것을 모두 고르시오.

05 x의 값이 증가함에 따라 y의 값도 대체로 증가하는 관계가 있는 것을 모두 고르시오.

06 다음 □ 안에 알맞은 것을 써넣으시오.

> 양의 상관관계를 나타내는 것 중에서 □이 □보다 강한 양의 상관관계를 나타낸다.

07 다음 □ 안에 알맞은 것을 써넣으시오.

> 음의 상관관계를 나타내는 것 중에서 □이 □보다 약한 음의 상관관계를 나타낸다.

보기의 산점도에 대한 설명으로 옳은 것에는 ○표, 옳지 않은 것에는 ×표를 하시오.

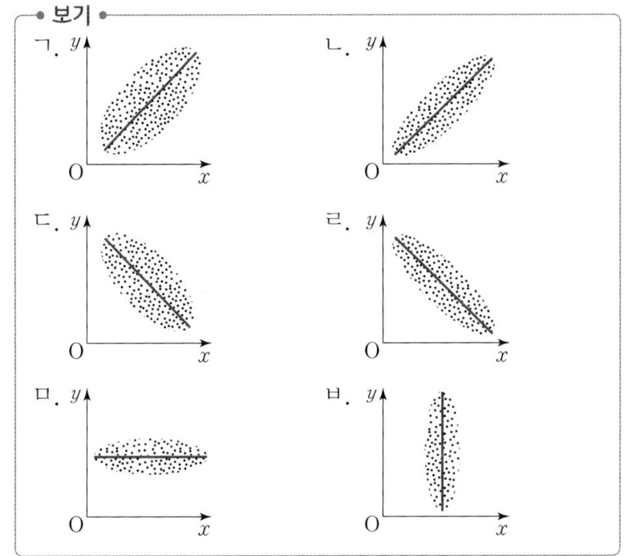

08 ㄴ은 음의 상관관계가 있다. ( )

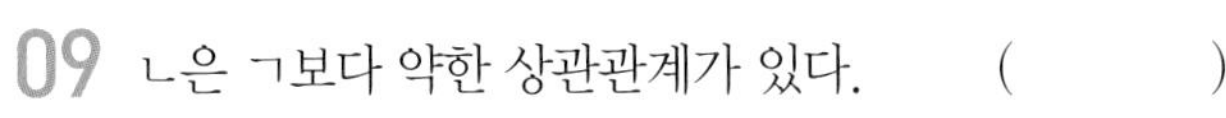

09 ㄴ은 ㄱ보다 약한 상관관계가 있다. ( )

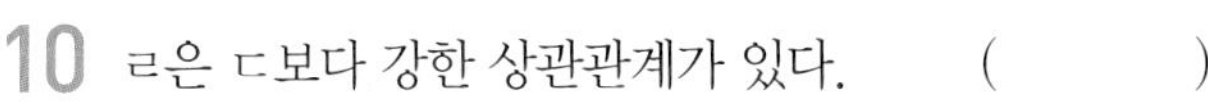

10 ㄹ은 ㄷ보다 강한 상관관계가 있다. ( )

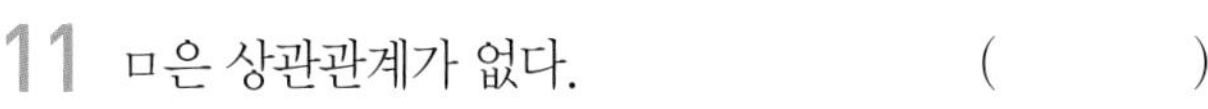

11 ㅁ은 상관관계가 없다. ( )

12 ㅂ은 양의 상관관계가 있다. ( )

13 ㄱ은 x의 값이 증가함에 따라 y의 값도 대체로 증가하는 관계가 있다. ( )

다음 두 변량 사이에 양의 상관관계가 있으면 '양', 음의 상관관계가 있으면 '음', 상관관계가 없으면 ×를 써넣으시오.

14 겨울철 기온과 난방 기구 사용량 ( )

15 일 년 동안 생산된 양파의 양과 양파의 가격 ( )

16 하루 동안 판매한 물건의 개수와 매출액 ( )

17 도시의 인구수와 교통량 ( )

18 학생의 키와 성적 ( )

19 산의 높이와 산 정상의 기온 ( )

20 외국인 관광객 수와 외화 수입액 ( )

21 하루 중 낮의 길이와 밤의 길이 ( )

22 미술관 입장객 수와 입장료 총액 ( )

23 눈의 크기와 시력 ( )

보기는 정주네 학교 학생들에 대하여 조사한 자료를 정리한 것이다. 다음 물음에 답하시오.

보기

ㄱ. 손의 길이가 긴 학생일수록 대체로 발의 길이도 길다.

ㄴ. 스마트폰 사용 시간이 긴 학생 중에는 등교 시간이 짧은 학생과 등교 시간이 긴 학생이 고르게 분포하였다.

ㄷ. 집과 학교 사이의 거리가 먼 학생일수록 등교 시간이 길다.

ㄹ. 국어 점수가 높은 학생 중에는 가족 수가 많은 학생도 있고, 가족 수가 적은 학생도 있다.

ㅁ. 수면 시간이 긴 학생일수록 TV 시청 시간이 짧다.

24 밑줄 친 두 변량이 양의 상관관계가 있는 것을 모두 고르시오.

25 밑줄 친 두 변량이 음의 상관관계가 있는 것을 고르시오.

26 밑줄 친 두 변량이 상관관계가 없는 것을 모두 고르시오.

보기의 산점도를 보고, 다음 물음에 답하시오.

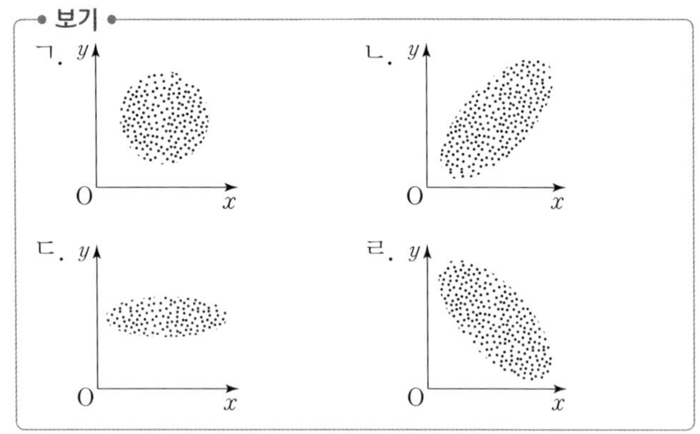

27 비가 오는 날수가 많을수록 우산 판매량이 늘어난다고 한다. 비 온 날수를 x일, 우산 판매량을 y개라 할 때, x와 y 사이의 관계를 나타내는 산점도를 고르시오.

28 어떤 물건의 값이 비싸질수록 물건의 판매량은 적어진다고 한다. 물건의 값을 x원, 판매량을 y개라 할 때, x와 y 사이의 관계를 나타내는 산점도를 고르시오.

29 자동차의 무게가 많이 나갈수록 연비는 낮아진다고 한다. 자동차의 무게를 x kg, 연비를 y km/L라 할 때, x와 y 사이의 관계를 나타내는 산점도를 고르시오.

30 여름 월평균 기온이 올라갈수록 냉방 기구 판매량이 늘어난다고 한다. 월평균 기온을 x ℃, 냉방 기구 판매량을 y개라 할 때, x와 y 사이의 관계를 나타내는 산점도를 고르시오.

31 운동을 많이 할수록 비만도가 낮아진다고 한다. 하루 평균 운동량을 x시간, 비만도를 y %라 할 때, x와 y 사이의 관계를 나타내는 산점도를 고르시오.

32 겨울철 기온이 내려갈수록 감기 환자 수가 증가한다고 한다. 겨울철 기온을 x ℃, 감기 환자 수를 y명이라 할 때, x와 y 사이의 관계를 나타내는 산점도를 고르시오.

33 예금액이 많을수록 이자가 늘어난다고 한다. 예금액을 x원, 이자를 y원이라 할 때, x와 y 사이의 관계를 나타내는 산점도를 고르시오.

아래 그래프는 정우네 학교 학생들의 통학 거리와 통학 시간을 조사하여 나타낸 것이다. 다음 중 이 산점도에 대한 설명으로 옳은 것에는 ○표, 옳지 않은 것에는 ×표를 하시오.

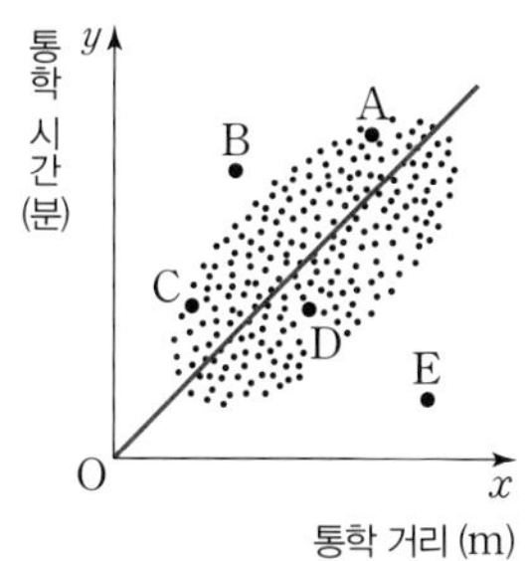

34 통학 거리와 통학 시간 사이에는 양의 상관관계가 있다. (　　)

35 A, B, C, D, E 중에서 C의 통학 거리가 가장 짧다. (　　)

36 A, B, C, D, E 중에서 E의 통학 시간이 가장 길다. (　　)

37 B는 D보다 통학 시간이 더 짧다. (　　)

38 B는 통학 거리에 비하여 통학 시간이 길다. (　　)

39 E는 통학 거리에 비하여 통학 시간이 길다. (　　)

40 A, B, C, D, E 중에서 통학 거리에 비하여 통학 시간이 짧은 학생은 D, E이다. (　　)

아래 그래프는 어느 중학교 3학년 학생의 한 달 용돈과 한 달 지출액을 조사하여 나타낸 것이다. 다음 중 이 산점도에 대한 설명으로 옳은 것에는 ○표, 옳지 않은 것에는 ×표를 하시오.

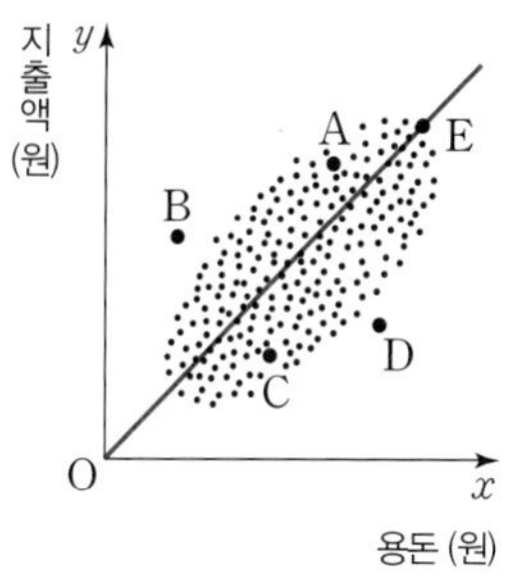

41 한 달 용돈과 한 달 지출액 사이에는 음의 상관관계가 있다. (　　)

42 A, B, C, D, E 중에서 한 달 용돈이 가장 많은 학생은 E이다. (　　)

43 A, B, C, D, E 중에서 한 달 지출액이 가장 적은 학생은 B이다. (　　)

44 B는 E보다 한 달 지출액이 많다. (　　)

45 A는 한 달 용돈에 비하여 지출액이 많다. (　　)

46 C는 한 달 용돈에 비하여 지출액이 많다. (　　)

47 한 달 용돈에 비하여 지출액이 적은 학생은 A, B이다. (　　)

▶ 정답 및 풀이 47쪽

[01~03] 아래는 어느 농장에서 수확한 옥수수 10개의 길이와 무게를 조사하여 나타낸 것이다. 다음 물음에 답하시오.

옥수수	1	2	3	4	5	6	7	8	9	10
길이(cm)	22	18	19	16	20	18	23	21	16	17
무게(g)	200	190	190	170	200	160	250	230	160	180

01 옥수수의 길이를 x cm, 무게를 y g이라 할 때, x와 y에 대한 산점도를 그리시오.

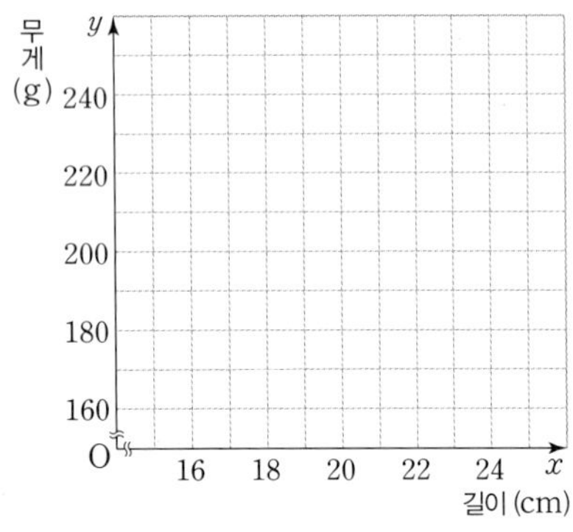

02 x와 y 사이에는 어떤 상관관계가 있는지 말하시오.

03 무게가 200 g 이상인 옥수수는 몇 개인지 구하시오.

04 다음 **보기**에서 두 변량 x와 y 사이에 상관관계가 없는 것을 모두 고르시오.

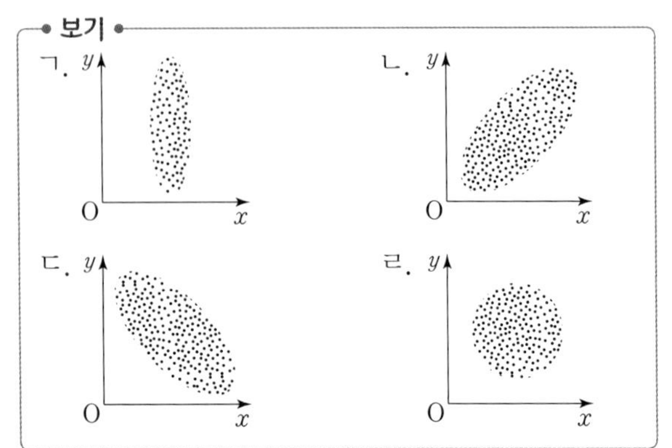

[05~09] 아래 그래프는 수형이네 반 학생 20명의 1차, 2차 영어 말하기 수행평가 점수에 대한 산점도이다. 다음 물음에 답하시오.

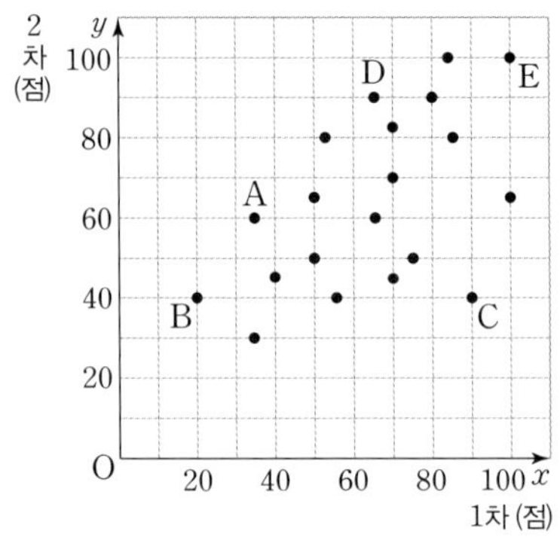

05 1차 점수가 90점 이상인 학생은 전체의 몇 %인지 구하시오.

06 2차 점수가 90점 이상인 학생은 전체의 몇 %인지 구하시오.

07 1차 점수와 2차 점수가 모두 90점 이상인 학생 수를 구하시오.

08 2차 점수가 1차 점수보다 더 높은 학생 수를 구하시오.

09 A, B, C, D, E 중에서 1차 점수에 비해서 2차 점수가 낮은 학생을 구하시오.

한 번 더
연산테스트는
부록 14쪽에서

맞힌 개수 개/9개

▶ 정답 및 풀이 47쪽

01

다음 중 두 변량 사이에 양의 상관관계가 있는 것은?

① 허리둘레와 국어 성적
② 게임 시간과 학습 시간
③ 발의 길이와 신발의 크기
④ 감자 생산량과 감자의 가격
⑤ 여름철 기온과 난방비

02

다음 중 두 변량 x와 y 사이의 산점도를 그렸을 때, 오른쪽 그림과 같은 것을 모두 고르면? (정답 2개)

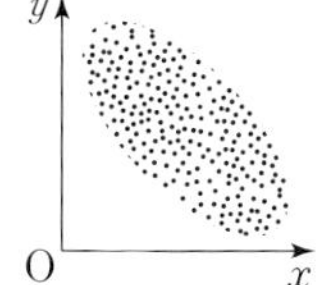

① 나무의 키와 지름
② 과일의 무게와 부피
③ 나이와 청력
④ 운동량과 손의 길이
⑤ 일정한 거리를 달리는 자동차의 속력과 주행 시간

03 실수 주의

다음 **보기**의 산점도에 대한 설명으로 옳지 않은 것을 모두 고르면? (정답 2개)

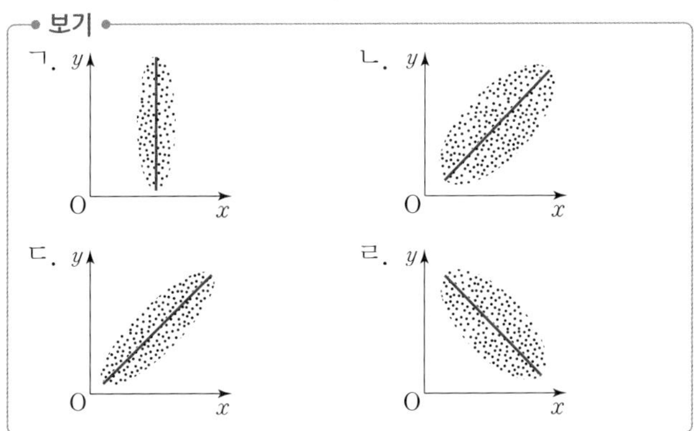

① 상관관계가 없는 것은 없다.
② 양의 상관관계가 있는 것은 ㄴ, ㄷ이다.
③ 음의 상관관계가 있는 것은 ㄹ이다.
④ ㄴ은 ㄷ보다 강한 상관관계가 있다.
⑤ x의 값이 증가함에 따라 y의 값이 대체로 감소하는 관계가 있는 것은 ㄹ이다.

[04 ~ 07] 아래 그래프는 일정한 크기의 12개의 상자 안에 들어 있는 귤 1개의 부피와 상자 안에 들어 있는 귤의 개수를 조사하여 나타낸 산점도이다. 다음 물음에 답하시오. (단, 한 상자 안에 들어 있는 귤의 크기는 모두 같다.)

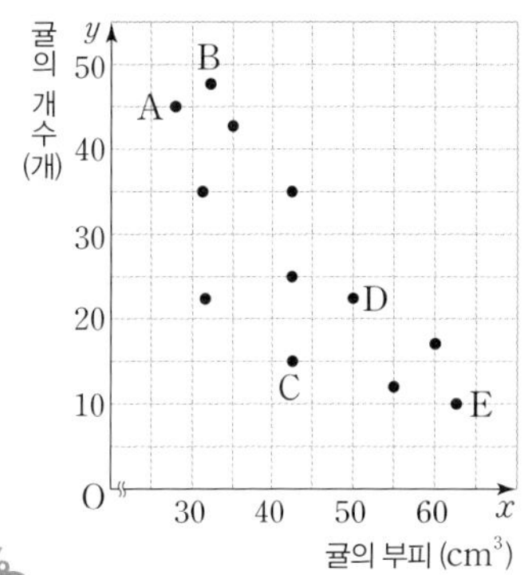

04 85% 출제율

귤의 부피와 귤의 개수 사이에는 어떤 상관관계가 있는지 말하시오.

05

A, B, C, D, E 중에서 귤의 부피가 가장 큰 것은?

① A ② B ③ C
④ D ⑤ E

06

A, B, C, D, E 중에서 귤의 개수가 가장 많은 것은?

① A ② B ③ C
④ D ⑤ E

07 서술형

들어 있는 귤이 40개가 넘는 상자는 전체의 몇 %인지 구하시오.

채점 기준 1 귤이 40개가 넘는 상자의 수 구하기

채점 기준 2 백분율 구하기

모양이 다른 그림 하나를 찾아봐.

5번째 줄의 첫 번째 그림을 봐!

삼각비의 표

각도	사인(sin)	코사인(cos)	탄젠트(tan)
0°	0.0000	1.0000	0.0000
1°	0.0175	0.9998	0.0175
2°	0.0349	0.9994	0.0349
3°	0.0523	0.9986	0.0524
4°	0.0698	0.9976	0.0699
5°	0.0872	0.9962	0.0875
6°	0.1045	0.9945	0.1051
7°	0.1219	0.9925	0.1228
8°	0.1392	0.9903	0.1405
9°	0.1564	0.9877	0.1584
10°	0.1736	0.9848	0.1763
11°	0.1908	0.9816	0.1944
12°	0.2079	0.9781	0.2126
13°	0.2250	0.9744	0.2309
14°	0.2419	0.9703	0.2493
15°	0.2588	0.9659	0.2679
16°	0.2756	0.9613	0.2867
17°	0.2924	0.9563	0.3057
18°	0.3090	0.9511	0.3249
19°	0.3256	0.9455	0.3443
20°	0.3420	0.9397	0.3640
21°	0.3584	0.9336	0.3839
22°	0.3746	0.9272	0.4040
23°	0.3907	0.9205	0.4245
24°	0.4067	0.9135	0.4452
25°	0.4226	0.9063	0.4663

각도	사인(sin)	코사인(cos)	탄젠트(tan)
26°	0.4384	0.8988	0.4877
27°	0.4540	0.8910	0.5095
28°	0.4695	0.8829	0.5317
29°	0.4848	0.8746	0.5543
30°	0.5000	0.8660	0.5774
31°	0.5150	0.8572	0.6009
32°	0.5299	0.8480	0.6249
33°	0.5446	0.8387	0.6494
34°	0.5592	0.8290	0.6745
35°	0.5736	0.8192	0.7002
36°	0.5878	0.8090	0.7265
37°	0.6018	0.7986	0.7536
38°	0.6157	0.7880	0.7813
39°	0.6293	0.7771	0.8098
40°	0.6428	0.7660	0.8391
41°	0.6561	0.7547	0.8693
42°	0.6691	0.7431	0.9004
43°	0.6820	0.7314	0.9325
44°	0.6947	0.7193	0.9657
45°	0.7071	0.7071	1.0000
46°	0.7193	0.6947	1.0355
47°	0.7314	0.6820	1.0724
48°	0.7431	0.6691	1.1106
49°	0.7547	0.6561	1.1504
50°	0.7660	0.6428	1.1918

삼각비의 표

각도	사인(sin)	코사인(cos)	탄젠트(tan)
51°	0.7771	0.6293	1.2349
52°	0.7880	0.6157	1.2799
53°	0.7986	0.6018	1.3270
54°	0.8090	0.5878	1.3764
55°	0.8192	0.5736	1.4281
56°	0.8290	0.5592	1.4826
57°	0.8387	0.5446	1.5399
58°	0.8480	0.5299	1.6003
59°	0.8572	0.5150	1.6643
60°	0.8660	0.5000	1.7321
61°	0.8746	0.4848	1.8040
62°	0.8829	0.4695	1.8807
63°	0.8910	0.4540	1.9626
64°	0.8988	0.4384	2.0503
65°	0.9063	0.4226	2.1445
66°	0.9135	0.4067	2.2460
67°	0.9205	0.3907	2.3559
68°	0.9272	0.3746	2.4751
69°	0.9336	0.3584	2.6051
70°	0.9397	0.3420	2.7475

각도	사인(sin)	코사인(cos)	탄젠트(tan)
71°	0.9455	0.3256	2.9042
72°	0.9511	0.3090	3.0777
73°	0.9563	0.2924	3.2709
74°	0.9613	0.2756	3.4874
75°	0.9659	0.2588	3.7321
76°	0.9703	0.2419	4.0108
77°	0.9744	0.2250	4.3315
78°	0.9781	0.2079	4.7046
79°	0.9816	0.1908	5.1446
80°	0.9848	0.1736	5.6713
81°	0.9877	0.1564	6.3138
82°	0.9903	0.1392	7.1154
83°	0.9925	0.1219	8.1443
84°	0.9945	0.1045	9.5144
85°	0.9962	0.0872	11.4301
86°	0.9976	0.0698	14.3007
87°	0.9986	0.0523	19.0811
88°	0.9994	0.0349	28.6363
89°	0.9998	0.0175	57.2900
90°	1.0000	0.0000	

Memo

Memo

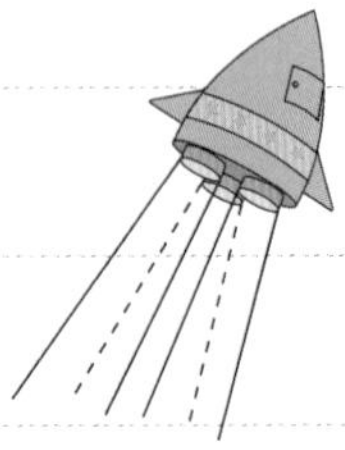

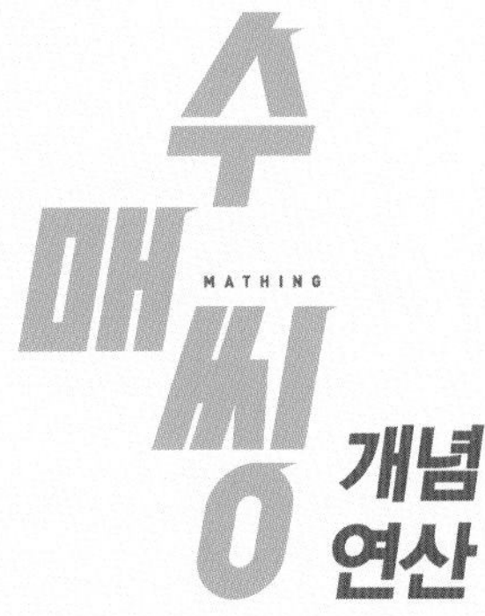
수매씽
MATHING
개념
연산

내신을 위한 강력한 한 권!

모바일 빠른 정답

수매씽 MATHING 개념 연산

정답 및 풀이

중학 수학 3·2

동아출판

모바일 빠른 정답
QR 코드를 찍으면 정답 및 풀이를
쉽고 빠르게 확인할 수 있습니다.

정답 및 풀이

중학 수학 3-2

빠른 정답 2
상세한 풀이 9

빠른 정답

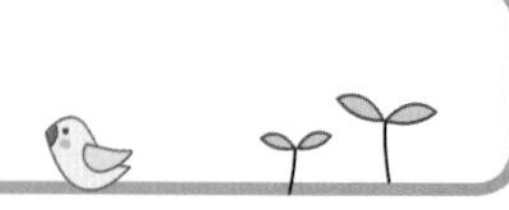

Ⅰ 삼각비

1. 삼각비

01 피타고라스 정리 8쪽~9쪽

01 10 / 8, 8, 10
02 $\sqrt{34}$
03 $6\sqrt{2}$
04 3
05 12
06 $2\sqrt{7}$
07 2
08 $5\sqrt{2}$
09 $x=8$, $y=10$ / 17, 17, 8, 8, 10
10 $x=2$, $y=2\sqrt{2}$
11 $x=12$, $y=9$
12 $x=2\sqrt{3}$, $y=2$
13 $x=3$, $y=4\sqrt{5}$ / 5, 3, 8, $4\sqrt{5}$
14 $x=10$, $y=17$
15 $x=12$, $y=20$
16 $x=6$, $y=3\sqrt{13}$

02 삼각비의 뜻 10쪽~11쪽

01 $\overline{BC}$, 12, $\overline{AB}$, 5, $\overline{AB}$, 5
02 $\frac{\sqrt{5}}{3}$, $\frac{2}{3}$, $\frac{\sqrt{5}}{2}$
03 $\frac{\sqrt{6}}{3}$, $\frac{\sqrt{3}}{3}$, $\sqrt{2}$
04 $\frac{\sqrt{2}}{2}$, $\frac{\sqrt{2}}{2}$, 1
05 $\overline{AB}$, 5, $\overline{BC}$, 12, $\overline{BC}$, 12
06 $\frac{15}{17}$, $\frac{8}{17}$, $\frac{15}{8}$
07 $\frac{2}{3}$, $\frac{\sqrt{5}}{3}$, $\frac{2\sqrt{5}}{5}$
08 $\frac{\sqrt{3}}{2}$, $\frac{1}{2}$, $\sqrt{3}$
09 8 / 6, 8, $\frac{4}{5}$, $\frac{3}{5}$, $\frac{4}{3}$
10 $\frac{\sqrt{2}}{2}$, $\frac{\sqrt{2}}{2}$, 1
11 $\frac{\sqrt{7}}{4}$, $\frac{3}{4}$, $\frac{\sqrt{7}}{3}$
12 $\frac{\sqrt{10}}{5}$, $\frac{\sqrt{15}}{5}$, $\frac{\sqrt{6}}{3}$

03 삼각비의 값을 알 때, 삼각형의 변의 길이 구하기 12쪽

01 $x=4\sqrt{3}$, $y=4$ / 8, $4\sqrt{3}$, $4\sqrt{3}$, 4
02 $x=3\sqrt{2}$, $y=3\sqrt{2}$
03 $x=10$, $y=2\sqrt{70}$
04 $x=5$, $y=5\sqrt{3}$
05 $x=6\sqrt{3}$, $y=6$
06 $x=8$, $y=4\sqrt{5}$

04 한 삼각비의 값을 알 때, 다른 삼각비의 값 구하기 13쪽

01 4 / 4, 4, 3, $\frac{3}{5}$, $\frac{4}{3}$
02 $\sin A=\frac{\sqrt{7}}{4}$, $\tan A=\frac{\sqrt{7}}{3}$
03 $\sin A=\frac{\sqrt{3}}{2}$, $\cos A=\frac{1}{2}$
04 $\cos A=\frac{12}{13}$, $\tan A=\frac{5}{12}$
05 $\sin A=\frac{\sqrt{2}}{3}$, $\tan A=\frac{\sqrt{14}}{7}$

05 직각삼각형의 닮음과 삼각비 14쪽~15쪽

01 ❶ CBA ❷ C ❸ C, $\frac{4}{5}$, C, $\frac{3}{5}$, C, $\frac{4}{3}$
02 $\sin y=\frac{3}{5}$, $\cos y=\frac{4}{5}$, $\tan y=\frac{3}{4}$
03 3
04 $\sin x=\frac{\sqrt{5}}{3}$, $\cos x=\frac{2}{3}$, $\tan x=\frac{\sqrt{5}}{2}$
05 $\sin y=\frac{2}{3}$, $\cos y=\frac{\sqrt{5}}{3}$, $\tan y=\frac{2\sqrt{5}}{5}$
06 ❶ BAC ❷ B ❸ 13, 5, 12, B, $\frac{12}{13}$, B, $\frac{5}{13}$, B, $\frac{12}{5}$
07 $\sin x=\frac{4}{5}$, $\cos x=\frac{3}{5}$, $\tan x=\frac{4}{3}$
08 $\sin x=\frac{\sqrt{3}}{2}$, $\cos x=\frac{1}{2}$, $\tan x=\sqrt{3}$
09 ❶ ACB ❷ C ❸ 10, 8, 6, C, $\frac{3}{5}$, C, $\frac{4}{5}$, C, $\frac{3}{4}$
10 $\sin x=\frac{\sqrt{2}}{2}$, $\cos x=\frac{\sqrt{2}}{2}$, $\tan x=1$
11 $\sin x=\frac{\sqrt{7}}{4}$, $\cos x=\frac{3}{4}$, $\tan x=\frac{\sqrt{7}}{3}$

06 입체도형에서 삼각비의 값 구하기 16쪽

01 $\frac{\sqrt{2}}{2}$ / 3, 3, 3, $\overline{BF}$, 3, 3, $\frac{\sqrt{2}}{2}$
02 $\frac{\sqrt{3}}{3}$
03 $\frac{\sqrt{6}}{3}$
04 1
05 $\frac{7}{9}$
06 $\frac{\sqrt{2}}{2}$

07 특수한 각의 삼각비 17쪽~19쪽

01 1
02 0
03 $\frac{3\sqrt{3}}{2}$
04 $\frac{\sqrt{3}}{6}$
05 $\frac{\sqrt{2}}{4}$
06 $\frac{1}{2}$
07 $\frac{2}{3}$
08 2
09 1
10 $\frac{\sqrt{6}}{3}$
11 $45°$
12 $60°$
13 $30°$
14 $45°$
15 $60°$
16 $60°$
17 10 / 5, 5, 10
18 12
19 $\sqrt{5}$
20 4
21 $8\sqrt{2}$ / 8, 8, $\sqrt{2}$, $4\sqrt{2}$, $4\sqrt{2}$, $4\sqrt{2}$, 1, $8\sqrt{2}$
22 6
23 10
24 4
25 $\sqrt{3}-1$
26 $3\sqrt{6}$
27 $3\sqrt{6}$
28 6

08 직선의 방정식과 삼각비의 값 20쪽

01 $y=\frac{\sqrt{3}}{3}x+4$ / $\frac{\sqrt{3}}{3}$, 4
02 $y=x+7$
03 $y=\sqrt{3}x+2\sqrt{3}$
04 $y=-\frac{\sqrt{3}}{3}x+2$ / $-\frac{\sqrt{3}}{3}$, 2
05 $y=-\sqrt{3}x-5$
06 $y=-x+3$

10분 연산 TEST 21쪽

01 15
02 $\sin A=\frac{3}{5}$, $\cos A=\frac{4}{5}$, $\tan A=\frac{3}{4}$
03 $\sin C=\frac{4}{5}$, $\cos C=\frac{3}{5}$, $\tan C=\frac{4}{3}$
04 6
05 $\frac{\sqrt{5}}{2}$
06 $\sin x=\frac{3}{5}$, $\tan y=\frac{4}{3}$
07 $\frac{8}{17}$
08 $\frac{\sqrt{6}}{3}$
09 $\frac{5}{2}$
10 $\frac{\sqrt{6}}{4}$
11 $30°$
12 $4\sqrt{6}$
13 $y=x+6$

09 예각의 삼각비의 값 22쪽

01 $\overline{CD}$, $\overline{CD}$
02 $\overline{OB}$
03 $\overline{OB}$
04 $\overline{AB}$
05 $\overline{OB}$
　$\overline{CD}$, y, y, $\overline{OB}$
06 $\overline{AB}$
07 0.6157
08 0.7880
09 0.7813
10 0.7660
11 0.6428
12 0.6428
13 0.7660

10 $0°$와 $90°$의 삼각비의 값 23쪽

01 0
02 0
03 0
04 1
05 1
06 정할 수 없다.
07 0
08 $\frac{1}{2}$
09 0
10 0
11 1
12 2

11 삼각비의 대소 관계 24쪽

01 ○
02 ×
03 ○
04 ○
05 ×
06 ○
07 >
08 >
09 <
10 >
11 <
12 >
13 <

12 삼각비의 표 25쪽~26쪽

01 0.4540
02 0.9063
03 0.4452
04 0.4384
05 0.8829
06 0.4877
07 $47°$
08 $49°$
09 $48°$
10 $50°$
11 $46°$
12 $49°$
13 $32°$ 5.299, 0.5299, 0.5299, $32°$
14 $31°$
15 $34°$
16 $33°$
17 60.18
　x, 0.6018, x, 0.6018, 60.18
18 16.18
19 6.3995
20 2.3958

10분 연산 TEST 27쪽

01 0.6428
02 0.7660
03 0.8391
04 0.7660
05 0.6428
06 $-\frac{1}{4}$
07 4
08 0
09 1
10 $\cos 60°$, $\sin 90°$, $\tan 60°$
11 0.2756
12 0.9397
13 0.3057
14 $44°$
15 $42°$
16 $43°$

학교 시험 PREVIEW 28쪽~29쪽

01 ④
02 ②
03 ①
04 ③
05 ③
06 ④
07 ④
08 ③
09 ④
10 ②
11 ③
12 $\frac{1}{5}$

2. 삼각비의 활용

01 직각삼각형의 변의 길이 32쪽~33쪽

01 3.2 5, 3.2
02 7.7
03 5.88
04 16.8
05 79
06 2.7
07 162 m
08 3.21 m
09 18 m
10 (1) $5\sqrt{3}$ m
　(2) $10\sqrt{3}$ m
　(3) $5\sqrt{3}$, $10\sqrt{3}$, $15\sqrt{3}$
11 (1) 1.6 m
　(2) 6.7 m
　(3) 8.3 m

02 일반 삼각형의 변의 길이 (1) 34쪽

01 (1) $3\sqrt{3}$ sin, $\frac{\sqrt{3}}{2}$, $3\sqrt{3}$
　(2) 3 cos, $\frac{1}{2}$, 3
　(3) 6 3, 6
　(4) $3\sqrt{7}$ $3\sqrt{3}$, 6, $3\sqrt{7}$
02 5
03 4
04 $5\sqrt{7}$

03 일반 삼각형의 변의 길이 (2) 35쪽~36쪽

01 (1) 6 45, $\frac{\sqrt{2}}{2}$, 6
　(2) $60°$ 75, 60
　(3) $4\sqrt{3}$ 6, 60, 6, $\frac{\sqrt{3}}{2}$, $4\sqrt{3}$
02 $4\sqrt{6}$
03 $5\sqrt{6}$
04 $6\sqrt{2}$
05 $4\sqrt{2}$ 45, 45, $\frac{\sqrt{2}}{2}$, $2\sqrt{2}$, $2\sqrt{2}$, $\frac{1}{2}$, $4\sqrt{2}$
06 $6\sqrt{2}$
07 8
08 12
09 $40\sqrt{3}$ m
10 $25\sqrt{6}$ m
11 $40\sqrt{2}$ m

04 삼각형의 높이 (1) 37쪽

01 (1) 45, 45, 45, 1, h
　(2) 60, 30, 30, $\frac{\sqrt{3}}{3}$, $\frac{\sqrt{3}}{3}h$
　(3) h, $\frac{\sqrt{3}}{3}h$, $3+\sqrt{3}$, $3+\sqrt{3}$, $5(3-\sqrt{3})$
02 $2\sqrt{3}$
03 $7(\sqrt{3}-1)$
04 $3(3-\sqrt{3})$

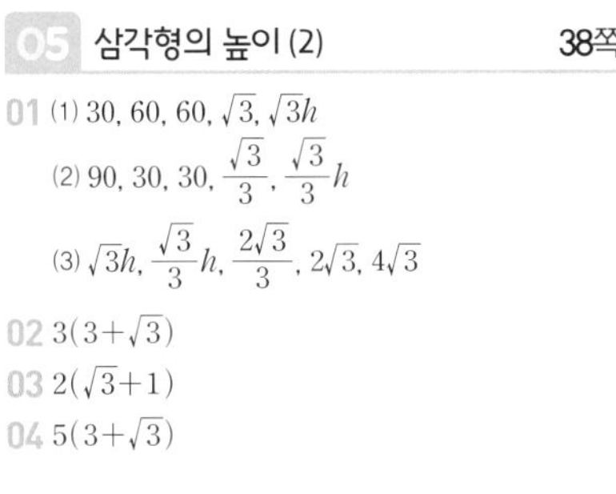

05 삼각형의 높이 (2) 38쪽

01 (1) 30, 60, 60, $\sqrt{3}$, $\sqrt{3}h$
　(2) 90, 30, 30, $\frac{\sqrt{3}}{3}$, $\frac{\sqrt{3}}{3}h$
　(3) $\sqrt{3}h$, $\frac{\sqrt{3}}{3}h$, $\frac{2\sqrt{3}}{3}$, $2\sqrt{3}$, $4\sqrt{3}$
02 $3(3+\sqrt{3})$
03 $2(\sqrt{3}+1)$
04 $5(3+\sqrt{3})$

06 삼각형의 넓이 39쪽~40쪽

01 8, 60, 8, $\frac{\sqrt{3}}{2}$, $20\sqrt{3}$
02 12
03 5
04 30
05 $6\sqrt{2}$
06 5
07 6, 120, 6, 60, 6, $\frac{\sqrt{3}}{2}$, $12\sqrt{3}$
08 20
09 27
10 $7\sqrt{3}$
11 $4\sqrt{3}$ ❶ 2, 120, 2, 60, 2, $\frac{\sqrt{3}}{2}$, $\sqrt{3}$
　❷ $2\sqrt{3}$, 60, $2\sqrt{3}$, $\frac{\sqrt{3}}{2}$, $3\sqrt{3}$
　❸ $\sqrt{3}$, $3\sqrt{3}$, $4\sqrt{3}$
12 $14\sqrt{3}$
13 14

07 사각형의 넓이 41쪽~42쪽

01 $15\sqrt{3}$ 60, $\frac{\sqrt{3}}{2}$, $15\sqrt{3}$
02 $9\sqrt{2}$
03 14
04 $6\sqrt{2}$ 4, 135, 4, 45, 4, $\frac{\sqrt{2}}{2}$, $6\sqrt{2}$
05 63
06 27

07 6
08 $8\sqrt{3}$
09 $18\sqrt{2}$ $\frac{1}{2}$, 9, 45, $\frac{1}{2}$, 9, $\frac{\sqrt{2}}{2}$, $18\sqrt{2}$
10 $14\sqrt{3}$
11 42
12 $15\sqrt{3}$
13 21
14 $20\sqrt{2}$

10분 연산 TEST 43쪽

01 $x=6.6$, $y=7.5$	05 $6(\sqrt{3}+1)$
02 $\sqrt{7}$	06 49
03 $5\sqrt{2}$	07 $32\sqrt{2}$
04 $10(3-\sqrt{3})$	08 12

학교 시험 PREVIEW 44쪽~45쪽

01 ②	07 ②
02 ④	08 ④
03 ⑤	09 ③
04 ③	10 ⑤
05 ②	11 ⑤
06 ③	12 42

Ⅱ 원의 성질

1. 원과 직선

01 중심각의 크기와 호, 현의 길이 50쪽~51쪽

01 3	10 6
02 15	11 105
03 135	12 40
04 5	13 135
05 17	14 ○
06 45	15 ○
07 12 90, 12	16 ×
08 3	17 ○
09 4	18 ×

02 원의 중심과 현의 수직이등분선 52쪽~54쪽

01 3	09 $2\sqrt{13}$
02 10	10 6
03 6	11 $4\sqrt{7}$ 8, 8, $2\sqrt{7}$, $2\sqrt{7}$, $4\sqrt{7}$
04 7	12 $4\sqrt{10}$
05 11	13 9
06 8	14 $3\sqrt{5}$
07 8 $\overline{OM}$, 3, 4, 4, 8	
08 30	

15 5 $r-2$, $r-2$, 5, 5,

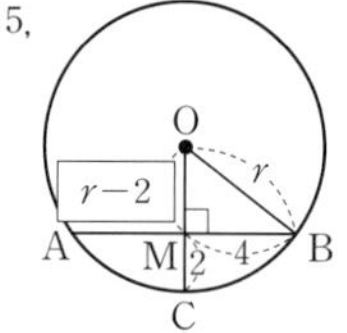

16 $\frac{13}{2}$
17 13
18 15
19 9 $r-6$, $r-6$, 9, 9,

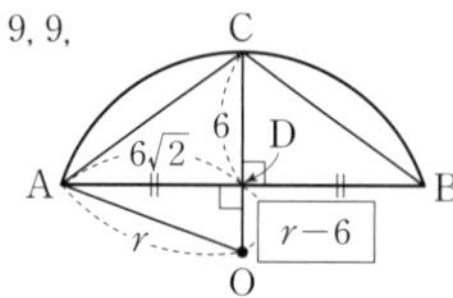

20 10
21 6
22 13

03 원의 중심과 현의 길이 55쪽~56쪽

01 9 같다, 9, 9	09 10
02 16	10 $\sqrt{7}$
03 5	11 40° $\overline{AC}$, 이등변, 70, 40
04 3 같은, 3, 3	12 70°
05 5	13 65°
06 6	14 51°
07 8 3, 4, 4, 8, 8	
08 24	

10분 연산 TEST 57쪽

01 9	05 3
02 $4\sqrt{3}$	06 4
03 10	07 $4\sqrt{3}$
04 5	08 50°

04 원의 접선과 반지름 58쪽~59쪽

01 50°	08 $\sqrt{21}$
02 60°	09 5
03 27°	10 8
04 115° 90, 90, 90, 115	11 $4\sqrt{3}$ 4, 90, 4, 48, $4\sqrt{3}$
05 130°	12 $2\sqrt{7}$
06 45°	13 9
07 5	14 8

05 원의 접선의 길이 60쪽~61쪽

01 11	08 52°
02 20	09 30°
03 12 90, 5, 12, 12	10 110°
04 8	11 5 9, 9, 3, 7, 2, $\overline{BF}$, 3, 2, 5
05 15	12 6
06 $4\sqrt{5}$	13 11
07 65° $\overline{PB}$, 이등변, PBA, 50, 65	14 9

06 삼각형의 내접원 62쪽~64쪽

01 9 5, 6, 6, 4, $\overline{CF}$, 5, 4, 9,

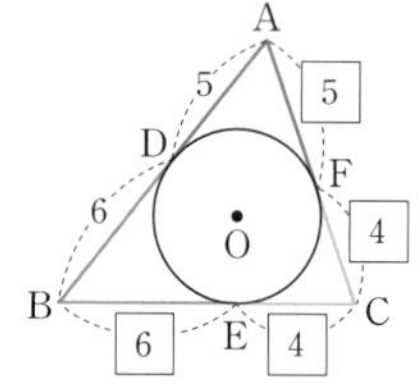

02 13
03 14
04 3 $7-x$, $7-x$, 3,

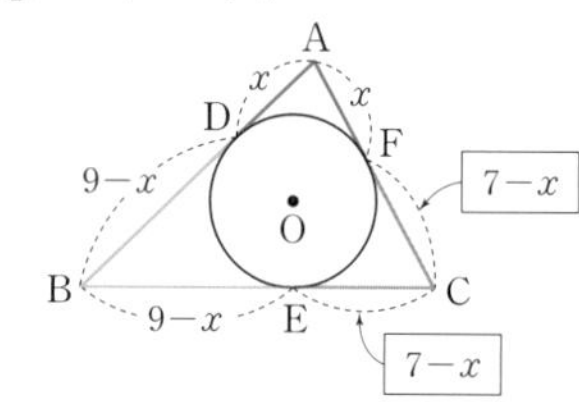

05 4
06 9
07 5, 24
08 48
09 34
10 50
11 $\frac{1}{2}$, $\frac{1}{2}$, 18
12 14
13 17
14 21
15 2 8, 6, 6, 10, 6, 2,

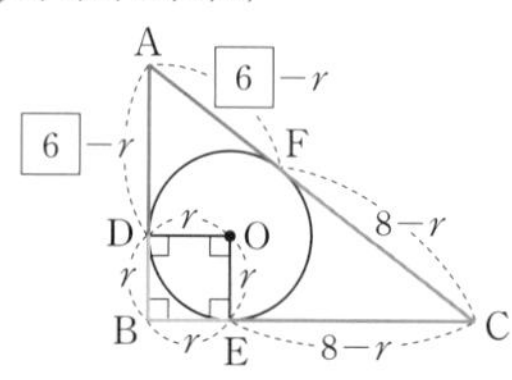

16 2
17 1 $3+r$, $3+r$, 6, 1, 1,

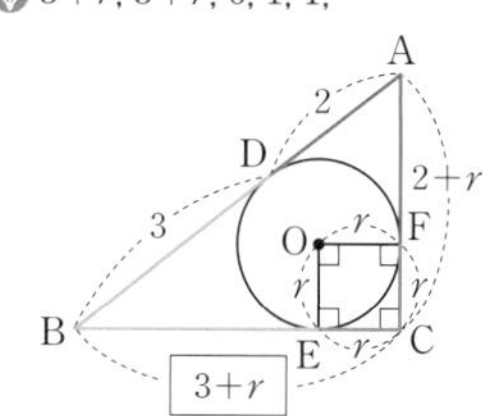

18 3

19 25π 15, 20, 15, 15, 25, 25π,

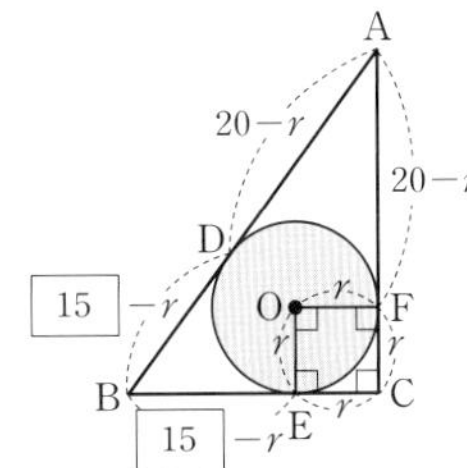

20 9π

21 9π

22 16π

07 원에 외접하는 사각형의 성질 65쪽~66쪽

01 9 7, 4, 9

02 4

03 5

04 40 $\overline{CD}$, 9, 20, 20, 40

05 56

06 24

07 5 x, 14, 11, 5

08 6

09 10 8, 8, 12, 10,

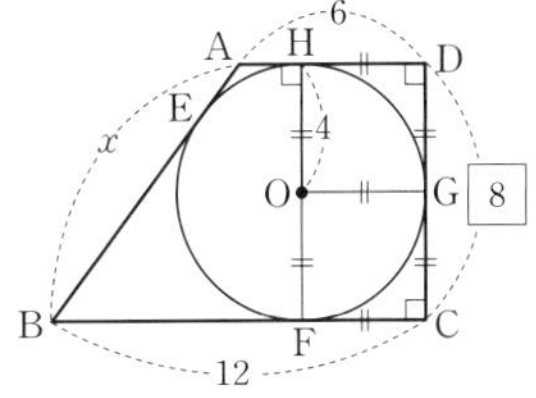

10 5

11 11

12 6 9, 12, 12, 9, 12, 6

13 10

14 12

10분 연산 TEST 67쪽

01 38°	06 3
02 21	07 18
03 12	08 15
04 71°	09 28
05 24	10 12

학교 시험 PREVIEW 68쪽~69쪽

01 ④	08 ④
02 ②	09 ③
03 ①	10 ②
04 ④	11 ①
05 ③	12 ④
06 ⑤	13 42
07 ②	

2. 원주각

01 원주각과 중심각의 크기 72쪽~73쪽

01 35° $\frac{1}{2}$, $\frac{1}{2}$, 35

02 23°

03 110°

04 100°

05 120° 2, 2, 120

06 76°

07 200°

08 250°

09 50° 2, 2, 80, $\overline{OB}$, 이등변, 80, 50

10 56°

11 18°

12 70° 90, 40, 140, 140, 70

13 65°

14 59°

15 70°

02 원주각의 성질 74쪽~75쪽

01 25° ADB, 25

02 70°

03 42°

04 48°, 35°

05 34°, 68°

06 39°, 39°

07 55°, 95° 55, 55, 95

08 60°, 125°

09 27°, 58°

10 25° 90, 90, 25

11 18°

12 48° 90, 90, 48, 48

13 66°

14 40° 90, 90, 40

15 60°

03 원주각의 크기와 호의 길이 (1) 76쪽

01 25

02 43

03 8

04 12

05 35 $\widehat{BC}$, $\frac{1}{2}$, 35, 35

06 18

07 7

08 10

04 원주각의 크기와 호의 길이 (2) 77쪽~78쪽

01 60 APB, $\widehat{BC}$, 40, 9, 60

02 31

03 40

04 25

05 15

06 12

07 9

08 12

09 13

10 8

11 60°, 80°, 40° 4, 2, 60, 4, 80, 2, 40

12 90°, 60°, 30°

13 60°, 45°, 75°

14 15°, 60°, 105°

05 네 점이 한 원 위에 있을 조건 79쪽~80쪽

01 ×

02 ○

03 ×

04 ×

05 ○

06 ×

07 30°

08 35°

09 55°

10 20°

11 25°

12 50°

13 25°

14 118°

10분 연산 TEST 81쪽

01 115°	07 12
02 72°	08 $\angle x=30°$, $\angle y=45°$, $\angle z=105°$
03 $\angle x=50°$, $\angle y=25°$	09 40°
04 64°	10 55°
05 37°	
06 30	

06 원에 내접하는 사각형의 성질 82쪽~83쪽

01 85°, 120° 95, 85, 60, 120

02 80°, 95°

03 84°, 130°

04 115°, 65° 35, 115, 115, 115, 65

05 55°, 60°

06 112°, 22°

07 68°, 112° $\frac{1}{2}$, $\frac{1}{2}$, 68, 68, 112

08 70°, 110°

09 108°

10 80°

11 55°

12 85°, 85°

13 100°, 100°

14 50°, 80°

15 25°, 86°

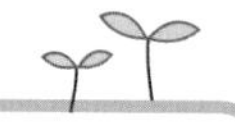

07 사각형이 원에 내접하기 위한 조건 84쪽~85쪽

01 ○
02 ×
03 ×
04 ○
05 ○
06 ×
07 120°
08 95°
09 108°
10 50°
11 120° 180, 120
12 100°
13 95° 180, 180, 95
14 56°

08 접선과 현이 이루는 각 86쪽~88쪽

01 52°
02 40°
03 75°
04 75°
05 110°
06 69°
07 30° 60, 90, 90, 30
08 50°
09 70°
10 28°
11 110° 55, 55, 110
12 70°
13 65°
14 40°
15 30° 35, 180, 180, 35, 30
16 50°
17 40°
18 85° 40, 40, 85
19 52°
20 30° 30, 90, 90, 30, 30
21 46°
22 26°

10분 연산 TEST 89쪽

01 $\angle x=92°$, $\angle y=96°$
02 $\angle x=75°$, $\angle y=75°$
03 $\angle x=120°$, $\angle y=60°$
04 $\angle x=53°$, $\angle y=34°$
05 80°
06 24°
07 42°
08 52°
09 70°
10 38°

학교 시험 PREVIEW 90쪽~91쪽

01 ④
02 ③
03 ②
04 ④
05 ⑤
06 ③
07 ①
08 ②
09 ②
10 ③
11 ③, ⑤
12 ④
13 ⑤
14 34°

Ⅲ 통계

1. 대푯값과 산포도

01 줄기와 잎 그림, 히스토그램, 도수분포다각형 96쪽

01 20
02 7
03 0
04 4
05 45
06 22
07 5
08 5
09 15, 20
10 (명) 7 6 5 4 3 2 1 0 5 10 15 20 25 30(분)

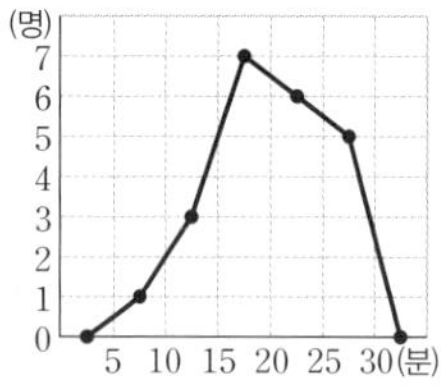

02 대푯값과 평균 97쪽

01 6, 6, 4
02 9
03 35
04 20
05 14
06 4, 28, 28, 8
07 6
08 13
09 24

03 중앙값 98쪽~99쪽

01 8, 8, 9, 8
02 4
03 6
04 10
05 16
06 20
07 30
08 5, 7, 8, 9, 5, 7, 5, 7, 6
09 13
10 30
11 6
12 14
13 15
14 20
15 2, 12, 5
16 10
17 6
18 7
19 16

04 최빈값 100쪽~101쪽

01 2, 2
02 5
03 16, 17
04 20, 30, 40
05 없다.
06 없다.
07 A형
08 축구
09 춤
10 8점
11 8점
12 8점
13 17초
14 20초
15 21초
16 3.1권
17 3권
18 4권
19 9, 153, 9, 17
20 5, 15
21 9, 15, 9, 15
22 76점
23 77점
24 78점

10분 연산 TEST 102쪽

01 9
02 19
03 6
04 6.5
05 24
06 6, 8
07 특별상
08 25
09 20
10 15
11 17개
12 23개

05 산포도와 편차 103쪽~104쪽

01 1, 0, -3, 4
02 2, -4, 1, 3, -2
03 18, 22, 13, 12
04 24, 21, 20, 25, 35
05 5, 5, 5 / 3, -1, 0, -3, 1
06 18 / 4, -3, -2, 2, -1
07 8 / 2, -3, -2, 0, 4, -1
08 13 / 2, 5, -3, 1, -4, -1
09 0, -1
10 -4
11 -6
12 -3
13 0
14 3
15 2
16 6, 66
17 1
18 71점
19 4
20 18회

06 분산과 표준편차 105쪽~107쪽

01 ❶ 20 ❷ 5 ❸ $\sqrt{5}$
02 6, $\sqrt{6}$
03 12, $2\sqrt{3}$
04 8, $2\sqrt{2}$
05 10, $\sqrt{10}$
06 4, 2
07 ❶ 2 ❷ 30 ❸ 6 ❹ $\sqrt{6}$
08 18, $3\sqrt{2}$
09 22, $\sqrt{22}$
10 32, $4\sqrt{2}$
11 ❶ 6 ❷ 2, 4, -2, -4, 1, -1 ❸ 42 ❹ 7 ❺ $\sqrt{7}$
12 7, 2, $\sqrt{2}$
13 11, 4, 2
14 70, 120, $2\sqrt{30}$
15 ❶ 4권 ❷ 0권, -1권, -2권, 2권, 1권 ❸ 10 ❹ 2 ❺ $\sqrt{2}$권
16 4, 2자루
17 10, $\sqrt{10}$회
18 64, 8점
19 9, 1, 5, 16
20 12
21 8
22 4

07 자료의 해석 108쪽~109쪽

01 ○
02 ○
03 ×
04 ×
05 ×
06 ×
07 ○
08 ○
09 ×
10 C, C
11 B 반
12 A, A
13 B 반
14 농장 A : 9 kg, 농장 B : 8 kg
15 농장 A : 6, 농장 B : 8
16 농장 A
17 A 모둠 : 5권, B 모둠 : 5권
풀 3, 1, 2, 1, 3, 10, 5, 1, 2, 4, 2, 1, 10, 5
18 A 모둠 : 2.6, B 모둠 : 1.2
풀 3, 1, 2, 1, 3, 10, 2.6, 1, 2, 4, 2, 1, 10, 1.2
19 B 모둠
20 A 반 : 3편, B 반 : 3편, C 반 : 3편
21 A 반 : $\frac{22}{15}$, B 반 : 2, C 반 : $\frac{44}{15}$
22 A 반

10분 연산 TEST 110쪽

01 -4, 6, -3, 2, -1
02 12 / 5, -4, -1, -3, 3
03 -2
04 분산 : 8, 표준편차 : $2\sqrt{2}$
05 분산 : $\frac{26}{5}$, 표준편차 : $\sqrt{\frac{26}{5}}$
06 -12
07 68점
08 60
09 $2\sqrt{15}$점
10 평균 : 92점, 표준편차 : $2\sqrt{2}$점
11 ×
12 ○

학교 시험 PREVIEW 111쪽~112쪽

01 ③	07 ④
02 ④	08 ①
03 ③	09 ②
04 ③	10 ③, ④
05 ②	11 ⑤
06 ④, ⑤	12 $3\sqrt{2}$

2. 산점도와 상관관계

01 산점도 114쪽~117쪽

01 36, 35, 25, 27

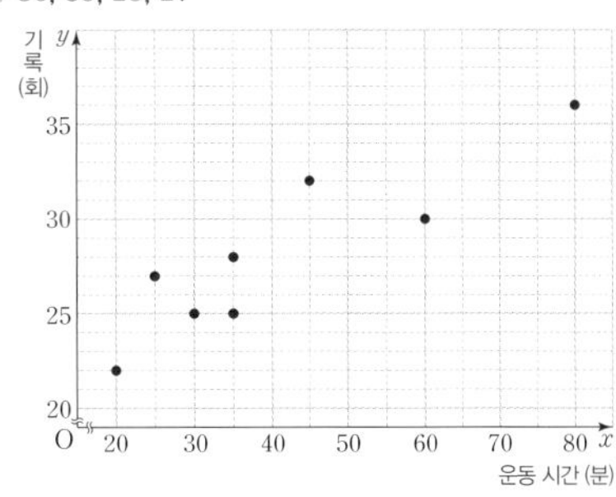

02 (500, 15), (1000, 10), (800, 17), (500, 22), (900, 15), (600, 13), (500, 16)

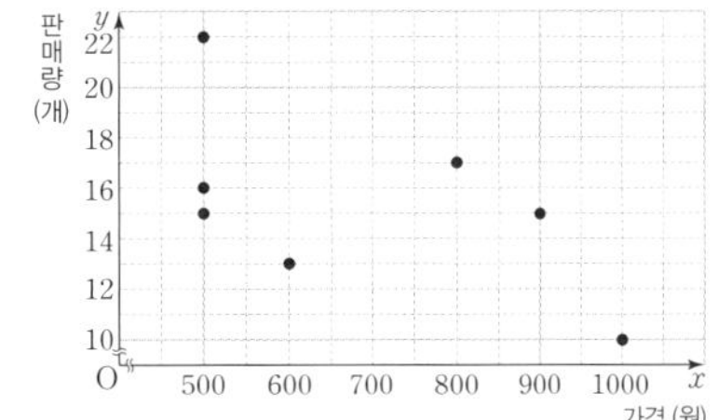

03
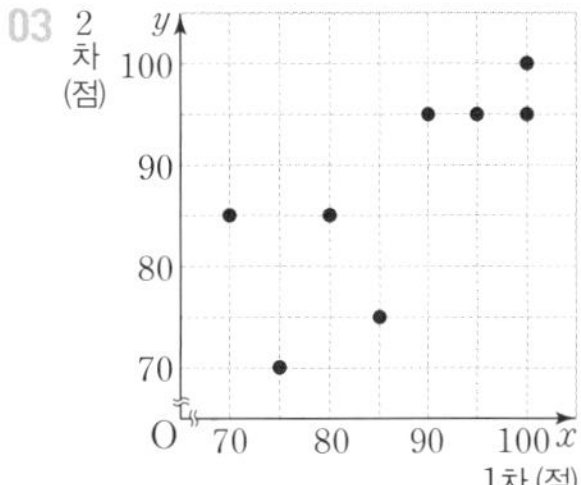

04
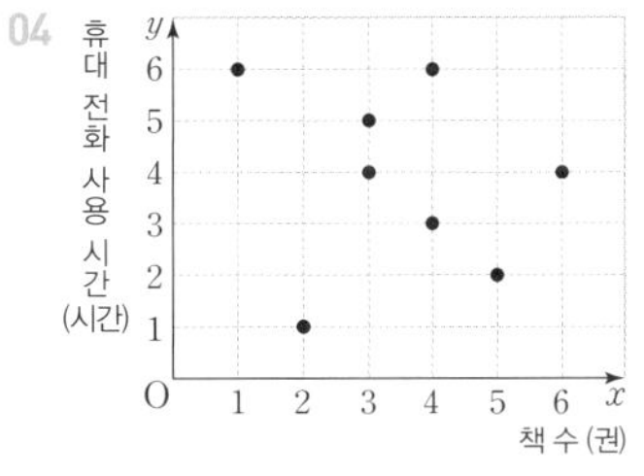

05
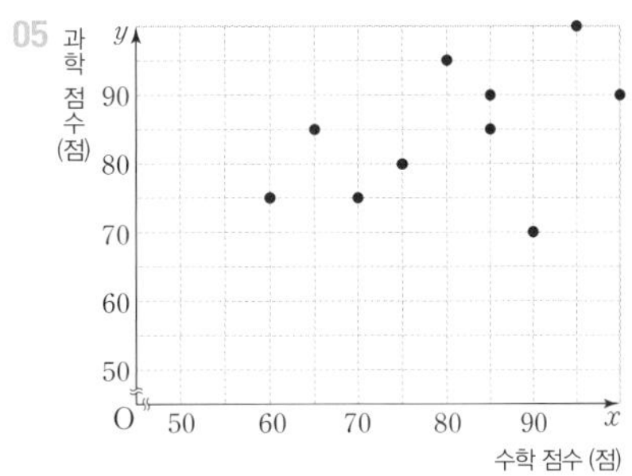

06
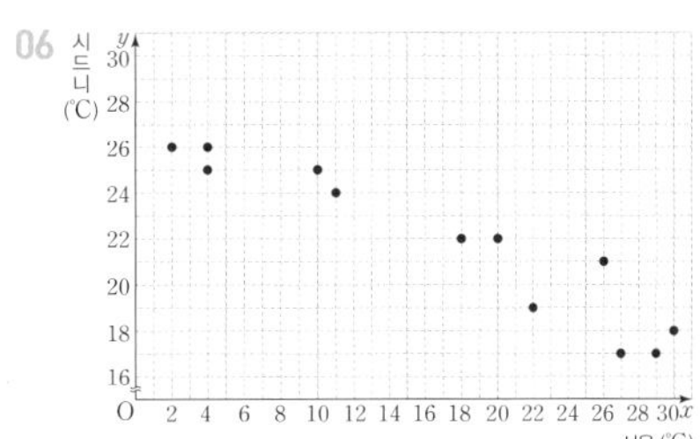

07 10명	19 25 풀 4, 4, 25
08 14분	20 4명
09 20명	21 7명
10 3명	22 3명
11 2대 풀 2, 2	23 6명
12 6대	24 ×
13 8명	25 ×
14 5명	26 ○
15 7명	27 ×
16 4명	28 ○
17 4명	29 ×
18 45 m	

02 상관관계 118쪽~121쪽

01 ㄴ, ㅂ	17 양	33 ㄴ
02 ㄱ, ㄹ	18 ×	34 ○
03 ㄷ, ㅁ	19 음	35 ○
04 ㄱ, ㄹ	20 양	36 ×
05 ㄴ, ㅂ	21 음	37 ×
06 ㅂ, ㄴ	22 양	38 ○
07 ㄹ, ㄱ	23 ×	39 ×
08 ×	24 ㄱ, ㄷ	40 ○
09 ×	25 ㅁ	41 ×
10 ○	26 ㄴ, ㄹ	42 ○
11 ○	27 ㄴ	43 ×
12 ×	28 ㄹ	44 ×
13 ○	29 ㄹ	45 ○
14 음	30 ㄴ	46 ×
15 음	31 ㄹ	47 ×
16 양	32 ㄹ	

10분 연산 TEST 122쪽

01
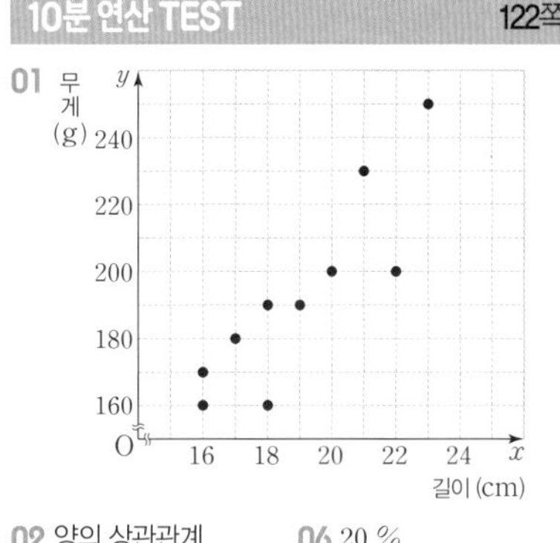

02 양의 상관관계	06 20 %
03 4개	07 1명
04 ㄱ, ㄹ	08 9명
05 15 %	09 C

학교 시험 PREVIEW 123쪽

01 ③	05 ⑤
02 ③, ⑤	06 ②
03 ①, ④	07 25 %
04 음의 상관관계	

Memo

정답 및 풀이

I 삼각비

1. 삼각비

01 피타고라스 정리

8쪽~9쪽

01 10 풀이 8, 8, 10　02 $\sqrt{34}$　03 $6\sqrt{2}$　04 3
05 12　06 $2\sqrt{7}$　07 2　08 $5\sqrt{2}$
09 $x=8$, $y=10$ 풀이 17, 17, 8, 8, 10　10 $x=2$, $y=2\sqrt{2}$
11 $x=12$, $y=9$　12 $x=2\sqrt{3}$, $y=2$
13 $x=3$, $y=4\sqrt{5}$ 풀이 5, 3, 8, $4\sqrt{5}$　14 $x=10$, $y=17$
15 $x=12$, $y=20$　16 $x=6$, $y=3\sqrt{13}$

02 $x=\sqrt{3^2+5^2}=\sqrt{34}$

03 $x=\sqrt{6^2+6^2}=\sqrt{72}=6\sqrt{2}$

04 $x=\sqrt{(\sqrt{6})^2+(\sqrt{3})^2}=\sqrt{9}=3$

05 $x=\sqrt{13^2-5^2}=\sqrt{144}=12$

06 $x=\sqrt{6^2-(2\sqrt{2})^2}=\sqrt{28}=2\sqrt{7}$

07 $x=\sqrt{(2\sqrt{5})^2-4^2}=\sqrt{4}=2$

08 $x^2+x^2=10^2$이므로 $2x^2=100$, $x^2=50$
이때 $x>0$이므로 $x=\sqrt{50}=5\sqrt{2}$

10 △ACD에서
$x=\sqrt{(\sqrt{7})^2-(\sqrt{3})^2}=\sqrt{4}=2$
△ABD에서
$y=\sqrt{2^2+2^2}=\sqrt{8}=2\sqrt{2}$

11 △ADC에서
$x=\sqrt{13^2-5^2}=\sqrt{144}=12$
△ABD에서
$y=\sqrt{15^2-12^2}=\sqrt{81}=9$

12 △ACD에서
$x=\sqrt{(4\sqrt{3})^2-6^2}=\sqrt{12}=2\sqrt{3}$
△ABD에서
$y=\sqrt{4^2-(2\sqrt{3})^2}=\sqrt{4}=2$

14 △ACD에서
$x=\sqrt{6^2+8^2}=\sqrt{100}=10$
△ABC에서
$y=\sqrt{(6+9)^2+8^2}=\sqrt{289}=17$

15 △ABD에서
$x=\sqrt{13^2-5^2}=\sqrt{144}=12$
△ABC에서
$y=\sqrt{(5+11)^2+12^2}=\sqrt{400}=20$

16 △ABC에서
$\overline{BC}=\sqrt{15^2-9^2}=\sqrt{144}=12$
$\therefore x=\frac{1}{2}\overline{BC}=\frac{1}{2}\times 12=6$
△ABD에서
$y=\sqrt{9^2+6^2}=\sqrt{117}=3\sqrt{13}$

02 삼각비의 뜻

10쪽~11쪽

01 $\overline{BC}$, 12, $\overline{AB}$, 5, $\overline{AB}$, 5　02 $\frac{\sqrt{5}}{3}$, $\frac{2}{3}$, $\frac{\sqrt{5}}{2}$
03 $\frac{\sqrt{6}}{3}$, $\frac{\sqrt{3}}{3}$, $\sqrt{2}$　04 $\frac{\sqrt{2}}{2}$, $\frac{\sqrt{2}}{2}$, 1
05 $\overline{AB}$, 5, $\overline{BC}$, 12, $\overline{BC}$, 12　06 $\frac{15}{17}$, $\frac{8}{17}$, $\frac{15}{8}$
07 $\frac{2}{3}$, $\frac{\sqrt{5}}{3}$, $\frac{2\sqrt{5}}{5}$　08 $\frac{\sqrt{3}}{2}$, $\frac{1}{2}$, $\sqrt{3}$
09 8 / 6, 8, $\frac{4}{5}$, $\frac{3}{5}$, $\frac{4}{3}$　10 $\frac{\sqrt{2}}{2}$, $\frac{\sqrt{2}}{2}$, 1
11 $\frac{\sqrt{7}}{4}$, $\frac{3}{4}$, $\frac{\sqrt{7}}{3}$　12 $\frac{\sqrt{10}}{5}$, $\frac{\sqrt{15}}{5}$, $\frac{\sqrt{6}}{3}$

03 $\tan A=\frac{\sqrt{6}}{\sqrt{3}}=\sqrt{2}$

04 $\sin A=\frac{1}{\sqrt{2}}=\frac{\sqrt{2}}{2}$, $\cos A=\frac{1}{\sqrt{2}}=\frac{\sqrt{2}}{2}$

07 $\tan B=\frac{2}{\sqrt{5}}=\frac{2\sqrt{5}}{5}$

10 $\overline{AB}=\sqrt{2^2+2^2}=\sqrt{8}=2\sqrt{2}$이므로
$\sin B=\frac{2}{2\sqrt{2}}=\frac{1}{\sqrt{2}}=\frac{\sqrt{2}}{2}$, $\cos B=\frac{2}{2\sqrt{2}}=\frac{1}{\sqrt{2}}=\frac{\sqrt{2}}{2}$,
$\tan B=\frac{2}{2}=1$

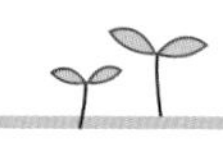

11 $\overline{BC}=\sqrt{4^2-(\sqrt{7})^2}=\sqrt{9}=3$이므로

$\sin C=\frac{\sqrt{7}}{4}$, $\cos C=\frac{3}{4}$, $\tan C=\frac{\sqrt{7}}{3}$

12 $\overline{AC}=\sqrt{(\sqrt{10})^2-2^2}=\sqrt{6}$이므로

$\sin A=\frac{2}{\sqrt{10}}=\frac{\sqrt{10}}{5}$, $\cos A=\frac{\sqrt{6}}{\sqrt{10}}=\frac{\sqrt{15}}{5}$,

$\tan A=\frac{2}{\sqrt{6}}=\frac{\sqrt{6}}{3}$

03 VISUAL 연산 삼각비의 값을 알 때, 삼각형의 변의 길이 구하기 12쪽

01 $x=4\sqrt{3}$, $y=4$ 답 8, $4\sqrt{3}$, $4\sqrt{3}$, 4

02 $x=3\sqrt{2}$, $y=3\sqrt{2}$ 03 $x=10$, $y=2\sqrt{70}$

04 $x=5$, $y=5\sqrt{3}$ 05 $x=6\sqrt{3}$, $y=6$

06 $x=8$, $y=4\sqrt{5}$

02 $\cos A=\frac{x}{6}=\frac{\sqrt{2}}{2}$이므로 $2x=6\sqrt{2}$ $\therefore x=3\sqrt{2}$

$\therefore y=\sqrt{6^2-(3\sqrt{2})^2}=\sqrt{18}=3\sqrt{2}$

03 $\tan A=\frac{x}{6\sqrt{5}}=\frac{\sqrt{5}}{3}$이므로 $3x=30$ $\therefore x=10$

$\therefore y=\sqrt{(6\sqrt{5})^2+10^2}=\sqrt{280}=2\sqrt{70}$

04 $\sin C=\frac{x}{10}=\frac{1}{2}$이므로 $2x=10$ $\therefore x=5$

$\therefore y=\sqrt{10^2-5^2}=\sqrt{75}=5\sqrt{3}$

05 $\cos B=\frac{x}{12}=\frac{\sqrt{3}}{2}$이므로 $2x=12\sqrt{3}$ $\therefore x=6\sqrt{3}$

$\therefore y=\sqrt{12^2-(6\sqrt{3})^2}=\sqrt{36}=6$

06 $\tan A=\frac{x}{4}=2$ $\therefore x=8$

$\therefore y=\sqrt{8^2+4^2}=\sqrt{80}=4\sqrt{5}$

04 VISUAL 연산 한 삼각비의 값을 알 때, 다른 삼각비의 값 구하기 13쪽

01 4, 4, 3, $\frac{3}{5}$, $\frac{4}{3}$ / 4 02 $\sin A=\frac{\sqrt{7}}{4}$, $\tan A=\frac{\sqrt{7}}{3}$

03 $\sin A=\frac{\sqrt{3}}{2}$, $\cos A=\frac{1}{2}$ 04 $\cos A=\frac{12}{13}$, $\tan A=\frac{5}{12}$

05 $\sin A=\frac{\sqrt{2}}{3}$, $\tan A=\frac{\sqrt{14}}{7}$

02 $\cos A=\frac{3}{4}$이므로 $\overline{AC}=4$, $\overline{AB}=3$

인 직각삼각형 ABC를 그리면

$\overline{BC}=\sqrt{4^2-3^2}=\sqrt{7}$

$\therefore \sin A=\frac{\sqrt{7}}{4}$, $\tan A=\frac{\sqrt{7}}{3}$

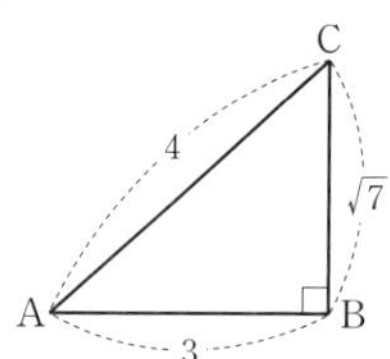

03 $\tan A=\sqrt{3}$이므로 $\overline{AB}=1$, $\overline{BC}=\sqrt{3}$

인 직각삼각형 ABC를 그리면

$\overline{AC}=\sqrt{1^2+(\sqrt{3})^2}=\sqrt{4}=2$

$\therefore \sin A=\frac{\sqrt{3}}{2}$, $\cos A=\frac{1}{2}$

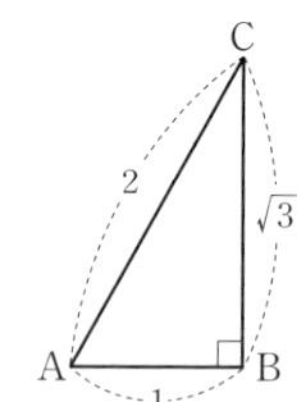

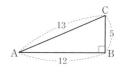

04 $\sin A=\frac{5}{13}$이므로 $\overline{AC}=13$,

$\overline{BC}=5$인 직각삼각형 ABC를

그리면

$\overline{AB}=\sqrt{13^2-5^2}=\sqrt{144}=12$

$\therefore \cos A=\frac{12}{13}$, $\tan A=\frac{5}{12}$

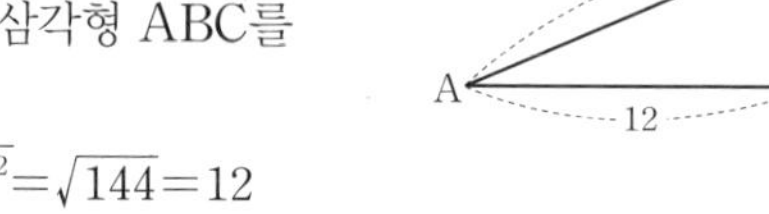

05 $\cos A=\frac{\sqrt{7}}{3}$이므로 $\overline{AC}=3$,

$\overline{AB}=\sqrt{7}$인 직각삼각형 ABC를

그리면

$\overline{BC}=\sqrt{3^2-(\sqrt{7})^2}=\sqrt{2}$

$\therefore \sin A=\frac{\sqrt{2}}{3}$, $\tan A=\frac{\sqrt{2}}{\sqrt{7}}=\frac{\sqrt{14}}{7}$

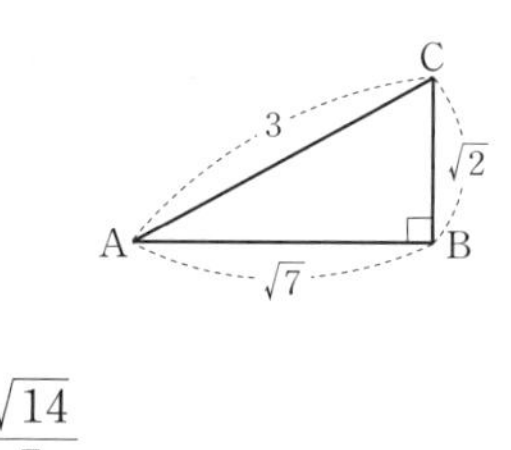

05 VISUAL 연산 직각삼각형의 닮음과 삼각비 14쪽~15쪽

01 ❶ CBA ❷ C ❸ C, $\frac{4}{5}$, C, $\frac{3}{5}$, C, $\frac{4}{3}$

02 $\sin y=\frac{3}{5}$, $\cos y=\frac{4}{5}$, $\tan y=\frac{3}{4}$

03 3 04 $\sin x=\frac{\sqrt{5}}{3}$, $\cos x=\frac{2}{3}$, $\tan x=\frac{\sqrt{5}}{2}$

05 $\sin y=\frac{2}{3}$, $\cos y=\frac{\sqrt{5}}{3}$, $\tan y=\frac{2\sqrt{5}}{5}$

06 ❶ BAC ❷ B ❸ 13, 5, 12, B, $\frac{12}{13}$, B, $\frac{5}{13}$, B, $\frac{12}{5}$

07 $\sin x=\frac{4}{5}$, $\cos x=\frac{3}{5}$, $\tan x=\frac{4}{3}$

08 $\sin x=\frac{\sqrt{3}}{2}$, $\cos x=\frac{1}{2}$, $\tan x=\sqrt{3}$

09 ❶ ACB ❷ C ❸ 10, 8, 6, C, $\frac{3}{5}$, C, $\frac{4}{5}$, C, $\frac{3}{4}$

10 $\sin x=\frac{\sqrt{2}}{2}$, $\cos x=\frac{\sqrt{2}}{2}$, $\tan x=1$

11 $\sin x=\frac{\sqrt{7}}{4}$, $\cos x=\frac{3}{4}$, $\tan x=\frac{\sqrt{7}}{3}$

02 $\triangle CAH \backsim \triangle CBA$ (AA 닮음)이므로 $\angle y = \angle B$

$\therefore \sin y = \sin B = \frac{6}{10} = \frac{3}{5}$, $\cos y = \cos B = \frac{8}{10} = \frac{4}{5}$,

$\tan y = \tan B = \frac{6}{8} = \frac{3}{4}$

03 $\triangle ABC$에서 $\overline{BC} = \sqrt{(\sqrt{5})^2 + 2^2} = \sqrt{9} = 3$

04 $\triangle ABH \backsim \triangle CBA$ (AA 닮음)이므로 $\angle x = \angle C$

$\therefore \sin x = \sin C = \frac{\sqrt{5}}{3}$, $\cos x = \cos C = \frac{2}{3}$,

$\tan x = \tan C = \frac{\sqrt{5}}{2}$

05 $\triangle CAH \backsim \triangle CBA$ (AA 닮음)이므로 $\angle y = \angle B$

$\therefore \sin y = \sin B = \frac{2}{3}$, $\cos y = \cos B = \frac{\sqrt{5}}{3}$,

$\tan y = \tan B = \frac{2}{\sqrt{5}} = \frac{2\sqrt{5}}{5}$

07 $\triangle AED \backsim \triangle ABC$ (AA 닮음)이므로 $\angle x = \angle C$

$\triangle ABC$에서 $\overline{BC} = \sqrt{15^2 - 12^2} = \sqrt{81} = 9$

$\therefore \sin x = \sin C = \frac{12}{15} = \frac{4}{5}$,

$\cos x = \cos C = \frac{9}{15} = \frac{3}{5}$,

$\tan x = \tan C = \frac{12}{9} = \frac{4}{3}$

08 $\triangle BED \backsim \triangle BAC$ (AA 닮음)이므로 $\angle x = \angle D$

$\triangle DBE$에서 $\overline{BE} = \sqrt{2^2 - 1^2} = \sqrt{3}$

$\therefore \sin x = \sin D = \frac{\sqrt{3}}{2}$, $\cos x = \cos D = \frac{1}{2}$,

$\tan x = \tan D = \sqrt{3}$

10 $\triangle ADE \backsim \triangle ACB$ (AA 닮음)이므로 $\angle x = \angle C$

$\triangle ABC$에서 $\overline{BC} = \sqrt{5^2 + 5^2} = \sqrt{50} = 5\sqrt{2}$

$\therefore \sin x = \sin C = \frac{5}{5\sqrt{2}} = \frac{\sqrt{2}}{2}$,

$\cos x = \cos C = \frac{5}{5\sqrt{2}} = \frac{\sqrt{2}}{2}$,

$\tan x = \tan C = \frac{5}{5} = 1$

11 $\triangle ADE \backsim \triangle ACB$ (AA 닮음)이므로 $\angle x = \angle D$

$\triangle ADE$에서 $\overline{AE} = \sqrt{4^2 - 3^2} = \sqrt{7}$

$\therefore \sin x = \sin D = \frac{\sqrt{7}}{4}$, $\cos x = \cos D = \frac{3}{4}$,

$\tan x = \tan D = \frac{\sqrt{7}}{3}$

06 입체도형에서 삼각비의 값 구하기

16쪽

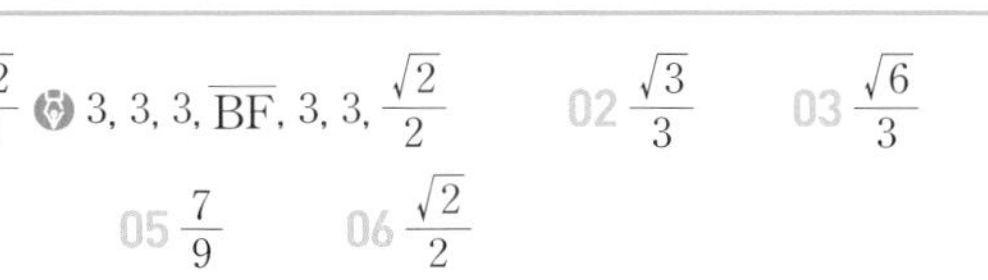

01 $\frac{\sqrt{2}}{2}$ 풀 3, 3, 3, $\overline{BF}$, 3, 3, $\frac{\sqrt{2}}{2}$ 02 $\frac{\sqrt{3}}{3}$ 03 $\frac{\sqrt{6}}{3}$

04 1 05 $\frac{7}{9}$ 06 $\frac{\sqrt{2}}{2}$

02 $\angle AEG = 90°$이므로 직각삼각형 AEG에서

$\overline{AG} = \sqrt{4^2 + 4^2 + 4^2} = \sqrt{48} = 4\sqrt{3}$

$\therefore \sin x = \frac{\overline{AE}}{\overline{AG}} = \frac{4}{4\sqrt{3}} = \frac{\sqrt{3}}{3}$

03 $\angle DHF = 90°$이므로 직각삼각형 DFH에서

$\overline{FH} = \sqrt{5^2 + 5^2} = \sqrt{50} = 5\sqrt{2}$,

$\overline{DF} = \sqrt{5^2 + 5^2 + 5^2} = \sqrt{75} = 5\sqrt{3}$

$\therefore \cos x = \frac{\overline{FH}}{\overline{DF}} = \frac{5\sqrt{2}}{5\sqrt{3}} = \frac{\sqrt{6}}{3}$

04 $\angle AEG = 90°$이므로 직각삼각형 AEG에서

$\overline{AE} = 10$, $\overline{EG} = \sqrt{6^2 + 8^2} = \sqrt{100} = 10$

$\therefore \tan x = \frac{\overline{AE}}{\overline{EG}} = \frac{10}{10} = 1$

05 $\angle CGE = 90°$이므로 직각삼각형 CEG에서

$\overline{CG} = 7$, $\overline{CE} = \sqrt{4^2 + 4^2 + 7^2} = \sqrt{81} = 9$

$\therefore \sin x = \frac{\overline{CG}}{\overline{CE}} = \frac{7}{9}$

06 $\angle BFH = 90°$이므로 직각삼각형 BFH에서

$\overline{FH} = \sqrt{4^2 + 3^2} = \sqrt{25} = 5$

$\overline{BH} = \sqrt{4^2 + 3^2 + 5^2} = \sqrt{50} = 5\sqrt{2}$

$\therefore \cos x = \frac{\overline{FH}}{\overline{BH}} = \frac{5}{5\sqrt{2}} = \frac{\sqrt{2}}{2}$

07 특수한 각의 삼각비

17쪽 ~ 19쪽

01 1 02 0 03 $\frac{3\sqrt{3}}{2}$ 04 $\frac{\sqrt{3}}{6}$ 05 $\frac{\sqrt{2}}{4}$

06 $\frac{1}{2}$ 07 $\frac{2}{3}$ 08 2 09 1 10 $\frac{\sqrt{6}}{3}$

11 45° 12 60° 13 30° 14 45° 15 60°

16 60° 17 10 풀 5, 5, 10 18 12 19 $\sqrt{5}$

20 4 21 $8\sqrt{2}$ 풀 8, 8, $\sqrt{2}$, $4\sqrt{2}$, $4\sqrt{2}$, $4\sqrt{2}$, 1, $8\sqrt{2}$

22 6 23 10 24 4 25 $\sqrt{3}-1$ 26 $3\sqrt{6}$

27 $3\sqrt{6}$ 28 6

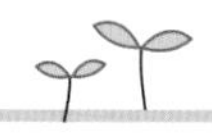

01 $\sin 30° + \cos 60° = \frac{1}{2} + \frac{1}{2} = 1$

02 $\sin 45° - \cos 45° = \frac{\sqrt{2}}{2} - \frac{\sqrt{2}}{2} = 0$

03 $\tan 60° + \sin 60° = \sqrt{3} + \frac{\sqrt{3}}{2} = \frac{3\sqrt{3}}{2}$

04 $\cos 30° - \tan 30° = \frac{\sqrt{3}}{2} - \frac{\sqrt{3}}{3} = \frac{\sqrt{3}}{6}$

05 $\sin 45° \times \cos 60° = \frac{\sqrt{2}}{2} \times \frac{1}{2} = \frac{\sqrt{2}}{4}$

06 $\sin 30° \times \tan 45° = \frac{1}{2} \times 1 = \frac{1}{2}$

07 $\tan 30° \div \sin 60° = \frac{\sqrt{3}}{3} \div \frac{\sqrt{3}}{2} = \frac{\sqrt{3}}{3} \times \frac{2}{\sqrt{3}} = \frac{2}{3}$

08 $\tan 60° \div \cos 30° = \sqrt{3} \div \frac{\sqrt{3}}{2} = \sqrt{3} \times \frac{2}{\sqrt{3}} = 2$

09 $\sin 60° - \cos 30° + \tan 45°$
$= \frac{\sqrt{3}}{2} - \frac{\sqrt{3}}{2} + 1 = 1$

10 $\tan 30° \times \cos 45° \div \sin 30°$
$= \frac{\sqrt{3}}{3} \times \frac{\sqrt{2}}{2} \div \frac{1}{2} = \frac{\sqrt{3}}{3} \times \frac{\sqrt{2}}{2} \times 2 = \frac{\sqrt{6}}{3}$

11 $\sin 45° = \frac{\sqrt{2}}{2}$이므로 $A = 45°$

12 $\cos 60° = \frac{1}{2}$이므로 $A = 60°$

13 $\tan 30° = \frac{\sqrt{3}}{3}$이므로 $A = 30°$

14 $\cos 45° = \frac{\sqrt{2}}{2}$이므로 $A = 45°$

15 $\sin 60° = \frac{\sqrt{3}}{2}$이므로 $A = 60°$

16 $\tan 60° = \sqrt{3}$이므로 $A = 60°$

18 $\cos 60° = \frac{6}{x} = \frac{1}{2}$ $\quad \therefore x = 12$

19 $\tan 45° = \frac{\sqrt{5}}{x} = 1$ $\quad \therefore x = \sqrt{5}$

20 $\cos 30° = \frac{2\sqrt{3}}{x} = \frac{\sqrt{3}}{2}$, $\sqrt{3}x = 4\sqrt{3}$ $\quad \therefore x = 4$

22 $\triangle$ABD에서 $\sin 60° = \frac{\overline{AD}}{2\sqrt{6}} = \frac{\sqrt{3}}{2}$
$2\overline{AD} = 6\sqrt{2}$ $\quad \therefore \overline{AD} = 3\sqrt{2}$
$\triangle$ADC에서 $\sin 45° = \frac{3\sqrt{2}}{x} = \frac{\sqrt{2}}{2}$
$\sqrt{2}x = 6\sqrt{2}$ $\quad \therefore x = 6$

23 $\triangle$ADC에서 $\sin 30° = \frac{\overline{AD}}{10\sqrt{3}} = \frac{1}{2}$
$2\overline{AD} = 10\sqrt{3}$ $\quad \therefore \overline{AD} = 5\sqrt{3}$
$\triangle$ABD에서 $\sin 60° = \frac{5\sqrt{3}}{x} = \frac{\sqrt{3}}{2}$
$\sqrt{3}x = 10\sqrt{3}$ $\quad \therefore x = 10$

24 $\triangle$ADC에서 $\tan 60° = \frac{2\sqrt{3}}{\overline{DC}} = \sqrt{3}$
$\sqrt{3}\,\overline{DC} = 2\sqrt{3}$ $\quad \therefore \overline{DC} = 2$
$\triangle$ABC에서 $\tan 30° = \frac{2\sqrt{3}}{\overline{BC}} = \frac{\sqrt{3}}{3}$
$\sqrt{3}\,\overline{BC} = 6\sqrt{3}$ $\quad \therefore \overline{BC} = 6$
$\therefore x = \overline{BC} - \overline{DC} = 6 - 2 = 4$

25 $\triangle$ADC에서 $\tan 45° = \frac{\overline{AC}}{1} = 1$ $\quad \therefore \overline{AC} = 1$
$\triangle$ABC에서 $\tan 30° = \frac{1}{\overline{BC}} = \frac{\sqrt{3}}{3}$
$\sqrt{3}\,\overline{BC} = 3$ $\quad \therefore \overline{BC} = \frac{3}{\sqrt{3}} = \sqrt{3}$
$\therefore x = \overline{BC} - \overline{DC} = \sqrt{3} - 1$

26 $\triangle$BCD에서 $\tan 30° = \frac{3}{\overline{BC}} = \frac{\sqrt{3}}{3}$
$\sqrt{3}\,\overline{BC} = 9$ $\quad \therefore \overline{BC} = \frac{9}{\sqrt{3}} = 3\sqrt{3}$
$\triangle$ABC에서 $\sin 45° = \frac{3\sqrt{3}}{x} = \frac{\sqrt{2}}{2}$
$\sqrt{2}x = 6\sqrt{3}$ $\quad \therefore x = \frac{6\sqrt{3}}{\sqrt{2}} = 3\sqrt{6}$

27 $\triangle$BCD에서 $\tan 30° = \frac{6}{\overline{BC}} = \frac{\sqrt{3}}{3}$
$\sqrt{3}\,\overline{BC} = 18$ $\quad \therefore \overline{BC} = \frac{18}{\sqrt{3}} = 6\sqrt{3}$
$\triangle$ABC에서 $\sin 45° = \frac{x}{6\sqrt{3}} = \frac{\sqrt{2}}{2}$
$2x = 6\sqrt{6}$ $\quad \therefore x = 3\sqrt{6}$

28 $\triangle ABC$에서 $\tan 60^\circ=\frac{\overline{AC}}{4}=\sqrt{3}$ $\therefore \overline{AC}=4\sqrt{3}$

$\triangle ACD$에서 $\cos 30^\circ=\frac{x}{4\sqrt{3}}=\frac{\sqrt{3}}{2}$

$2x=12$ $\therefore x=6$

08 직선의 방정식과 삼각비의 값

VISUAL연산 20쪽

01 $y=\frac{\sqrt{3}}{3}x+4$ ⓗ $\frac{\sqrt{3}}{3}$, 4
02 $y=x+7$
03 $y=\sqrt{3}x+2\sqrt{3}$
04 $y=-\frac{\sqrt{3}}{3}x+2$ ⓗ $-\frac{\sqrt{3}}{3}$, 2
05 $y=-\sqrt{3}x-5$
06 $y=-x+3$

02 (기울기)$=\tan 45^\circ=1$, (y절편)$=7$

$\therefore y=x+7$

03 (기울기)$=\tan 60^\circ=\sqrt{3}$

x절편이 -2이므로

$y=\sqrt{3}x+b$로 놓고 $x=-2$, $y=0$을 대입하면 $b=2\sqrt{3}$

$\therefore y=\sqrt{3}x+2\sqrt{3}$

05 (기울기)<0이므로 (기울기)$=-\tan 60^\circ=-\sqrt{3}$

(y절편)$=-5$

$\therefore y=-\sqrt{3}x-5$

06 (기울기)<0이므로 (기울기)$=-\tan 45^\circ=-1$

x절편이 3이므로

$y=-x+b$로 놓고 $x=3$, $y=0$을 대입하면 $b=3$

$\therefore y=-x+3$

연산 능력 UP! 10분 연산 TEST

21쪽

01 15
02 $\sin A=\frac{3}{5}$, $\cos A=\frac{4}{5}$, $\tan A=\frac{3}{4}$
03 $\sin C=\frac{4}{5}$, $\cos C=\frac{3}{5}$, $\tan C=\frac{4}{3}$
04 6
05 $\frac{\sqrt{5}}{2}$
06 $\sin x=\frac{3}{5}$, $\tan y=\frac{4}{3}$
07 $\frac{8}{17}$
08 $\frac{\sqrt{6}}{3}$
09 $\frac{5}{2}$
10 $\frac{\sqrt{6}}{4}$
11 30°
12 $4\sqrt{6}$
13 $y=x+6$

01 $\overline{BC}=\sqrt{25^2-20^2}=\sqrt{225}=15$

02 $\sin A=\frac{15}{25}=\frac{3}{5}$, $\cos A=\frac{20}{25}=\frac{4}{5}$, $\tan A=\frac{15}{20}=\frac{3}{4}$

03 $\sin C=\frac{20}{25}=\frac{4}{5}$, $\cos C=\frac{15}{25}=\frac{3}{5}$, $\tan C=\frac{20}{15}=\frac{4}{3}$

04 $\sin C=\frac{\overline{AB}}{8}=\frac{3}{4}$이므로

$4\overline{AB}=24$ $\therefore \overline{AB}=6$

05 $\cos A=\frac{2}{3}$이므로 $\overline{AC}=3$,

$\overline{AB}=2$인 직각삼각형 ABC를 그리면

$\overline{BC}=\sqrt{3^2-2^2}=\sqrt{5}$

$\therefore \tan A=\frac{\sqrt{5}}{2}$

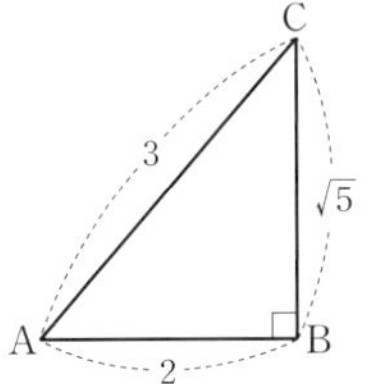

06 $\triangle ABC \backsim \triangle HBA \backsim \triangle HAC$ (AA 닮음)이므로

$\angle x=\angle C$, $\angle y=\angle B$

$\triangle ABC$에서 $\overline{AC}=\sqrt{5^2-3^2}=\sqrt{16}=4$

$\therefore \sin x=\sin C=\frac{3}{5}$, $\tan y=\tan B=\frac{4}{3}$

07 $\triangle ABC \backsim \triangle EBD$ (AA 닮음)이므로 $\angle x=\angle C$

$\triangle ABC$에서 $\overline{AC}=\sqrt{17^2-15^2}=\sqrt{64}=8$

$\therefore \cos x=\cos C=\frac{8}{17}$

08 $\angle AEG=90^\circ$이므로 직각삼각형 AEG에서

$\overline{GE}=\sqrt{4^2+4^2}=\sqrt{32}=4\sqrt{2}$

$\overline{AG}=\sqrt{4^2+4^2+4^2}=\sqrt{48}=4\sqrt{3}$

$\therefore \cos x=\frac{\overline{GE}}{\overline{AG}}=\frac{4\sqrt{2}}{4\sqrt{3}}=\frac{\sqrt{6}}{3}$

09 $\sin 60^\circ\times\tan 60^\circ+\tan 45^\circ=\frac{\sqrt{3}}{2}\times\sqrt{3}+1=\frac{5}{2}$

10 $\cos 45^\circ\times\sin 30^\circ\div\tan 30^\circ=\frac{\sqrt{2}}{2}\times\frac{1}{2}\div\frac{\sqrt{3}}{3}$

$=\frac{\sqrt{2}}{2}\times\frac{1}{2}\times\frac{3}{\sqrt{3}}$

$=\frac{\sqrt{2}}{4}\times\sqrt{3}$

$=\frac{\sqrt{6}}{4}$

11 $\cos 30^\circ=\frac{\sqrt{3}}{2}$이므로 $A=30^\circ$

12 $\triangle$ABC에서 $\tan 60^\circ=\frac{\overline{BC}}{4}=\sqrt{3}$

$\therefore \overline{BC}=4\sqrt{3}$

$\triangle$BCD에서 $\sin 45^\circ=\frac{4\sqrt{3}}{\overline{BD}}=\frac{\sqrt{2}}{2}$

$\sqrt{2}\,\overline{BD}=8\sqrt{3}$ $\quad\therefore \overline{BD}=\frac{8\sqrt{3}}{\sqrt{2}}=4\sqrt{6}$

13 (기울기)$=\tan 45^\circ=1$

x절편이 -6이므로

$y=x+b$로 놓고 $x=-6$, $y=0$을 대입하면 $b=6$

$\therefore y=x+6$

09 VISUAL연산 예각의 삼각비의 값 22쪽

01 $\overline{CD}$, $\overline{CD}$	02 $\overline{OB}$	03 $\overline{OB}$	04 $\overline{AB}$
05 $\overline{OB}$ ⓐ $\overline{CD}$, y, y, $\overline{OB}$	06 $\overline{AB}$	07 0.6157	08 0.7880
09 0.7813	10 0.7660	11 0.6428	12 0.6428	13 0.7660

02 $\cos x=\frac{\overline{OB}}{\overline{OA}}=\frac{\overline{OB}}{1}=\overline{OB}$

03 $\sin y=\frac{\overline{OB}}{\overline{OA}}=\frac{\overline{OB}}{1}=\overline{OB}$

04 $\cos y=\frac{\overline{AB}}{\overline{OA}}=\frac{\overline{AB}}{1}=\overline{AB}$

06 $\cos z=\cos y=\overline{AB}$

07 $\sin 38^\circ=\frac{\overline{AB}}{\overline{OA}}=\frac{\overline{AB}}{1}=\overline{AB}=0.6157$

08 $\cos 38^\circ=\frac{\overline{OB}}{\overline{OA}}=\frac{\overline{OB}}{1}=\overline{OB}=0.7880$

09 $\tan 38^\circ=\frac{\overline{CD}}{\overline{OD}}=\frac{\overline{CD}}{1}=\overline{CD}=0.7813$

10 $\sin 50^\circ=\frac{\overline{AB}}{\overline{OA}}=\frac{\overline{AB}}{1}=\overline{AB}=0.7660$

11 $\cos 50^\circ=\frac{\overline{OB}}{\overline{OA}}=\frac{\overline{OB}}{1}=\overline{OB}=0.6428$

12 $\triangle$AOB에서 $\angle OAB=90^\circ-50^\circ=40^\circ$이므로

$\sin 40^\circ=\frac{\overline{OB}}{\overline{OA}}=\frac{\overline{OB}}{1}=\overline{OB}=0.6428$

13 $\cos 40^\circ=\frac{\overline{AB}}{\overline{OA}}=\frac{\overline{AB}}{1}=\overline{AB}=0.7660$

10 VISUAL연산 0°와 90°의 삼각비의 값 23쪽

01 0	02 0	03 0	04 1	05 1
06 정할 수 없다.		07 0	08 $\frac{1}{2}$	09 0
10 0	11 1	12 2		

07 $\cos 90^\circ+\sin 0^\circ+\tan 0^\circ$

$=0+0+0=0$

08 $\sin 30^\circ+\cos 0^\circ-\tan 45^\circ$

$=\frac{1}{2}+1-1=\frac{1}{2}$

09 $\cos 45^\circ-\tan 0^\circ-\sin 45^\circ$

$=\frac{\sqrt{2}}{2}-0-\frac{\sqrt{2}}{2}=0$

10 $\tan 45^\circ\times\sin 90^\circ-\cos 0^\circ$

$=1\times1-1=0$

11 $\cos 90^\circ\times\sin 0^\circ+\cos 0^\circ\times\sin 90^\circ$

$=0\times0+1\times1=1$

12 $\cos 0^\circ\div\sin 30^\circ+\sin 45^\circ\times\tan 0^\circ$

$=1\div\frac{1}{2}+\frac{\sqrt{2}}{2}\times0=1\times2+\frac{\sqrt{2}}{2}\times0=2$

11 VISUAL연산 삼각비의 대소 관계 24쪽

01 ○	02 ×	03 ○	04 ○	05 ×
06 ○	07 >	08 >	09 <	10 >
11 <	12 >	13 <		

02 $0^\circ\le A\le 90^\circ$일 때, A의 크기가 커지면 $\cos A$의 값은 작아진다.

05 $0^\circ\le A<45^\circ$일 때, $0\le\sin A<\frac{\sqrt{2}}{2}$, $\frac{\sqrt{2}}{2}<\cos A\le1$이므로 $\sin A<\cos A$

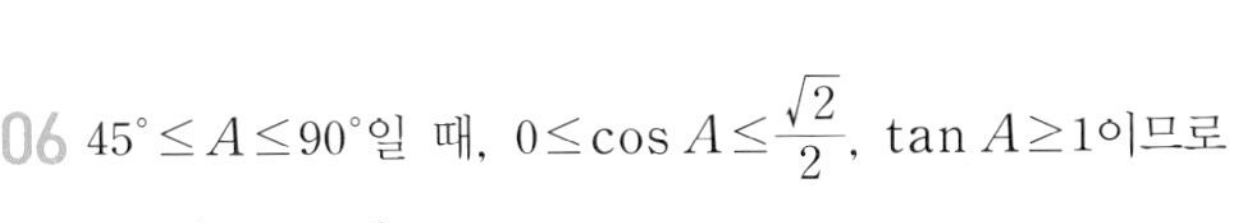

06 $45^\circ \le A \le 90^\circ$일 때, $0 \le \cos A \le \frac{\sqrt{2}}{2}$, $\tan A \ge 1$이므로 $\cos A < \tan A$

07 $\sin 90^\circ = 1$, $\sin 60^\circ = \frac{\sqrt{3}}{2}$이므로 $\sin 90^\circ > \sin 60^\circ$

08 $\cos 30^\circ = \frac{\sqrt{3}}{2}$, $\cos 90^\circ = 0$이므로 $\cos 30^\circ > \cos 90^\circ$

09 $0^\circ \le A \le 90^\circ$일 때, A의 크기가 커지면 $\sin A$의 값도 커지므로 $\sin 30^\circ < \sin 57^\circ$

10 $0^\circ \le A \le 90^\circ$일 때, A의 크기가 커지면 $\cos A$의 값은 작아지므로 $\cos 49^\circ > \cos 80^\circ$

11 $0^\circ \le A < 90^\circ$일 때, A의 크기가 커지면 $\tan A$의 값도 커지므로 $\tan 15^\circ < \tan 60^\circ$

12 $\sin 45^\circ = \cos 45^\circ = \frac{\sqrt{2}}{2}$이고 $\cos 45^\circ > \cos 75^\circ$이므로 $\sin 45^\circ > \cos 75^\circ$

13 $\sin 70^\circ < \sin 90^\circ = 1$이고 $\tan 70^\circ > \tan 45^\circ = 1$이므로 $\sin 70^\circ < \tan 70^\circ$

12 삼각비의 표

VISUAL 연산 25쪽~26쪽

01 0.4540 02 0.9063 03 0.4452 04 0.4384 05 0.8829
06 0.4877 07 47° 08 49° 09 48° 10 50°
11 46° 12 49°
13 32° ❶ 5.299, 0.5299, 0.5299, 32° 14 31°
15 34° 16 33°
17 60.18 ❶ x, 0.6018, x, 0.6018, 60.18 18 16.18
19 6.3995 20 2.3958

14 $\cos x = \frac{85.72}{100} = 0.8572$

삼각비의 표에서 $\cos 31^\circ = 0.8572$이므로 $\angle x = 31^\circ$

15 $\tan x = \frac{6.745}{10} = 0.6745$

삼각비의 표에서 $\tan 34^\circ = 0.6745$이므로 $\angle x = 34^\circ$

16 $\cos x = \frac{83.87}{100} = 0.8387$

삼각비의 표에서 $\cos 33^\circ = 0.8387$이므로 $\angle x = 33^\circ$

18 $\sin 54^\circ = \frac{x}{20}$

삼각비의 표에서 $\sin 54^\circ = 0.8090$이므로

$\frac{x}{20} = 0.8090$ $\therefore x = 16.18$

19 $\tan 52^\circ = \frac{x}{5}$

삼각비의 표에서 $\tan 52^\circ = 1.2799$이므로

$\frac{x}{5} = 1.2799$ $\therefore x = 6.3995$

20 $\angle C = 90^\circ - 37^\circ = 53^\circ$이므로 $\sin 53^\circ = \frac{x}{3}$

삼각비의 표에서 $\sin 53^\circ = 0.7986$이므로

$\frac{x}{3} = 0.7986$ $\therefore x = 2.3958$

연산 능력 UP! 10분 연산 TEST

27쪽

01 0.6428 02 0.7660 03 0.8391 04 0.7660 05 0.6428
06 $-\frac{1}{4}$ 07 4 08 0 09 1
10 cos 60°, sin 90°, tan 60° 11 0.2756 12 0.9397
13 0.3057 14 44° 15 42° 16 43°

01 $\sin 40^\circ = \frac{\overline{AB}}{\overline{OA}} = \frac{\overline{AB}}{1} = \overline{AB} = 0.6428$

02 $\cos 40^\circ = \frac{\overline{OB}}{\overline{OA}} = \frac{\overline{OB}}{1} = \overline{OB} = 0.7660$

03 $\tan 40^\circ = \frac{\overline{CD}}{\overline{OD}} = \frac{\overline{CD}}{1} = \overline{CD} = 0.8391$

04 $\triangle AOB$에서 $\angle OAB = 90^\circ - 40^\circ = 50^\circ$이므로

$\sin 50^\circ = \frac{\overline{OB}}{\overline{OA}} = \frac{\overline{OB}}{1} = \overline{OB} = 0.7660$

05 $\cos 50^\circ = \frac{\overline{AB}}{\overline{OA}} = \frac{\overline{AB}}{1} = \overline{AB} = 0.6428$

06 $\sin 0° - \cos 60° \times \sin 30°$

$= 0 - \frac{1}{2} \times \frac{1}{2} = -\frac{1}{4}$

07 $2\sin 90° - \cos 0° + 3\tan 45°$

$= 2 \times 1 - 1 + 3 \times 1 = 4$

08 $\sin 0° \times \cos 30° + \sin 60° \times \cos 90°$

$= 0 \times \frac{\sqrt{3}}{2} + \frac{\sqrt{3}}{2} \times 0 = 0$

09 $\sin 45° \div \cos 45° - \tan 0° \times \cos 60°$

$= \frac{\sqrt{2}}{2} \div \frac{\sqrt{2}}{2} - 0 \times \frac{1}{2} = 1$

10 $\tan 60° = \sqrt{3}$, $\sin 90° = 1$, $\cos 60° = \frac{1}{2}$이므로 작은 것부터 차례대로 나열하면 $\cos 60°$, $\sin 90°$, $\tan 60°$

16 $\sin x = \frac{68.2}{100} = 0.682$

삼각비의 표에서 $\sin 43° = 0.6820$이므로 $\angle x = 43°$

학교 시험 PREVIEW

학교 시험 미리보기! 28쪽~29쪽

01 ④	02 ②	03 ①	04 ③	05 ③
06 ④	07 ④	08 ③	09 ④	10 ②
11 ③	12 $\frac{1}{5}$			

01 $\overline{AC} = \sqrt{(\sqrt{10})^2 - 2^2} = \sqrt{6}$

① $\sin A = \frac{2}{\sqrt{10}} = \frac{\sqrt{10}}{5}$

② $\cos A = \frac{\sqrt{6}}{\sqrt{10}} = \frac{\sqrt{15}}{5}$

③ $\tan A = \frac{2}{\sqrt{6}} = \frac{\sqrt{6}}{3}$

④ $\sin B = \frac{\sqrt{6}}{\sqrt{10}} = \frac{\sqrt{15}}{5}$

따라서 옳지 않은 것은 ④이다.

02 $\tan C = \frac{4}{\overline{BC}} = \frac{2}{3}$

$2\overline{BC} = 12 \quad \therefore \overline{BC} = 6$

$\therefore \overline{AC} = \sqrt{6^2 + 4^2} = \sqrt{52} = 2\sqrt{13}$

03 $\sin A = \frac{5}{13}$이므로 $\overline{AC} = 13$, $\overline{BC} = 5$인 직각삼각형 ABC를 그리면

$\overline{AB} = \sqrt{13^2 - 5^2} = \sqrt{144} = 12$

따라서 $\cos A = \frac{12}{13}$, $\tan A = \frac{5}{12}$이므로

$\cos A \times \tan A = \frac{12}{13} \times \frac{5}{12} = \frac{5}{13}$

04 $\triangle ABC \backsim \triangle AED$ (AA 닮음)이므로 $\angle B = \angle AED$

$\triangle ADE$에서 $\overline{DE} = \sqrt{(\sqrt{3})^2 + 1^2} = \sqrt{4} = 2$

따라서 $\sin B = \frac{\overline{AD}}{\overline{DE}} = \frac{1}{2}$, $\cos C = \frac{\overline{AD}}{\overline{DE}} = \frac{1}{2}$이므로

$\sin B + \cos C = \frac{1}{2} + \frac{1}{2} = 1$

05 $\angle AEG = 90°$이므로 직각삼각형 AEG에서

$\overline{GE} = \sqrt{(\sqrt{11})^2 + 3^2} = \sqrt{20} = 2\sqrt{5}$

$\overline{AG} = \sqrt{(\sqrt{11})^2 + 3^2 + 4^2} = \sqrt{36} = 6$

$\therefore \cos x = \frac{\overline{GE}}{\overline{AG}} = \frac{2\sqrt{5}}{6} = \frac{\sqrt{5}}{3}$

06 $\tan 60° = \sqrt{3}$이므로 $A = 60°$

$\therefore 2\sin A \div \cos A = 2\sin 60° \div \cos 60°$

$= 2 \times \frac{\sqrt{3}}{2} \div \frac{1}{2}$

$= 2\sqrt{3}$

07 $\triangle ABD$에서 $\sin 45° = \frac{\overline{AD}}{\sqrt{6}} = \frac{\sqrt{2}}{2}$

$2\overline{AD} = 2\sqrt{3} \quad \therefore \overline{AD} = \sqrt{3}$

$\therefore \overline{BD} = \overline{AD} = \sqrt{3}$

$\triangle ADC$에서 $\tan 30° = \frac{\sqrt{3}}{\overline{CD}} = \frac{\sqrt{3}}{3}$

$\sqrt{3}\,\overline{CD} = 3\sqrt{3} \quad \therefore \overline{CD} = 3$

$\therefore \overline{BC} = \overline{BD} + \overline{CD} = \sqrt{3} + 3$

08 ③ $\tan 53°$의 값은 $\overline{CD}$의 길이와 같다.

09 $(\sqrt{2}\sin 45° + \tan 60°)(\sin 60° \div \cos 60° - \cos 0°)$

$= \left(\sqrt{2} \times \frac{\sqrt{2}}{2} + \sqrt{3}\right)\left(\frac{\sqrt{3}}{2} \div \frac{1}{2} - 1\right)$

$= (1 + \sqrt{3})(\sqrt{3} - 1)$

$= 3 - 1 = 2$

10 $0° \le A \le 90°$일 때, A의 크기가 커지면 $\cos A$의 값은 작아지므로

② $\cos 40° > \cos 50°$

11 $\sin 35^\circ=\frac{x}{10}$

삼각비의 표에서 $\sin 35^\circ=0.5736$이므로

$\frac{x}{10}=0.5736$ $\quad\therefore x=5.736$

$\cos 35^\circ=\frac{y}{10}$

삼각비의 표에서 $\cos 35^\circ=0.8192$이므로

$\frac{y}{10}=0.8192$ $\quad\therefore y=8.192$

$\therefore x+y=5.736+8.192=13.928$

12 서술형

$\triangle$ABD에서 $\overline{AD}=\overline{BC}=12$이므로

$\overline{BD}=\sqrt{12^2+9^2}=\sqrt{225}=15$ ……❶

$\triangle ABD \backsim \triangle HBA$ (AA 닮음)이므로 $\angle x=\angle BDA$ ……❷

$\sin x=\frac{\overline{AB}}{\overline{BD}}=\frac{9}{15}=\frac{3}{5}$, $\cos x=\frac{\overline{AD}}{\overline{BD}}=\frac{12}{15}=\frac{4}{5}$

$\therefore \cos x-\sin x=\frac{4}{5}-\frac{3}{5}=\frac{1}{5}$ ……❸

채점 기준	배점
❶ $\overline{BD}$의 길이 구하기	20 %
❷ $\angle x$와 크기가 같은 각 구하기	20 %
❸ $\cos x-\sin x$의 값 구하기	60 %

2. 삼각비의 활용

01 직각삼각형의 변의 길이

VISUAL 32쪽~33쪽

01 3.2 ❸ 5, 3.2 02 7.7 03 5.88 04 16.8
05 79 06 2.7 07 162 m 08 3.21 m 09 18 m
10 (1) $5\sqrt{3}$ m (2) $10\sqrt{3}$ m (3) $5\sqrt{3}$, $10\sqrt{3}$, $15\sqrt{3}$
11 (1) 1.6 m (2) 6.7 m (3) 8.3 m

02 $\cos 40^\circ=\frac{x}{10}$이므로 $x=10\cos 40^\circ=10\times0.77=7.7$

03 $\tan 40^\circ=\frac{x}{7}$이므로 $x=7\tan 40^\circ=7\times0.84=5.88$

04 $\cos 33^\circ=\frac{x}{20}$이므로 $x=20\cos 33^\circ=20\times0.84=16.8$

05 $\sin 52^\circ=\frac{x}{100}$이므로 $x=100\sin 52^\circ=100\times0.79=79$

06 $\tan 24^\circ=\frac{x}{6}$이므로 $x=6\tan 24^\circ=6\times0.45=2.7$

07 $\overline{AB}=200\cos 36^\circ=200\times0.81=162$(m)
따라서 두 지점 A, B 사이의 거리는 162 m이다.

08 $\overline{BC}=3\tan 47^\circ=3\times1.07=3.21$(m)
따라서 가로등의 높이는 3.21 m이다.

09 $\overline{BC}=20\sin 65^\circ=20\times0.9=18$(m)
따라서 건물의 높이는 18 m이다.

10 (1) $\overline{BC}=15\tan 30^\circ=5\sqrt{3}$(m)
(2) $\overline{AC}=\frac{15}{\cos 30^\circ}=15\div\frac{\sqrt{3}}{2}=15\times\frac{2}{\sqrt{3}}=10\sqrt{3}$(m)

11 (2) $\triangle$ABC에서
$\overline{BC}=10\tan 34^\circ=10\times0.67=6.7$(m)
(3) (나무의 높이)$=\overline{BD}+\overline{BC}=1.6+6.7=8.3$(m)

02 일반 삼각형의 변의 길이 (1)

VISUAL 34쪽

01 (1) $3\sqrt{3}$ ❸ sin, $\frac{\sqrt{3}}{2}$, $3\sqrt{3}$ (2) 3 ❸ cos, $\frac{1}{2}$, 3
(3) 6 ❸ 3, 6 (4) $3\sqrt{7}$ ❸ $3\sqrt{3}$, 6, $3\sqrt{7}$
02 5 03 4 04 $5\sqrt{7}$

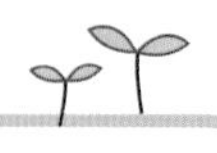

02 △ABH에서

$\overline{AH}=4\sqrt{2}\sin 45^\circ=4\sqrt{2}\times\frac{\sqrt{2}}{2}=4$

$\overline{BH}=4\sqrt{2}\cos 45^\circ=4\sqrt{2}\times\frac{\sqrt{2}}{2}=4$

$\overline{CH}=7-4=3$이므로 △ACH에서

$x=\sqrt{\overline{AH}^2+\overline{CH}^2}=\sqrt{4^2+3^2}=\sqrt{25}=5$

03 오른쪽 그림과 같이 꼭짓점 A에서 $\overline{BC}$에 내린 수선의 발을 H라 하면

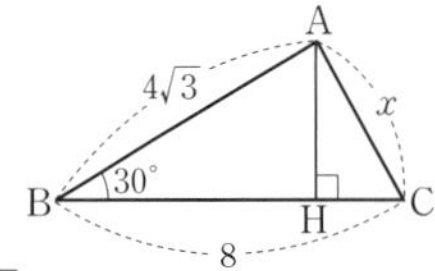

△ABH에서

$\overline{AH}=4\sqrt{3}\sin 30^\circ=4\sqrt{3}\times\frac{1}{2}=2\sqrt{3}$

$\overline{BH}=4\sqrt{3}\cos 30^\circ=4\sqrt{3}\times\frac{\sqrt{3}}{2}=6$

$\overline{CH}=8-6=2$이므로 △ACH에서

$x=\sqrt{\overline{AH}^2+\overline{CH}^2}=\sqrt{(2\sqrt{3})^2+2^2}=\sqrt{16}=4$

04 오른쪽 그림과 같이 꼭짓점 A에서 $\overline{BC}$에 내린 수선의 발을 H라 하면

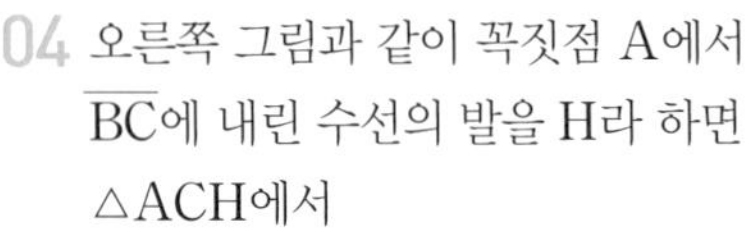

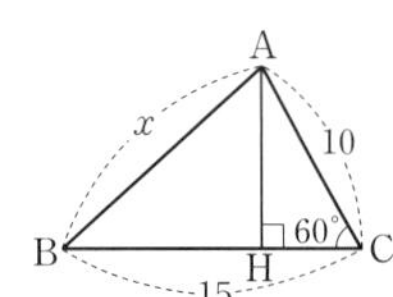

△ACH에서

$\overline{AH}=10\sin 60^\circ=10\times\frac{\sqrt{3}}{2}=5\sqrt{3}$

$\overline{CH}=10\cos 60^\circ=10\times\frac{1}{2}=5$

$\overline{BH}=15-5=10$이므로 △ABH에서

$x=\sqrt{\overline{AH}^2+\overline{BH}^2}=\sqrt{(5\sqrt{3})^2+10^2}=\sqrt{175}=5\sqrt{7}$

03 VISUAL 일반 삼각형의 변의 길이 (2)

35쪽~36쪽

01 (1) 6, 45, $\frac{\sqrt{2}}{2}$, 6　(2) 60°, 75, 60

(3) $4\sqrt{3}$, 6, 60, 6, $\frac{\sqrt{3}}{2}$, $4\sqrt{3}$

02 $4\sqrt{6}$　**03** $5\sqrt{6}$　**04** $6\sqrt{2}$

05 $4\sqrt{2}$, 45, 45, $\frac{\sqrt{2}}{2}$, $2\sqrt{2}$, $2\sqrt{2}$, $\frac{1}{2}$, $4\sqrt{2}$　**06** $6\sqrt{2}$

07 8　**08** 12　**09** $40\sqrt{3}$ m　**10** $25\sqrt{6}$ m　**11** $40\sqrt{2}$ m

02 △BCH에서

$\overline{BH}=12\sin 45^\circ=12\times\frac{\sqrt{2}}{2}=6\sqrt{2}$

△ABC에서 $\angle A=180^\circ-(75^\circ+45^\circ)=60^\circ$이므로

△ABH에서

$x=\frac{\overline{BH}}{\sin 60^\circ}=6\sqrt{2}\div\frac{\sqrt{3}}{2}=6\sqrt{2}\times\frac{2}{\sqrt{3}}=4\sqrt{6}$

03 오른쪽 그림과 같이 꼭짓점 C에서 $\overline{AB}$에 내린 수선의 발을 H라 하면

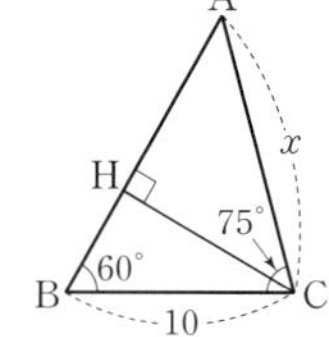

△BCH에서

$\overline{CH}=10\sin 60^\circ=10\times\frac{\sqrt{3}}{2}=5\sqrt{3}$

△ABC에서

$\angle A=180^\circ-(60^\circ+75^\circ)=45^\circ$

이므로 △ACH에서

$x=\frac{\overline{CH}}{\sin 45^\circ}=5\sqrt{3}\div\frac{\sqrt{2}}{2}=5\sqrt{3}\times\frac{2}{\sqrt{2}}=5\sqrt{6}$

04 오른쪽 그림과 같이 꼭짓점 A에서 $\overline{BC}$에 내린 수선의 발을 H라 하면

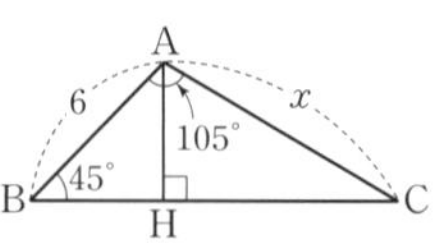

△ABH에서

$\overline{AH}=6\sin 45^\circ=6\times\frac{\sqrt{2}}{2}=3\sqrt{2}$

△ABC에서 $\angle C=180^\circ-(105^\circ+45^\circ)=30^\circ$이므로

△ACH에서

$x=\frac{\overline{AH}}{\sin 30^\circ}=3\sqrt{2}\div\frac{1}{2}=6\sqrt{2}$

06 오른쪽 그림과 같이 꼭짓점 A에서 $\overline{BC}$에 내린 수선의 발을 H라 하면

△ABC에서

$\angle B=180^\circ-(75^\circ+60^\circ)=45^\circ$이므로

△ABH에서

$\overline{AH}=6\sqrt{3}\sin 45^\circ=6\sqrt{3}\times\frac{\sqrt{2}}{2}=3\sqrt{6}$

△ACH에서

$x=\frac{\overline{AH}}{\sin 60^\circ}=3\sqrt{6}\div\frac{\sqrt{3}}{2}=3\sqrt{6}\times\frac{2}{\sqrt{3}}=6\sqrt{2}$

07 오른쪽 그림과 같이 꼭짓점 C에서 $\overline{AB}$에 내린 수선의 발을 H라 하면

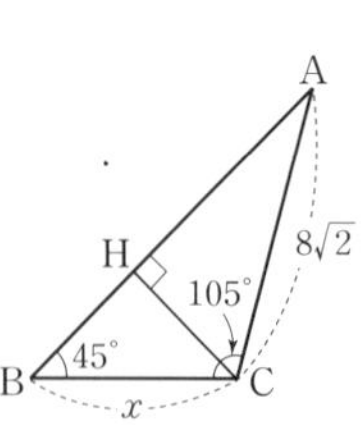

△ABC에서

$\angle A=180^\circ-(45^\circ+105^\circ)=30^\circ$

이므로 △ACH에서

$\overline{CH}=8\sqrt{2}\sin 30^\circ=8\sqrt{2}\times\frac{1}{2}=4\sqrt{2}$

△BCH에서

$x=\frac{\overline{CH}}{\sin 45^\circ}=4\sqrt{2}\div\frac{\sqrt{2}}{2}=4\sqrt{2}\times\frac{2}{\sqrt{2}}=8$

08 오른쪽 그림과 같이 꼭짓점 C에서 $\overline{AB}$에 내린 수선의 발을 H라 하면

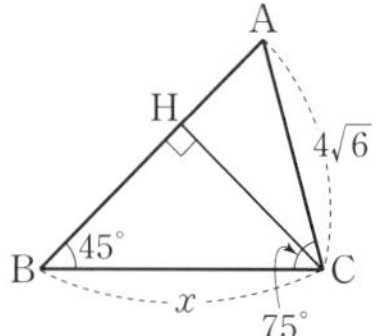

△ABC에서

$\angle A=180^\circ-(45^\circ+75^\circ)=60^\circ$

이므로 △ACH에서

$\overline{CH}=4\sqrt{6}\sin 60^\circ=4\sqrt{6}\times\frac{\sqrt{3}}{2}=6\sqrt{2}$

△BCH에서

$x=\dfrac{\overline{CH}}{\sin 45^\circ}=6\sqrt{2}\div\dfrac{\sqrt{2}}{2}=6\sqrt{2}\times\dfrac{2}{\sqrt{2}}=12$

09 오른쪽 그림과 같이 꼭짓점 A에서 $\overline{BC}$에 내린 수선의 발을 H라 하면

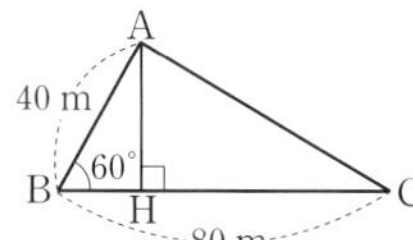

△ABH에서

$\overline{AH}=40\sin 60^\circ=40\times\dfrac{\sqrt{3}}{2}=20\sqrt{3}(\mathrm{m})$

$\overline{BH}=40\cos 60^\circ=40\times\dfrac{1}{2}=20(\mathrm{m})$

$\overline{CH}=\overline{BC}-\overline{BH}=80-20=60(\mathrm{m})$이므로

△ACH에서

$\overline{AC}=\sqrt{\overline{AH}^2+\overline{CH}^2}=\sqrt{(20\sqrt{3})^2+60^2}$

$=\sqrt{4800}=40\sqrt{3}(\mathrm{m})$

따라서 두 지점 A, C 사이의 거리는 $40\sqrt{3}$ m이다.

10 오른쪽 그림과 같이 꼭짓점 A에서 $\overline{BC}$에 내린 수선의 발을 H라 하면

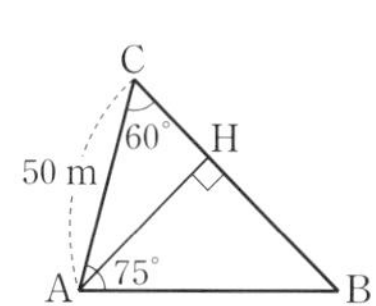

△ACH에서

$\overline{AH}=50\sin 60^\circ=50\times\dfrac{\sqrt{3}}{2}=25\sqrt{3}(\mathrm{m})$

△ABC에서

$\angle B=180^\circ-(60^\circ+75^\circ)=45^\circ$이므로

△ABH에서

$\overline{AB}=\dfrac{\overline{AH}}{\sin 45^\circ}=25\sqrt{3}\div\dfrac{\sqrt{2}}{2}=25\sqrt{3}\times\dfrac{2}{\sqrt{2}}=25\sqrt{6}(\mathrm{m})$

따라서 도서관에서 집까지의 거리는 $25\sqrt{6}$ m이다.

11 오른쪽 그림과 같이 꼭짓점 C에서 $\overline{AB}$에 내린 수선의 발을 H라 하면

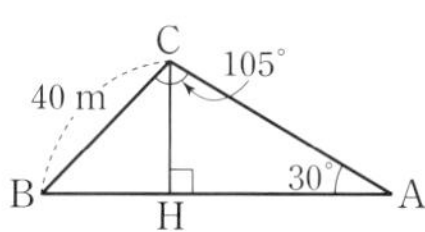

△ABC에서

$\angle B=180^\circ-(105^\circ+30^\circ)=45^\circ$

이므로 △CBH에서

$\overline{CH}=40\sin 45^\circ=40\times\dfrac{\sqrt{2}}{2}=20\sqrt{2}(\mathrm{m})$

△CAH에서

$\overline{AC}=\dfrac{\overline{CH}}{\sin 30^\circ}=20\sqrt{2}\div\dfrac{1}{2}=40\sqrt{2}(\mathrm{m})$

따라서 두 지점 A, C 사이의 거리는 $40\sqrt{2}$ m이다.

04 VISUAL 연산 삼각형의 높이 (1)

37쪽

01 (1) 45, 45, 45, 1, h (2) 60, 30, 30, $\dfrac{\sqrt{3}}{3}$, $\dfrac{\sqrt{3}}{3}h$

(3) h, $\dfrac{\sqrt{3}}{3}h$, $3+\sqrt{3}$, $3+\sqrt{3}$, $5(3-\sqrt{3})$

02 $2\sqrt{3}$ 03 $7(\sqrt{3}-1)$ 04 $3(3-\sqrt{3})$

02 △ABH에서 $\angle BAH=90^\circ-30^\circ=60^\circ$이므로

$\overline{BH}=h\tan 60^\circ=h\times\sqrt{3}=\sqrt{3}h$

△ACH에서 $\angle CAH=90^\circ-60^\circ=30^\circ$이므로

$\overline{CH}=h\tan 30^\circ=h\times\dfrac{\sqrt{3}}{3}=\dfrac{\sqrt{3}}{3}h$

$\overline{BC}=\overline{BH}+\overline{CH}$이므로

$8=\sqrt{3}h+\dfrac{\sqrt{3}}{3}h=\dfrac{4\sqrt{3}}{3}h$

$\therefore h=8\times\dfrac{3}{4\sqrt{3}}=2\sqrt{3}$

03 △ABH에서 $\angle BAH=90^\circ-45^\circ=45^\circ$이므로

$\overline{BH}=h\tan 45^\circ=h\times 1=h$

△ACH에서 $\angle CAH=90^\circ-30^\circ=60^\circ$이므로

$\overline{CH}=h\tan 60^\circ=h\times\sqrt{3}=\sqrt{3}h$

$\overline{BC}=\overline{BH}+\overline{CH}$이므로

$14=h+\sqrt{3}h=(1+\sqrt{3})h$

$\therefore h=\dfrac{14}{1+\sqrt{3}}=\dfrac{14(1-\sqrt{3})}{(1+\sqrt{3})(1-\sqrt{3})}=7(\sqrt{3}-1)$

04 △ABC에서 $\angle C=180^\circ-(75^\circ+60^\circ)=45^\circ$

△ABH에서 $\angle BAH=90^\circ-60^\circ=30^\circ$이므로

$\overline{BH}=h\tan 30^\circ=h\times\dfrac{\sqrt{3}}{3}=\dfrac{\sqrt{3}}{3}h$

△ACH에서 $\angle CAH=90^\circ-45^\circ=45^\circ$이므로

$\overline{CH}=h\tan 45^\circ=h\times 1=h$

$\overline{BC}=\overline{BH}+\overline{CH}$이므로

$6=\dfrac{\sqrt{3}}{3}h+h=\dfrac{3+\sqrt{3}}{3}h$

$\therefore h=6\times\dfrac{3}{3+\sqrt{3}}=\dfrac{18(3-\sqrt{3})}{(3+\sqrt{3})(3-\sqrt{3})}=3(3-\sqrt{3})$

05 VISUAL 연산 삼각형의 높이 (2)

38쪽

01 (1) 30, 60, 60, $\sqrt{3}$, $\sqrt{3}h$ (2) 90, 30, 30, $\dfrac{\sqrt{3}}{3}$, $\dfrac{\sqrt{3}}{3}h$

(3) $\sqrt{3}h$, $\dfrac{\sqrt{3}}{3}h$, $\dfrac{2\sqrt{3}}{3}$, $2\sqrt{3}$, $4\sqrt{3}$

02 $3(3+\sqrt{3})$ 03 $2(\sqrt{3}+1)$ 04 $5(3+\sqrt{3})$

02 $\triangle$ABH에서 $\angle BAH=90^\circ-45^\circ=45^\circ$이므로
$\overline{BH}=h\tan 45^\circ=h\times1=h$
$\triangle$ACH에서 $\angle CAH=120^\circ-90^\circ=30^\circ$이므로
$\overline{CH}=h\tan 30^\circ=h\times\frac{\sqrt{3}}{3}=\frac{\sqrt{3}}{3}h$
$\overline{BC}=\overline{BH}-\overline{CH}$이므로
$6=h-\frac{\sqrt{3}}{3}h=\frac{3-\sqrt{3}}{3}h$
$\therefore h=6\times\frac{3}{3-\sqrt{3}}=\frac{18(3+\sqrt{3})}{(3-\sqrt{3})(3+\sqrt{3})}=3(3+\sqrt{3})$

03 $\triangle$ABH에서 $\angle BAH=90^\circ-30^\circ=60^\circ$이므로
$\overline{BH}=h\tan 60^\circ=h\times\sqrt{3}=\sqrt{3}h$
$\triangle$ACH에서 $\angle CAH=135^\circ-90^\circ=45^\circ$이므로
$\overline{CH}=h\tan 45^\circ=h\times1=h$
$\overline{BC}=\overline{BH}-\overline{CH}$이므로
$4=\sqrt{3}h-h=(\sqrt{3}-1)h$
$\therefore h=\frac{4}{\sqrt{3}-1}=2(\sqrt{3}+1)$

04 $\triangle$ABH에서 $\angle BAH=90^\circ-45^\circ=45^\circ$이므로
$\overline{BH}=h\tan 45^\circ=h\times1=h$
$\triangle$ACH에서 $\angle CAH=90^\circ-60^\circ=30^\circ$이므로
$\overline{CH}=h\tan 30^\circ=h\times\frac{\sqrt{3}}{3}=\frac{\sqrt{3}}{3}h$
$\overline{BC}=\overline{BH}-\overline{CH}$이므로
$10=h-\frac{\sqrt{3}}{3}h=\frac{3-\sqrt{3}}{3}h$
$\therefore h=10\times\frac{3}{3-\sqrt{3}}=\frac{30(3+\sqrt{3})}{(3-\sqrt{3})(3+\sqrt{3})}=5(3+\sqrt{3})$

06 VISUAL 연습 삼각형의 넓이

39쪽~40쪽

01 8, 60, 8, $\frac{\sqrt{3}}{2}$, $20\sqrt{3}$ 02 12 03 5 04 30
05 $6\sqrt{2}$ 06 5 07 6, 120, 6, 60, 6, $\frac{\sqrt{3}}{2}$, $12\sqrt{3}$
08 20 09 27 10 $7\sqrt{3}$
11 $4\sqrt{3}$ ❶ 2, 120, 2, 60, 2, $\frac{\sqrt{3}}{2}$, $\sqrt{3}$ ❷ $2\sqrt{3}$, 60, $2\sqrt{3}$, $\frac{\sqrt{3}}{2}$, $3\sqrt{3}$
❸ $\sqrt{3}$, $3\sqrt{3}$, $4\sqrt{3}$
12 $14\sqrt{3}$ 13 14

02 $\triangle ABC=\frac{1}{2}\times8\times6\times\sin 30^\circ$
$=\frac{1}{2}\times8\times6\times\frac{1}{2}=12$

03 $\triangle ABC=\frac{1}{2}\times5\times2\sqrt{2}\times\sin 45^\circ$
$=\frac{1}{2}\times5\times2\sqrt{2}\times\frac{\sqrt{2}}{2}=5$

04 $\triangle ABC=\frac{1}{2}\times8\times5\sqrt{3}\times\sin 60^\circ$
$=\frac{1}{2}\times8\times5\sqrt{3}\times\frac{\sqrt{3}}{2}=30$

05 $\angle A=180^\circ-(80^\circ+55^\circ)=45^\circ$이므로
$\triangle ABC=\frac{1}{2}\times4\times6\times\sin 45^\circ$
$=\frac{1}{2}\times4\times6\times\frac{\sqrt{2}}{2}=6\sqrt{2}$

06 $\angle A=\angle B=75^\circ$이므로
$\angle C=180^\circ-(75^\circ+75^\circ)=30^\circ$
$\therefore \triangle ABC=\frac{1}{2}\times2\sqrt{5}\times2\sqrt{5}\times\sin 30^\circ$
$=\frac{1}{2}\times2\sqrt{5}\times2\sqrt{5}\times\frac{1}{2}=5$

08 $\triangle ABC=\frac{1}{2}\times10\times4\sqrt{2}\times\sin(180^\circ-135^\circ)$
$=\frac{1}{2}\times10\times4\sqrt{2}\times\sin 45^\circ$
$=\frac{1}{2}\times10\times4\sqrt{2}\times\frac{\sqrt{2}}{2}=20$

09 $\triangle ABC=\frac{1}{2}\times12\times9\times\sin(180^\circ-150^\circ)$
$=\frac{1}{2}\times12\times9\times\sin 30^\circ$
$=\frac{1}{2}\times12\times9\times\frac{1}{2}=27$

10 $\angle A=180^\circ-(40^\circ+20^\circ)=120^\circ$이므로
$\triangle ABC=\frac{1}{2}\times4\times7\times\sin(180^\circ-120^\circ)$
$=\frac{1}{2}\times4\times7\times\sin 60^\circ$
$=\frac{1}{2}\times4\times7\times\frac{\sqrt{3}}{2}=7\sqrt{3}$

12 오른쪽 그림과 같이 $\overline{AC}$를 그으면
$\triangle ABC=\frac{1}{2}\times2\sqrt{3}\times4$
$\times\sin(180^\circ-150^\circ)$
$=\frac{1}{2}\times2\sqrt{3}\times4\times\sin 30^\circ$
$=\frac{1}{2}\times2\sqrt{3}\times4\times\frac{1}{2}=2\sqrt{3}$
$\triangle ACD=\frac{1}{2}\times8\times6\times\sin 60^\circ$
$=\frac{1}{2}\times8\times6\times\frac{\sqrt{3}}{2}=12\sqrt{3}$
$\therefore \square ABCD=\triangle ABC+\triangle ACD$
$=2\sqrt{3}+12\sqrt{3}=14\sqrt{3}$

13 오른쪽 그림과 같이 $\overline{AC}$를 그으면

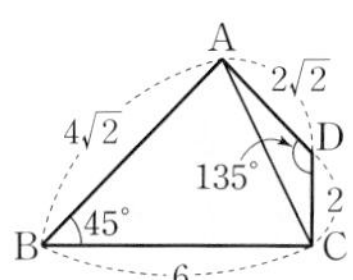

$\triangle ABC=\frac{1}{2}\times 6\times 4\sqrt{2}\times \sin 45^\circ$

$=\frac{1}{2}\times 6\times 4\sqrt{2}\times \frac{\sqrt{2}}{2}=12$

$\triangle ACD=\frac{1}{2}\times 2\sqrt{2}\times 2\times \sin(180^\circ-135^\circ)$

$=\frac{1}{2}\times 2\sqrt{2}\times 2\times \sin 45^\circ$

$=\frac{1}{2}\times 2\sqrt{2}\times 2\times \frac{\sqrt{2}}{2}=2$

$\therefore \square ABCD=\triangle ABC+\triangle ACD$

$=12+2=14$

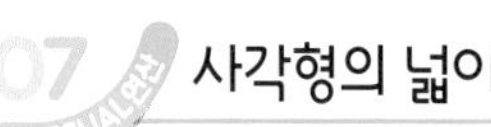

07 사각형의 넓이

41쪽~42쪽

01 $15\sqrt{3}$ 힌트 60, $\frac{\sqrt{3}}{2}$, $15\sqrt{3}$ 02 $9\sqrt{2}$ 03 14

04 $6\sqrt{2}$ 힌트 4, 135, 4, 45, 4, $\frac{\sqrt{2}}{2}$, $6\sqrt{2}$ 05 63 06 27

07 6 08 $8\sqrt{3}$ 09 $18\sqrt{2}$ 힌트 $\frac{1}{2}$, 9, 45, $\frac{1}{2}$, 9, $\frac{\sqrt{2}}{2}$, $18\sqrt{2}$

10 $14\sqrt{3}$ 11 42 12 $15\sqrt{3}$ 13 21 14 $20\sqrt{2}$

02 $\square ABCD=3\times 6\times \sin 45^\circ$

$=3\times 6\times \frac{\sqrt{2}}{2}=9\sqrt{2}$

03 $\square ABCD=7\times 4\times \sin 30^\circ$

$=7\times 4\times \frac{1}{2}=14$

05 $\square ABCD=6\sqrt{3}\times 7\times \sin(180^\circ-120^\circ)$

$=6\sqrt{3}\times 7\times \sin 60^\circ$

$=6\sqrt{3}\times 7\times \frac{\sqrt{3}}{2}=63$

06 $\square ABCD=9\times 6\times \sin(180^\circ-150^\circ)$

$=9\times 6\times \sin 30^\circ$

$=9\times 6\times \frac{1}{2}=27$

07 $\overline{BC}=\overline{BA}=2\sqrt{3}$이므로

$\square ABCD=2\sqrt{3}\times 2\sqrt{3}\times \sin 30^\circ$

$=2\sqrt{3}\times 2\sqrt{3}\times \frac{1}{2}=6$

08 $\angle B=180^\circ-120^\circ=60^\circ$이므로

$\square ABCD=4\times 4\times \sin 60^\circ$

$=4\times 4\times \frac{\sqrt{3}}{2}=8\sqrt{3}$

10 $\square ABCD=\frac{1}{2}\times 7\times 8\times \sin 60^\circ$

$=\frac{1}{2}\times 7\times 8\times \frac{\sqrt{3}}{2}=14\sqrt{3}$

11 $\square ABCD=\frac{1}{2}\times 12\times 14\times \sin 30^\circ$

$=\frac{1}{2}\times 12\times 14\times \frac{1}{2}=42$

12 $\square ABCD=\frac{1}{2}\times 10\times 6\times \sin(180^\circ-120^\circ)$

$=\frac{1}{2}\times 10\times 6\times \sin 60^\circ$

$=\frac{1}{2}\times 10\times 6\times \frac{\sqrt{3}}{2}=15\sqrt{3}$

13 $\square ABCD=\frac{1}{2}\times 12\times 7\times \sin(180^\circ-150^\circ)$

$=\frac{1}{2}\times 12\times 7\times \sin 30^\circ$

$=\frac{1}{2}\times 12\times 7\times \frac{1}{2}=21$

14 $\square ABCD=\frac{1}{2}\times 10\times 8\times \sin(180^\circ-135^\circ)$

$=\frac{1}{2}\times 10\times 8\times \sin 45^\circ$

$=\frac{1}{2}\times 10\times 8\times \frac{\sqrt{2}}{2}=20\sqrt{2}$

연산 능력 UP! 10분 연산 TEST

43쪽

01 $x=6.6$, $y=7.5$ 02 $\sqrt{7}$ 03 $5\sqrt{2}$

04 $10(3-\sqrt{3})$ 05 $6(\sqrt{3}+1)$ 06 49

07 $32\sqrt{2}$ 08 12

01 $\sin 41^\circ=\frac{x}{10}$이므로 $x=10\sin 41^\circ=10\times 0.66=6.6$

$\cos 41^\circ=\frac{y}{10}$이므로 $y=10\cos 41^\circ=10\times 0.75=7.5$

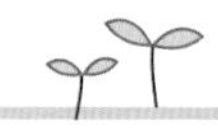

02 오른쪽 그림과 같이 꼭짓점 A에서 $\overline{BC}$에 내린 수선의 발을 H라 하면

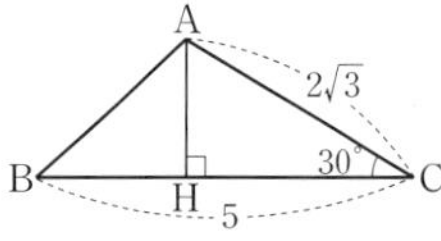

△ACH에서

$\overline{AH}=2\sqrt{3}\sin 30^\circ=2\sqrt{3}\times\frac{1}{2}=\sqrt{3}$

$\overline{CH}=2\sqrt{3}\cos 30^\circ=2\sqrt{3}\times\frac{\sqrt{3}}{2}=3$

$\overline{BH}=5-3=2$이므로 △ABH에서

$\overline{AB}=\sqrt{\overline{AH}^2+\overline{BH}^2}=\sqrt{(\sqrt{3})^2+2^2}=\sqrt{7}$

03 오른쪽 그림과 같이 꼭짓점 C에서 $\overline{AB}$에 내린 수선의 발을 H라 하면

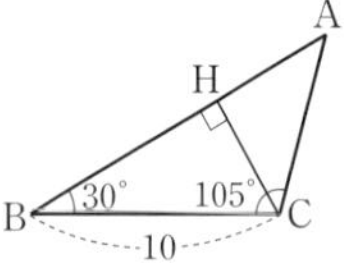

△BCH에서

$\overline{CH}=10\sin 30^\circ=10\times\frac{1}{2}=5$

△ABC에서 $\angle A=180^\circ-(30^\circ+105^\circ)=45^\circ$이므로

△ACH에서

$\overline{AC}=\frac{\overline{CH}}{\sin 45^\circ}=5\div\frac{\sqrt{2}}{2}=5\sqrt{2}$

04 △ABH에서 $\angle BAH=90^\circ-60^\circ=30^\circ$이므로

$\overline{BH}=h\tan 30^\circ=h\times\frac{\sqrt{3}}{3}=\frac{\sqrt{3}}{3}h$

△ACH에서 $\angle CAH=90^\circ-45^\circ=45^\circ$이므로

$\overline{CH}=h\tan 45^\circ=h\times 1=h$

$\overline{BC}=\overline{BH}+\overline{CH}$이므로

$20=\frac{\sqrt{3}}{3}h+h=\frac{3+\sqrt{3}}{3}h$

$\therefore h=20\times\frac{3}{3+\sqrt{3}}=\frac{60(3-\sqrt{3})}{(3+\sqrt{3})(3-\sqrt{3})}$
$=10(3-\sqrt{3})$

05 △ABH에서 $\angle BAH=90^\circ-30^\circ=60^\circ$이므로

$\overline{BH}=h\tan 60^\circ=h\times\sqrt{3}=\sqrt{3}h$

△ACH에서 $\angle CAH=90^\circ-45^\circ=45^\circ$이므로

$\overline{CH}=h\tan 45^\circ=h\times 1=h$

$\overline{BC}=\overline{BH}-\overline{CH}$이므로

$12=\sqrt{3}h-h=(\sqrt{3}-1)h$

$\therefore h=\frac{12}{\sqrt{3}-1}=\frac{12(\sqrt{3}+1)}{(\sqrt{3}-1)(\sqrt{3}+1)}=6(\sqrt{3}+1)$

06 $\angle A=180^\circ-2\times15^\circ=180^\circ-30^\circ=150^\circ$

$\overline{AB}=\overline{AC}=14$이므로

$\triangle ABC=\frac{1}{2}\times14\times14\times\sin(180^\circ-150^\circ)$

$=\frac{1}{2}\times14\times14\times\sin 30^\circ$

$=\frac{1}{2}\times14\times14\times\frac{1}{2}=49$

07 $\overline{AD}=\overline{AB}=8$이므로

$\square ABCD=8\times8\times\sin(180^\circ-135^\circ)$

$=8\times8\times\sin 45^\circ$

$=8\times8\times\frac{\sqrt{2}}{2}=32\sqrt{2}$

08 $\square ABCD=\frac{1}{2}\times6\times8\times\sin(180^\circ-150^\circ)$

$=\frac{1}{2}\times6\times8\times\sin 30^\circ$

$=\frac{1}{2}\times6\times8\times\frac{1}{2}=12$

학교 시험 미리보기! 학교 시험 PREVIEW

44쪽~45쪽

01 ②	02 ④	03 ⑤	04 ③	05 ②
06 ③	07 ②	08 ④	09 ③	10 ⑤
11 ⑤	12 42			

01 $x=\frac{9}{\cos 26^\circ}=9\div0.90=10$

$y=9\tan 26^\circ=9\times0.49=4.41$

$\therefore x+y=10+4.41=14.41$

02 $\overline{AC}=10\sin 42^\circ=10\times0.67=6.7(\text{m})$

$\therefore \overline{AD}=\overline{AC}+\overline{CD}=6.7+1.5=8.2(\text{m})$

따라서 건물의 높이는 8.2 m이다.

03 오른쪽 그림과 같이 꼭짓점 B에서 $\overline{AC}$에 내린 수선의 발을 H라 하면

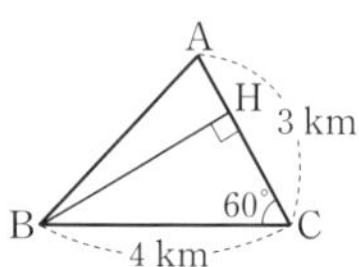

△BCH에서

$\overline{BH}=4\sin 60^\circ=4\times\frac{\sqrt{3}}{2}$
$=2\sqrt{3}(\text{km})$

$\overline{CH}=4\cos 60^\circ=4\times\frac{1}{2}=2(\text{km})$

$\overline{AH}=\overline{AC}-\overline{CH}=3-2=1(\text{km})$이므로

△ABH에서

$\overline{AB}=\sqrt{(2\sqrt{3})^2+1^2}=\sqrt{13}(\text{km})$

따라서 두 지점 A, B 사이의 거리는 $\sqrt{13}$ km이다.

04 오른쪽 그림과 같이 꼭짓점 C에서 $\overline{AB}$에 내린 수선의 발을 H라 하면

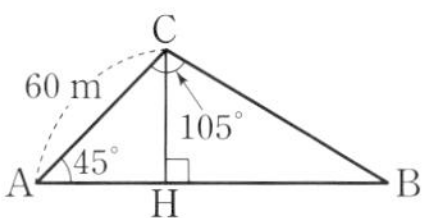

△ACH에서

$\overline{CH}=60\sin 45^\circ=60\times\frac{\sqrt{2}}{2}=30\sqrt{2}(\text{m})$

△ABC에서 $\angle B=180^\circ-(105^\circ+45^\circ)=30^\circ$이므로

△BCH에서

$\overline{BC}=\frac{\overline{CH}}{\sin 30^\circ}=30\sqrt{2}\div\frac{1}{2}=60\sqrt{2}(\text{m})$

따라서 두 지점 B, C 사이의 거리는 $60\sqrt{2}$ m이다.

05 △ABH에서 $\angle BAH=90^\circ-30^\circ=60^\circ$이므로

$\overline{BH}=h\tan 60^\circ=h\times\sqrt{3}=\sqrt{3}h$

△ACH에서 $\angle CAH=90^\circ-45^\circ=45^\circ$이므로

$\overline{CH}=h\tan 45^\circ=h\times 1=h$

$\overline{BC}=\overline{BH}+\overline{CH}$이므로

$10=\sqrt{3}h+h=(\sqrt{3}+1)h$

$\therefore h=\frac{10}{\sqrt{3}+1}=\frac{10(\sqrt{3}-1)}{(\sqrt{3}+1)(\sqrt{3}-1)}=5(\sqrt{3}-1)$

$\therefore \triangle ABC=\frac{1}{2}\times 10\times 5(\sqrt{3}-1)=25(\sqrt{3}-1)$

06 △DCA에서 $\angle CDA=90^\circ-30^\circ=60^\circ$이므로

$\overline{AC}=\overline{CD}\tan 60^\circ=\overline{CD}\times\sqrt{3}=\sqrt{3}\,\overline{CD}$

△DCB에서 $\angle CDB=90^\circ-60^\circ=30^\circ$이므로

$\overline{BC}=\overline{CD}\tan 30^\circ=\overline{CD}\times\frac{\sqrt{3}}{3}=\frac{\sqrt{3}}{3}\,\overline{CD}$

$\overline{AB}=\overline{AC}-\overline{BC}$이므로

$100=\sqrt{3}\,\overline{CD}-\frac{\sqrt{3}}{3}\,\overline{CD}=\frac{2\sqrt{3}}{3}\,\overline{CD}$

$\therefore \overline{CD}=100\times\frac{3}{2\sqrt{3}}=50\sqrt{3}(\text{m})$

07 $\tan B=\sqrt{3}$이므로 $\angle B=60^\circ$

$\therefore \triangle ABC=\frac{1}{2}\times 8\times 9\times\sin 60^\circ$

$=\frac{1}{2}\times 8\times 9\times\frac{\sqrt{3}}{2}=18\sqrt{3}$

08 $\triangle ABC=\frac{1}{2}\times 10\times\overline{AC}\times\sin(180^\circ-135^\circ)$

$=\frac{1}{2}\times 10\times\overline{AC}\times\sin 45^\circ$

$=\frac{1}{2}\times 10\times\overline{AC}\times\frac{\sqrt{2}}{2}=10\sqrt{2}$

이므로 $\overline{AC}\times\frac{5\sqrt{2}}{2}=10\sqrt{2}$

$\therefore \overline{AC}=10\sqrt{2}\times\frac{2}{5\sqrt{2}}=4$

09 오른쪽 그림과 같이 $\overline{BD}$를 그으면

$\triangle ABD=\frac{1}{2}\times 2\sqrt{6}\times 2\sqrt{6}\times\sin(180^\circ-120^\circ)$

$=\frac{1}{2}\times 2\sqrt{6}\times 2\sqrt{6}\times\sin 60^\circ$

$=\frac{1}{2}\times 2\sqrt{6}\times 2\sqrt{6}\times\frac{\sqrt{3}}{2}=6\sqrt{3}$

$\triangle BCD=\frac{1}{2}\times 12\times 6\sqrt{2}\times\sin 45^\circ$

$=\frac{1}{2}\times 12\times 6\sqrt{2}\times\frac{\sqrt{2}}{2}=36$

$\therefore \square ABCD=\triangle ABD+\triangle BCD=36+6\sqrt{3}$

10 $\square ABCD=8\times 10\times\sin B=40\sqrt{3}$이므로

$80\sin B=40\sqrt{3}$에서 $\sin B=40\sqrt{3}\times\frac{1}{80}=\frac{\sqrt{3}}{2}$

$\therefore \angle B=60^\circ\ (\because 0^\circ<B<90^\circ)$

11 $\square ABCD=\frac{1}{2}\times 10\times 10\times\sin(180^\circ-120^\circ)$

$=\frac{1}{2}\times 10\times 10\times\sin 60^\circ$

$=\frac{1}{2}\times 10\times 10\times\frac{\sqrt{3}}{2}=25\sqrt{3}$

12 서술형

$\overline{AC}=\frac{6}{\cos 45^\circ}=6\div\frac{\sqrt{2}}{2}=6\times\frac{2}{\sqrt{2}}=6\sqrt{2}$ ……❶

$\triangle ABC=\frac{1}{2}\times 8\sqrt{2}\times 6\sqrt{2}\times\sin 30^\circ$

$=\frac{1}{2}\times 8\sqrt{2}\times 6\sqrt{2}\times\frac{1}{2}=24$

$\triangle ACD=\frac{1}{2}\times 6\sqrt{2}\times 6\times\sin 45^\circ$

$=\frac{1}{2}\times 6\sqrt{2}\times 6\times\frac{\sqrt{2}}{2}=18$ ……❷

$\therefore \square ABCD=\triangle ABC+\triangle ACD=24+18=42$ ……❸

채점 기준	배점
❶ $\overline{AC}$의 길이 구하기	30 %
❷ △ABC, △ACD의 넓이 각각 구하기	50 %
❸ □ABCD의 넓이 구하기	20 %

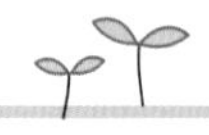

Ⅱ 원의 성질

1. 원과 직선

01 중심각의 크기와 호, 현의 길이 50쪽~51쪽

01 3	02 15	03 135	04 5	05 17
06 45	07 12 ⓑ 90, 12	08 3	09 4	
10 6	11 105	12 40	13 135	14 ○
15 ○	16 ×	17 ○	18 ×	

08 $20^\circ : 80^\circ = x : 12$ $\therefore x=3$

09 $60^\circ : 40^\circ = 6 : x$ $\therefore x=4$

10 $45^\circ : 60^\circ = x : 8$ $\therefore x=6$

11 $35^\circ : x^\circ = 4 : 12$ $\therefore x=105$

12 $x^\circ : 100^\circ = 8 : 20$ $\therefore x=40$

13 $90^\circ : x^\circ = 10 : 15$ $\therefore x=135$

16 $\overline{AB}=\overline{CD}=\overline{DE}=\overline{EF}$이므로
$\overline{CF}<\overline{CD}+\overline{DE}+\overline{EF}=3\overline{AB}$ $\therefore 3\overline{AB}\neq\overline{CF}$

18 삼각형의 넓이는 중심각의 크기에 정비례하지 않으므로
$2\triangle AOB\neq\triangle COE$

02 원의 중심과 현의 수직이등분선 52쪽~54쪽

01 3	02 10	03 6	04 7	05 11
06 8	07 8 ⓑ $\overline{OM}$, 3, 4, 4, 8	08 30	09 $2\sqrt{13}$	
10 6	11 $4\sqrt{7}$ ⓑ 8, 8, $2\sqrt{7}$, $2\sqrt{7}$, $4\sqrt{7}$		12 $4\sqrt{10}$	
13 9	14 $3\sqrt{5}$			

15 5 ⓑ $r-2$, $r-2$, 5, 5,

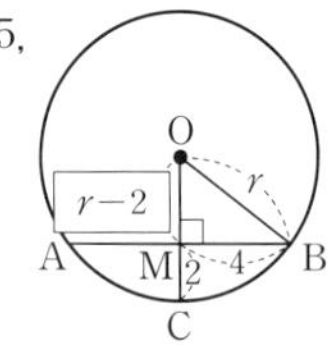

16 $\frac{13}{2}$ 17 13 18 15

19 9 ⓑ $r-6$, $r-6$, 9, 9,

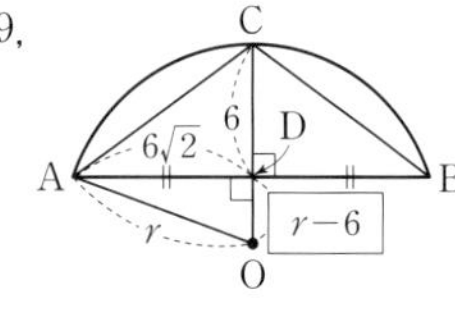

20 10 21 6 22 13

02 $x=2\overline{BM}=2\times5=10$

03 $x=\frac{1}{2}\overline{AB}=\frac{1}{2}\times12=6$

04 $\overline{CD}$가 현 AB를 수직이등분하므로 원의 중심을 지난다.
따라서 $\overline{CD}$가 지름이므로 반지름의 길이는 $\frac{1}{2}\times14=7$

05 $\overline{AB}$가 현 CD를 수직이등분하므로 원의 중심을 지난다.
따라서 $\overline{AB}$가 지름이므로 반지름의 길이는
$\frac{1}{2}\times22=11$

06 $\overline{CD}$가 현 AB를 수직이등분하므로 원의 중심을 지난다.
따라서 $\overline{CD}$가 지름이므로 반지름의 길이는
$\frac{1}{2}\times(4+12)=8$

08 직각삼각형 OAM에서 $\overline{AM}=\sqrt{17^2-8^2}=15$
$\therefore x=2\overline{AM}=2\times15=30$

09 직각삼각형 OBM에서 $\overline{BM}=\sqrt{7^2-6^2}=\sqrt{13}$
$\therefore x=2\overline{BM}=2\times\sqrt{13}=2\sqrt{13}$

10 $\overline{BM}=\frac{1}{2}\overline{AB}=\frac{1}{2}\times16=8$
$\triangle OBM$에서 $x=\sqrt{10^2-8^2}=6$

12 오른쪽 그림과 같이 $\overline{OA}$를 그으면
$\overline{OA}=\overline{OC}=7$
직각삼각형 OAM에서
$\overline{AM}=\sqrt{7^2-3^2}=2\sqrt{10}$
$\therefore x=2\overline{AM}=2\times2\sqrt{10}=4\sqrt{10}$

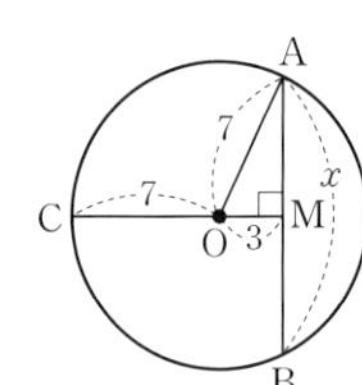

13 오른쪽 그림과 같이 $\overline{OA}$를 그으면
$\overline{OA}=\overline{OC}=15$이고
$\overline{AM}=\frac{1}{2}\overline{AB}=\frac{1}{2}\times24=12$
이므로 직각삼각형 OAM에서
$x=\sqrt{15^2-12^2}=9$

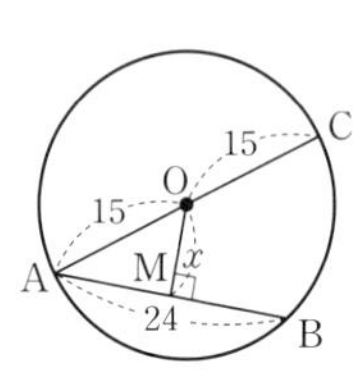

14 오른쪽 그림과 같이 $\overline{OA}$를 그으면
$\overline{OA}=\overline{OC}=9$이고
$\overline{AM}=\frac{1}{2}\overline{AB}=\frac{1}{2}\times12=6$
이므로 직각삼각형 OAM에서
$x=\sqrt{9^2-6^2}=3\sqrt{5}$

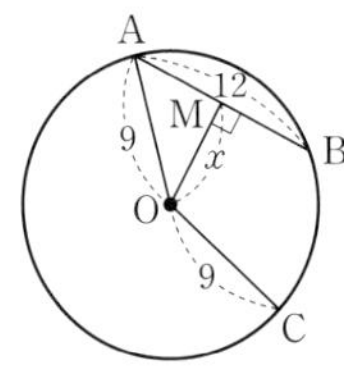

16 원 O의 반지름의 길이를 r라 하면
$\overline{OM}=r-4$, $\overline{AM}=\overline{BM}=6$
직각삼각형 OAM에서
$r^2=(r-4)^2+6^2$, $8r=52$ $\quad\therefore r=\frac{13}{2}$
따라서 원 O의 반지름의 길이는 $\frac{13}{2}$이다.

17 오른쪽 그림과 같이 $\overline{OA}$를 긋고, 원 O의 반지름의 길이를 r라 하면
$\overline{OM}=r-8$, $\overline{AM}=\frac{1}{2}\times24=12$
직각삼각형 OAM에서
$r^2=12^2+(r-8)^2$, $16r=208$ $\quad\therefore r=13$
따라서 원 O의 반지름의 길이는 13이다.

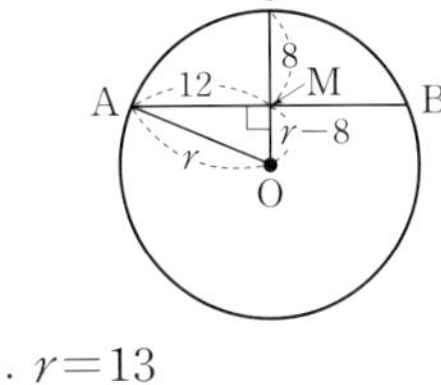

18 오른쪽 그림과 같이 $\overline{OA}$를 긋고, 원 O의 반지름의 길이를 r라 하면
$\overline{OM}=r-3$, $\overline{AM}=\frac{1}{2}\times18=9$

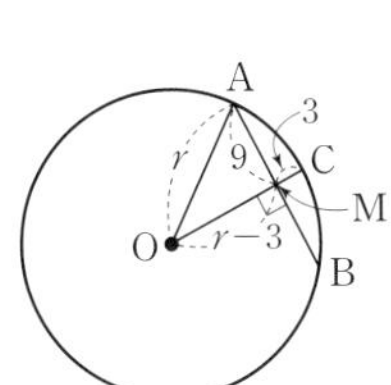

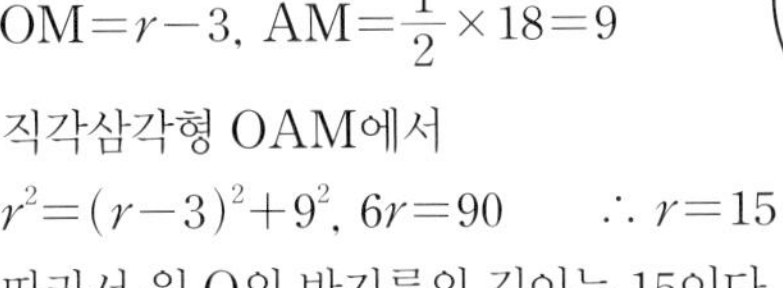
직각삼각형 OAM에서
$r^2=(r-3)^2+9^2$, $6r=90$ $\quad\therefore r=15$
따라서 원 O의 반지름의 길이는 15이다.

20 오른쪽 그림과 같이 원의 중심을 O라 하고 $\overline{OB}$, $\overline{OD}$를 긋자.
원 O의 반지름의 길이를 r라 하면
$\overline{OD}=r-2$
직각삼각형 OBD에서
$r^2=(r-2)^2+6^2$, $4r=40$ $\quad\therefore r=10$
따라서 원 O의 반지름의 길이는 10이다.

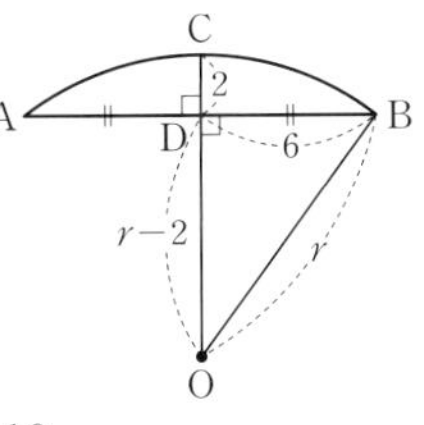

21 오른쪽 그림과 같이 원의 중심을 O라 하고 $\overline{OB}$, $\overline{OD}$를 긋자.
원 O의 반지름의 길이를 r라 하면
$\overline{OD}=r-3$

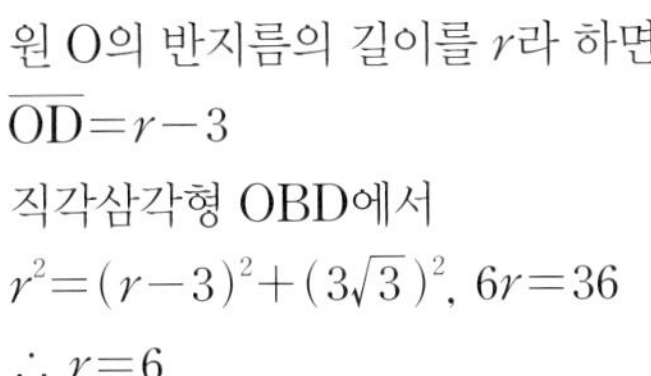
직각삼각형 OBD에서
$r^2=(r-3)^2+(3\sqrt{3})^2$, $6r=36$
$\therefore r=6$
따라서 원 O의 반지름의 길이는 6이다.

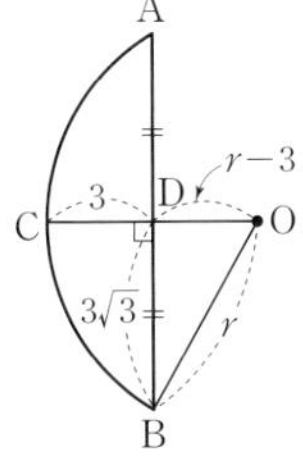

22 오른쪽 그림과 같이 원의 중심을 O라 하고 $\overline{OB}$, $\overline{OD}$를 긋자.
원 O의 반지름의 길이를 r라 하면
$\overline{OD}=r-8$, $\overline{BD}=\frac{1}{2}\times24=12$

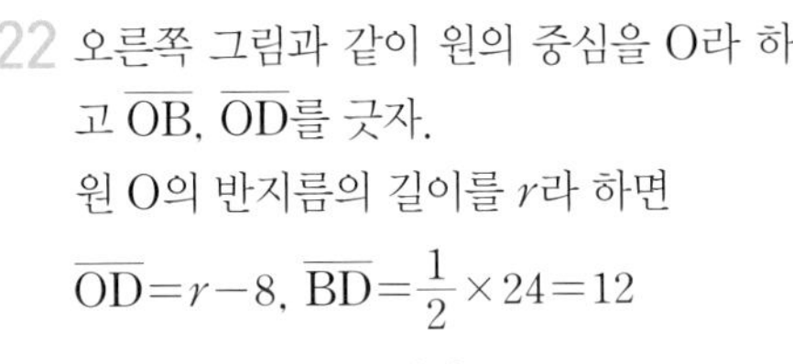
직각삼각형 OBD에서
$r^2=(r-8)^2+12^2$, $16r=208$ $\quad\therefore r=13$
따라서 원 O의 반지름의 길이는 13이다.

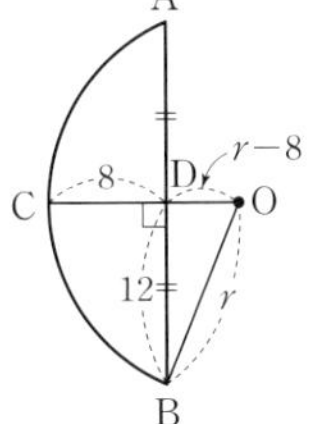

03 원의 중심과 현의 길이

55쪽~56쪽

01 9 (V) 같다, 9, 9	02 16	03 5	
04 3 (V) 같은, 3, 3	05 5	06 6	
07 8 (V) 3, 4, 4, 8, 8	08 24	09 10	10 $\sqrt{7}$
11 40° (V) $\overline{AC}$, 이등변, 70, 40	12 70°	13 65°	
14 51°			

02 $\overline{OM}=\overline{ON}=6$이므로
$x=2\overline{BM}=2\times8=16$

03 $\overline{OM}=\overline{ON}=4$이므로
$x=\frac{1}{2}\overline{AB}=\frac{1}{2}\times10=5$

05 $\overline{CD}=2\overline{DN}=2\times4=8$
$\overline{AB}=\overline{CD}$이므로 $x=5$

06 $\overline{AB}=2\overline{AM}=2\times7=14$
$\overline{AB}=\overline{AC}$이므로 $x=6$

08 직각삼각형 OBM에서 $\overline{OM}=\sqrt{13^2-12^2}=5$
$\overline{OM}=\overline{ON}$이므로 $x=\overline{AB}=2\times12=24$

09 $\overline{OM}=\overline{ON}$이므로 $\overline{CD}=\overline{AB}=12$
$\therefore \overline{CN}=\frac{1}{2}\overline{CD}=\frac{1}{2}\times12=6$
직각삼각형 OCN에서 $x=\sqrt{6^2+8^2}=10$

10 $\overline{AM}=\overline{BM}=3$이므로
직각삼각형 OAM에서 $\overline{OM}=\sqrt{4^2-3^2}=\sqrt{7}$
$\overline{AB}=2\overline{BM}=2\times3=6$에서
$\overline{AB}=\overline{CD}$이므로 $x=\overline{OM}=\sqrt{7}$

12 $\overline{OM}=\overline{ON}$이므로 $\overline{AB}=\overline{AC}$
따라서 △ABC는 이등변삼각형이므로
$\angle x=180^\circ-2\times55^\circ=70^\circ$

13 $\overline{OM}=\overline{ON}$이므로 $\overline{AB}=\overline{AC}$
따라서 △ABC는 이등변삼각형이므로
$\angle x=\frac{1}{2}\times(180^\circ-50^\circ)=65^\circ$

14 $\overline{OM}=\overline{ON}$이므로 $\overline{AB}=\overline{AC}$
따라서 △ABC는 이등변삼각형이므로
$\angle x=\frac{1}{2}\times(180^\circ-78^\circ)=51^\circ$

10분 연산 TEST

57쪽

01 9	02 $4\sqrt{3}$	03 10	04 5	05 3
06 4	07 $4\sqrt{3}$	08 $50°$		

01 $x=\frac{1}{2}\times18=9$

02 직각삼각형 OBM에서 $\overline{BM}=\sqrt{4^2-2^2}=2\sqrt{3}$

$\therefore x=2\times2\sqrt{3}=4\sqrt{3}$

03 $\overline{BM}=\frac{1}{2}\times12=6$, $\overline{OM}=x-2$이므로

직각삼각형 OBM에서 $x^2=(x-2)^2+6^2$

$4x=40$ $\therefore x=10$

04 오른쪽 그림과 같이 원의 중심을 O라 하고 $\overline{OA}$, $\overline{OD}$를 긋자.

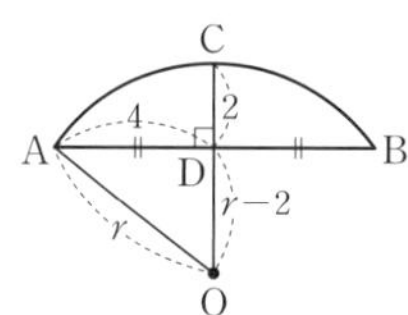

원 O의 반지름의 길이를 r라 하면

$\overline{OD}=r-2$, $\overline{AD}=\frac{1}{2}\times8=4$

직각삼각형 OAD에서

$r^2=(r-2)^2+4^2$, $4r=20$

$\therefore r=5$

따라서 원 O의 반지름의 길이는 5이다.

05 $\overline{OM}=\overline{ON}=2$이므로 $\overline{AB}=\overline{CD}=6$

$\therefore x=\frac{1}{2}\times6=3$

06 $\overline{CD}=2\overline{CN}=2\times6=12$

$\overline{AB}=\overline{CD}$이므로 $x=4$

07 직각삼각형 OBM에서 $\overline{OM}=\sqrt{4^2-(2\sqrt{3})^2}=2$

$\overline{OM}=\overline{ON}$이므로 $x=\overline{AB}=2\times2\sqrt{3}=4\sqrt{3}$

08 $\overline{OM}=\overline{ON}$이므로 $\overline{AB}=\overline{AC}$

따라서 △ABC는 이등변삼각형이므로

$\angle x=\frac{1}{2}\times(180°-80°)=50°$

04 원의 접선과 반지름

58쪽~59쪽

01 $50°$	02 $60°$	03 $27°$		
04 $115°$ 🅥 90, 90, 90, 115			05 $130°$	06 $45°$
07 5	08 $\sqrt{21}$	09 5	10 8	
11 $4\sqrt{3}$ 🅥 4, 90, 4, 48, $4\sqrt{3}$			12 $2\sqrt{7}$	13 9
14 8				

01 $\angle PAO=90°$이므로 직각삼각형 PAO에서

$\angle x=180°-(40°+90°)=50°$

02 $\angle PAO=90°$이므로 직각삼각형 PAO에서

$\angle x=180°-(30°+90°)=60°$

03 $\angle PAO=90°$이므로 직각삼각형 PAO에서

$\angle x=180°-(63°+90°)=27°$

05 □AOBP에서 $\angle PAO=\angle PBO=90°$이므로

$\angle x=360°-(90°+90°+50°)=130°$

06 □APBO에서 $\angle PAO=\angle PBO=90°$이므로

$\angle x=360°-(90°+90°+135°)=45°$

07 $\angle PAO=90°$이므로 직각삼각형 PAO에서

$x=\sqrt{3^2+4^2}=5$

08 $\angle PAO=90°$이므로 직각삼각형 PAO에서

$x=\sqrt{5^2-2^2}=\sqrt{21}$

09 $\angle PAO=90°$이므로 직각삼각형 PAO에서

$x=\sqrt{13^2-12^2}=5$

10 $\angle PAO=90°$이므로 직각삼각형 PAO에서

$x=\sqrt{17^2-15^2}=8$

12 $\overline{OB}=\overline{OA}=6$

$\angle PAO=90°$이므로 직각삼각형 PAO에서

$(6+2)^2=6^2+x^2$, $x^2=28$

$\therefore x=2\sqrt{7}$ ($\because x>0$)

13 $\overline{OB}=\overline{OA}=x$

$\angle PAO=90°$이므로 직각삼각형 PAO에서

$(x+6)^2=x^2+12^2$, $12x=108$

$\therefore x=9$

14 $\overline{OA}=\overline{OB}=5$

$\angle PAO=90°$이므로 직각삼각형 PAO에서

$(x+5)^2=12^2+5^2$, $x^2+10x-144=0$

$(x-8)(x+18)=0$

$\therefore x=8$ ($\because x>0$)

05 원의 접선의 길이

60쪽~61쪽

01 11　02 20　03 12 (풀이) 90, 5, 12, 12　04 8
05 15　06 $4\sqrt{5}$　07 65° (풀이) $\overline{PB}$, 이등변, PBA, 50, 65
08 52°　09 30°　10 110°
11 5 (풀이) 9, 9, 3, 7, 2, $\overline{BF}$, 3, 2, 5　12 6　13 11
14 9

04 $\angle PBO=90^\circ$이므로 직각삼각형 PBO에서
$\overline{PB}=\sqrt{10^2-6^2}=8$
따라서 $\overline{PA}=\overline{PB}$이므로 $x=8$

05 $\overline{OC}=\overline{OA}=8$이므로 $\overline{OP}=8+9=17$
$\angle PAO=90^\circ$이므로 직각삼각형 PAO에서
$\overline{PA}=\sqrt{17^2-8^2}=15$
따라서 $\overline{PB}=\overline{PA}$이므로 $x=15$

06 $\overline{PB}=\overline{PA}=8$
$\angle PBO=90^\circ$이므로 직각삼각형 PBO에서
$x=\sqrt{8^2+4^2}=4\sqrt{5}$

08 $\triangle PAB$는 $\overline{PA}=\overline{PB}$인 이등변삼각형이므로
$\angle x=\frac{1}{2}\times(180^\circ-76^\circ)=52^\circ$

09 $\triangle PAB$는 $\overline{PA}=\overline{PB}$인 이등변삼각형이므로
$\angle x=180^\circ-2\times75^\circ=30^\circ$

10 $\triangle PAB$는 $\overline{PA}=\overline{PB}$인 이등변삼각형이므로
$\angle x=180^\circ-2\times35^\circ=110^\circ$

12 $\overline{BF}=\overline{BD}=2$
$\overline{AE}=\overline{AD}=8+2=10$이므로
$\overline{CF}=\overline{CE}=10-6=4$
$\therefore x=2+4=6$

13 $\overline{CF}=\overline{CE}=13-9=4$이므로
$\overline{BD}=\overline{BF}=6-4=2$
$\overline{AD}=\overline{AE}=13$이므로
$x=13-2=11$

14 $\overline{BF}=\overline{BD}=12-7=5$이므로
$\overline{CE}=\overline{CF}=8-5=3$
$\overline{AE}=\overline{AD}=12$이므로
$x=12-3=9$

06 삼각형의 내접원

62쪽~64쪽

01 9 (풀이) 5, 6, 6, 4, $\overline{CF}$, 5, 4, 9,

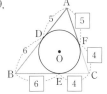

02 13　03 14
04 3 (풀이) $7-x$, $7-x$, 3,

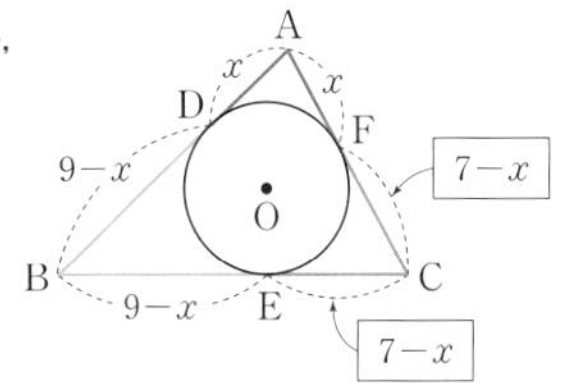

05 4　06 9　07 5, 24　08 48　09 34
10 50　11 $\frac{1}{2}$, $\frac{1}{2}$, 18　12 14　13 17
14 21
15 2 (풀이) 8, 6, 6, 10, 6, 2,　16 2
17 1 (풀이) $3+r$, $3+r$, 6, 1, 1,　18 3
19 25π (풀이) 15, 20, 15, 15, 25, 25π,

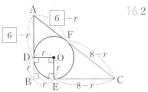

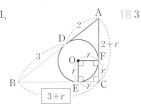

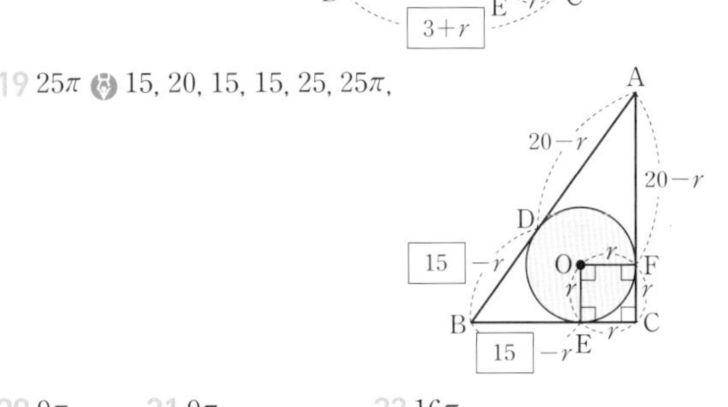

20 9π　21 9π　22 16π

02 $\overline{BE}=\overline{BD}=12-5=7$
$\overline{AF}=\overline{AD}=5$이므로 $\overline{CE}=\overline{CF}=11-5=6$
$\therefore x=7+6=13$

03 $\overline{CF}=\overline{CE}=15-7=8$
$\overline{BD}=\overline{BE}=7$이므로 $\overline{AF}=\overline{AD}=13-7=6$
$\therefore x=8+6=14$

05 $\overline{AF}=\overline{AD}=x$이므로
$\overline{BE}=\overline{BD}=10-x$, $\overline{CE}=\overline{CF}=11-x$
$\overline{BC}=\overline{BE}+\overline{CE}$이므로
$13=(10-x)+(11-x)$　$\therefore x=4$

06 $\overline{CF}=\overline{CE}=x$이므로
$\overline{BD}=\overline{BE}=16-x$, $\overline{AD}=\overline{AF}=14-x$
$\overline{AB}=\overline{BD}+\overline{AD}$이므로
$12=(16-x)+(14-x)$ $\therefore x=9$

08 $(\triangle ABC$의 둘레의 길이$)=2\times(8+9+7)=48$

09 $(\triangle ABC$의 둘레의 길이$)=2\times(7+4+6)=34$

10 $(\triangle ABC$의 둘레의 길이$)=2\times(8+11+6)=50$

12 $x+y+z=\frac{1}{2}\times(8+11+9)=14$

13 $x+y+z=\frac{1}{2}\times(11+13+10)=17$

14 $x+y+z=\frac{1}{2}\times(14+16+12)=21$

16 직각삼각형 ABC에서
$\overline{AC}=\sqrt{5^2+12^2}=13$
$\overline{BD}=\overline{BE}=r$이므로
$\overline{AF}=\overline{AD}=5-r$,
$\overline{CF}=\overline{CE}=12-r$
$\overline{AC}=(5-r)+(12-r)=13$ $\therefore r=2$

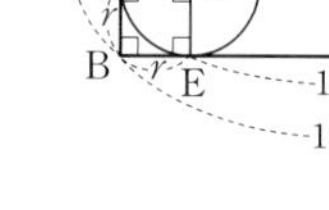

18 $\overline{AB}=12+r$, $\overline{AC}=5+r$이므로
직각삼각형 ABC에서
$(12+r)^2+(5+r)^2=17^2$
$r^2+17r-60=0$
$(r+20)(r-3)=0$
$\therefore r=3$ $(\because r>0)$

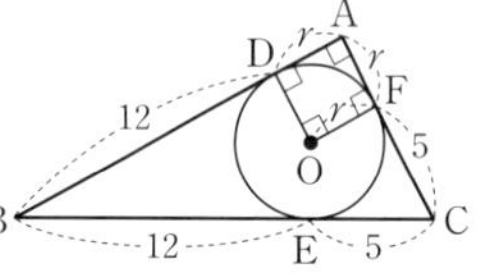

20 직각삼각형 ABC에서
$\overline{AC}=\sqrt{17^2-15^2}=8$
$\overline{AD}=\overline{AF}=8-r$,
$\overline{BD}=\overline{BE}=15-r$이므로
$\overline{AB}=(8-r)+(15-r)=17$
$\therefore r=3$
$\therefore$ (원 O의 넓이)$=\pi\times3^2=9\pi$

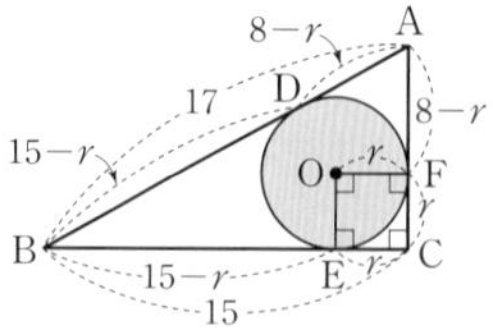

21 $\overline{AB}=6+r$, $\overline{BC}=9+r$이므로
직각삼각형 ABC에서
$(6+r)^2+(9+r)^2=15^2$
$r^2+15r-54=0$
$(r+18)(r-3)=0$
$\therefore r=3$ $(\because r>0)$

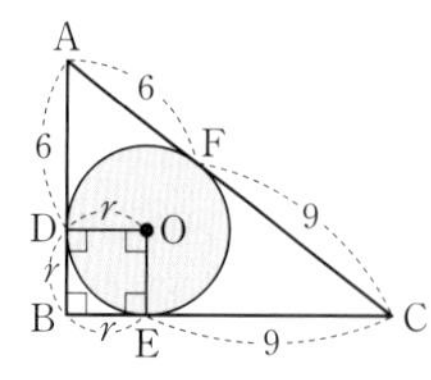

$\therefore$ (원 O의 넓이)$=\pi\times3^2=9\pi$

22 $\overline{AB}=12+r$, $\overline{AC}=8+r$이므로 직각삼각형 ABC에서
$(12+r)^2+(8+r)^2=20^2$
$r^2+20r-96=0$
$(r+24)(r-4)=0$ $\therefore r=4$ $(\because r>0)$
$\therefore$ (원 O의 넓이)$=\pi\times4^2=16\pi$

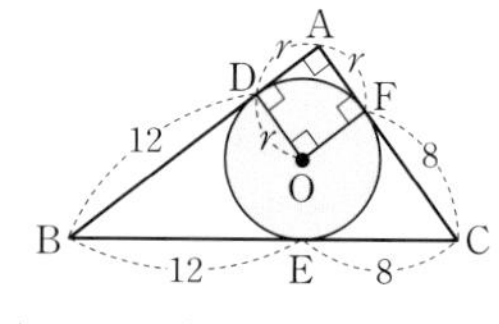

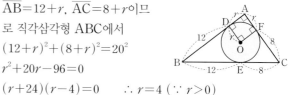

07 원에 외접하는 사각형의 성질

65쪽~66쪽

01 9 / 7, 4, 9　02 4　03 5
04 40 / $\overline{CD}$, 9, 20, 20, 40　05 56　06 24
07 5 / x, 14, 11, 5　08 6
09 10 / 8, 8, 12, 10,　10 5
11 11　12 6 / 9, 12, 12, 9, 12, 6　13 10
14 12

02 $\overline{AB}+\overline{CD}=\overline{AD}+\overline{BC}$이므로
$8+(x+3)=5+10$ $\therefore x=4$

03 $\overline{AB}+\overline{CD}=\overline{AD}+\overline{BC}$이므로
$13+12=(x+5)+15$ $\therefore x=5$

05 $\overline{AB}+\overline{CD}=\overline{AD}+\overline{BC}=10+18=28$이므로
($\square$ABCD의 둘레의 길이)$=2\times28=56$

06 $\overline{AD}+\overline{BC}=\overline{AB}+\overline{CD}=5+7=12$이므로
($\square$ABCD의 둘레의 길이)$=2\times12=24$

08 $\overline{CF}=\overline{OF}=x$
$\overline{AB}+\overline{CD}=\overline{AD}+\overline{BC}$이므로
$16+12=10+(12+x)$
$\therefore x=6$

10 $\overline{AB}=2\times3=6$이고 $\overline{AB}+\overline{CD}=\overline{AD}+\overline{BC}$이므로
$6+10=x+11$ $\therefore x=5$

11 $\overline{CD}=2\times4=8$이고 $\overline{AB}+\overline{CD}=\overline{AD}+\overline{BC}$이므로
$x+8=13+6$ $\therefore x=11$

13 직각삼각형 DEC에서 $\overline{EC}=\sqrt{13^2-12^2}=5$이므로
$\overline{AD}=\overline{BC}=x+5$
□ABED에서 $\overline{AB}+\overline{ED}=\overline{AD}+\overline{BE}$이므로
$12+13=(x+5)+x \qquad \therefore x=10$

14 직각삼각형 DEC에서 $\overline{EC}=\sqrt{17^2-15^2}=8$이므로
$\overline{AD}=\overline{BC}=x+8$
□ABED에서 $\overline{AB}+\overline{ED}=\overline{AD}+\overline{BE}$이므로
$15+17=(x+8)+x \qquad \therefore x=12$

연산 능력 UP! 10분 연산 TEST

67쪽

01 $38°$	02 21	03 12	04 $71°$	05 24
06 3	07 18	08 15	09 28	10 12

01 $\angle PAO=\angle PBO=90°$이므로 □AOBP에서
$\angle x=360°-(90°+142°+90°)=38°$

02 $\overline{OB}=\overline{OA}=x$
$\angle PAO=90°$이므로 직각삼각형 PAO에서
$(8+x)^2=20^2+x^2,\ 16x=336 \qquad \therefore x=21$

03 $\overline{OA}=9$이고 $\angle PAO=90°$이므로 직각삼각형 PAO에서
$\overline{PA}=\sqrt{15^2-9^2}=12$
따라서 $\overline{PB}=\overline{PA}$이므로 $x=12$

04 △PAB는 이등변삼각형이므로
$\angle x=\frac{1}{2}\times(180°-38°)=71°$

05 (△ABC의 둘레의 길이)$=2\times12=24$

06 $\overline{AF}=\overline{AD}=x$이므로
$\overline{BE}=\overline{BD}=8-x,\ \overline{CE}=\overline{CF}=7-x$
$9=(8-x)+(7-x) \qquad \therefore x=3$

07 $x+y+z=\frac{1}{2}\times(12+14+10)=\frac{1}{2}\times36=18$

08 $\overline{AB}+\overline{CD}=\overline{AD}+\overline{BC}$이므로
$13+12=10+x \qquad \therefore x=15$

09 $\overline{AB}+\overline{CD}=\overline{AD}+\overline{BC}=6+8=14$이므로
(□ABCD의 둘레의 길이)$=2\times14=28$

10 $\overline{AH}=\overline{AE}=\frac{1}{2}\times12=6$이므로 $\overline{AD}=6+x$
□ABCD에서 $\overline{AB}+\overline{CD}=\overline{AD}+\overline{BC}$이므로
$12+15=(6+x)+9 \qquad \therefore x=12$

학교 시험 미리보기! 학교 시험 PREVIEW

68쪽~69쪽

01 ④	02 ②	03 ①	04 ④	05 ③
06 ⑤	07 ②	08 ④	09 ③	10 ②
11 ①	12 ④	13 42		

01 직각삼각형 OBM에서 $\overline{OM}=2,\ \overline{OB}=4$이므로
$\overline{BM}=\sqrt{4^2-2^2}=2\sqrt{3}$
$\therefore \overline{AB}=2\times2\sqrt{3}=4\sqrt{3}$

02 오른쪽 그림과 같이 접시의 중심을 O라 하고 $\overline{OA},\ \overline{OC}$를 긋자.
접시의 반지름의 길이를 r라 하면 직각삼각형 OAC에서

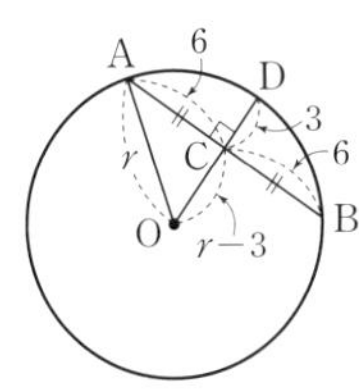

$r^2=(r-3)^2+6^2$
$6r=45$
$\therefore r=\frac{15}{2}$
따라서 접시의 지름의 길이는
$2r=2\times\frac{15}{2}=15$

03 $\overline{BM}=\frac{1}{2}\times30=15$이므로 직각삼각형 OBM에서
$\overline{OM}=\sqrt{17^2-15^2}=8$
$\overline{AB}=\overline{CD}$이므로 $\overline{ON}=\overline{OM}=8$

04 $\overline{OD}=\overline{OE}=\overline{OF}$이므로 $\overline{AB}=\overline{BC}=\overline{CA}=6$
$\therefore$ (△ABC의 둘레의 길이)$=3\times6=18$

05 □CMON에서 $\angle C=360°-(90°+124°+90°)=56°$
$\overline{OM}=\overline{ON}$이므로 $\overline{AC}=\overline{BC}$
따라서 △ABC는 이등변삼각형이므로
$\angle x=\frac{1}{2}\times(180°-56°)=62°$

06 $\angle OAP=90°$이므로 $\angle PAB=90°-18°=72°$
$\overline{PA}=\overline{PB}$이므로 이등변삼각형 PAB에서
$\angle x=180°-2\times72°=36°$

07 $\angle PAO=90^\circ$이므로 $\triangle POA$에서
$\overline{PA}=\sqrt{17^2-8^2}=15$
$\triangle POA\equiv\triangle POB$ (SSS 합동)이므로
$\square APBO=2\triangle POA=2\times\left(\frac{1}{2}\times15\times8\right)=120$

08 $\overline{BF}=\overline{BD}=3$이므로 $\overline{CE}=\overline{CF}=4-3=1$
$\overline{AE}=\overline{AD}=5+3=8$이므로 $\overline{AC}=8-1=7$

09 $\overline{CE}=\overline{CF}=x$라 하면
$\overline{AD}=\overline{AF}=10-x$, $\overline{BD}=\overline{BE}=12-x$
$\overline{AB}=\overline{AD}+\overline{BD}$이므로
$8=(10-x)+(12-x)$, $2x=14$ $\quad\therefore x=7$

10 $\overline{AD}=\overline{AF}=\overline{OD}=3$이므로
$\overline{CE}=\overline{CF}=9-3=6$
$\overline{BD}=\overline{BE}=x$라 하면 직각삼각형 ABC에서
$(x+6)^2=(x+3)^2+9^2$, $6x=54$ $\quad\therefore x=9$
$\therefore \overline{BE}=9$

11 직각삼각형 ABC에서 $\overline{BC}=\sqrt{10^2-6^2}=8$
$\square ABCD$에서 $6+\overline{CD}=5+8$ $\quad\therefore \overline{CD}=7$

12 직각삼각형 DEC에서
$\overline{DE}=\sqrt{9^2+12^2}=15$
$\square ABED$에서
$\overline{AB}+\overline{DE}=\overline{AD}+\overline{BE}$이므로
$12+15=(15+x)+(6+x)$
$\therefore x=3$

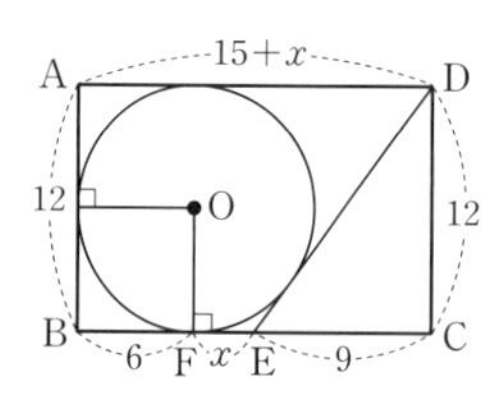

13 서술형

$\overline{CD}$는 원 O의 지름의 길이와 같으므로
$\overline{CD}=2\times3=6$ ……❶
$\overline{AB}+\overline{CD}=\overline{AD}+\overline{BC}$이므로
$\overline{AD}+\overline{BC}=8+6=14$ ……❷
$\therefore (\square ABCD\text{의 넓이})=\frac{1}{2}\times(\overline{AD}+\overline{BC})\times\overline{CD}$
$=\frac{1}{2}\times14\times6=42$ ……❸

채점 기준	배점
❶ $\overline{CD}$의 길이 구하기	20 %
❷ $\overline{AD}+\overline{BC}$의 길이 구하기	30 %
❸ $\square ABCD$의 넓이 구하기	50 %

2. 원주각

01 원주각과 중심각의 크기

72쪽~73쪽

01 35° 🅥 $\frac{1}{2}$, $\frac{1}{2}$, 35 02 23° 03 110° 04 100°
05 120° 🅥 2, 2, 120 06 76° 07 200° 08 250°
09 50° 🅥 2, 2, 80, $\overline{OB}$, 이등변, 80, 50 10 56° 11 18°
12 70° 🅥 90, 40, 140, 140, 70 13 65° 14 59°
15 70°

02 $\angle x=\frac{1}{2}\times46^\circ=23^\circ$

03 $\angle x=\frac{1}{2}\times220^\circ=110^\circ$

04 오른쪽 그림에서 $\widehat{AQB}$에 대한 중심각의 크기가
$360^\circ-160^\circ=200^\circ$이므로
$\angle x=\frac{1}{2}\times200^\circ=100^\circ$

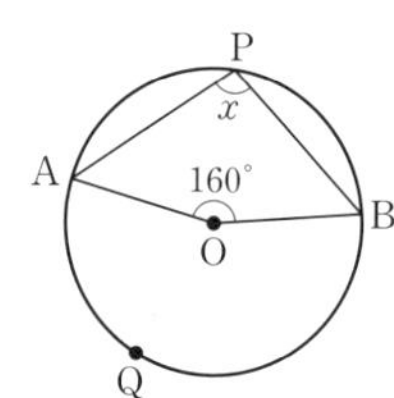

06 $\angle x=2\times38^\circ=76^\circ$

07 $\angle x=2\times100^\circ=200^\circ$

08 $\angle AOB=2\times55^\circ=110^\circ$
$\therefore \angle x=360^\circ-110^\circ=250^\circ$

10 $\angle AOB=2\times34^\circ=68^\circ$
$\triangle OAB$는 $\overline{OA}=\overline{OB}$인 이등변삼각형이므로
$\angle x=\frac{1}{2}\times(180^\circ-68^\circ)=56^\circ$

11 $\angle AOB=2\times72^\circ=144^\circ$
$\triangle OAB$는 $\overline{OA}=\overline{OB}$인 이등변삼각형이므로
$\angle x=\frac{1}{2}\times(180^\circ-144^\circ)=18^\circ$

13 오른쪽 그림과 같이 $\overline{OA}$, $\overline{OB}$를 그으면
$\angle PAO=\angle PBO=90^\circ$이므로
$\square APBO$에서
$\angle AOB=360^\circ-(90^\circ+50^\circ+90^\circ)$
$=130^\circ$
$\therefore \angle x=\frac{1}{2}\angle AOB=\frac{1}{2}\times130^\circ=65^\circ$

14 오른쪽 그림과 같이 $\overline{OA}$, $\overline{OB}$를 그으면

$\angle PAO=\angle PBO=90^\circ$이므로

□AOBP에서

$\angle AOB=360^\circ-(90^\circ+90^\circ+62^\circ)$

$=118^\circ$

$\therefore \angle x=\frac{1}{2}\angle AOB=\frac{1}{2}\times 118^\circ=59^\circ$

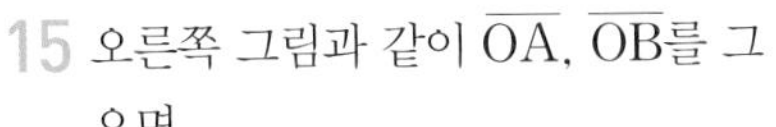

15 오른쪽 그림과 같이 $\overline{OA}$, $\overline{OB}$를 그으면

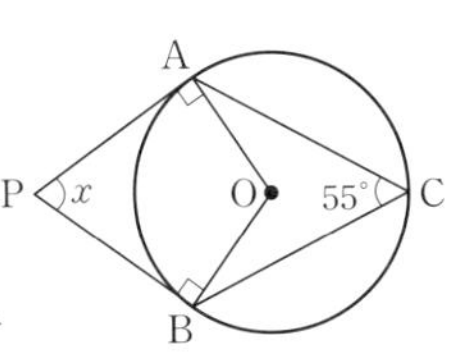

$\angle AOB=2\times 55^\circ=110^\circ$

이때 $\angle PAO=\angle PBO=90^\circ$이므로

□APBO에서

$\angle x=360^\circ-(90^\circ+90^\circ+110^\circ)=70^\circ$

02 원주각의 성질 (VISUAL 연산)

74쪽~75쪽

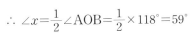

01 25° ⓥ ADB, 25　02 70°　03 42°　04 48°, 35°
05 34°, 68°　06 39°, 39°　07 55°, 95° ⓥ 55, 55, 95
08 60°, 125°　09 27°, 58°　10 25° ⓥ 90, 90, 25　11 18°
12 48° ⓥ 90, 90, 48, 48　13 66°　14 40° ⓥ 90, 90, 40
15 60°

02 $\angle x=\angle ACB=70^\circ$

03 $\angle x=\angle ACD=42^\circ$

04 $\angle x=\angle CBD=48^\circ$
$\angle y=\angle ACB=35^\circ$

05 $\angle x=\angle ACB=34^\circ$
$\angle y=2\angle ACB=2\times 34^\circ=68^\circ$

06 $\angle x=\frac{1}{2}\angle AOB=\frac{1}{2}\times 78^\circ=39^\circ$
$\angle y=\angle x=39^\circ$

08 $\angle x=\angle ACB=60^\circ$
△APD에서
$\angle y=65^\circ+60^\circ=125^\circ$

09 $\angle x=\angle ACB=27^\circ$
△APD에서
$\angle y=85^\circ-27^\circ=58^\circ$

11 $\overline{AB}$가 원 O의 지름이므로 $\angle ACB=90^\circ$
△ABC에서 $\angle x=180^\circ-(90^\circ+72^\circ)=18^\circ$

13 $\overline{AB}$가 원 O의 지름이므로 $\angle ACB=90^\circ$
$\angle ACD=\angle ABD=24^\circ$이므로
$\angle x=90^\circ-24^\circ=66^\circ$

15 $\overline{AB}$가 원 O의 지름이므로 $\angle ACB=90^\circ$
△ABC에서 $\angle ABC=180^\circ-(90^\circ+30^\circ)=60^\circ$
$\therefore \angle x=\angle ABC=60^\circ$

03 원주각의 크기와 호의 길이 (1) (VISUAL 연산)

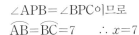

76쪽

01 25　02 43　03 8　04 12
05 35 ⓥ $\widehat{BC}$, $\frac{1}{2}$, 35, 35　06 18　07 7　08 10

01 $\widehat{AB}=\widehat{CD}$이므로 $\angle CQD=\angle APB=25^\circ$
$\therefore x=25$

02 $\widehat{AB}=\widehat{CD}$이므로 $\angle CQD=\angle APB=43^\circ$
$\therefore x=43$

03 $\angle APB=\angle CQD$이므로 $\widehat{CD}=\widehat{AB}=8$
$\therefore x=8$

04 $\angle APB=\angle CQD$이므로 $\widehat{AB}=\widehat{CD}=12$
$\therefore x=12$

06 오른쪽 그림과 같이 $\overline{PC}$를 그으면

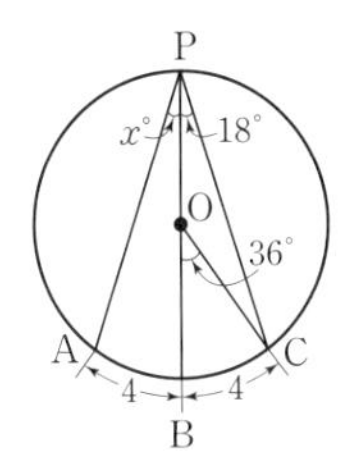

$\widehat{AB}=\widehat{BC}$이므로

$\angle APB=\angle BPC=\frac{1}{2}\angle BOC$

$=\frac{1}{2}\times 36^\circ=18^\circ$

$\therefore x=18$

07 오른쪽 그림과 같이 $\overline{AP}$를 그으면

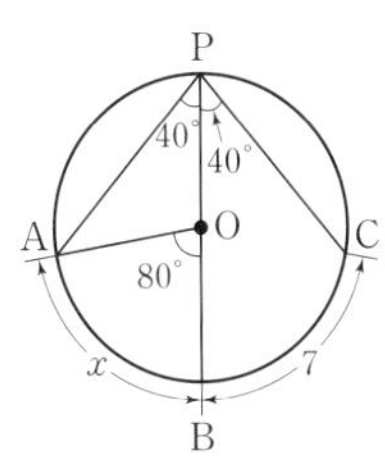

$\angle APB=\frac{1}{2}\angle AOB$

$=\frac{1}{2}\times 80^\circ=40^\circ$

$\angle APB=\angle BPC$이므로

$\widehat{AB}=\widehat{BC}=7$　　$\therefore x=7$

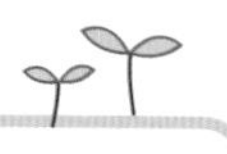

08 오른쪽 그림과 같이 $\overline{AP}$, $\overline{BP}$를 그으면

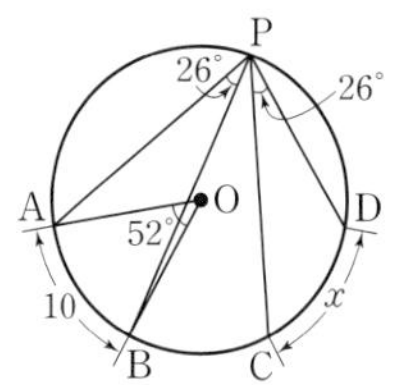

$\angle APB=\frac{1}{2}\angle AOB$

$=\frac{1}{2}\times 52°=26°$

$\angle APB=\angle CPD$이므로 $\widehat{CD}=\widehat{AB}=10$

$\therefore x=10$

04 원주각의 크기와 호의 길이 (2)

77쪽~78쪽

01 60 ⓗ APB, $\widehat{BC}$, 40, 9, 60　02 31　03 40
04 25　05 15　06 12　07 9　08 12
09 13　10 8
11 60°, 80°, 40° ⓗ 4, 2, 60, 4, 80, 2, 40
12 90°, 60°, 30°　13 60°, 45°, 75°
14 15°, 60°, 105°

02 $\angle APB:\angle CPD=\widehat{AB}:\widehat{CD}$이므로
$62°:x°=14:7$, $62°:x°=2:1$
$\therefore x=31$

03 $\angle APB:\angle BQC=\widehat{AB}:\widehat{BC}$이므로
$x°:60°=12:18$, $x°:60°=2:3$
$\therefore x=40$

04 $\angle APB:\angle AQC=\widehat{AB}:\widehat{AC}$이므로
$x°:75°=4:(4+8)$, $x°:75°=1:3$
$\therefore x=25$

05 $\angle ADB:\angle CBD=\widehat{AB}:\widehat{CD}$이므로
$72°:24°=x:5$, $3:1=x:5$
$\therefore x=15$

06 $\angle APB:\angle CQD=\widehat{AB}:\widehat{CD}$이므로
$30°:45°=8:x$, $2:3=8:x$
$\therefore x=12$

07 $\angle APB:\angle BPC=\widehat{AB}:\widehat{BC}$이므로
$48°:32°=x:6$, $3:2=x:6$
$\therefore x=9$

08 $\angle ADB:\angle CAD=\widehat{AB}:\widehat{CD}$이므로
$55°:33°=20:x$, $5:3=20:x$
$\therefore x=12$

09 $\angle APB:\angle AQC=\widehat{AB}:\widehat{AC}$이므로
$32°:64°=13:(13+x)$, $1:2=13:(13+x)$
$13+x=26$　　$\therefore x=13$

10 $\angle ACB=90°$이므로 $\angle ABC=180°-(90°+30°)=60°$
$\angle ABC:\angle BAC=\widehat{AC}:\widehat{BC}$이므로
$60°:30°=16:x$, $2:1=16:x$
$\therefore x=8$

12 $\angle x:\angle y:\angle z=\widehat{AB}:\widehat{BC}:\widehat{CA}=3:2:1$이므로

$\angle x=180°\times\frac{3}{3+2+1}=90°$

$\angle y=180°\times\frac{2}{3+2+1}=60°$

$\angle z=180°\times\frac{1}{3+2+1}=30°$

13 $\angle x:\angle y:\angle z=\widehat{AB}:\widehat{BC}:\widehat{CA}=4:3:5$이므로

$\angle x=180°\times\frac{4}{4+3+5}=60°$

$\angle y=180°\times\frac{3}{4+3+5}=45°$

$\angle z=180°\times\frac{5}{4+3+5}=75°$

14 $\angle x:\angle y:\angle z=\widehat{AB}:\widehat{BC}:\widehat{CA}=1:4:7$이므로

$\angle x=180°\times\frac{1}{1+4+7}=15°$

$\angle y=180°\times\frac{4}{1+4+7}=60°$

$\angle z=180°\times\frac{7}{1+4+7}=105°$

05 네 점이 한 원 위에 있을 조건

79쪽~80쪽

01 ×　02 ○　03 ×　04 ×　05 ○
06 ×　07 30°　08 35°　09 55°　10 20°
11 25°　12 50°　13 25°　14 118°

04 $\triangle BCD$에서 $\angle BDC=180°-(35°+100°)=45°$
따라서 $\angle BAC\neq\angle BDC$이므로 네 점 A, B, C, D는 한 원 위에 있지 않다.

05 $\angle BDC=110°-80°=30°$
따라서 $\angle BAC=\angle BDC$이므로 네 점 A, B, C, D는 한 원 위에 있다.

06 $\angle ACB=90^\circ-43^\circ=47^\circ$
따라서 $\angle ADB \neq \angle ACB$이므로 네 점 A, B, C, D는 한 원 위에 있지 않다.

08 $\angle BDC=\angle BAC=65^\circ$이므로
$\triangle DEC$에서 $\angle x=180^\circ-(65^\circ+80^\circ)=35^\circ$

09 $\angle DAC=\angle CBD=25^\circ$이므로
$\triangle AED$에서 $\angle x=180^\circ-(25^\circ+100^\circ)=55^\circ$

10 $\triangle AED$에서 $\angle ADE=80^\circ-60^\circ=20^\circ$이므로
$\angle x=\angle ADB=20^\circ$

11 $\angle ABD=\angle ACD=70^\circ$이므로
$\triangle ABE$에서 $\angle x=95^\circ-70^\circ=25^\circ$

12 $\triangle BCD$에서 $\angle DBC=180^\circ-(60^\circ+70^\circ)=50^\circ$이므로
$\angle x=\angle DBC=50^\circ$

13 $\angle ACD=\angle ABD=30^\circ$이므로
$\triangle ACD$에서 $\angle x=180^\circ-(125^\circ+30^\circ)=25^\circ$

14 $\angle ADB=\angle ACB=38^\circ$이므로
$\triangle AED$에서 $\angle x=80^\circ+38^\circ=118^\circ$

10분 연산 TEST

연산 능력 UP! 81쪽

01 115° 02 72° 03 $\angle x=50^\circ$, $\angle y=25^\circ$ 04 64°
05 37° 06 30 07 12
08 $\angle x=30^\circ$, $\angle y=45^\circ$, $\angle z=105^\circ$ 09 40° 10 55°

01 오른쪽 그림에서 $\widehat{AQB}$에 대한 중심각의 크기가
$360^\circ-130^\circ=230^\circ$이므로
$\angle x=\frac{1}{2}\times 230^\circ=115^\circ$

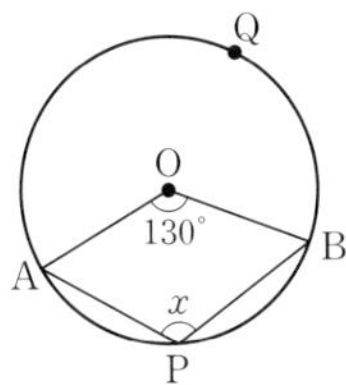

02 $\angle x=2\times 36^\circ=72^\circ$

03 $\angle y=\angle ABD=25^\circ$이므로
$\triangle PCD$에서 $\angle x=75^\circ-25^\circ=50^\circ$

04 $\overline{AB}$가 원 O의 지름이므로 $\angle ACB=90^\circ$
$\triangle ABC$에서 $\angle x=180^\circ-(26^\circ+90^\circ)=64^\circ$

05 $\overline{AB}$가 원 O의 지름이므로 $\angle ADB=90^\circ$
$\angle ABD=\angle ACD=53^\circ$이므로
$\triangle ABD$에서 $\angle x=180^\circ-(90^\circ+53^\circ)=37^\circ$

06 $\widehat{AD}=\widehat{BC}$이므로
$\angle ABD=\angle BDC=\frac{1}{2}\angle BOC=\frac{1}{2}\times 60^\circ=30^\circ$
$\therefore x=30$

07 $\angle APB : \angle AQC=\widehat{AB} : \widehat{AC}$이므로
$20^\circ : 60^\circ=6 : (6+x)$, $1 : 3=6 : (6+x)$
$6+x=18 \qquad \therefore x=12$

08 $\angle x : \angle y : \angle z=\widehat{AB} : \widehat{BC} : \widehat{CA}=2 : 3 : 7$이므로
$\angle x=180^\circ\times\frac{2}{2+3+7}=30^\circ$
$\angle y=180^\circ\times\frac{3}{2+3+7}=45^\circ$
$\angle z=180^\circ\times\frac{7}{2+3+7}=105^\circ$

09 $\angle BDC=\angle BAC=50^\circ$이므로
$\angle x=90^\circ-50^\circ=40^\circ$

10 $\angle ADB=\angle ACB=55^\circ$이므로
$\triangle ABD$에서 $\angle x=180^\circ-(70^\circ+55^\circ)=55^\circ$

06 원에 내접하는 사각형의 성질

VISUAL 82쪽~83쪽

01 85°, 120° 풀 95, 85, 60, 120 02 80°, 95°
03 84°, 130° 04 115°, 65° 풀 35, 115, 115, 115, 65
05 55°, 60° 06 112°, 22°
07 68°, 112° 풀 $\frac{1}{2}$, $\frac{1}{2}$, 68, 68, 112 08 70°, 110°
09 108° 10 80° 11 55° 12 85°, 85°
13 100°, 100° 14 50°, 80° 15 25°, 86°

02 $\angle x+100^\circ=180^\circ$이므로 $\angle x=80^\circ$
$85^\circ+\angle y=180^\circ$이므로 $\angle y=95^\circ$

03 $\angle x+96^\circ=180^\circ$이므로 $\angle x=84^\circ$
$50^\circ+\angle y=180^\circ$이므로 $\angle y=130^\circ$

05 $\angle x+125^\circ=180^\circ$이므로 $\angle x=55^\circ$
$\triangle ABC$에서 $\angle y=180^\circ-(65^\circ+55^\circ)=60^\circ$

06 $\angle x+68°=180°$이므로 $\angle x=112°$
$\triangle$ABD에서 $\angle y=180°-(112°+46°)=22°$

08 $\angle y=\frac{1}{2}\times 220°=110°$
$\therefore \angle x=180°-110°=70°$

11 $\angle x+30°=85°$이므로 $\angle x=55°$

12 $\triangle$ABD에서 $\angle x=180°-(40°+55°)=85°$
$\therefore \angle y=\angle x=85°$

13 $\triangle$ABC에서 $\angle x=65°+35°=100°$
$\therefore \angle y=\angle x=100°$

14 $\angle x=\angle$BDC$=50°$
$\therefore \angle y=50°+30°=80°$

15 $\angle x=\angle$BAC$=25°$
$\therefore \angle y=61°+25°=86°$

06 $\triangle$ABC에서 $\angle$BAC$=180°-(55°+35°)=90°$
$\angle$BAC$\neq\angle$BDC이므로 □ABCD는 원에 내접하지 않는다.

07 $\angle x+60°=180°$　　$\therefore \angle x=120°$

08 $\triangle$BCD에서 $\angle$BCD$=180°-(30°+65°)=85°$
$\therefore \angle x=180°-85°=95°$

09 $\angle$ADC$=\angle$ABE$=72°$이므로
$\angle x=180°-72°=108°$

10 $\angle$ACB$=\angle$ADB$=55°$, $\angle$BCD$=\angle$BAE$=105°$
이므로
$\angle x+55°=105°$　　$\therefore \angle x=50°$

12 $\angle$BAD$+\angle$BCD$=70°+110°=180°$이므로 □ABCD는 원에 내접한다.
$\therefore \angle x=\angle$ABE$=100°$

14 $\angle$ADC$=56°+54°=110°$이므로 $\angle$ADC$=\angle$ABE
따라서 □ABCD는 원에 내접하므로
$\angle x=\angle$ADB$=56°$

07 VISUAL 연산 사각형이 원에 내접하기 위한 조건 84쪽~85쪽

01 ○　02 ×　03 ×　04 ○　05 ○
06 ×　07 120°　08 95°　09 108°　10 50°
11 120° 180, 120　12 100°　13 95° 180, 180, 95
14 56°

01 $\angle$BAD$+\angle$BCD$=115°+65°=180°$이므로 □ABCD는 원에 내접한다.

02 $\triangle$ABD에서 $\angle$BAD$=180°-(20°+60°)=100°$
$\angle$BAD$+\angle$BCD$=100°+70°=170°$이므로 □ABCD는 원에 내접하지 않는다.

03 $\angle$ABE$\neq\angle$ADC이므로 □ABCD는 원에 내접하지 않는다.

04 $\angle$BAD$=180°-95°=85°$
따라서 $\angle$BAD$=\angle$DCE$=85°$이므로 □ABCD는 원에 내접한다.

05 $\angle$ADB$=\angle$ACB$=24°$이므로 □ABCD는 원에 내접한다.

08 VISUAL 연산 접선과 현이 이루는 각 86쪽~88쪽

01 52°　02 40°　03 75°　04 75°　05 110°
06 69°　07 30° 60, 90, 90, 30　08 50°　09 70°
10 28°　11 110° 55, 55, 110　12 70°　13 65°
14 40°　15 30° 35, 180, 180, 35, 30　16 50°
17 40°　18 85° 40, 40, 85　19 52°
20 30° 30, 90, 90, 30, 30　21 46°　22 26°

01 $\angle x=\angle$BCA$=52°$

02 $\angle x=\angle$CBA$=40°$

03 $\angle x=\angle$BAT$=75°$

04 $\angle$CBA$=\angle$CAT$=80°$이므로
$\triangle$ABC에서 $\angle x=180°-(25°+80°)=75°$

05 $\triangle$ABC에서 $\angle$CBA$=180°-(35°+35°)=110°$
$\therefore \angle x=\angle$CBA$=110°$

06 $\angle ACB = \angle BAT = 48^\circ$이므로
$\triangle ABC$에서 $\angle x = 180^\circ - (48^\circ + 63^\circ) = 69^\circ$

08 $\angle CBA = \angle CAT = 40^\circ$
$\overline{CB}$가 원 O의 지름이므로 $\angle CAB = 90^\circ$
$\triangle ABC$에서 $\angle x = 180^\circ - (40^\circ + 90^\circ) = 50^\circ$

09 $\angle BAT = \angle BCA = 20^\circ$
$\overline{CB}$가 원 O의 지름이므로 $\angle CAB = 90^\circ$
$\therefore \angle x = 180^\circ - (20^\circ + 90^\circ) = 70^\circ$

10 $\angle CAT = \angle CBA = 62^\circ$
$\overline{CB}$가 원 O의 지름이므로 $\angle CAB = 90^\circ$
$\therefore \angle x = 180^\circ - (62^\circ + 90^\circ) = 28^\circ$

12 $\angle CBA = \angle CAT = 35^\circ$이므로
$\angle x = 2\angle CBA = 2 \times 35^\circ = 70^\circ$

13 $\angle BCA = \frac{1}{2}\angle AOB = \frac{1}{2} \times 130^\circ = 65^\circ$이므로
$\angle x = \angle BCA = 65^\circ$

14 $\angle CBA = \frac{1}{2}\angle COA = \frac{1}{2} \times 80^\circ = 40^\circ$이므로
$\angle x = \angle CBA = 40^\circ$

16 $\angle DBA = \angle DAT = 70^\circ$
$\square ABCD$는 원에 내접하므로
$\angle x = 180^\circ - (70^\circ + 25^\circ + 35^\circ) = 50^\circ$

17 $\square ABCD$는 원에 내접하므로
$\angle DAB = 180^\circ - 70^\circ = 110^\circ$
$\triangle ABD$에서 $\angle DBA = 180^\circ - (30^\circ + 110^\circ) = 40^\circ$
$\therefore \angle x = \angle DBA = 40^\circ$

19 $\angle BTP = \angle BAT = 30^\circ$이므로
$\triangle BTP$에서 $\angle x = 82^\circ - 30^\circ = 52^\circ$

21 $\angle ABT = \angle ATP = 22^\circ$
$\overline{AB}$가 원 O의 지름이므로 $\angle ATB = 90^\circ$
$\triangle PTB$에서 $\angle x = 180^\circ - (22^\circ + 90^\circ + 22^\circ) = 46^\circ$

22 오른쪽 그림과 같이 $\overline{AT}$를 그으면 $\overline{AB}$가 원 O의 지름이므로
$\angle ATB = 90^\circ$
$\therefore \angle ABT = \angle ATP$
$= 180^\circ - (90^\circ + 58^\circ)$
$= 32^\circ$
따라서 $\triangle PTB$에서 $\angle x = 58^\circ - 32^\circ = 26^\circ$

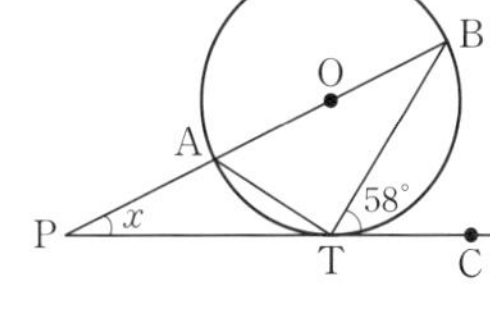

연산 능력 UP! **10분 연산 TEST** 89쪽

01 $\angle x = 92^\circ$, $\angle y = 96^\circ$ 02 $\angle x = 75^\circ$, $\angle y = 75^\circ$
03 $\angle x = 120^\circ$, $\angle y = 60^\circ$ 04 $\angle x = 53^\circ$, $\angle y = 34^\circ$
05 80° 06 24° 07 42° 08 52° 09 70°
10 38°

01 $\angle x = \angle D = 92^\circ$
$\angle y = 180^\circ - 84^\circ = 96^\circ$

02 $\angle x = \frac{1}{2} \times 150^\circ = 75^\circ$
$\angle y = \angle x = 75^\circ$

03 $\angle BDC = 90^\circ$이므로 $\triangle BCD$에서
$\angle y = 180^\circ - (30^\circ + 90^\circ) = 60^\circ$
$\angle x + 60^\circ = 180^\circ$이므로 $\angle x = 120^\circ$

04 $\angle x = \angle BDC = 53^\circ$
$\angle BAD = \angle DCE = 87^\circ$이므로
$\angle y = 87^\circ - 53^\circ = 34^\circ$

05 $\angle BAD = \angle DCE = 100^\circ$이므로
$\angle x = 180^\circ - 100^\circ = 80^\circ$

06 $\angle BCD = 180^\circ - 90^\circ = 90^\circ$이므로
$\angle ACB = 90^\circ - 66^\circ = 24^\circ$
$\therefore \angle x = \angle ACB = 24^\circ$

07 $\angle BCA = \angle BAT = 108^\circ$이므로
$\triangle ABC$에서 $\angle x = 180^\circ - (30^\circ + 108^\circ) = 42^\circ$

08 $\angle BCA = \frac{1}{2} \times 104^\circ = 52^\circ$이므로
$\angle x = \angle BCA = 52^\circ$

09 $\angle DBA = \angle DAT = 40^\circ$
$\square ABCD$는 원에 내접하므로
$\angle x = 180^\circ - (40^\circ + 50^\circ + 20^\circ) = 70^\circ$

10 오른쪽 그림과 같이 $\overline{AT}$를 그으면
$\overline{AB}$가 원 O의 지름이므로
$\angle ATB = 90^\circ$
$\therefore \angle ABT = \angle ATP$
$= 180^\circ - (90^\circ + 64^\circ)$
$= 26^\circ$
따라서 $\triangle PTB$에서 $\angle x = 64^\circ - 26^\circ = 38^\circ$

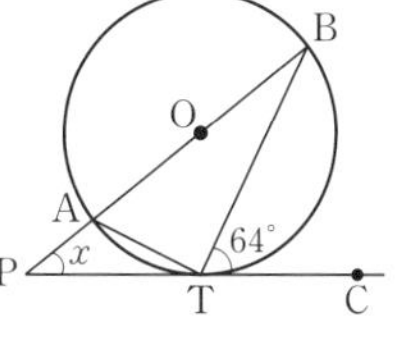

학교 시험 PREVIEW

학교 시험 미리보기!

90쪽~91쪽

01 ④	02 ③	03 ②	04 ④	05 ⑤
06 ③	07 ①	08 ②	09 ②	10 ③
11 ③, ⑤	12 ④	13 ⑤	14 34°	

01 $\angle BOC=2\angle BAC=2\times 68^\circ=136^\circ$이므로

$\triangle OBC$에서 $\angle x=\frac{1}{2}\times(180^\circ-136^\circ)=22^\circ$

02 오른쪽 그림과 같이 $\overline{OA}$, $\overline{OB}$를 그으면 $\angle PAO=\angle PBO=90^\circ$,

$\angle AOB=2\times 56^\circ=112^\circ$

이므로 $\square AOBP$에서

$\angle x=360^\circ-(90^\circ+112^\circ+90^\circ)$

$=68^\circ$

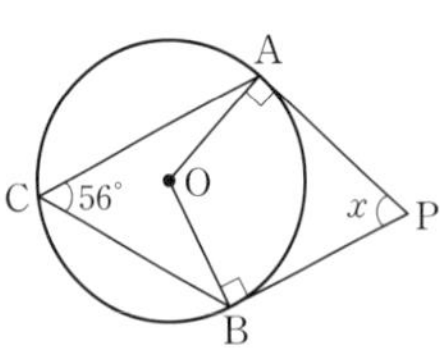

03 오른쪽 그림과 같이 $\overline{AD}$를 그으면

$\angle CAD=\angle CBD=30^\circ$,

$\angle DAE=\angle DFE=20^\circ$

$\therefore \angle x=\angle CAD+\angle DAE$

$=30^\circ+20^\circ$

$=50^\circ$

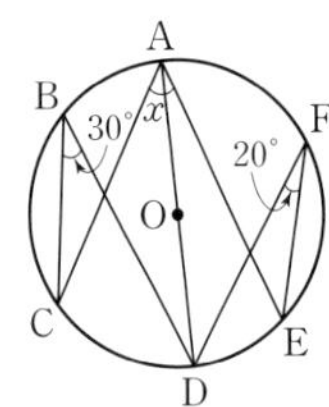

04 $\angle ADB=\angle ACB=\angle x$이므로

$\triangle DPB$에서 $\angle x+25^\circ=60^\circ$

$\therefore \angle x=35^\circ$

05 오른쪽 그림과 같이 $\overline{PB}$를 그으면

$\angle APB=90^\circ$이므로

$\angle RPB=90^\circ-52^\circ=38^\circ$

$\therefore \angle x=\angle RPB=38^\circ$

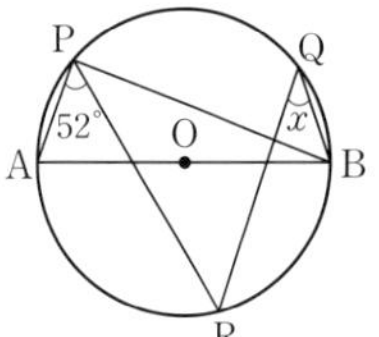

06 $\angle ABC=90^\circ$이므로 $\triangle ABC$에서

$\angle BAC=180^\circ-(90^\circ+60^\circ)=30^\circ$

따라서 $30^\circ : \angle x=12 : 8$에서 $30^\circ : \angle x=3 : 2$

$\therefore \angle x=20^\circ$

07 $\angle x : \angle BAC : \angle CBA=\widehat{AB} : \widehat{BC} : \widehat{CA}=4 : 5 : 6$이므로

$\angle x=180^\circ\times\frac{4}{4+5+6}=48^\circ$

08 $\angle ACB=\angle ADB=\angle x$이므로

$\triangle APC$에서 $35^\circ+\angle x=75^\circ$

$\therefore \angle x=40^\circ$

09 $\square ABCD$에서 $100^\circ+(\angle x+30^\circ)=180^\circ$이므로

$\angle x=50^\circ$

10 $\angle ADC=\angle ABP=\angle x$이므로

$\triangle PDC$에서 $\angle x=180^\circ-(80^\circ+30^\circ)=70^\circ$

11 ① $110^\circ+85^\circ\neq 180^\circ$이므로 $\square ABCD$는 원에 내접하지 않는다.

② $75^\circ+75^\circ\neq 180^\circ$이므로 $\square ABCD$는 원에 내접하지 않는다.

③ $\triangle ABD$에서 $\angle BAD=180^\circ-(40^\circ+50^\circ)=90^\circ$이므로 $\angle BAD+\angle BCD=90^\circ+90^\circ=180^\circ$이다.
즉, $\square ABCD$는 원에 내접한다.

④ $\angle ADC\neq\angle ABE$이므로 $\square ABCD$는 원에 내접하지 않는다.

⑤ $\angle BAD=\angle DCE=105^\circ$이므로 $\square ABCD$는 원에 내접한다.

따라서 $\square ABCD$가 원에 내접하는 것은 ③, ⑤이다.

12 $\angle x=\angle ACB=\frac{1}{2}\angle AOB=\frac{1}{2}\times 124^\circ=62^\circ$

13 $\square ABCD$에서 $112^\circ+\angle CDA=180^\circ$이므로

$\angle CDA=68^\circ$

$\overline{CD}$가 원 O의 지름이므로 $\angle CAD=90^\circ$

$\triangle CDA$에서 $\angle DCA=180^\circ-(90^\circ+68^\circ)=22^\circ$

$\therefore \angle x=\angle DCA=22^\circ$

14 서술형

오른쪽 그림과 같이 $\overline{AT}$를 그으면

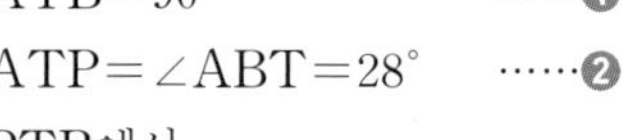

$\angle ATB=90^\circ$ ······❶

$\angle ATP=\angle ABT=28^\circ$ ······❷

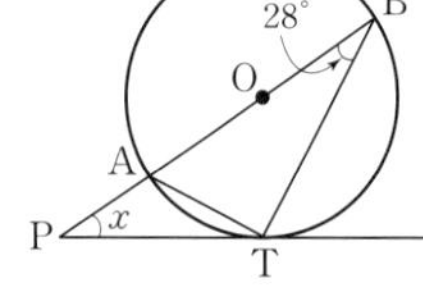

$\triangle PTB$에서

$\angle x+(28^\circ+90^\circ)+28^\circ=180^\circ$이므로

$\angle x=34^\circ$ ······❸

채점 기준	배점
❶ $\angle ATB$의 크기 구하기	30 %
❷ $\angle ATP$의 크기 구하기	30 %
❸ $\angle x$의 크기 구하기	40 %

III 통계

1. 대푯값과 산포도

01 VISUAL 연산 줄기와 잎 그림, 히스토그램, 도수분포다각형 96쪽

01 20　02 7　03 0　04 4　05 45
06 22　07 5　08 5　09 15, 20
10

01 $9+7+3+1=20$(명)

02 줄기가 1인 잎의 수는 7이므로 7명이다.

04 22권보다 많이 읽은 책의 수가 23권, 25권, 32권이므로 22권을 읽은 학생은 많이 읽은 학생 쪽에서 4번째이다.

05 읽은 책의 수가 10권 미만인 학생은 9명이므로 전체의
$\frac{9}{20}\times100=45(\%)$

06 $1+3+7+6+5=22$(명)

07 계급의 크기는 $10-5=15-10=\cdots=30-25=5$(분)

08 계급은 5분 이상 10분 미만, 10분 이상 15분 미만, 15분 이상 20분 미만, 20분 이상 25분 미만, 25분 이상 30분 미만의 5개이다.

02 VISUAL 연산 대푯값과 평균 97쪽

01 6, 6, 4　02 9　03 35　04 20
05 14　06 4, 28, 28, 8　07 6　08 13
09 24

02 $(\text{평균})=\frac{4+5+8+13+15}{5}=\frac{45}{5}=9$

03 $(\text{평균})=\frac{10+30+20+40+50+60}{6}=\frac{210}{6}=35$

04 $(\text{평균})=\frac{12+13+14+24+37}{5}=\frac{100}{5}=20$

05 $(\text{평균})=\frac{8+11+19+12+21+7+20}{7}=\frac{98}{7}=14$

07 $(\text{평균})=\frac{x+5+8+4+7}{5}=6$이므로
$x+5+8+4+7=30,\ x+24=30$
$\therefore x=6$

08 $(\text{평균})=\frac{5+8+10+14+x}{5}=10$이므로
$5+8+10+14+x=50,\ 37+x=50$
$\therefore x=13$

09 $(\text{평균})=\frac{20+12+x+15+18+19}{6}=18$이므로
$20+12+x+15+18+19=108$
$84+x=108\quad \therefore x=24$

03 VISUAL 연산 중앙값 98쪽~99쪽

01 8, 8, 9, 8　02 4　03 6　04 10　05 16
06 20　07 30　08 5, 7, 8, 9, 5, 7, 5, 7, 6　09 13
10 30　11 6　12 14　13 15　14 20
15 2, 12, 5　16 10　17 6　18 7　19 16

02 변량을 작은 값부터 크기순으로 나열하면
1, 2, 4, 5, 6
이므로 중앙값은 4이다.

03 변량을 작은 값부터 크기순으로 나열하면
2, 4, 6, 8, 10
이므로 중앙값은 6이다.

04 변량을 작은 값부터 크기순으로 나열하면
8, 9, 10, 12, 13
이므로 중앙값은 10이다.

05 변량을 작은 값부터 크기순으로 나열하면
7, 12, 13, 16, 16, 18, 19
이므로 중앙값은 16이다.

06 변량을 작은 값부터 크기순으로 나열하면
11, 14, 15, 20, 21, 22, 26
이므로 중앙값은 20이다.

07 변량을 작은 값부터 크기순으로 나열하면
10, 10, 20, 30, 30, 50, 60
이므로 중앙값은 30이다.

09 변량을 작은 값부터 크기순으로 나열하면
7, 12, 14, 16
이므로 중앙값은 $\frac{12+14}{2}=13$

10 변량을 작은 값부터 크기순으로 나열하면
20, 24, 36, 45
이므로 중앙값은 $\frac{24+36}{2}=30$

11 변량을 작은 값부터 크기순으로 나열하면
2, 4, 5, 7, 8, 9
이므로 중앙값은 $\frac{5+7}{2}=6$

12 변량을 작은 값부터 크기순으로 나열하면
6, 11, 12, 16, 19, 20
이므로 중앙값은 $\frac{12+16}{2}=14$

13 변량을 작은 값부터 크기순으로 나열하면
12, 13, 15, 15, 19, 26
이므로 중앙값은 $\frac{15+15}{2}=15$

14 변량을 작은 값부터 크기순으로 나열하면
10, 10, 20, 20, 20, 30, 40, 50
이므로 중앙값은 $\frac{20+20}{2}=20$

16 (중앙값)$=\frac{6+x}{2}=8$이므로
$6+x=16 \qquad \therefore x=10$

17 (중앙값)$=\frac{x+8}{2}=7$이므로
$x+8=14 \qquad \therefore x=6$

18 (중앙값)$=\frac{x+9}{2}=8$이므로
$x+9=16 \qquad \therefore x=7$

19 (중앙값)$=\frac{12+x}{2}=14$이므로
$12+x=28 \qquad \therefore x=16$

04 최빈값

VISUAL 연산

100쪽~101쪽

01 2, 2	02 5	03 16, 17	04 20, 30, 40	05 없다.
06 없다.	07 A형	08 축구	09 춤	10 8점
11 8점	12 8점	13 17초	14 20초	15 21초
16 3.1권	17 3권	18 4권	19 9, 153, 9, 17	
20 5, 15	21 9, 15, 9, 15		22 76점	23 77점
24 78점				

02 5가 2개, 4, 6, 7, 8, 11이 각각 1개이므로 자료에서 가장 많이 나타난 값은 5이다.
따라서 최빈값은 5이다.

03 16이 2개, 17이 2개, 19가 1개이므로 자료에서 가장 많이 나타난 값은 16, 17이다.
따라서 최빈값은 16, 17이다.

04 10이 1개, 20이 2개, 30이 2개, 40이 2개, 50이 1개, 60이 1개이므로 자료에서 가장 많이 나타난 값은 20, 30, 40이다.
따라서 최빈값은 20, 30, 40이다.

05 자료의 값이 모두 같으므로 최빈값은 없다.

06 자료의 값이 모두 다르므로 최빈값은 없다.

07 A형의 도수가 가장 크므로 최빈값은 A형이다.

08 축구의 도수가 가장 크므로 최빈값은 축구이다.

09 춤의 도수가 가장 크므로 최빈값은 춤이다.

10 (평균)$=\frac{9+8+10+8+5+7+8+9}{8}$
$=\frac{64}{8}=8$(점)

11 변량을 작은 값부터 크기순으로 나열하면
5, 7, 8, 8, 8, 9, 9, 10
이므로 중앙값은 $\frac{8+8}{2}=8$(점)

12 5가 1개, 7이 1개, 8이 3개, 9가 2개, 10이 1개이므로 자료에서 가장 많이 나타난 값은 8이다.
따라서 최빈값은 8점이다.

13 (평균)$=\frac{17+21+21+15+1+24+20}{7}$
$=\frac{119}{7}=17$(초)

14 변량을 작은 값부터 크기순으로 나열하면
1, 15, 17, 20, 21, 21, 24
이므로 중앙값은 20초이다.

15 21이 2개, 1, 15, 17, 20, 24가 각각 1개이므로 자료에서 가장 많이 나타난 값은 21이다.
따라서 최빈값은 21초이다.

16 (평균)$=\frac{1\times3+2\times4+3\times4+4\times6+5\times3}{20}$
$=\frac{62}{20}=3.1$(권)

참고 학생 20명의 독서량을 변량으로 나타내면 다음과 같다.
1, 1, 1, 2, 2, 2, 2, 3, 3, 3, 3, 4, 4, 4, 4, 4, 4, 5, 5, 5

17 변량의 개수가 20이므로 중앙값은 변량을 작은 값부터 크기순으로 나열했을 때 10번째와 11번째 변량의 평균이다.
10번째 변량과 11번째 변량이 모두 3이므로
중앙값은 $\frac{3+3}{2}=3$(권)

18 4권의 도수가 6명으로 가장 크므로 최빈값은 4권이다.

22 (평균)$=\frac{60+65+69+70+76+78+78+82+88+94}{10}$
$=\frac{760}{10}=76$(점)

23 변량의 개수가 10이므로 중앙값은 변량을 작은 값부터 크기순으로 나열했을 때 5번째와 6번째 변량의 평균이다.
5번째 변량이 76, 6번째 변량이 78이므로
중앙값은 $\frac{76+78}{2}=77$(점)

24 78점의 도수가 2명으로 가장 크므로 최빈값은 78점이다.

연산 능력 UP! 10분 연산 TEST

102쪽

01 9	02 19	03 6	04 6.5	05 24
06 6, 8	07 특별상	08 25	09 20	10 15
11 17개	12 23개			

01 (평균)$=\frac{10+12+9+6+8}{5}=\frac{45}{5}=9$

02 (평균)$=\frac{2+8+x+4+6+9}{6}=8$이므로
$\frac{29+x}{6}=8$
$29+x=48 \quad \therefore x=19$

03 변량을 작은 값부터 크기순으로 나타내면
3, 4, 6, 8, 9
이므로 중앙값은 6이다.

04 변량을 작은 값부터 크기순으로 나타내면
5, 6, 6, 7, 8, 9
이므로 중앙값은 $\frac{6+7}{2}=\frac{13}{2}=6.5$

05 (중앙값)$=\frac{20+x}{2}=22$이므로 $20+x=44 \quad \therefore x=24$

06 변량을 작은 값부터 크기순으로 나열하면
3, 5, 6, 6, 8, 8, 9
6이 2개, 8이 2개, 3, 5, 9가 각각 1개이므로 자료에서 가장 많이 나타난 값은 6, 8이다.

07 특별상의 도수가 가장 크므로 최빈값은 특별상이다.

08 (평균)$=\frac{35+20+25+15+15+15+50}{7}=\frac{175}{7}=25$

09 변량을 작은 값부터 크기순으로 나열하면
15, 15, 15, 20, 25, 35, 50
이므로 중앙값은 20이다.

10 15가 3개, 20, 25, 35, 50이 각각 1개이므로 자료에서 가장 많이 나타난 값은 15이다.

11 변량의 개수가 20이므로 중앙값은 변량을 작은 값부터 크기순으로 나열했을 때 10번째와 11번째 변량의 평균이다.
10번째 변량이 16, 11번째 변량이 18이므로
중앙값은 $\frac{16+18}{2}=17$(개)

12 23개의 도수가 3명으로 가장 크므로 최빈값은 23개이다.

05 산포도와 편차

103쪽~104쪽

01 1, 0, -3, 4　02 2, -4, 1, 3, -2
03 18, 22, 13, 12　04 24, 21, 20, 25, 35
05 5, 5, 5 / 3, -1, 0, -3, 1　06 18 / 4, -3, -2, 2, -1
07 8 / 2, -3, -2, 0, 4, -1　08 13 / 2, 5, -3, 1, -4, -1
09 0, -1　10 -4　11 -6　12 -3　13 0
14 3　15 2　16 6, 66　17 1　18 71점
19 4　20 18회

06 $(\text{평균})=\frac{22+15+16+20+17}{5}=\frac{90}{5}=18$

07 $(\text{평균})=\frac{10+5+6+8+12+7}{6}=\frac{48}{6}=8$

08 $(\text{평균})=\frac{15+18+10+14+9+12}{6}=\frac{78}{6}=13$

10 편차의 총합은 0이므로
$(-1)+x+5+3+(-3)=0$　$\therefore x=-4$

11 편차의 총합은 0이므로
$9+(-2)+(-7)+6+x=0$　$\therefore x=-6$

12 편차의 총합은 0이므로
$(-11)+9+x+(-1)+2+4=0$　$\therefore x=-3$

13 편차의 총합은 0이므로
$7+6+(-12)+x+(-2)+1=0$　$\therefore x=0$

14 편차의 총합은 0이므로
$4+9+(-8)+(-10)+x+2=0$　$\therefore x=3$

15 편차의 총합은 0이므로
$6+(-4)+3+(-7)+x=0$　$\therefore x=2$

17 편차의 총합은 0이므로
$4+(-3)+(-4)+x+5+(-3)=0$　$\therefore x=1$

18 (D의 점수)$=70+1=71$(점)

19 편차의 총합은 0이므로
$(-6)+x+3+1+(-2)=0$　$\therefore x=4$

20 (B의 윗몸 일으키기 횟수)$=14+4=18$(회)

06 분산과 표준편차

105쪽~107쪽

01 ❶ 20　❷ 5　❸ $\sqrt{5}$　02 6, $\sqrt{6}$
03 12, $2\sqrt{3}$　04 8, $2\sqrt{2}$　05 10, $\sqrt{10}$
06 4, 2　07 ❶ 2　❷ 30　❸ 6　❹ $\sqrt{6}$
08 18, $3\sqrt{2}$　09 22, $\sqrt{22}$　10 32, $4\sqrt{2}$
11 ❶ 6　❷ 2, 4, -2, -4, 1, -1　❸ 42　❹ 7　❺ $\sqrt{7}$
12 7, 2, $\sqrt{2}$　13 11, 4, 2　14 70, 120, $2\sqrt{30}$
15 ❶ 4권　❷ 0권, -1권, -2권, 2권, 1권　❸ 10　❹ 2　❺ $\sqrt{2}$권
16 4, 2자루　17 10, $\sqrt{10}$회　18 64, 8점
19 9, 1, 5, 16　20 12　21 8
22 4

02 $(\text{분산})=\frac{3^2+(-1)^2+2^2+0^2+(-4)^2}{5}=\frac{30}{5}=6$
$(\text{표준편차})=\sqrt{6}$

03 $(\text{분산})=\frac{(-1)^2+3^2+(-4)^2+5^2+(-3)^2}{5}=\frac{60}{5}=12$
$(\text{표준편차})=\sqrt{12}=2\sqrt{3}$

04 $(\text{분산})=\frac{2^2+0^2+(-2)^2+(-4)^2+4^2}{5}=\frac{40}{5}=8$
$(\text{표준편차})=\sqrt{8}=2\sqrt{2}$

05 $(\text{분산})=\frac{(-5)^2+3^2+4^2+0^2+1^2+(-3)^2}{6}=\frac{60}{6}=10$
$(\text{표준편차})=\sqrt{10}$

06 $(\text{분산})=\frac{1^2+(-2)^2+1^2+(-3)^2+2^2+(-2)^2+0^2+3^2}{8}$
$=\frac{32}{8}=4$
$(\text{표준편차})=\sqrt{4}=2$

07 ❶ 편차의 총합은 0이므로
$(-4)+x+(-1)+0+3=0$　$\therefore x=2$
❷ $(\text{편차})^2$의 총합은
$(-4)^2+2^2+(-1)^2+0^2+3^2=30$
❸ $(\text{분산})=\frac{30}{5}=6$
❹ $(\text{표준편차})=\sqrt{6}$

08 편차의 총합은 0이므로
$x+(-2)+4+4=0$　$\therefore x=-6$
$\therefore (\text{분산})=\frac{(-6)^2+(-2)^2+4^2+4^2}{4}=\frac{72}{4}=18$
$(\text{표준편차})=\sqrt{18}=3\sqrt{2}$

09 편차의 총합은 0이므로

$(-2)+x+(-8)+1+4=0 \quad \therefore x=5$

$\therefore$ (분산)$=\dfrac{(-2)^2+5^2+(-8)^2+1^2+4^2}{5}=\dfrac{110}{5}=22$

(표준편차)$=\sqrt{22}$

10 편차의 총합은 0이므로

$3+(-8)+7+x+(-3)+(-5)=0 \quad \therefore x=6$

$\therefore$ (분산)$=\dfrac{3^2+(-8)^2+7^2+6^2+(-3)^2+(-5)^2}{6}$

$=\dfrac{192}{6}=32$

(표준편차)$=\sqrt{32}=4\sqrt{2}$

11 ❶ (평균)$=\dfrac{8+10+4+2+7+5}{6}=\dfrac{36}{6}=6$

❷ (편차)=(변량)−(평균)이므로 각 변량의 편차는

$2,\ 4,\ -2,\ -4,\ 1,\ -1$

❸ (편차)^{2}의 총합은

$2^2+4^2+(-2)^2+(-4)^2+1^2+(-1)^2=42$

❹ (분산)$=\dfrac{42}{6}=7$

❺ (표준편차)$=\sqrt{7}$

12 (평균)$=\dfrac{5+6+7+8+9}{5}=\dfrac{35}{5}=7$

이때 각 변량의 편차는 $-2,\ -1,\ 0,\ 1,\ 2$이므로

(분산)$=\dfrac{(-2)^2+(-1)^2+0^2+1^2+2^2}{5}=\dfrac{10}{5}=2$

(표준편차)$=\sqrt{2}$

13 (평균)$=\dfrac{11+10+14+12+8}{5}=\dfrac{55}{5}=11$

이때 각 변량의 편차는 $0,\ -1,\ 3,\ 1,\ -3$이므로

(분산)$=\dfrac{0^2+(-1)^2+3^2+1^2+(-3)^2}{5}=\dfrac{20}{5}=4$

(표준편차)$=\sqrt{4}=2$

14 (평균)$=\dfrac{55+85+75+60+75}{5}=\dfrac{350}{5}=70$

이때 각 변량의 편차는 $-15,\ 15,\ 5,\ -10,\ 5$이므로

(분산)$=\dfrac{(-15)^2+15^2+5^2+(-10)^2+5^2}{5}=\dfrac{600}{5}=120$

(표준편차)$=\sqrt{120}=2\sqrt{30}$

15 ❶ (평균)$=\dfrac{4+3+2+6+5}{5}=\dfrac{20}{5}=4$(권)

❷ 각 변량의 편차는 0권, −1권, −2권, 2권, 1권이다.

❸ (편차)^{2}의 총합은

$0^2+(-1)^2+(-2)^2+2^2+1^2=10$

❹ (분산)$=\dfrac{10}{5}=2$

❺ (표준편차)$=\sqrt{2}$(권)

16 (평균)$=\dfrac{7+3+5+1+4}{5}=\dfrac{20}{5}=4$(자루)

이때 각 변량의 편차는 3자루, −1자루, 1자루, −3자루, 0자루이므로

(분산)$=\dfrac{3^2+(-1)^2+1^2+(-3)^2+0^2}{5}=\dfrac{20}{5}=4$

(표준편차)$=\sqrt{4}=2$(자루)

17 (평균)$=\dfrac{8+11+9+5+2}{5}=\dfrac{35}{5}=7$(회)

이때 각 변량의 편차는 1회, 4회, 2회, −2회, −5회이므로

(분산)$=\dfrac{1^2+4^2+2^2+(-2)^2+(-5)^2}{5}=\dfrac{50}{5}=10$

(표준편차)$=\sqrt{10}$(회)

18 (평균)$=\dfrac{24+32+16+10+28}{5}=\dfrac{110}{5}=22$(점)

이때 각 변량의 편차는 2점, 10점, −6점, −12점, 6점이므로

(분산)$=\dfrac{2^2+10^2+(-6)^2+(-12)^2+6^2}{5}=\dfrac{320}{5}=64$

(표준편차)$=\sqrt{64}=8$(점)

20 평균이 8이므로

$\dfrac{4+x+11+7+5}{5}=8$

$27+x=40 \quad \therefore x=13$

따라서 각 변량의 편차는 $-4,\ 5,\ 3,\ -1,\ -3$이므로

(분산)$=\dfrac{(-4)^2+5^2+3^2+(-1)^2+(-3)^2}{5}=\dfrac{60}{5}=12$

21 평균이 92이므로

$\dfrac{96+88+92+x+94}{5}=92$

$370+x=460 \quad \therefore x=90$

따라서 각 변량의 편차는 $4,\ -4,\ 0,\ -2,\ 2$이므로

(분산)$=\dfrac{4^2+(-4)^2+0^2+(-2)^2+2^2}{5}=\dfrac{40}{5}=8$

22 평균이 12이므로

$\dfrac{9+14+15+11+12+x}{6}=12$

$61+x=72 \quad \therefore x=11$

따라서 각 변량의 편차는 $-3,\ 2,\ 3,\ -1,\ 0,\ -1$이므로

(분산)$=\dfrac{(-3)^2+2^2+3^2+(-1)^2+0^2+(-1)^2}{6}=\dfrac{24}{6}=4$

07 자료의 해석

VISUAL 연산

108쪽~109쪽

01 ○ 02 ○ 03 × 04 × 05 ×
06 × 07 ○ 08 ○ 09 × 10 C, C
11 B 반 12 A, A 13 B 반
14 농장 A : 9 kg, 농장 B : 8 kg 15 농장 A : 6, 농장 B : 8
16 농장 A
17 A 모둠 : 5권, B 모둠 : 5권 풀이 3, 1, 2, 1, 3, 10, 5, 1, 2, 4, 2, 1, 10, 5
18 A 모둠 : 2.6, B 모둠 : 1.2 풀이 3, 1, 2, 1, 3, 10, 2.6, 1, 2, 4, 2, 1, 10, 1.2
19 B 모둠 20 A 반 : 3편, B 반 : 3편, C 반 : 3편
21 A 반 : $\frac{22}{15}$, B 반 : 2, C 반 : $\frac{44}{15}$ 22 A 반

03 평균보다 큰 변량의 편차는 양수이다.

04 분산이 작을수록 자료의 분포 상태가 고르다.

05 산포도는 평균의 크기와는 상관이 없다.

06 A 반과 B 반의 평균이 같으므로 A 반의 수학 성적이 B 반의 수학 성적보다 우수하다고 할 수 없다.

07 B 반의 표준편차가 A 반의 표준편차보다 작으므로 B 반의 수학 성적이 더 고르다고 할 수 있다.

08 A 반의 표준편차가 B 반의 표준편차보다 크므로 A 반의 수학 성적의 분산이 B 반의 수학 성적의 분산보다 크다.

09 두 반의 평균은 같지만 표준편차가 다르므로 두 반의 수학 성적의 분포는 같다고 할 수 없다.

11 B 반의 평균이 가장 낮으므로 앉은키가 가장 작다.

13 B 반의 표준편차가 가장 크므로 앉은키가 가장 고르지 않다.

14 농장 A : $\frac{6+7+13+10+9}{5}=\frac{45}{5}=9(\text{kg})$

농장 B : $\frac{3+9+10+7+11}{5}=\frac{40}{5}=8(\text{kg})$

15 농장 A : $\frac{(-3)^2+(-2)^2+4^2+1^2+0^2}{5}=\frac{30}{5}=6$

농장 B : $\frac{(-5)^2+1^2+2^2+(-1)^2+3^2}{5}=\frac{40}{5}=8$

16 농장 A의 분산이 더 작으므로 농장 A에서 수확한 수박의 무게가 더 고르다.

19 B 모둠의 분산이 더 작으므로 읽은 책의 수가 더 고른 모둠은 B 모둠이다.

20 A 반 : $\frac{1\times2+2\times3+3\times5+4\times3+5\times2}{15}=\frac{45}{15}=3(\text{편})$

B 반 : $\frac{1\times3+2\times3+3\times3+4\times3+5\times3}{15}=\frac{45}{15}=3(\text{편})$

C 반 : $\frac{1\times5+2\times2+3\times1+4\times2+5\times5}{15}=\frac{45}{15}=3(\text{편})$

21 A 반 : $\frac{(-2)^2\times2+(-1)^2\times3+0^2\times5+1^2\times3+2^2\times2}{15}$

$=\frac{22}{15}$

B 반 : $\frac{(-2)^2\times3+(-1)^2\times3+0^2\times3+1^2\times3+2^2\times3}{15}$

$=\frac{30}{15}=2$

C 반 : $\frac{(-2)^2\times5+(-1)^2\times2+0^2\times1+1^2\times2+2^2\times5}{15}$

$=\frac{44}{15}$

22 A 반의 분산이 가장 작으므로 학생들이 본 영화 수가 가장 고른 반은 A 반이다.

10분 연산 TEST

연산 능력 UP!

110쪽

01 -4, 6, -3, 2, -1 02 12 / 5, -4, -1, -3, 3
03 -2 04 분산 : 8, 표준편차 : $2\sqrt{2}$
05 분산 : $\frac{26}{5}$, 표준편차 : $\sqrt{\frac{26}{5}}$ 06 -12 07 68점
08 60 09 $2\sqrt{15}$점 10 평균 : 92점, 표준편차 : $2\sqrt{2}$점
11 × 12 ○

01 (편차)=(변량)−(평균)이므로 각 변량의 편차는 -4, 6, -3, 2, -1이다.

02 (평균)$=\frac{17+8+11+9+15}{5}=\frac{60}{5}=12$이므로 각 변량의 편차는 5, -4, -1, -3, 3이다.

03 편차의 총합은 0이므로

$8+(-11)+2+x+3=0 \qquad \therefore x=-2$

04 (분산)$=\frac{(-5)^2+(-1)^2+1^2+2^2+3^2}{5}=\frac{40}{5}=8$

(표준편차)$=\sqrt{8}=2\sqrt{2}$

05 $(\text{분산})=\frac{2^2+0^2+(-2)^2+3^2+(-3)^2}{5}=\frac{26}{5}$

$(\text{표준편차})=\sqrt{\frac{26}{5}}$

06 편차의 총합은 0이므로

$(-1)+(-3)+11+x+5=0 \qquad \therefore x=-12$

07 (D의 점수)$=80-12=68$(점)

08 $(\text{분산})=\frac{(-1)^2+(-3)^2+11^2+(-12)^2+5^2}{5}=\frac{300}{5}$

$=60$

09 (표준편차)$=\sqrt{60}=2\sqrt{15}$(점)

10 $(\text{평균})=\frac{96+88+92+90+94}{5}=\frac{460}{5}=92$(점)

이때 각 변량의 편차는 4, -4, 0, -2, 2이므로

$(\text{분산})=\frac{4^2+(-4)^2+0^2+(-2)^2+2^2}{5}=\frac{40}{5}=8$

(표준편차)$=\sqrt{8}=2\sqrt{2}$(점)

11 A 반과 B 반의 평균이 같으므로 B 반의 성적이 더 우수하다고 할 수 없다.

12 A 반의 표준편차가 B 반보다 작으므로 A 반의 성적이 더 고르다고 할 수 있다.

학교 시험 미리보기! 학교 시험 PREVIEW

111쪽~112쪽

01 ③	**02** ④	**03** ③	**04** ③	**05** ②
06 ④, ⑤	**07** ④	**08** ①	**09** ②	**10** ③, ④
11 ⑤	**12** $3\sqrt{2}$			

01 $(\text{평균})=\frac{8+12+5+4+6+7}{6}=\frac{42}{6}=7$(시간)

02 $\frac{82+88+x+94+96+97}{6}=92$이므로 $\frac{457+x}{6}=92$

$457+x=552 \qquad \therefore x=95$

03 세 변량 a, b, c의 총합이 18이므로

$a+b+c=18$

따라서 a, b, c, 8, 9의 평균은

$\frac{a+b+c+8+9}{5}=\frac{18+8+9}{5}=\frac{35}{5}=7$

04 중앙값은 $\frac{9+13}{2}=11$이고 평균과 중앙값이 같으므로

$\frac{4+8+9+13+x+17}{6}=11$

$51+x=66 \qquad \therefore x=15$

05 $(\text{평균})=\frac{2+2+2+4+4+5+5+8}{8}=\frac{32}{8}=4$

$\therefore a=4$

$(\text{중앙값})=\frac{4+4}{2}=4 \qquad \therefore b=4$

최빈값은 2이므로 $c=2$

$\therefore abc=4\times4\times2=32$

06 ① 중앙값은 항상 존재한다.

② 최빈값과 중앙값의 크기 비교는 자료에 따라 다르다.

③ 최빈값은 자료에 따라 하나로 정해지지 않는 경우도 있다.

07 $(\text{평균})=\frac{85+84+83+76+82}{5}=\frac{410}{5}=82$(회)

따라서 C의 편차는 $83-82=1$(회)

08 편차의 총합은 0이므로 학생 B의 편차를 x회라 하면

$(-3)+x+11+(-5)+7=0 \qquad \therefore x=-10$

따라서 학생 B가 윗몸 일으키기를 한 횟수는

$24+(-10)=14$(회)

09 $(\text{분산})=\frac{(-3)^2+(-2)^2+1^2+3^2+1^2}{5}=\frac{24}{5}$

10 ① $(\text{평균})=\frac{5+8+7+6+8+9+6+6+7+8}{10}=\frac{70}{10}=7$

② 주어진 자료의 변량을 작은 값부터 크기순으로 나열하면

5, 6, 6, 6, 7, 7, 8, 8, 8, 9

이므로 중앙값은 $\frac{7+7}{2}=7$

③ 자료에서 가장 많이 나타난 값은 6, 8이므로 최빈값은 6, 8이다.

④ (분산)

$=\frac{(-2)^2\times1+(-1)^2\times3+0^2\times2+1^2\times3+2^2\times1}{10}$

$=\frac{14}{10}=1.4$

⑤ (표준편차)$=\sqrt{1.4}$

11 표준편차가 가장 작은 회사가 임금 격차가 가장 작은 회사, 즉 임금이 가장 고른 회사이므로 E 사이다.

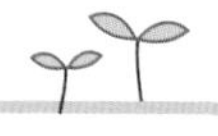

12 서술형

$\dfrac{13+12+4+15+x}{5}=10$에서

$44+x=50 \qquad \therefore x=6$ ······❶

(분산)$=\dfrac{3^2+2^2+(-6)^2+5^2+(-4)^2}{5}=\dfrac{90}{5}=18$ ······❷

(표준편차)$=\sqrt{18}=3\sqrt{2}$ ······❸

채점 기준	배점
❶ x의 값 구하기	40 %
❷ 분산 구하기	30 %
❸ 표준편차 구하기	30 %

2. 산점도와 상관관계

01 산점도 (VISUAL 연산)

114쪽~117쪽

01 36, 35, 25, 27

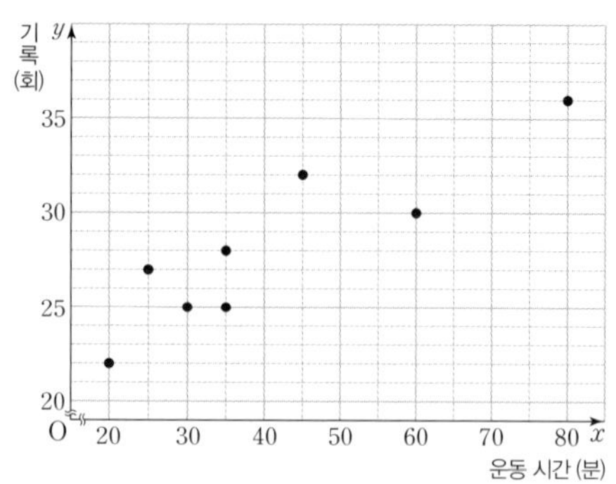

02 (500, 15), (1000, 10), (800, 17), (500, 22), (900, 15), (600, 13), (500, 16)

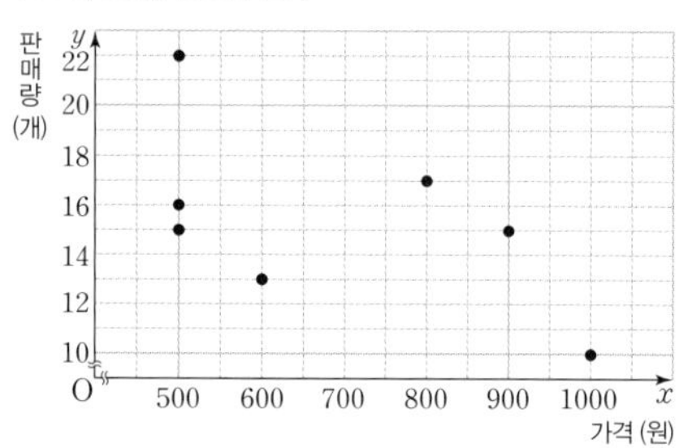

03

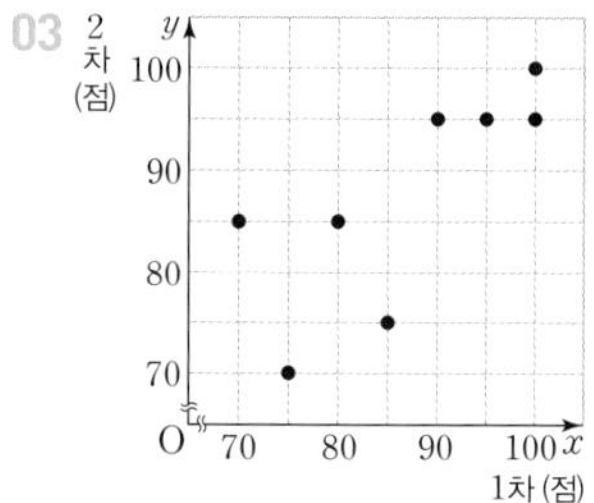

04

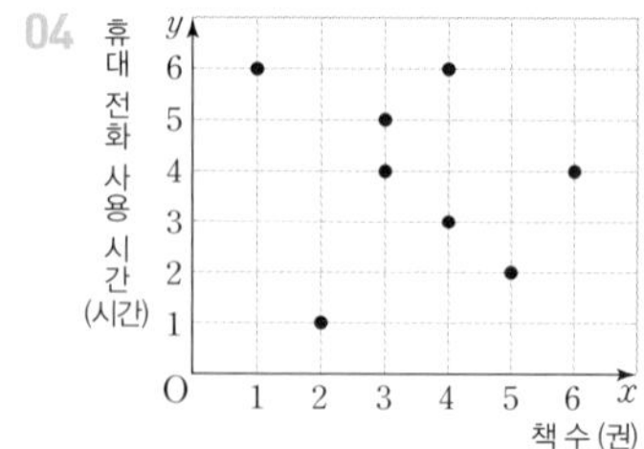

05

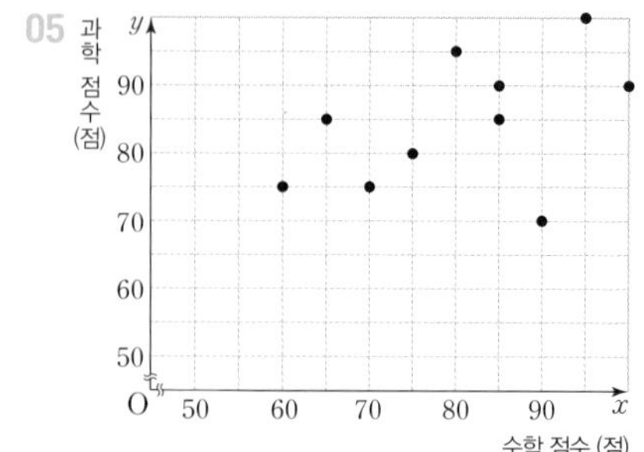

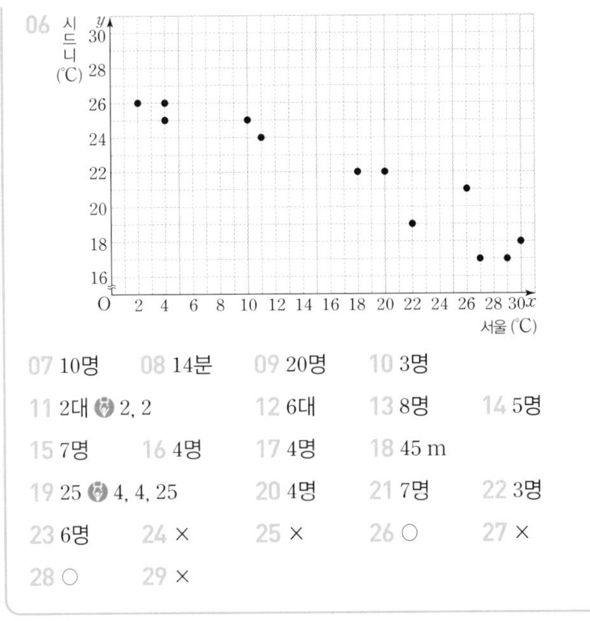

07 10명　08 14분　09 20명　10 3명
11 2대 (풀이) 2, 2　12 6대　13 8명　14 5명
15 7명　16 4명　17 4명　18 45 m
19 25 (풀이) 4, 4, 25　20 4명　21 7명　22 3명
23 6명　24 ×　25 ×　26 ○　27 ×
28 ○　29 ×

07 산점도에서 앞차와의 배차 시간이 8분인 버스를 기다리는 승객 수는 10명이다.

참고 x좌표가 8인 점의 y좌표를 읽는다.

08 산점도에서 버스를 기다리는 승객이 16명인 버스의 앞차와의 배차 시간은 14분이다.

참고 y좌표가 16인 점의 x좌표를 읽는다.

09 산점도에서 y좌표가 승객 수를 나타내므로 y좌표가 가장 큰 점을 찾으면, 버스를 기다리는 승객이 가장 많은 버스를 기다리는 승객 수는 20명이다.

10 산점도에서 x좌표가 배차 시간을 나타내므로 x좌표가 가장 작은 점을 찾으면, 가장 짧은 배차 시간은 5분이고, 이때 버스를 기다리는 승객 수는 3명이다.

12 앞차와의 배차 시간이 10분 이하인 버스의 수는 다음 산점도에서 직선 $x=10$ 위의 점과 그 왼쪽에 있는 점의 개수와 같으므로 6대이다.

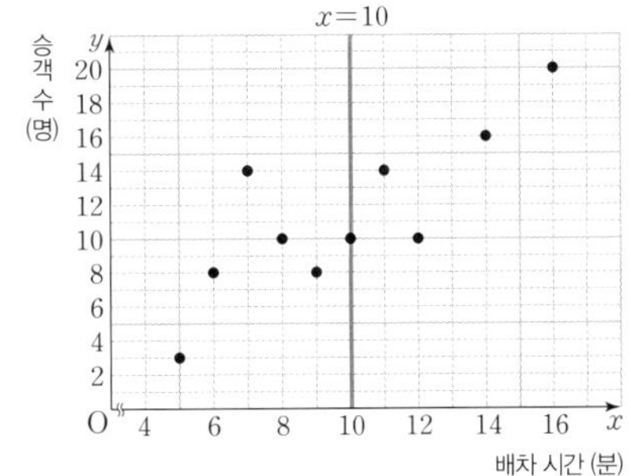

참고 x좌표가 10 이하인 점의 개수를 구한다.

13 중간고사 평균 점수가 80점 이상인 학생 수는 다음 산점도에서 직선 $x=80$ 위의 점과 그 오른쪽에 있는 점의 개수와 같으므로 8명이다.

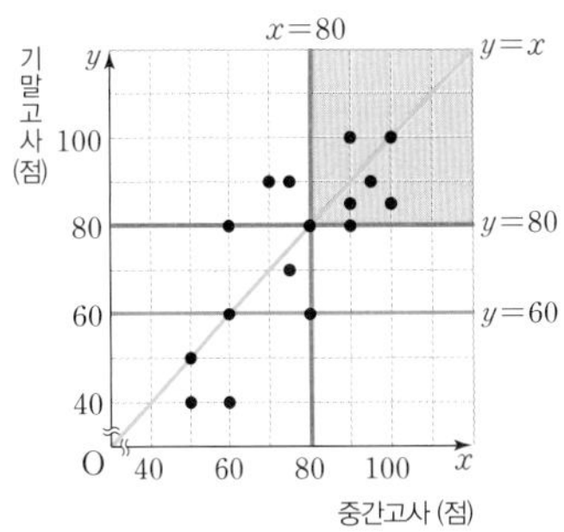

14 기말고사 평균 점수가 60점 이하인 학생 수는 위의 13의 산점도에서 직선 $y=60$ 위의 점과 그 아래쪽에 있는 점의 개수와 같으므로 5명이다.

15 중간고사와 기말고사 평균 점수가 모두 80점 이상인 학생 수는 위의 13의 산점도에서 색칠한 부분과 경계에 있는 점의 개수와 같으므로 7명이다.

16 중간고사와 기말고사 평균 점수가 같은 학생 수는 위의 13의 산점도에서 직선 $y=x$ 위의 점의 개수와 같으므로 4명이다.

17 기말고사 평균 점수가 중간고사 평균 점수보다 높은 학생 수는 위의 13의 산점도에서 직선 $y=x$의 위쪽에 있는 점의 개수와 같으므로 4명이다.

18 x좌표가 가장 큰 점의 x좌표는 45이므로 구하는 기록은 45 m이다.

20 직선 $y=x$ 위에 있는 점이 4개이므로 구하는 학생 수는 4명이다.

21 1차 기록이 2차 기록보다 더 좋은 학생 수는 다음 산점도에서 직선 $y=x$의 아래쪽에 있는 점의 개수와 같으므로 7명이다.

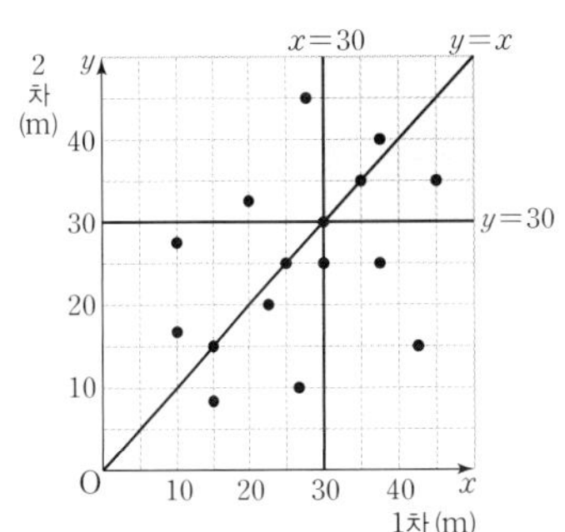

22 1차 기록과 2차 기록이 모두 30 m 초과인 학생 수는 앞의 21의 산점도에서 색칠한 부분에 있는 점의 개수와 같으므로 3명이다.

23 1차 기록과 2차 기록 중 적어도 한 번의 기록이 15 m 이하인 학생 수는 다음 산점도에서 색칠한 부분과 경계에 있는 점의 개수와 같으므로 6명이다.

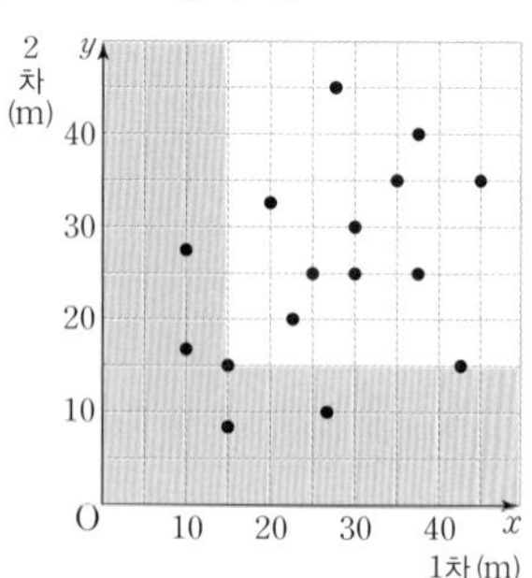

24 체중이 가장 많이 나가는 신생아는 E이다.

25 머리둘레가 가장 작은 신생아는 B이다.

27 A는 C보다 머리둘레가 크다.

29 머리둘레가 32 cm 미만인 신생아 수는 5명이다.

02 VISUAL 유형 상관관계

118쪽~121쪽

01 ㄴ, ㅂ	02 ㄱ, ㄹ	03 ㄷ, ㅁ	04 ㄱ, ㄹ	05 ㄴ, ㅂ
06 ㅂ, ㄴ	07 ㄹ, ㄱ	08 ×	09 ×	10 ○
11 ○	12 ×	13 ○	14 음	15 음
16 양	17 양	18 ×	19 음	20 양
21 음	22 양	23 ×	24 ㄱ, ㄷ	25 ㅁ
26 ㄴ, ㄹ	27 ㄴ	28 ㄹ	29 ㄹ	30 ㄴ
31 ㄹ	32 ㄹ	33 ㄴ	34 ○	35 ○
36 ×	37 ×	38 ○	39 ×	40 ○
41 ×	42 ○	43 ×	44 ×	45 ○
46 ×	47 ×			

04 음의 상관관계가 있는 것은 ㄱ, ㄹ이다.

05 양의 상관관계가 있는 것은 ㄴ, ㅂ이다.

06~07 산점도의 점들이 한 직선 주위에 가까이 모여 있을수록 상관관계가 강하다.

08 ㄴ은 양의 상관관계가 있다.

09 ㄴ은 ㄱ보다 강한 상관관계가 있다.

12 ㅂ은 상관관계가 없다.

27 양의 상관관계가 있으므로 ㄴ이다.

28 음의 상관관계가 있으므로 ㄹ이다.

29 음의 상관관계가 있으므로 ㄹ이다.

30 양의 상관관계가 있으므로 ㄴ이다.

31 음의 상관관계가 있으므로 ㄹ이다.

32 음의 상관관계가 있으므로 ㄹ이다.

33 양의 상관관계가 있으므로 ㄴ이다.

36 E의 통학 시간이 가장 짧다.

37 B는 D보다 통학 시간이 더 길다.

39 E는 통학 거리에 비하여 통학 시간이 짧다.

41 한 달 용돈과 한 달 지출액 사이에는 양의 상관관계가 있다.

43 한 달 지출액이 가장 적은 학생은 C이다.

44 B는 E보다 한 달 지출액이 적다.

46 C는 한 달 용돈에 비하여 지출액이 적다.

47 한 달 용돈에 비하여 지출액이 적은 학생은 C, D이다.

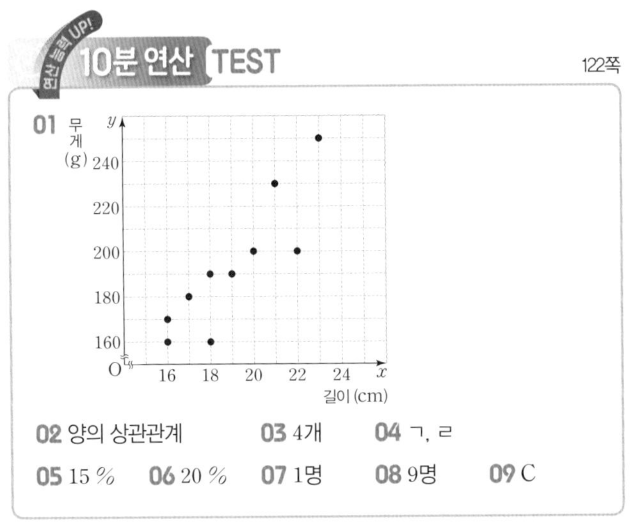

10분 연산 TEST

122쪽

01 (그래프 참조)

02 양의 상관관계 **03** 4개 **04** ㄱ, ㄹ

05 15 % **06** 20 % **07** 1명 **08** 9명 **09** C

02 x의 값이 증가함에 따라 y의 값도 대체로 증가하는 관계가 있으므로 양의 상관관계가 있다.

03 무게가 200 g 이상인 옥수수는 다음 산점도에서 직선 $y=200$ 위의 점과 그 위쪽에 있는 점의 개수와 같으므로 4개이다.

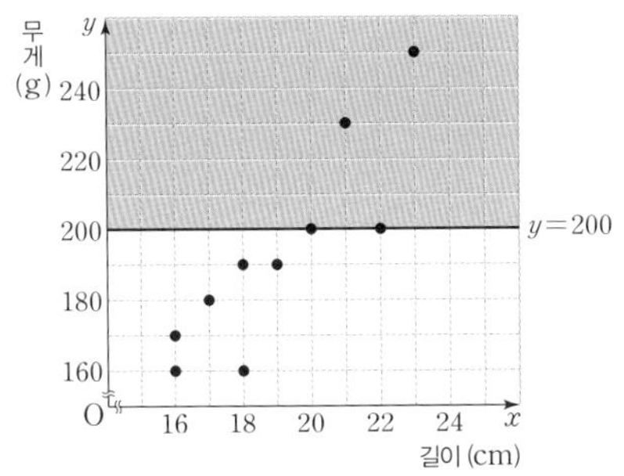

05 1차 점수가 90점 이상인 학생 수는 다음 산점도에서 직선 $x=90$ 위의 점과 그 오른쪽에 있는 점의 개수와 같으므로 3명이다.

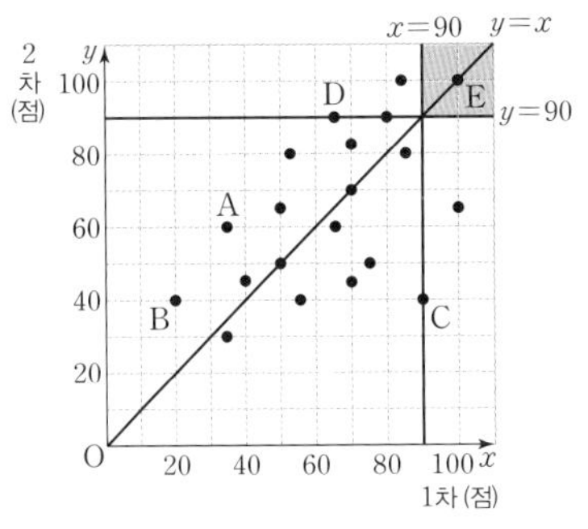

따라서 1차 점수가 90점 이상인 학생의 백분율은

$\frac{3}{20}\times 100=15(\%)$

06 2차 점수가 90점 이상인 학생 수는 위의 05의 산점도에서 직선 $y=90$ 위의 점과 그 위쪽에 있는 점의 개수와 같으므로 4명이다.

따라서 2차 점수가 90점 이상인 학생의 백분율은

$\frac{4}{20}\times 100=20(\%)$

07 1차 점수와 2차 점수가 모두 90점 이상인 학생 수는 앞의 05의 산점도에서 색칠한 부분 위의 점의 개수와 같으므로 1명이다.

08 앞의 05의 산점도에서 직선 $y=x$의 위쪽에 있는 점이 9개이므로 구하는 학생 수는 9명이다.

학교 시험 PREVIEW

123쪽

01 ③ **02** ③, ⑤ **03** ①, ④ **04** 음의 상관관계

05 ⑤ **06** ② **07** 25 %

02 주어진 산점도는 x의 값이 증가함에 따라 y의 값은 대체로 감소하는 관계가 있으므로 음의 상관관계를 나타낸다.
따라서 음의 상관관계가 있는 것은 ③, ⑤이다.

03 ① 상관관계가 없는 것은 ㄱ이다.
④ ㄴ은 ㄷ보다 약한 상관관계가 있다.

04 귤의 부피가 커질수록 귤의 개수는 대체로 감소하는 관계가 있으므로 음의 상관관계가 있다.

07 서술형

들어 있는 귤이 40개가 넘는 상자 수는 y좌표가 40 초과인 점의 개수와 같으므로 3상자이다. ······❶

전체 상자의 수는 12개이므로 구하는 백분율은

$\frac{3}{12}\times 100=25(\%)$ ······❷

채점 기준	배점
❶ 귤이 40개가 넘는 상자의 수 구하기	40 %
❷ 백분율 구하기	60 %

Memo

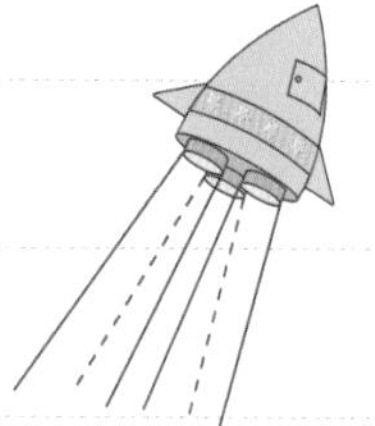